本书获西南石油大学研究生教材建设项目资助

高等院校特色规划教材

高等数值计算方法

闵 超 刘小华 丁显峰 编

石 油 工 业 出 版 社

内 容 提 要

本书较全面地介绍了高等数值计算相关的模型和算法。全书共分8章,分别介绍了相关预备知识、线性方程组的迭代解法、非线性方程组的数值解法、矩阵特征值的计算方法、函数逼近、常微分方程的数值解法、边值问题的数值方法和变分原理初步知识。本书内容重基础、轻理论、重应用,编入了大量的应用案例,尽量回避了相关理论证明;每种算法均附上算法步骤和实现代码,具有很好的示范作用。

本书可以作为需要数值计算方法相关知识的研究生或高年级本科生的教材和工具书,也可供从事相关工作的研究人员及技术人员参考。

图书在版编目(CIP)数据

高等数值计算方法/闵超,刘小华,丁显峰编.—北京:石油工业出版社,2023.10

高等院校特色规划教材

ISBN 978-7-5183-6276-9

Ⅰ.①高… Ⅱ.①闵… ②刘… ③丁… Ⅲ.①数值计算-计算方法-高等学校-教材 Ⅳ.①O241

中国国家版本馆CIP数据核字(2023)第168966号

出版发行:石油工业出版社
(北京市朝阳区安华里二区1号楼 100011)
网 址:www.petropub.com
编辑部:(010)64523733
图书营销中心:(010)64523633
经 销:全国新华书店
排 版:三河市聚拓图文制作有限公司
印 刷:北京中石油彩色印刷有限责任公司

2023年10月第1版 2023年10月第1次印刷
787毫米×1092毫米 开本:1/16 印张:15.25
字数:368千字

定价:38.80元
(如发现印装质量问题,我社图书营销中心负责调换)

前　言

全球新一轮科技革命和产业变革不断深入，研究生培养质量是推进国家“双一流”建设的重要基础，其中教材建设是保证研究生培养质量的必备环节。

“数值分析”课程是面向工科研究生的大面积公开课，其目的是帮助工科研究生掌握基本的、常用的数值算法，具有非常重要的基础作用，对大多数研究生来说已基本够用。但是，从前沿科技发展、研究生培养状况来看，目前工科研究生对更加前沿和先进的数值计算方法有着非常迫切的需求。虽然他们可以通过自学诸如“偏微分方程数值解”“有限元方法”等课程来进行自我提升，但从学习效果和反馈来看，非数学专业学生在学习这些课程时普遍存在知识断层。

针对这一问题，本教材在工科数值计算教材的基础上适当拓展，增加了一些数值计算方法，除了介绍数值算法的基本原理和算法步骤外，着重将算法的实现过程与案例结合，可以有效弥补学生自学相关专业课程时在基础知识上的空缺和编程能力的不足。

本书由西南石油大学闵超、刘小华、丁显峰共同编写而成，具体分工如下：第 1 章至第 4 章由闵超编写，第 5 章、第 6 章由刘小华编写，第 7 章、第 8 章由丁显峰编写。全书由闵超和刘小华统稿。

本书在编写过程中，得到了西南石油大学刘玲伶副教授、邹佳玲老师和易良平老师提供的素材支持；硕士研究生张馨慧、代博仁前期协助统稿；研究生张敏、郭星、廖国勇负责校稿和代码测试。在此表示由衷感谢！

由于编者水平有限，书中难免有不当甚至错误之处，敬请广大读者批评指正，提供宝贵意见。

编者

2023 年 5 月

目　录

第1章　预备知识

本章主要介绍有关数值计算的一些基础知识,包括误差理论、向量和矩阵、泛函分析基础等.

1.1　误差理论

1.1.1　误差的来源和分类

由于数学模型建立、算法、计算程序设计、计算机等多种因素,在数值计算中,出现的误差主要分为两类:过失性误差和非过失性误差. 其中过失性误差是指由人为主观原因造成的失误,是可以避免的;而非过失性误差在数值计算中往往无法避免,只能通过尽量降低其数值,特别是控制其在计算过程中的误差累积,以确保计算结果的精度. 误差主要包括舍入误差、观测误差、截断误差和模型误差.

(1) **舍入误差**. 在数值计算过程中常常会用到一些无穷小数,如无理数和有理数中某些分数化出的无限循环小数,由于计算机受机器字长的限制,它们所能表示的数据有一定的位数限制,这时就需要把数据按照四舍五入的原则处理一定位数的近似的有理数来代替,这种误差称为舍入误差或凑整误差.

(2) **观测误差**. 在建模和具体运算过程中所用的一些初始数据往往都是通过人们实际观察、测量得来的,由于受到所用观测仪器、设备精度的限制,这些测得的数据只是近似的,即存在着误差,这种误差称为观测误差或初值误差.

(3) **截断误差**. 在很多数值运算中常遇到超越计算,如微分、积分和无穷级数求和等,它们需用极限或无穷过程来求得. 然而计算机却只能完成有限次算术运算和逻辑运算,因此需将解题过程化为一系列有限的算术和逻辑运算. 这样就要对某种无穷过程进行“截断”,即仅保留无穷过程的前段有限序列而舍弃它的后段,这种误差称为截断误差或方法误差.

例如函数 $f(x)$ 用泰勒多项式

$$P_n(x)=f(x_0)+f'(x_0)(x-x_0)+\cdots+\frac{f^{(n)}(x_0)}{n!}(x-x_0)^n$$

来近似代替,则数值方法的截断误差为

$$R_n(x)=f(x)-P_n(x)=\frac{f^{(n+1)}(\xi)}{(n+1)!}(x-x_0)^{n+1},$$

其中 ξ 在 x_0 与 x 之间.

(4) **模型误差**. 在建立数学模型过程中,欲将复杂的物理现象抽象、归纳成数学模型,往往忽略一些次要因素的影响,而对问题作某些必要的简化. 这样建立起来的数学模型实际上必定只是所研究的复杂客观现象的一种近似描述,它与客观存在的实际问题之间有一定的差别,这种误差称为模型误差.

1.1.2 误差估计方法

1. 绝对误差和绝对误差限

定义 1.1 设 x 为准确值,x^* 是近似值,称 $e^*=x-x^*$ 为近似值 x^* 的绝对误差,或简称为误差.当 $e^*>0$ 时,称为亏近似值或弱近似值,反之则称为盈近似值或强近似值.

实际上准确值是未知或无法知道的,因此 e^* 的准确值也无法求出,但是可以估计出此绝对误差 e^* 的上限.

定义 1.2 设 x 是准确值,x^* 是近似值,若存在正数 ε^* 满足

$$|x-x^*|\leqslant\varepsilon^*,$$

称 ε^* 是近似值 x^* 的绝对误差限(或称为绝对误差界)[有时 ε^* 也记为 $\varepsilon(x^*)$],简称为误差限(误差界).

注意:绝对误差可正可负,绝对误差不是误差的绝对值.

2. 相对误差和相对误差限

绝对误差具有量的概念,但却很难以其大小来衡量近似值的精确性.比如 10cm 中 1cm 的误差与 1m 中 1cm 的误差是有很大区别的.要解决一个量的近似值的精确度,除了要看绝对误差的大小,还必须考虑到本身的大小,这便是相对误差.

定义 1.3 绝对误差与真值之比,即

$$\varepsilon_\gamma(x)=\frac{\varepsilon(x)}{x}=\frac{x-x^*}{x}$$

称为近似值 x^* 的相对误差.

通常无法计算出准确值 x,也不能算出误差 e^* 的准确值,只能根据测量工具或计算情况估计出误差的绝对值不超过某一个正数 ε^*,所以这里给出如下定义.

定义 1.4 存在某一正数 δ,使得 $\varepsilon_\gamma(x)\leqslant\delta$,则称 δ 是 x 的相对误差限.在实际计算中,还常常取 $\varepsilon_r^*=\dfrac{\varepsilon^*}{|x|}$ 或 $\varepsilon_r^*=\dfrac{\varepsilon^*}{|x^*|}$ 为近似值相对误差限的另一定义.

注意:相对误差是一个无量纲数,而绝对误差是有量纲数.

1.1.3 条件数

当准确值 x 有很多位时,经常按四舍五入的原则得到 x 的近似值 x^*.不难验证,这样得到的近似值,其绝对误差限可以取为被保留的最后数位上的半个单位,例如

$$|\pi-3.14|\leqslant0.5\times10^{-2},\ |\pi-3.142|\leqslant0.5\times10^{-3},$$
$$|\pi-3.1416|\leqslant0.5\times10^{-4},\ |\pi-3.14159|\leqslant0.5\times10^{-5},$$

由此可引入有效数字的概念.

定义 1.5 设 x 的近似值 x^* 有如下形式:

$$x^*=\pm10^m\times0.a_1a_2\cdots a_n\cdots$$

其中 $a_i(i=1,2,\cdots)$ 是 0,1,2,…,9 中的一个数，$a_1\neq 0$，m 为整数，若有

$$|x-x^*|\leqslant 0.5\times 10^{m-n},$$

则称 x^* 为 x 的具有 n 位有效数字的近似值．

有效数字的误差限是末位数单位的一半，其本身体现了误差界，从而有效数字的末位不能随意添零或减零．

1.1.4　避免误差危害的方法

误差的传播和积累在一些实际问题中是非常复杂的，往往并非所有问题都可以得到一个误差传播的具体公式．在计算中，首先应分清问题是否病态和算法是否稳定，计算时还要尽量避免误差危害，防止有效数字的损失．通过研究和实际的计算，总结出下面一些基本的避免误差危害的方法．

1. 避免相近的数相减

在数值计算中，两个相近的数相减时有效数字会损失．例如，计算

$$y=\sqrt{x+1}-\sqrt{x},$$

其中 x 是比较大的数，例如 $x=1000$，取四位有效数字计算，有

$$y=\sqrt{1001}-\sqrt{1000}=31.64-31.62=0.02.$$

在计算过程中，可以看到每个根号的计算都有四位有效数字，相减之后结果只有 1 位有效数字，相对误差变得很大，严重影响了结果的精确程度．事实上，可以采用如下等价计算公式：

$$y=\frac{1}{\sqrt{x+1}+\sqrt{x}},$$

按此公式计算可得 $y=0.01581$，有四位有效数字．可见数学上等价的计算公式在实际计算中是不等价的．变换公式有很多种，比如

$$\frac{1}{x}-\frac{1}{x+1}=\frac{1}{x(x+1)},$$

$$\ln(x+1)-\ln x=\ln\frac{x+1}{x},$$

$$\ln(x-\sqrt{x^2-1})=-\ln(x+\sqrt{x^2-1}),$$

$$\sin(x+\varepsilon)-\sin x=2\cos\left(x+\frac{\varepsilon}{2}\right)\sin\frac{\varepsilon}{2},$$

等等．当 x 比较大或 ε 比较小时，上述等式的右边的计算公式都要比左边的有效．

2. 避免量级相差太大的两数相除

计算中大数除以小数或小数除以大数时，容易出现计算机溢出的情形，使得计算过程非正常中断或中间数据没有任何有效数字．在这种情况下，有必要在量级上对这两个数进行一些处理．

3. 避免大数和小数相加减

在数值计算中，有时会碰到数量级相差很大的两个数相加或相减．计算机做加法是要对阶的，即把这两个数都写成同一个阶数的表示形式，再对尾数相加减．

例如，假设十进制 5 位数在机器上做下面的加法：

$$12345+0.7.$$

计算机做加法时，要把这两数都写成尾数小于 1 的同阶的数，即

$$0.12345\times10^5+0.000007\times10^5,$$

但是计算机只能表示五位尾数，因此，第二个加数在计算机上就等于 0，这种情况称为“大数吃掉小数”.

4. 简化计算步骤

同样一个计算问题，如果能减少运算次数，不但可以节约计算机的计算时间，还能减少舍入误差.

例如计算多项式

$$P_n(x)=a_nx^n+a_{n-1}x^{n-1}+\cdots+a_1x+a_0$$

的值，若直接计算 a_kx^k 再逐次相加，一共需要做

$$n+(n-1)+\cdots+2+1=\frac{n(n+1)}{2}$$

次乘法和 n 次加法. 若采用秦九韶算法(Horner 算法)

$$\begin{cases}S_n=a_n,\\ S_k=xS_{k+1}+a_k,(k=n-1,n-2,\cdots,1,0)\\ P_n(x)=S_0\end{cases}$$

只要 n 次乘法和 n 次加法就可计算出 $P_n(x)$ 的值.

迭代法是一种按同一公式重复计算逐次逼近真值的算法，是数值计算中普遍使用的重要方法. 以开方运算为例，它不是四则运算，因此在计算机上求开方值就要转化为四则运算，使用的就是迭代法.

假定 $a>0$，求 $\sqrt{a}$ 等价于解方程

$$x^2-a=0. \tag{1.1}$$

这是方程求根问题，可用迭代法求解. 现在用简单方法构造迭代法，先给一个初始近似 $x_0>0$，令 $x=x_0+\Delta x$，Δx 是一个校正量，称为增量，于是式(1.1)化为 $(x_0+\Delta x)^2=a$，即 $x_0^2+2x_0\Delta x+(\Delta x)^2=a$. 由于 Δx 是小量，若省略高阶项 $(\Delta x)^2$，则有 $x_0^2+2x_0\Delta x\approx a$，即 $\Delta x\approx\frac{1}{2}\left(\frac{a}{x_0}-x_0\right)$，于是

$$x=x_0+\Delta x\approx\frac{1}{2}\left(x_0+\frac{a}{x_0}\right)=x_1.$$

这里 x_1 不是 $\sqrt{a}$ 的真值，但它是真值 $x=\sqrt{a}$ 的进一步近似，重复以上过程可得到迭代公式

$$x_{k+1}=\frac{1}{2}\left(x_k+\frac{a}{x_k}\right),k=0,1,2,\cdots \tag{1.2}$$

它可逐次求得 $x_1,x_2,\cdots$若

$$\lim x_k=x^*,$$

则 $x^*=\sqrt{a}$，容易证明序列 $\{x_k\}$ 对任何 $x_0>0$ 均收敛，且收敛很快.

接下来用迭代公式(1.2)来计算 $\sqrt{3}$，取 $x_0=2$. 若计算精确到 10^{-6}，则由式(1.2)可求得

$$x_1=1.75, x_2=1.73214, x_3=1.732051, x_4=1.732051,$$

计算停止．由于$\sqrt{3}=1.7320508\cdots$，可知只要迭代 3 次误差即可小于$\frac{1}{2}\times10^{-6}$.

迭代公式(1.1)每次迭代只做一次除法、一次加法与一次移位(右移一位就是除以 2)，计算量很小．计算机中求$\sqrt{a}$一般只要精度达到 10^{-8} 即可，只需要 4~5 次迭代就能达到精度要求，计算量很少，计算机中计算开方求值用的就是迭代公式(1.1)．无论在实用上或理论上，求解线性或非线性方程，迭代法都是重要的方法．在后面章节读者将进一步认识到迭代法求解线性方程组的重大意义．

1.2　向量和矩阵

1.2.1　向量和矩阵的基础知识

本书以 $\boldsymbol{\alpha}$、$\boldsymbol{\beta}$ 或 $\boldsymbol{x}$、$\boldsymbol{y}$ 表示向量，以 $\boldsymbol{A}$、$\boldsymbol{B}$ 表示实矩阵或复矩阵(多指实矩阵)．用 $\mathbf{R}^{m\times n}$ 表示所有 $m\times n$ 实矩阵的向量空间，$\mathbf{C}^{m\times n}$ 表示所有 $m\times n$ 复矩阵的向量空间．

$$\boldsymbol{A}\in\mathbf{R}^{m\times n}\Leftrightarrow\boldsymbol{A}=(a_{ij})=\begin{pmatrix}a_{11}&a_{12}&\cdots&a_{1n}\\a_{21}&a_{22}&\cdots&a_{2n}\\\vdots&\vdots&\cdots&\vdots\\a_{m1}&a_{m2}&\cdots&a_{mn}\end{pmatrix},$$

$$\boldsymbol{x}\in\mathbf{R}^{n}\Leftrightarrow\boldsymbol{x}=\begin{pmatrix}x_1\\x_2\\\vdots\\x_n\end{pmatrix}$$

称为 n 维列向量．

在矩阵分析中，常常将矩阵进行列分块或行分块．如

$$\boldsymbol{A}=(\boldsymbol{a}_1,\boldsymbol{a}_2,\cdots,\boldsymbol{a}_n)$$

称为对矩阵进行列分块，其中 $\boldsymbol{a}_i$ 表示矩阵 $\boldsymbol{A}$ 的第 i 列．同理，

$$\boldsymbol{A}=\begin{pmatrix}\boldsymbol{b}_1^{\mathrm{T}}\\\boldsymbol{b}_2^{\mathrm{T}}\\\vdots\\\boldsymbol{b}_m^{\mathrm{T}}\end{pmatrix}$$

称为对矩阵进行行分块，其中 $\boldsymbol{b}_i^{\mathrm{T}}$ 表示矩阵 $\boldsymbol{A}$ 的第 i 行．

矩阵的基本运算、矩阵的特征值和谱半径等基础知识大家已经非常熟悉，此处从略．下面来看一些特殊矩阵．

设 $\boldsymbol{A}=(a_{ij})\in\mathbf{R}^{n\times n}$：

(1)对角矩阵：当 $i\neq j$ 时，$a_{ij}=0$. 对角矩阵也经常表示成

$$\boldsymbol{A}=\boldsymbol{\Lambda}=\mathrm{diag}(\lambda_1,\lambda_2,\cdots,\lambda_n).$$

(2)三对角矩阵：当 $|i-j|>1$ 时，$a_{ij}=0$. 例如

$$\boldsymbol{A}=\begin{pmatrix} b_1 & c_1 & & & \\ a_2 & b_2 & c_2 & & \\ & \ddots & \ddots & \ddots & \\ & & a_{n-1} & b_{n-1} & c_{n-1} \\ & & & a_n & b_n \end{pmatrix}.$$

(3)上三角矩阵：当 $i>j$ 时，$a_{ij}=0$，即

$$\boldsymbol{A}=\begin{pmatrix} a_{11} & a_{12} & \cdots & a_{1n} \\ 0 & a_{22} & \cdots & a_{2n} \\ \vdots & \vdots & \cdots & \vdots \\ 0 & 0 & \cdots & a_{nn} \end{pmatrix}.$$

(4)上海森伯格(Hessenberg)阵：当 $i>j+1$ 时，$a_{ij}=0$，即

$$\boldsymbol{A}=\begin{pmatrix} a_{11} & a_{12} & a_{13} & a_{14} & & a_{1n} \\ a_{21} & a_{22} & a_{23} & a_{24} & \cdots & a_{2n} \\ 0 & a_{32} & a_{33} & a_{34} & \cdots & a_{3n} \\ 0 & 0 & a_{43} & a_{44} & \cdots & a_{4n} \\ \vdots & \vdots & \vdots & \vdots & \cdots & \vdots \\ 0 & 0 & \cdots & 0 & a_{nn-1} & a_{nn} \end{pmatrix}.$$

(5)对称矩阵：$\boldsymbol{A}^{\mathrm{T}}=\boldsymbol{A}$.

(6)艾尔米特矩阵：设 $\boldsymbol{A}\in\mathbf{C}^{n\times n}$，$\boldsymbol{A}^{\mathrm{H}}=\boldsymbol{A}$（$\boldsymbol{A}^{\mathrm{H}}=\overline{\boldsymbol{A}}^{\mathrm{T}}$，即为 $\boldsymbol{A}$ 的共轭转置）.

(7)对称正定矩阵：①$\boldsymbol{A}^{\mathrm{T}}=\boldsymbol{A}$；

② 对任意非零向量 $x\in\mathbf{R}^n$，$(\boldsymbol{Ax},\boldsymbol{x})=\boldsymbol{x}^{\mathrm{T}}\boldsymbol{Ax}=\sum\limits_{i,j=1}^{n}a_{ij}x_ix_j>0$.

(8)正交矩阵：$\boldsymbol{A}^{-1}=\boldsymbol{A}^{\mathrm{T}}$.

(9)酉矩阵：设 $\boldsymbol{A}\in\mathbf{C}^{n\times n}$，$\boldsymbol{A}^{-1}=\boldsymbol{A}^{\mathrm{H}}$.

(10)初等置换阵：单位矩阵 $\boldsymbol{E}(\boldsymbol{I})$ 交换第 i 行和第 j 行（或交换第 i 列和第 j 列），得到的矩阵记为 $\boldsymbol{E}_{ij}(\boldsymbol{I}_{\mathrm{ij}})$，且：

$\boldsymbol{E}_{ij}\boldsymbol{A}=\tilde{\boldsymbol{A}}$（$\tilde{\boldsymbol{A}}$ 为交换 $\boldsymbol{A}$ 的第 i 行和第 j 行得到的矩阵）；

$\boldsymbol{AE}_{ij}=\hat{\boldsymbol{A}}$（$\hat{\boldsymbol{A}}$ 为交换 $\boldsymbol{A}$ 的第 i 列和第 j 列得到的矩阵）.

(11)置换阵：由初等置换阵的乘积得到的矩阵.

定理 1.1 设 $\boldsymbol{A}=(a_{ij})\in\mathbf{R}^{n\times n}$，则下述命题等价：

(1)对任意 $b\in\mathbf{R}^n$，方程组 $\boldsymbol{Ax}=b$ 有唯一解.

(2)齐次方程组 $\boldsymbol{Ax}=\mathbf{0}$ 只有唯一解 $\boldsymbol{x}=\mathbf{0}$.

(3)$\det(\boldsymbol{A})=|\boldsymbol{A}|\neq0$.

(4) $\boldsymbol{A}^{-1}$ 存在.

(5) $\boldsymbol{A}$ 的秩 $\mathrm{rank}(\boldsymbol{A})=r(\boldsymbol{A})=n$.

定理 1.2　设 $\boldsymbol{A}=(a_{ij})\in\mathbf{R}^{n\times n}$ 为对称正定矩阵,则

(1) $\boldsymbol{A}$ 是可逆矩阵,且 $\boldsymbol{A}^{-1}$ 也是对称正定矩阵.

(2) 记 $\boldsymbol{A}_k$ 是 $\boldsymbol{A}$ 的顺序主子阵,则 $\boldsymbol{A}_k=(k=1,2,\cdots,n)$ 也是对称正定矩阵,其中

$$\boldsymbol{A}_k=\begin{pmatrix} a_{11} & a_{12} & \cdots & a_{1k} \\ a_{21} & a_{22} & \cdots & a_{2k} \\ \vdots & \vdots & \cdots & \vdots \\ a_{k1} & a_{k2} & \cdots & a_{kk} \end{pmatrix}, k=1,2,\cdots,n.$$

(3) $\boldsymbol{A}$ 的所有特征值 $\lambda_i>0(i=1,2,\cdots,n)$.

(4) $\boldsymbol{A}$ 的各阶顺序主子式大于零,即 $\det(\boldsymbol{A}_k)>0(k=1,2,\cdots,n)$.

有重特征值的矩阵不一定相似于对角阵,那么一般的 n 阶矩阵在相似变换下能简化到什么形状?

定理 1.3[若尔当(Jordan)定理]　设 $\boldsymbol{A}$ 为 n 阶矩阵,则存在非奇异矩阵 $\boldsymbol{P}$,使得

$$\boldsymbol{P}^{-1}\boldsymbol{A}\boldsymbol{P}=\begin{pmatrix} \boldsymbol{J}_1(\boldsymbol{\lambda}_1) & & & \\ & \boldsymbol{J}_2(\boldsymbol{\lambda}_2) & & \\ & & \ddots & \\ & & & \boldsymbol{J}_r(\boldsymbol{\lambda}_r) \end{pmatrix},$$

其中

$$\boldsymbol{J}_i(\lambda_i)=\begin{pmatrix} \lambda_i & 1 & & & \\ & \lambda_i & 1 & & \\ & & \ddots & \ddots & \\ & & & \lambda_i & 1 \\ & & & & \lambda_i \end{pmatrix}_{n_i\times n_i},$$

式中 $n_i\geqslant 1(i=1,2,\cdots,r)$,且 $\sum\limits_{i=1}^{r}n_i=n$,$\boldsymbol{J}_i(\lambda_i)$ 称为若尔当块.

(1) 当矩阵 $\boldsymbol{A}$ 的若尔当标准形中所有若尔当块 $\boldsymbol{J}_i(\lambda_i)$ 均为一阶时,此标准形变成对角矩阵.

(2) 若矩阵的特征值互不相同时,则其若尔当标准形必为对角矩阵 $\mathrm{diag}(\lambda_1,\lambda_2,\cdots,\lambda_n)$.

定理 1.4(Schur 分解)　对于任意的 $\boldsymbol{A}\in\mathbf{C}^{n\times n}$,存在酉矩阵 $\boldsymbol{Q}$,使得

$$\boldsymbol{Q}^{\mathrm{H}}\boldsymbol{A}\boldsymbol{Q}=\boldsymbol{R},$$

其中 $\boldsymbol{R}$ 是上三角矩阵,它对角线上的元素就是矩阵 $\boldsymbol{A}$ 的特征值.

1.2.2　线性空间

线性空间的概念起源于向量及其相关运算性质. 将类似的具有共同运算规律的数学对象进行一般的数学描述就得到抽象的线性空间的定义. 因此,线性空间的概念和理论在自然科学、工程技术,特别是数学的其他领域都有广泛的应用.

这里首先约定,下面所称的数域 $\boldsymbol{F}$,是指实数域或复数域. 在抽象代数中,数域是指至少

包含 0 和 1 的数集,在该集合中进行的数的和差积商(除数不为零)的运算是封闭的.

定义 1.6 设 $\boldsymbol{V}$ 是一个集合,其中的元素称为向量,$\boldsymbol{F}$ 是数域,其中的每个数称为纯量.在集合 $\boldsymbol{V}$ 中定义了两个向量的一种"加法"运算,记为"+",在数域 $\boldsymbol{F}$ 和集合 $\boldsymbol{V}$ 的任意两个元素中定义了一个运算,称为"数乘",记为"·"(该记号也常省略).对于任意 $\boldsymbol{\alpha}\in\boldsymbol{V},\boldsymbol{\beta}\in\boldsymbol{V}$ 和 $\boldsymbol{\gamma}\in\boldsymbol{V}$,任意 $x\in\boldsymbol{F}$ 和 $y\in\boldsymbol{F}$,关于加法运算和数乘运算满足如下性质:

(1)$\boldsymbol{\alpha}+\boldsymbol{\beta}\in\boldsymbol{V}$

(2)$\boldsymbol{\alpha}+\boldsymbol{\beta}=\boldsymbol{\beta}+\boldsymbol{\alpha}$

(3)$(\boldsymbol{\alpha}+\boldsymbol{\beta})+\boldsymbol{\gamma}=\boldsymbol{\alpha}+(\boldsymbol{\beta}+\boldsymbol{\gamma})$

(4)存在零向量 $\boldsymbol{0}\in\boldsymbol{V}$,使得对于 $\forall\boldsymbol{\alpha}\in\boldsymbol{V},\boldsymbol{\alpha}+\boldsymbol{0}=\boldsymbol{\alpha}$

(5)对于 $\forall\boldsymbol{\alpha}\in\boldsymbol{V}$,存在负向量 $-\boldsymbol{\alpha}\in\boldsymbol{V}$,使得 $\boldsymbol{\alpha}+(-\boldsymbol{\alpha})=\boldsymbol{0}$

(6)$x\boldsymbol{\alpha}\in\boldsymbol{V}$

(7)$1\boldsymbol{\alpha}=\boldsymbol{\alpha}$

(8)$x(y\boldsymbol{\alpha})=(xy)\boldsymbol{\alpha}$

(9)$(x+y)\boldsymbol{\alpha}=x\boldsymbol{\alpha}+y\boldsymbol{\alpha}$

(10)$x(\boldsymbol{\alpha}+\boldsymbol{\beta})=x\boldsymbol{\alpha}+x\boldsymbol{\beta}$

则称 $\boldsymbol{V}$ 是数域 $\boldsymbol{F}$ 上的一个线性空间(又称为向量空间).

利用线性空间的定义可以证明:线性空间 $\boldsymbol{V}$ 中的零向量是唯一的,$\boldsymbol{V}$ 中的每个元素的负向量也是唯一的.另外,在线性空间中,还可定义两个元素的"减法":

$$\boldsymbol{\alpha}-\boldsymbol{\beta}=\boldsymbol{\alpha}+(-\boldsymbol{\beta}).$$

除此之外,还容易证明如下性质:

(1)$0\boldsymbol{\alpha}=0,x\boldsymbol{0}=\boldsymbol{0}$;

(2)$x(-\boldsymbol{\alpha})=-x\boldsymbol{\alpha}=(-x)\boldsymbol{\alpha}$;

(3)$(x-y)\boldsymbol{\alpha}=x\boldsymbol{\alpha}-y\boldsymbol{\alpha}$;

(4)$x(\boldsymbol{\alpha}-\boldsymbol{\beta})=x\boldsymbol{\alpha}-x\boldsymbol{\beta}$.

在代数学中,定义了向量的线性组合、线性表示、线性相关和线性无关及极大线性无关组等概念.这些概念可以平行推广到一般的线性空间中,相应的一些结论也可以证明在线性空间也是成立的.

定义 1.7 设 $\boldsymbol{V}$ 是数域 $\boldsymbol{F}$ 上的线性空间,若 $\boldsymbol{V}$ 中存在一个有限向量组 $\{\boldsymbol{\alpha}_1,\boldsymbol{\alpha}_2,\cdots,\boldsymbol{\alpha}_n\}$ 满足:

(1)$\boldsymbol{\alpha}_1,\boldsymbol{\alpha}_2,\cdots,\boldsymbol{\alpha}_n$ 线性无关

(2)$\boldsymbol{V}$ 中任意向量都可以由 $\boldsymbol{\alpha}_1,\boldsymbol{\alpha}_2,\cdots,\boldsymbol{\alpha}_n$ 线性表示

则称 $\boldsymbol{\alpha}_1,\boldsymbol{\alpha}_2,\cdots,\boldsymbol{\alpha}_n$ 是一个极大向量无关组,通常也称 $\{\boldsymbol{\alpha}_1,\boldsymbol{\alpha}_2,\cdots,\boldsymbol{\alpha}_n\}$ 是 $\boldsymbol{V}$ 的一组基,并称 $\boldsymbol{V}$ 是 n 维线性空间,记为 $\dim\boldsymbol{V}=n$.

例如,$\mathbf{R}^n$ 是 n 维线性空间,其中

$$\boldsymbol{e}_1=\begin{pmatrix}1\\0\\\vdots\\0\end{pmatrix},\boldsymbol{e}_2=\begin{pmatrix}0\\1\\\vdots\\0\end{pmatrix},\cdots,\boldsymbol{e}_n=\begin{pmatrix}0\\0\\\vdots\\1\end{pmatrix}$$

就是 $\mathbf{R}^n$ 的一组基.

如果线性空间存在无穷多个线性无关的向量,则称该空间是无限维空间. 本书只讨论有限维空间.

当$\{\boldsymbol{\alpha}_1,\boldsymbol{\alpha}_2,\cdots,\boldsymbol{\alpha}_n\}$是线性空间 $\boldsymbol{V}$ 的一组基时,对于 $\forall\boldsymbol{\alpha}\in\boldsymbol{V}$,必然存在一组数 $x_1,x_2,\cdots,x_n\in\boldsymbol{F}$,使得

$$\boldsymbol{\alpha}=x_1\boldsymbol{\alpha}_1+x_2\boldsymbol{\alpha}_2+\cdots+x_n\boldsymbol{\alpha}_n.$$

此时,称 n 元有序数组$(\boldsymbol{x}_1,\boldsymbol{x}_2,\cdots,\boldsymbol{x}_n)^{\mathrm{T}}$ 为向量 $\boldsymbol{\alpha}$ 在基$\{\boldsymbol{\alpha}_1,\boldsymbol{\alpha}_2,\cdots,\boldsymbol{\alpha}_n\}$下的坐标.

由以下结果可知,向量 $\boldsymbol{\alpha}$ 在给定基下的坐标是唯一的.

定理 1.5　设$\{\boldsymbol{\alpha}_1,\boldsymbol{\alpha}_2,\cdots,\boldsymbol{\alpha}_n\}$是线性空间 $\boldsymbol{V}$ 的基,则 $\forall\boldsymbol{\alpha}\in\boldsymbol{V}$ 可以由基唯一线性表示.

利用线性无关的定义可以证明该结果.

对于给定的线性空间 $\boldsymbol{V}$ 而言,$\boldsymbol{V}$ 的子集中的元素作为空间 $\boldsymbol{V}$ 的元素,自然也继承了 $\boldsymbol{V}$ 中定义的向量加法和数乘运算,因而也可能成为一个线性空间.

定义 1.8　设 $\boldsymbol{V}$ 是数域 $\boldsymbol{F}$ 上的线性空间,$\boldsymbol{U}$ 是 $\boldsymbol{V}$ 的子集,如果

(1)对于 $\forall\boldsymbol{\alpha},\boldsymbol{\beta}\in\boldsymbol{U},\boldsymbol{\alpha}+\boldsymbol{\beta}\in\boldsymbol{U}$

(2)对于 $\forall\boldsymbol{x}\in\boldsymbol{F},\forall\boldsymbol{\alpha}\in\boldsymbol{U},x\boldsymbol{\alpha}\in\boldsymbol{U}$

则称 $\boldsymbol{U}$ 是 $\boldsymbol{V}$ 的线性子空间,简称子空间.

对任意线性空间 $\boldsymbol{V},\boldsymbol{U}=\varnothing$也是 $\boldsymbol{V}$ 的子空间,称为平凡子空间. 它的维数规定等于零.

1.2.3　赋范空间

为了对线性空间中元素大小进行衡量,需要引进范数概念,它是空间 $\mathbf{R}^n$ 中向量长度概念的推广.

定义 1.9　设 $\boldsymbol{V}$ 是线性空间,对于 $\forall\boldsymbol{\alpha}\in\boldsymbol{V}$,若存在唯一实数 $\|\boldsymbol{\alpha}\|$ 与之对应并且满足:

(1) $\|\boldsymbol{\alpha}\|\geqslant0$,当且仅当 $\boldsymbol{\alpha}=\boldsymbol{0}$ 时,$\|\boldsymbol{\alpha}\|=0$(正定性)

(2) $\|k\boldsymbol{\alpha}\|=|k|\,\|\boldsymbol{\alpha}\|,k\in\mathbf{R}$(齐次性)

(3) $\|\boldsymbol{\alpha}+\boldsymbol{\beta}\|\leqslant\|\boldsymbol{\alpha}\|+\|\boldsymbol{\beta}\|,\boldsymbol{\alpha},\boldsymbol{\beta}\in\boldsymbol{V}$(三角不等式)

则称 $|\cdot|$ 是线性空间 $\boldsymbol{V}$ 上的范数,二元组$(\boldsymbol{V},\|\cdot\|)$称为赋范线性空间,简称 $\boldsymbol{V}$ 是赋范空间. $\|\boldsymbol{\alpha}\|$称为元素 $\boldsymbol{\alpha}$ 的范数(模).

对于线性空间 $\mathbf{R}^n$ 上的向量 $\boldsymbol{\alpha}=(\boldsymbol{x}_1,\boldsymbol{x}_2,\cdots,\boldsymbol{x}_n)^{\mathrm{T}}\in\mathbf{R}^n$,一般可以定义三种常用范数:

(1) $\|\boldsymbol{\alpha}\|_\infty=\max\limits_{1\leqslant i\leqslant n}|x_i|$,称为向量的∞-范数或最大范数;

(2) $\|\boldsymbol{\alpha}\|_1=\sum\limits_{i=1}^{n}|x_i|$,称为向量的 1-范数;

(3) $\|\boldsymbol{\alpha}\|_2=\left(\sum\limits_{i=1}^{n}x_i^2\right)^{\frac{1}{2}}$,称为向量的 2-范数或欧几里得范数.

对于连续函数空间 $\boldsymbol{C}[a,b]$,对于任意连续函数 $f(x)\in\boldsymbol{C}[a,b]$,也可以定义三种常用范数:

(1) $\|f\|_\infty=\max\limits_{a\leqslant x\leqslant b}|f(x)|$,称为∞-范数;

(2) $\|f\|_1=\int_a^b|f(x)|\,\mathrm{d}x$,称为 1-范数;

(3) $\|f\|_2=\left(\int_a^b f^2(x)\,\mathrm{d}x\right)^{\frac{1}{2}}$,称为 2-范数.

对于由 n 阶实矩阵组成的线性空间 $\mathbf{R}^{n\times n}$,如果视 $\mathbf{R}^{n\times n}$ 中的矩阵为 $\mathbf{R}^{n^2}$ 中的向量,则由 $\mathbf{R}^{n^2}$ 上的 2-范数自然可以得到 $\mathbf{R}^{n\times n}$ 中矩阵的一种范数

$$\|\boldsymbol{A}\|_F=\left(\sum_{i,j=1}^{n}a_{i,j}^2\right)^{\frac{1}{2}},$$

称为矩阵 $\boldsymbol{A}=(\boldsymbol{a}_{i,j})_{n\times n}$ 的佛罗贝尼乌斯(Frobenius)范数.

注意到两个 n 阶矩阵相乘得到另外一个矩阵,所以在定义矩阵范数的时候一般再增加一条性质.

定义 1.10(矩阵范数) 对于 $\forall \boldsymbol{A}\in\mathbf{R}^{n\times n}$,若存在唯一实数 $\|\boldsymbol{A}\|$ 与之对应并且满足:

(1) $\|\boldsymbol{A}\|\geqslant \mathbf{0}$,当且仅当 $\boldsymbol{A}=\mathbf{0}$ 时,$\|\boldsymbol{A}\|=0$(正定性)

(2) $\|k\boldsymbol{A}\|=|k|\,\|\boldsymbol{A}\|,k\in\mathbf{R}$(齐次性)

(3) $\|\boldsymbol{A}+\boldsymbol{B}\|\leqslant\|\boldsymbol{A}\|+\|\boldsymbol{B}\|,\boldsymbol{A},\boldsymbol{B}\in\mathbf{R}^{n\times n}$(三角不等式)

(4) $\|\boldsymbol{AB}\|\leqslant\|\boldsymbol{A}\|\cdot\|\boldsymbol{B}\|,\boldsymbol{A},\boldsymbol{B}\in\mathbf{R}^{n\times n}$

则称 $\|\boldsymbol{A}\|$ 称为矩阵 $\boldsymbol{A}$ 的范数.

上面定义的 $\|\boldsymbol{A}\|_F$ 就是 $\mathbf{R}^{n\times n}$ 上的一个矩阵范数.

由于在大多数运算中,矩阵和向量会同时参与计算,所以希望引进一种范数,使得该范数可以和向量的范数相联系. 比如要求对向量 $\boldsymbol{\alpha}\in\mathbf{R}^n$ 和矩阵 $\boldsymbol{A}\in\mathbf{R}^{n\times n}$ 满足条件

$$\|\boldsymbol{A\alpha}\|\leqslant\|\boldsymbol{A}\|\cdot\|\boldsymbol{\alpha}\|,$$

这时称矩阵范数和向量范数是相容的. 借助于算子的范数定义,引进一种矩阵范数.

定义 1.11(矩阵的算子范数) 对于向量 $\boldsymbol{\alpha}\in\mathbf{R}^n$ 和矩阵 $\boldsymbol{A}\in\mathbf{R}^{n\times n}$,给出了向量的范数 $\|\boldsymbol{\alpha}\|_\nu$,($\nu=1,2,\infty$),相应的定义矩阵的一个非负函数为

$$\|\boldsymbol{A}\|_\nu=\max_{\alpha\neq 0}\frac{\|\boldsymbol{A\alpha}\|_\nu}{\|\boldsymbol{\alpha}\|_\nu},$$

可以验证该定义满足矩阵的范数定义,所以 $\|\boldsymbol{A}\|_\nu$ 是 $\mathbf{R}^{n\times n}$ 上矩阵的一个范数,称为矩阵 $\boldsymbol{A}$ 的算子范数.

而且也容易证明上述算子范数满足相容性条件.

显然矩阵的算子范数 $\|\boldsymbol{A}\|_\nu$ 依赖于向量范数 $\|\boldsymbol{\alpha}\|_\nu$. 也就是说,给出一种具体的向量范数 $\|\boldsymbol{\alpha}\|_\nu$,相应的就得到了一种矩阵的算子范数 $\|\boldsymbol{A}\|_\nu$.

定理 1.6 设矩阵 $\boldsymbol{A}\in\mathbf{R}^{n\times n}$,则:

(1) $\|\boldsymbol{A}\|_\infty=\max\limits_{1\leqslant i\leqslant n}\sum\limits_{j=1}^{n}|a_{i,j}|$ (称为矩阵 $\boldsymbol{A}$ 的行范数);

(2) $\|\boldsymbol{A}\|_1=\max\limits_{1\leqslant j\leqslant n}\sum\limits_{i=1}^{n}|a_{i,j}|$ (称为矩阵 $\boldsymbol{A}$ 的列范数);

(3) $\|\boldsymbol{A}\|_2=\sqrt{\lambda_{\max}(\boldsymbol{A}^{\mathrm{T}}\boldsymbol{A})}$ (称为矩阵 $\boldsymbol{A}$ 的 2-范数),其中 $\lambda_{\max}(\boldsymbol{A}^{\mathrm{T}}\boldsymbol{A})$ 表示矩阵 $\boldsymbol{A}^{\mathrm{T}}\boldsymbol{A}$ 的最大特征值.

先证明(1). 设 $\boldsymbol{\alpha}=(\boldsymbol{x}_1,\boldsymbol{x}_2,\cdots,\boldsymbol{x}_n)^{\mathrm{T}}\neq\mathbf{0}$,不妨设 $\boldsymbol{A}\neq\mathbf{0}$. 记

$$t=\|\boldsymbol{\alpha}\|_{\infty}=\max_{1\leqslant i\leqslant n}|x_i|,\mu=\max_{1\leqslant i\leqslant n}\sum_{j=1}^{n}|a_{ij}|,$$

则

$$\|\boldsymbol{A\alpha}\|_{\infty}=\max_{1\leqslant i\leqslant n}\left|\sum_{j=1}^{n}a_{ij}x_j\right|\leqslant\max_{1\leqslant i\leqslant n}\sum_{j=1}^{n}|a_{ij}\|x_j|\leqslant t\max_{1\leqslant i\leqslant n}\sum_{j=1}^{n}|a_{ij}|,$$

从而对任意 $\boldsymbol{\alpha}=(\boldsymbol{x}_1,\boldsymbol{x}_2,\cdots,\boldsymbol{x}_n)^{\mathrm{T}}\neq\boldsymbol{0}$,有

$$\frac{\|\boldsymbol{A\alpha}\|_{\infty}}{\|\boldsymbol{\alpha}\|_{\infty}}\leqslant\mu.$$

下面说明存在非零向量 $\boldsymbol{\alpha}_0\neq\boldsymbol{0}$,使得 $\dfrac{\|\boldsymbol{A\alpha}_0\|_{\infty}}{\|\boldsymbol{\alpha}_0\|_{\infty}}=\mu$. 设 $\mu=\sum\limits_{j=1}^{n}|a_{i_0j}|$,取向量 $\boldsymbol{\alpha}_0=(\boldsymbol{x}_1,\boldsymbol{x}_2,\cdots,\boldsymbol{x}_n)^{\mathrm{T}}$,其中 $x_j=\mathrm{sgn}(a_{i_0j}),j=1,2,\cdots,n$. 显然 $\|\alpha_0\|_{\infty}=1$,且 $\boldsymbol{A\alpha}_0$ 的第 i_0 个分量为 $\sum\limits_{j=1}^{n}a_{i_0j}x_j=\sum\limits_{j=1}^{n}|a_{i_0j}|$,故

$$\|\boldsymbol{A\alpha}_0\|_{\infty}=\max_{1\leqslant i\leqslant n}\left|\sum_{j=1}^{n}a_{ij}x_j\right|=\sum_{j=1}^{n}|a_{i_0j}|=\mu.$$

(2)的证明和(1)完全类似,从略.

再证明(3).

先了解内积空间的一些基本知识.

对于任意 $\boldsymbol{\alpha}\in\mathbf{R}^n$,$\|\boldsymbol{A\alpha}\|_2^2=(\boldsymbol{A\alpha},\boldsymbol{A\alpha})=(\boldsymbol{A}^{\mathrm{T}}\boldsymbol{A\alpha},\boldsymbol{\alpha})\geqslant0$,从而 $\boldsymbol{A}^{\mathrm{T}}\boldsymbol{A}$ 的特征值为非负实数,设为

$$\lambda_1\geqslant\lambda_2\geqslant\cdots\geqslant\lambda_n,$$

$\boldsymbol{A}^{\mathrm{T}}\boldsymbol{A}$ 是对称阵,设 $\boldsymbol{u}_1,\boldsymbol{u}_2,\cdots,\boldsymbol{u}_n$ 是为 $\boldsymbol{A}^{\mathrm{T}}\boldsymbol{A}$ 相应于上述特征值序列的特征向量且

$$(u_i,u_j)=\delta_{ij}.$$

又设任意非零向量 $\boldsymbol{\alpha}\in\mathbf{R}^n$,于是有

$$\boldsymbol{\alpha}=\sum_{i=1}^{n}c_iu_i,$$

从而

$$\frac{\|\boldsymbol{A\alpha}\|_2^2}{\|\boldsymbol{\alpha}\|_2^2}=\frac{(\boldsymbol{A}^{\mathrm{T}}\boldsymbol{A\alpha},\boldsymbol{\alpha})}{(\boldsymbol{\alpha},\boldsymbol{\alpha})}=\frac{\sum\limits_{i=1}^{n}\lambda_ic_i^2}{\sum\limits_{i=1}^{n}c_i^2}\leqslant\lambda_1.$$

取 $\alpha=u_1$,上式等号成立,故

$$\|\boldsymbol{A}\|_2=\max_{\boldsymbol{\alpha}\neq\boldsymbol{0}}\frac{\|\boldsymbol{A\alpha}\|_2}{\|\boldsymbol{\alpha}\|_2}=\sqrt{\lambda_1}=\sqrt{\lambda_{\max}(\boldsymbol{A}^{\mathrm{T}}\boldsymbol{A})}.$$

1.2.4 内积空间

定义 1.12 设 $\boldsymbol{V}$ 是实数域 $\mathbf{R}$ 上的线性空间. 对于 $\boldsymbol{V}$ 任意两个向量 $\boldsymbol{\alpha}$、$\boldsymbol{\beta}$,存在一个实数 $(\boldsymbol{\alpha},\boldsymbol{\beta})$ 与之对应,并且满足:

(1) $(\boldsymbol{\alpha},\boldsymbol{\alpha})\geqslant 0$，当且仅当 $\boldsymbol{\alpha}=\mathbf{0}$ 时，$(\boldsymbol{\alpha},\boldsymbol{\alpha})=0$

(2) $(\boldsymbol{\alpha},\boldsymbol{\beta})=(\boldsymbol{\beta},\boldsymbol{\alpha})$

(3) $(k\boldsymbol{\alpha},\boldsymbol{\beta})=k(\boldsymbol{\alpha},\boldsymbol{\beta})$，$k\in\mathbf{R}$

(4) $(\boldsymbol{\alpha}+\boldsymbol{\beta},\boldsymbol{\gamma})=(\boldsymbol{\alpha},\boldsymbol{\gamma})+(\boldsymbol{\beta},\boldsymbol{\gamma})$，$\boldsymbol{\gamma}\in\boldsymbol{V}$

称 $(\boldsymbol{\alpha},\boldsymbol{\beta})$ 是向量 $\boldsymbol{\alpha}$、$\boldsymbol{\beta}$ 的内积，这时 $\boldsymbol{V}$ 称为实内积空间．

如果是复内积空间，则 $\boldsymbol{V}$ 是复数域 $\mathbf{C}$ 上的线性空间，且上述条件中的(2)应该修改为

$$(\boldsymbol{\alpha},\boldsymbol{\beta})=\overline{(\boldsymbol{\beta},\boldsymbol{\alpha})}.$$

对于 $\boldsymbol{\alpha}=(\boldsymbol{a}_1,\boldsymbol{a}_2,\cdots,\boldsymbol{a}_n)^{\mathrm{T}}\in\mathbf{R}^n$，$\boldsymbol{\beta}=(\boldsymbol{b}_1,\boldsymbol{b}_2,\cdots,\boldsymbol{b}_n)^{\mathrm{T}}\in\mathbf{R}^n$，定义

$$(\boldsymbol{\alpha},\boldsymbol{\beta})=a_1b_1+a_2b_2+\cdots+a_nb_n=\sum_{i=1}^{n}a_ib_i,$$

容易验证 $(\boldsymbol{\alpha},\boldsymbol{\beta})$ 满足内积定义中的四条性质，从而 $\mathbf{R}^n$ 是内积空间．

对于 $\boldsymbol{A}=(a_{ij})\in\mathbf{R}^{n\times n}$，$\boldsymbol{B}=(b_{ij})\in\mathbf{R}^{n\times n}$，定义

$$(\boldsymbol{A},\boldsymbol{B})=\sum_{i,j=1}^{n}a_{ij}b_{ij},$$

容易验证 $(\boldsymbol{A},\boldsymbol{B})$ 满足内积定义中的四条性质，从而 $\mathbf{R}^{n\times n}$ 是内积空间．

对于 $f(x)\in\boldsymbol{C}[a,b]$，$g(x)\in\boldsymbol{C}[a,b]$，定义

$$(f,g)=\int_a^b f(x)g(x)\mathrm{d}x,$$

容易验证 (f,g) 满足内积的四条性质，从而 $\mathbf{C}[a,b]$ 是内积空间．

利用内积的定义容易看出：

(1) $(\boldsymbol{\alpha},0)=(0,\boldsymbol{\beta})=0$；

(2) $(\boldsymbol{\alpha},k\boldsymbol{\beta})=k(\boldsymbol{\alpha},\boldsymbol{\beta})$；

(3) $(\boldsymbol{\alpha},\boldsymbol{\beta}+\boldsymbol{\gamma})=(\boldsymbol{\alpha},\boldsymbol{\beta})+(\boldsymbol{\alpha},\boldsymbol{\gamma})$.

综上所述，对于 $k_1,k_2,l_1,l_2\in\mathbf{R}$，$\boldsymbol{\alpha}_1,\boldsymbol{\alpha}_2,\boldsymbol{\beta}_1,\boldsymbol{\beta}_2\in\boldsymbol{V}$，有

$$(k_1\boldsymbol{\alpha}_1+k_2\boldsymbol{\alpha}_2,l_1\boldsymbol{\beta}_1+l_2\boldsymbol{\beta}_2)=k_1l_1(\boldsymbol{\alpha}_1,\boldsymbol{\beta}_1)+k_1l_2(\boldsymbol{\alpha}_1,\boldsymbol{\beta}_2)+k_2l_1(\boldsymbol{\alpha}_2,\boldsymbol{\beta}_1)+k_2l_2(\boldsymbol{\alpha}_2,\boldsymbol{\beta}_2).$$

定义 1.13 设 $\boldsymbol{V}$ 为内积空间，对任意 $\boldsymbol{\alpha}\in\boldsymbol{V}$，称

$$\|\boldsymbol{\alpha}\|=\sqrt{(\boldsymbol{\alpha},\boldsymbol{\alpha})}$$

是由内积诱导出的范数．

在内积空间中，如不做特别说明，范数都是由内积诱导出的范数．利用下面介绍的 Cauchy-Schwarz 不等式可知，$\|\boldsymbol{\alpha}\|=\sqrt{(\boldsymbol{\alpha},\boldsymbol{\alpha})}$ 是一个范数，从而内积空间 $\boldsymbol{V}$ 也是一个赋范空间．

定理 1.7 设 $\boldsymbol{\alpha},\boldsymbol{\beta}$ 是内积空间 $\boldsymbol{V}$ 任意两个元素，则有

$$|(\boldsymbol{\alpha},\boldsymbol{\beta})|\leqslant\|\boldsymbol{\alpha}\|\cdot\|\boldsymbol{\beta}\|,$$

并且当且仅当 $\boldsymbol{\alpha}$、$\boldsymbol{\beta}$ 线性相关时，等号成立．

上述不等式称为 Cauchy-Schwarz 不等式．

证明 $\boldsymbol{\beta}=\mathbf{0}$，则等式显然成立．下设 $\boldsymbol{\beta}\neq\mathbf{0}$，对于 $\forall k\in\mathbf{R}$，

$$0\leqslant\|\boldsymbol{\alpha}-k\boldsymbol{\beta}\|^2=(\boldsymbol{\alpha}-k\boldsymbol{\beta},\boldsymbol{\alpha}-k\boldsymbol{\beta})=(\boldsymbol{\alpha},\boldsymbol{\alpha})-2k(\boldsymbol{\alpha},\boldsymbol{\beta})+k^2(\boldsymbol{\beta},\boldsymbol{\beta}),$$

取

$$k=\frac{(\boldsymbol{\alpha},\boldsymbol{\beta})}{(\boldsymbol{\beta},\boldsymbol{\beta})},$$

则

$$(\boldsymbol{\alpha},\boldsymbol{\alpha})-2k(\boldsymbol{\alpha},\boldsymbol{\beta})+k^2(\boldsymbol{\beta},\boldsymbol{\beta})=(\boldsymbol{\alpha},\boldsymbol{\alpha})-\frac{(\boldsymbol{\alpha},\boldsymbol{\beta})^2}{(\boldsymbol{\beta},\boldsymbol{\beta})}\geqslant\mathbf{0},$$

从而可知

$$(\boldsymbol{\alpha},\boldsymbol{\alpha})\cdot(\boldsymbol{\beta},\boldsymbol{\beta})\geqslant(\boldsymbol{\alpha},\boldsymbol{\beta})^2.$$

由证明过程可知当且仅当 $\boldsymbol{\alpha}$、$\boldsymbol{\beta}$ 线性相关时,等号成立.

定义 1.14 内积空间 $\boldsymbol{V}$ 中,如果

$$(\boldsymbol{\alpha},\boldsymbol{\beta})=\mathbf{0},$$

则称向量 $\boldsymbol{\alpha}$、$\boldsymbol{\beta}$ 正交,记为 $\boldsymbol{\alpha}\perp\boldsymbol{\beta}$.

如果两个向量 $\boldsymbol{\alpha}$、$\boldsymbol{\beta}$ 正交,则有

$$\|\boldsymbol{\alpha}+\boldsymbol{\beta}\|^2=\|\boldsymbol{\alpha}\|^2+\|\boldsymbol{\beta}\|^2.$$

1.3 泛函分析基础

1.3.1 完备性

完备性也称完全性,可以从多个不同的角度来精确描述这个定义,同时可以引入完备化这个概念. 但是在不同的领域中,“完备”也有不同的含义,特别是在某些领域中,“完备化”的过程并不称为“完备化”.

(1)**度量空间**:在泛函分析中,如果 $\boldsymbol{S}$ 的扩张在 $\boldsymbol{V}$ 中是稠密的,一个拓扑向量空间 $\boldsymbol{V}$ 的子集 $\boldsymbol{S}$ 被称为是完全的. 如果 $\boldsymbol{V}$ 是可分拓扑空间,那么也可以导出 $\boldsymbol{V}$ 中的任何向量都可以被写成 $\boldsymbol{S}$ 中元素的(有限或无限的)线性组合. 更特殊地,在希尔伯特空间(Hilbert space)中(或者略一般地,在线性内积空间中),一组标准正交基就是一个完全而且正交的集合.

(2)**测度空间**:一个测度空间(measure space)是完全的,它的任何零测集(null set)的任何子集都是可测的.

1.3.2 不动点定理

不动点定理是研究方程解的存在性与唯一性的重要工具之一. 把一些方程的求解问题转化为求映射的不动点,并用逐次逼近法求出不动点,这是分析和代数中常用的一种方法. 这种方法的基本思想可以追溯到牛顿求代数方程的根时所用的切线法,以及 19 世纪 Picard 运用逐次逼近法解常微分方程. 后来,1922 年波兰数学家巴拿赫(Banach)将这类方法加以抽象,得到了著名的压缩映射原理.

定义 1.15 设映射 $T:\boldsymbol{X}\to\boldsymbol{X}$,若 $\boldsymbol{x}\in\boldsymbol{X}$ 满足 $T\boldsymbol{x}=\boldsymbol{x}$,则称 $\boldsymbol{x}$ 是 T 的不动点,即在函数取值的过程中,有一点 $\boldsymbol{x}\in\boldsymbol{X}$ 使得 $T\boldsymbol{x}=\boldsymbol{x}$.

定理 1.8 设$(\boldsymbol{X},d)$是一完备的度量空间,设 T 是从 $\boldsymbol{X}$ 到 $\boldsymbol{X}$ 的映射,若存在单调递减的函数 $h(t):(0,+\infty)\to\left(0,\frac{1}{2}\right)$,使得 $\forall \boldsymbol{x},\boldsymbol{y}\in\boldsymbol{X}$,且 $\boldsymbol{x}\neq\boldsymbol{y}$ 有

$$d(T\boldsymbol{x},T\boldsymbol{y})\leqslant h(d(\boldsymbol{x},\boldsymbol{y}))\left[d(\boldsymbol{x},T\boldsymbol{y})+d(\boldsymbol{y},T\boldsymbol{x})\right],$$

则 T 在 $\boldsymbol{X}$ 中存在唯一不动点.

定义 1.16 假定 $G:D\subset\mathbf{R}^n\to\mathbf{R}^n$,若存在 $a\in(0,1)$,使得对于 $\forall\boldsymbol{x},\boldsymbol{y}\in D_0\subset D$ 成立,

$$\|G(\boldsymbol{x})-G(\boldsymbol{y})\|\leqslant\alpha\|\boldsymbol{x}-\boldsymbol{y}\|$$

则称 $G(\boldsymbol{x})$ 在 D_0 上是**压缩映射**,α 称为压缩系数.

一个映射是否为压缩的与所考虑的域 D 密切相关.

定理 1.9 设$(\boldsymbol{X},d)$是一完备度量空间,设 T,S 是从 $\boldsymbol{X}$ 到 $\boldsymbol{X}$ 的压缩映射对,若存在单调递减函数 $h(t):(0,+\infty)\to\left(0,\frac{1}{2}\right)$,使得 $\forall\boldsymbol{x},\boldsymbol{y}\in\boldsymbol{X}$,且 $\boldsymbol{x}\neq\boldsymbol{y}$,有

$$d(T\boldsymbol{x},S\boldsymbol{y})\leqslant h(d(\boldsymbol{x},\boldsymbol{y}))\left[d(\boldsymbol{x},T\boldsymbol{x})+d(\boldsymbol{y},S\boldsymbol{x})\right],$$

则 T,S 在 $\boldsymbol{X}$ 中存在唯一公共不动点 $\mathbf{Z}$,而且对任意 $x_0\in\boldsymbol{X}$,有

$$(TS)^n x_0\to\mathbf{Z},(ST)^n x_0\to\mathbf{Z}(n\to\infty).$$

定理 1.10 设 $\boldsymbol{X}$ 是完备的距离空间,距离为 ρ,T 是由 $\boldsymbol{X}$ 到其自身的映射,且对任意的 $\boldsymbol{x}$,$\boldsymbol{y}\in\boldsymbol{X}$,不等式 $\rho(T\boldsymbol{x},T\boldsymbol{y})\leqslant\theta\rho(\boldsymbol{x},\boldsymbol{y})$成立,其中 θ 是满足不等式 $0\leqslant\theta<1$ 的常数,那么 T 在 $\boldsymbol{X}$ 中存在唯一的不动点,即存在唯一的 $\bar{\boldsymbol{x}}\in\boldsymbol{X}$,使得 $T\bar{\boldsymbol{x}}=\bar{\boldsymbol{x}}$.

定理 1.11 设 T 是由完备距离空间 $\boldsymbol{X}$ 到其自身的映射,如果存在常数 θ:$0\leqslant\theta<1$,以及自然数 n_0 使得

$$\rho(T^{n_0}\boldsymbol{x},T^{n_0}\boldsymbol{y})\leqslant\theta\rho(\boldsymbol{x},\boldsymbol{y})\quad(\boldsymbol{x},\boldsymbol{y}\in\boldsymbol{X}),$$

那么 T 在 $\boldsymbol{X}$ 中存在唯一的不动点.

在不同条件下,还有很多其他形式的不动点定理。

定理 1.12(布劳威尔不动点定理) 设 A 为 $\mathbf{R}^n$ 中的一紧致凸集,f 为将 A 映射到 A 的一连续函数,则在 A 中至少存在一点 $\boldsymbol{x}$,使得 $\boldsymbol{x}=f(\boldsymbol{x})$.

布劳威尔不动点定理在平面上可解释为:每一个从某个给定的闭圆盘映射到它自身的连续函数都有至少一个不动点. 在欧氏空间中,每一个从某个给定的闭球映射到它自己的连续函数都有(至少)一个不动点. 每一个从一个欧氏空间的某个给定的凸紧子集映射到它自身的连续函数都有(至少)一个不动点.

定理 1.13[角谷(Kakutani)不动点定理] 设 A 为 $\mathbf{R}^n$ 中的一紧致凸集,对于任何 $x\in A$,若 $f(x)$为 A 的一非空凸集,且 $f(x)$ 在 A 上为上半连续,则必存在 $x\in A$,使 $x\in f(x)$.

定理 1.14(Schauder 不动点定理) 设 D 是实 Banach 空间 $\boldsymbol{E}$ 中的非空紧凸集,若 $A:D\to D$ 连续,则 A 在 D 上必有不动点.

定理 1.15(Leray-Schauder 不动点定理) 设 D 是实 Banach 空间 $\boldsymbol{E}$ 中的非空有界闭凸集,若算子 $A:D\to D$ 全连续,则 A 在 D 上必有不动点.

课后习题

1. 设 $x>0$，x 的相对误差为 δ，求 $\ln x$ 的误差．

2. 设 x 的相对误差为 2%，求 x^n 的相对误差．

3. 下列各数都是经过四舍五入得到的近似数，即误差限不超过最后一位的半个单位，试指出它们是几位有效数字：

$$x_1^*=1.1021,x_2^*=0.031,x_3^*=385.6,x_4^*=56.430,x_5^*=7\times1.0.$$

4. 设 $Y_0=28$，按递推公式

$$Y_n=Y_{n-1}-\frac{1}{100}\sqrt{783},n=1,2,\cdots$$

计算到 Y_{100}. 若取 $\sqrt{783}\approx27.982$（5 位有效数字），计算 Y_{100} 将有多大误差？

5. 当 $x\approx y$ 时计算 $\ln x-\ln y$ 有效位数会损失，改用 $\ln x-\ln y=\ln\frac{x}{y}$ 是否就能减少舍入误差？（提示：考虑对数函数何时出现病态）

第 2 章　线性方程组的迭代解法

考虑线性方程组

$$\boldsymbol{Ax}=\boldsymbol{b}, \tag{2.1}$$

其中 $\boldsymbol{A}$ 为非奇异矩阵，当 $\boldsymbol{A}$ 为低阶稠密矩阵时，高斯列主元消去法是解方程组(2.1)的有效方法，或者也可以通过对系数矩阵的分解来求解两个三角形方程组．但是，对于由工程技术中产生的大型稀疏矩阵方程组($\boldsymbol{A}$ 的阶数 n 很大，但零元素较多，例如 $n\geqslant 10^4$，由某些偏微分方程数值解所产生的线性方程组)，利用迭代法求解方程组(2.1)是合适的．迭代法用在计算机内存和运算两方面，通常都可利用 $\boldsymbol{A}$ 中有大量零元素的特点．

本章将介绍迭代法的一些基本理论及雅可比迭代法、高斯—塞德尔迭代法、超松弛迭代法(超松弛迭代法应用很广泛)．

下面首先举一个简单例子，以便了解迭代法的思想．

求解方程组

$$\begin{cases}8x_1-3x_2+2x_3=20,\\ 4x_1+11x_2-x_3=33,\\ 6x_1+3x_2+12x_3=36,\end{cases} \tag{2.2}$$

记为 $\boldsymbol{Ax}=\boldsymbol{b}$，其中

$$\boldsymbol{A}=\begin{bmatrix}8 & -3 & 2\\ 4 & 11 & -1\\ 6 & 3 & 12\end{bmatrix},\boldsymbol{x}=\begin{bmatrix}x_1\\ x_2\\ x_3\end{bmatrix},\boldsymbol{b}=\begin{bmatrix}20\\ 33\\ 36\end{bmatrix}.$$

方程组的精确解是 $\boldsymbol{x}^*=(3,2,1)^{\mathrm{T}}$．现将式(2.2)改写成下面等价的方程组：

$$\begin{cases}x_1=\dfrac{1}{8}(3x_2-2x_3+20),\\ x_2=\dfrac{1}{11}(-4x_1+x_3+33),\\ x_3=\dfrac{1}{12}(-6x_1-3x_2+36),\end{cases} \tag{2.3}$$

或写为 $\boldsymbol{x}=\boldsymbol{B}_0\boldsymbol{x}+\boldsymbol{f}$，其中

$$\boldsymbol{B}_0=\begin{bmatrix}0 & \dfrac{3}{8} & -\dfrac{2}{8}\\ -\dfrac{4}{11} & 0 & \dfrac{1}{11}\\ -\dfrac{6}{12} & -\dfrac{3}{12} & 0\end{bmatrix},\quad \boldsymbol{f}=\begin{bmatrix}\dfrac{20}{8}\\ \dfrac{33}{11}\\ \dfrac{36}{12}\end{bmatrix}.$$

任取初始值,例如取 $\boldsymbol{x}^{(0)}=(0,0,0)^{\mathrm{T}}$. 将这些值代入式(2.3)右边[若式(2.3)为等式即求得方程组的解,但一般不满足],得到新的值:

$$\boldsymbol{x}^{(1)}=(x_1^{(1)},x_2^{(1)},x_3^{(1)})^{\mathrm{T}}=(2.5,3,3)^{\mathrm{T}}.$$

再将 $\boldsymbol{x}^{(1)}$ 分量代入式(2.3)右边得到 $\boldsymbol{x}^{(2)}$,反复利用这个计算程序,得到一向量序列和一般的计算公式(迭代公式):

$$\boldsymbol{x}^{(0)}=\begin{bmatrix}x_1^{(0)}\\x_2^{(0)}\\x_3^{(0)}\end{bmatrix},\boldsymbol{x}^{(1)}=\begin{bmatrix}x_1^{(1)}\\x_2^{(1)}\\x_3^{(1)}\end{bmatrix},\cdots,\boldsymbol{x}^{(k)}=\begin{bmatrix}x_1^{(k)}\\x_2^{(k)}\\x_3^{(k)}\end{bmatrix},\cdots$$

$$\begin{cases}\boldsymbol{x}_1^{(k+1)}=(3\boldsymbol{x}_2^{(k)}-2\boldsymbol{x}_3^{(k)}+20)/8,\\\boldsymbol{x}_2^{(k+1)}=(-4\boldsymbol{x}_1^{(k)}+\boldsymbol{x}_3^{(k)}+33)/11,\\\boldsymbol{x}_3^{(k+1)}=(-6\boldsymbol{x}_1^{(k)}-3\boldsymbol{x}_2^{(k)}+36)/12,\end{cases}\tag{2.4}$$

简写为

$$\boldsymbol{x}^{(k+1)}=\boldsymbol{B}_0\boldsymbol{x}^{(k)}+\boldsymbol{f},$$

其中 k 表示迭代次数($k=0,1,2,\cdots$).

迭代到第 10 次有

$$\boldsymbol{x}^{(10)}=(3.000032,1.999838,0.9998813)^{\mathrm{T}},\ \|\boldsymbol{\varepsilon}^{(10)}\|_{\infty}=0.000187,$$

其中 $\boldsymbol{\varepsilon}^{(10)}=\boldsymbol{x}^{(10)}-\boldsymbol{x}^{*}$ 表示迭代值和准确值之间的误差向量.

从此例看出,由迭代法作出的向量序列 $\boldsymbol{x}^{(k)}$ 逐步逼近方程组的精确解 $\boldsymbol{x}^{*}$.

对于任何一个方程组 $\boldsymbol{Ax}=\boldsymbol{b}$,如何运用迭代法构造迭代序列以逼近方程组的解呢?

第一步:将方程组 $\boldsymbol{Ax}=\boldsymbol{b}$ 按照某种方式转化成等价形式的方程组

$$\boldsymbol{x}=\boldsymbol{Bx}+\boldsymbol{f}.$$

第二步:任取初始迭代向量 $\boldsymbol{x}^{(0)}$,按照下述迭代公式构造向量序列

$$\boldsymbol{x}^{(k+1)}=\boldsymbol{Bx}^{(k)}+\boldsymbol{f},k=0,1,2,\cdots\tag{2.5}$$

其中 $\boldsymbol{B}$ 称为迭代矩阵,k 表示迭代次数.

第三步:讨论向量序列 $\boldsymbol{x}^{(k+1)}$ 是否收敛.

定义 2.1　(1)对于给定的方程组 $\boldsymbol{x}=\boldsymbol{Bx}+\boldsymbol{f}$,用式(2.5)逐步代入求近似解的方法称为迭代法(或称为一阶定常迭代法,这里 $\boldsymbol{B}$ 与 k 无关).

(2)如果 $\lim\limits_{k\to\infty}\boldsymbol{x}^{(k)}$ 存在(记为 $\boldsymbol{x}^{*}$),称此迭代法收敛,显然 $\boldsymbol{x}^{*}$ 就是方程组的解,否则称此迭代法发散.

由上述讨论,需要研究向量序列 $\{\boldsymbol{x}^{(k)}\}$ 的收敛性. 设 $\boldsymbol{x}^{*}$ 是方程组 $\boldsymbol{x}=\boldsymbol{Bx}+\boldsymbol{f}$ 唯一的准确解,即

$$\boldsymbol{x}^{*}=\boldsymbol{Bx}^{*}+\boldsymbol{f},\tag{2.6}$$

引进误差向量

$$\boldsymbol{\varepsilon}^{(k+1)}=\boldsymbol{x}^{(k+1)}-\boldsymbol{x}^{*},\tag{2.7}$$

由式(2.5)减去式(2.6),得

$$\boldsymbol{\varepsilon}^{(k+1)}=\boldsymbol{B\varepsilon}^{(k)},k=0,1,2,\cdots$$

递推得

$$\boldsymbol{\varepsilon}^{(k)}=\boldsymbol{B}\boldsymbol{\varepsilon}^{(k-1)}=\cdots=\boldsymbol{B}^k\boldsymbol{\varepsilon}^{(0)}. \tag{2.8}$$

由式(2.8)可知,要考察$\{\boldsymbol{x}^{(k)}\}$的收敛性,就要研究$\boldsymbol{B}$在什么条件下有$\boldsymbol{\varepsilon}^{(k)}\to\boldsymbol{0}(k\to\infty)$,即要研究$\boldsymbol{B}$满足什么条件时有$\boldsymbol{B}^k\to\boldsymbol{0}$(零矩阵)$(k\to\infty)$.

2.1 经典迭代法

2.1.1 迭代法原理

将系数矩阵$\boldsymbol{A}$分裂为

$$\boldsymbol{A}=\boldsymbol{M}-\boldsymbol{N},$$

矩阵$\boldsymbol{M}$可逆,于是,求解$\boldsymbol{Ax}=\boldsymbol{b}$转化为求解$\boldsymbol{Mx}=\boldsymbol{Nx}+\boldsymbol{b}$,即求解$\boldsymbol{Ax}=\boldsymbol{b}$等价于求解$\boldsymbol{x}=\boldsymbol{M}^{-1}\boldsymbol{Nx}+\boldsymbol{M}^{-1}\boldsymbol{b}$,也就是求解如下形式等价方程组:

$$\boldsymbol{x}=\boldsymbol{Bx}+\boldsymbol{f},$$

其中$\boldsymbol{B}=\boldsymbol{M}^{-1}\boldsymbol{N}=\boldsymbol{M}^{-1}(\boldsymbol{M}-\boldsymbol{A})=\boldsymbol{E}-\boldsymbol{M}^{-1}\boldsymbol{A}$,$\boldsymbol{f}=\boldsymbol{M}^{-1}\boldsymbol{b}$. 并建立相应的迭代格式

$$\boldsymbol{x}^{(k+1)}=\boldsymbol{Bx}^{(k)}+\boldsymbol{f},$$

其中$\boldsymbol{B}$称为迭代矩阵,$\boldsymbol{f}$是和$\boldsymbol{A}$、$\boldsymbol{b}$有关的列向量.

给定初始迭代向量$\boldsymbol{x}^{(0)}$,依次分别计算出$\boldsymbol{x}^{(1)},\boldsymbol{x}^{(2)},\cdots,\boldsymbol{x}^{(k)},\cdots$,如果向量序列$\{\boldsymbol{x}^{(k)}\}$收敛,即$\lim\limits_{k\to\infty}\boldsymbol{x}^{(k)}=\boldsymbol{x}^*$,则$\boldsymbol{x}^*$必是方程组的唯一解.

由于迭代格式中$\boldsymbol{x}^{(k+1)}$仅线性依赖于$\boldsymbol{x}^{(k)}$,且迭代矩阵$\boldsymbol{B}$保持不变,所以也称该迭代格式是一阶线性定常迭代格式.

对于给定的方程组做不同的等价变形,就会得到不同的迭代格式,其区别仅在于不同的迭代矩阵$\boldsymbol{B}$和向量$\boldsymbol{f}$.

记

$$\boldsymbol{A}=\boldsymbol{D}-\boldsymbol{L}-\boldsymbol{U},$$

其中

$$\boldsymbol{D}=\begin{pmatrix}a_{11}&0&\cdots&0\\0&a_{22}&\cdots&0\\\vdots&\vdots&\cdots&\vdots\\0&0&\cdots&a_{nn}\end{pmatrix},\boldsymbol{L}=\begin{pmatrix}0&0&\cdots&0\\-a_{21}&0&\cdots&0\\\vdots&\vdots&\cdots&\vdots\\-a_{n1}&-a_{n2}&\cdots&0\end{pmatrix},\boldsymbol{U}=\begin{pmatrix}0&-a_{12}&\cdots&-a_{1n}\\0&0&\cdots&-a_{2n}\\\vdots&\vdots&\cdots&\vdots\\0&0&\cdots&0\end{pmatrix}.$$

下面介绍几种基本的迭代法.

1. 简单迭代法

分裂$\boldsymbol{A}=\boldsymbol{E}-(\boldsymbol{E}-\boldsymbol{A})$,将方程组转化为

$$\boldsymbol{x}=(\boldsymbol{E}-\boldsymbol{A})\boldsymbol{x}+\boldsymbol{b},$$

相应的迭代格式为

$$\boldsymbol{x}^{(k+1)}=(\boldsymbol{E}-\boldsymbol{A})\boldsymbol{x}^{(k)}+\boldsymbol{b},$$

其分量形式的迭代格式为

$$x_i^{(k+1)} = x_i^{(k)} - \sum_{j=1}^{n} a_{ij}x_j^{(k)} + b_i, i = 1,2,\cdots,n,$$

称为简单迭代法 .

2. 雅可比迭代法

从式(2.1)第 i 个方程($i=1,2,\cdots,n$)解出 x_i,得到与式(2.1)等价的方程组:

$$\begin{cases} x_1 = \dfrac{1}{a_{11}}(b_1 - a_{12}x_2 - a_{13}x_3 - \cdots - a_{1n}x_n), \\ x_2 = \dfrac{1}{a_{22}}(b_2 - a_{21}x_1 - a_{23}x_3 - \cdots - a_{2n}x_n), \\ \quad\vdots \\ x_n = \dfrac{1}{a_{nn}}(b_n - a_{n1}x_1 - a_{n2}x_2 - \cdots - a_{n,n-1}x_{n-1}), \end{cases} \tag{2.9}$$

由此建立迭代格式:

$$\begin{cases} x_1^{(k+1)} = \dfrac{1}{a_{11}}(b_1 - a_{12}x_2^{(k)} - a_{13}x_3^{(k)} - \cdots - a_{1n}x_n^{(k)}), \\ x_2^{(k+1)} = \dfrac{1}{a_{22}}(b_2 - a_{21}x_1^{(k)} - a_{23}x_3^{(k)} - \cdots - a_{2n}x_n^{(k)}), \\ \quad\vdots \\ x_n^{(k+1)} = \dfrac{1}{a_{nn}}(b_n - a_{n1}x_1^{(k)} - a_{n2}x_2^{(k)} - \cdots - a_{n,n-1}x_{n-1}^{(k)}). \end{cases} \tag{2.10}$$

给出初值 $\boldsymbol{x}^{(0)} = (x_1^{(0)}, x_2^{(0)}, \cdots, x_n^{(0)})^{\mathrm{T}}$ 后,首先令 $k=0$,由式(2.10)的第一式计算出 $x_1^{(1)}$,由式(2.10)的第二式计算出 $x_2^{(1)}$,依次类推计算出 $x_n^{(1)}$,这就完成了第一次迭代过程 . 然后令 $k=1$,依次计算出 $x_1^{(2)}, x_2^{(2)}, \cdots, x_n^{(2)}$,完成第二次迭代过程,依次类推完成第 k 次迭代过程,得到一个向量序列$\{\boldsymbol{x}^{(k)}\}$.

若 $\boldsymbol{x}^{(k)} \to \boldsymbol{x}^*$,则 $\boldsymbol{x}^*$ 是原来线性代数方程组(2.9)的准确解 . 这种迭代方法称为雅可比(Jacobi)迭代法,式(2.10)是雅可比迭代法的分量形式 .

如果借助于求和符号,则式(2.10)可以写成更加简洁的形式:

$$x_i^{(k+1)} = \frac{1}{a_{ii}}\left(b_i - \sum_{j=1}^{i-1} a_{ij}x_j^{(k)} - \sum_{j=i+1}^{n} a_{ij}x_j^{(k)}\right), i = 1,2,\cdots,n. \tag{2.11}$$

为了判断雅可比迭代是否收敛,需要将方程组转化为 $\boldsymbol{x}=\boldsymbol{B}\boldsymbol{x}+\boldsymbol{f}$ 的形式,也就是说需要求出雅可比迭代矩阵 $\boldsymbol{B}$. 利用 $\boldsymbol{A}=\boldsymbol{D}-\boldsymbol{L}-\boldsymbol{U}$ 及矩阵乘法,易见式(2.10)可以改写成如下的矩阵形式:

$$\boldsymbol{x}^{(k+1)} = \boldsymbol{D}^{-1}(\boldsymbol{L}+\boldsymbol{U})\boldsymbol{x}^{(k)} + \boldsymbol{D}^{-1}\boldsymbol{b}, \tag{2.12}$$

记

$$\boldsymbol{B}_{\mathrm{J}} = \boldsymbol{D}^{-1}(\boldsymbol{L}+\boldsymbol{U}) = \boldsymbol{D}^{-1}(\boldsymbol{D}-\boldsymbol{A}) = \boldsymbol{E}-\boldsymbol{D}^{-1}\boldsymbol{A}, \boldsymbol{f}_{\mathrm{J}} = \boldsymbol{D}^{-1}\boldsymbol{b},$$

其中 $\boldsymbol{E}$ 表示 n 阶单位阵,则称 $\boldsymbol{B}_{\mathrm{J}}$ 为雅可比迭代矩阵 .

算法 1(雅可比迭代法)

Step1 输入矩阵 $\boldsymbol{A}$,向量 $\boldsymbol{b}$,初始向量 $\boldsymbol{x}_0$,误差范围 ε 和允许的最大迭代次数 N.

Step2 记向量 $\boldsymbol{x}_0$ 的长度为 n,取 $\boldsymbol{A}$ 的对角阵、严格下三角和严格上三角阵分别为 $\boldsymbol{D}$,$\boldsymbol{L}$ 和 $\boldsymbol{U}$,令 $k=0$.

Step3 按照迭代公式 $x^{(k+1)}=B_J x^{(k)}+f$，计算 $x=-D^{-1}(L+D)x_0+D^{-1}b$，$k=k+1$.

Step4 当 $k<N$ 时，判定若 $\max\limits_{1\leqslant i\leqslant n}|x-x_0|\leqslant\varepsilon$，则输出 x 作为近似值，和相应的迭代次数 k；反之令 $x_0=x$，并重复 Step2、Step3. 若 $k\geqslant N$，则输出迭代失败标志.

3. 高斯—塞德尔迭代法

由雅可比迭代公式(2.10)可知，在迭代的每一步计算过程中是用 $x^{(k)}$ 的全部分量来计算 $x^{(k+1)}$ 的所有分量，显然在计算第 i 个分量 $x_i^{(k+1)}$ 时，已经计算出的最新分量 $x_1^{(k+1)},\cdots,x_{i-1}^{(k+1)}$ 没有被利用. 从直观上看，最新计算出的分量可能比旧的分量要好些. 因此，对这些最新计算出来的第 $k+1$ 次近似 $x^{(k+1)}$ 的分量 $x_j^{(k+1)}$ 加以利用，就得到所谓解方程组的高斯—塞德尔(Gauss-Seidel)迭代法(简称 G-S 方法)，其迭代格式的分量形式为

$$\begin{cases} x_1^{(k+1)}=\dfrac{1}{a_{11}}(b_1-a_{12}x_2^{(k)}-a_{13}x_3^{(k)}-\cdots-a_{1n}x_n^{(k)}), \\ x_2^{(k+1)}=\dfrac{1}{a_{22}}(b_2-a_{21}x_1^{(k+1)}-a_{23}x_3^{(k)}-\cdots-a_{2n}x_n^{(k)}), \\ \qquad\vdots \\ x_n^{(k+1)}=\dfrac{1}{a_{nn}}(b_n-a_{n1}x_1^{(k+1)}-a_{n2}x_2^{(k+1)}-\cdots-a_{n,n-1}x_{n-1}^{(k+1)}). \end{cases} \tag{2.13}$$

如果借助于求和符号，可以将式(2.13)写成更加简洁的形式：

$$x_i^{(k+1)}=\frac{1}{a_{ii}}\left(b_i-\sum_{j=1}^{i-1}a_{ij}x_j^{(k+1)}-\sum_{j=i+1}^{n}a_{ij}x_j^{(k)}\right),i=1,2,\cdots,n. \tag{2.14}$$

利用 $A=D-L-U$ 及矩阵乘法，易见式(2.13)可以改写成如下的矩阵形式：

$$x^{(k+1)}=D^{-1}(Lx^{(k+1)}+Ux^{(k)})+D^{-1}b,$$

解出 $x^{(k+1)}$，则有

$$\begin{aligned} x^{(k+1)} &= (E-D^{-1}L)^{-1}D^{-1}Ux^{(k)}+(E-D^{-1}L)D^{-1}b \\ &= (D-L)^{-1}Ux^{(k)}+(D-L)^{-1}b. \end{aligned} \tag{2.15}$$

记

$$B_G=(D-L)^{-1}U,f_G=(D-L)^{-1}b,$$

则 B_G 是高斯—塞德尔迭代法的迭代矩阵.

算法 2(高斯—塞德尔迭代法)

Step1 输入矩阵 A，向量 b，初始向量 x_0，误差范围 ε 和允许的最大迭代次数 N.

Step2 记向量 x_0 的长度为 n，取 A 的对角阵、严格下三角和严格上三角阵分别为 D，L 和 U，令 $k=0$.

Step3 按照迭代公式 $x^{(k+1)}=B_G x^{(k)}+f_G$，计算 $x=-(D-L)^{-1}Ux_0+(D-L)^{-1}b$，$k=k+1$.

Step4 当 $k<N$ 时，判定若 $\max\limits_{1\leqslant i\leqslant n}|x-x_0|\leqslant\varepsilon$，则输出 x 作为近似值，以及相应的迭代次数 k；反之令 $x_0=x$，并重复 Step2、Step3. 若 $k\geqslant N$，则输出迭代失败标志.

雅可比迭代法的 MATLAB 代码

编辑器窗口输入：

```
function [x,n]=Jacobi(A,b,x0,eps,M)
%A 表示线性方程组的系数矩阵
%b 表示常数向量
%x0 表示迭代初始向量
%eps 表示解的精度控制
%M 表示迭代步数控制
%n 表示求出所需精度解的实际迭代步数
if nargin==3  %判断输入变量个数的函数
    eps=1.0e-6;
    M=6;
elseif nargin<3
    error
    return
elseif nargin==4
    M=6;
end
D=diag(diag(A));  %求 A 的对角矩阵
L=-tril(A,-1);    %求 A 的下三角矩阵
U=-tril(A,1);     %求 A 的上三角矩阵
B=D\(L+U);
f=D\b;
x=B*x0+f;
n=1;              %迭代次数
while norm(x-x0)>=eps
    x0=x;
    x=B*x0+f;
    n=n+1;
    if(n>=M)
        disp('Warning:迭代次数太多,可能不收敛!')
        return;
    end
end
```

命令行输入：

```
A=[10 3 1;2-10 3;1 3 10];
b=[14;-5;14];
x0=[0;0;0];
[x,n]=Jacobi(A,b,x0)
```

高斯—塞德尔迭代法的 MATLAB 代码

编辑器窗口输入：

```
function [x,n]=Gauseidel(A,b,x0,eps,M)
%A 表示线性方程组的系数矩阵
%b 表示常数向量
%x0 表示迭代初始向量
%eps 表示解的精度控制
%M 表示迭代步数控制
if nargin==3  %判断输入变量个数的函数
    eps=9e-3;
    M=6;
elseif nargin==4
    M=6;
elseif nargin<3
    M=6;
    %error("输入参数不足")
    return;
end
D=diag(diag(A));      %求 A 的对角矩阵
L=-tril(A,-1);        %求 A 的下三角矩阵
U=-tril(A,1);         %求 A 的上三角矩阵
G=(D-L)\U;
f=(D-L)\b;
x=G*x0+f;
n=1;                  %迭代次数
while norm(x-x0)>=eps
    x0=x;
    x=G*x0+f;
    n=n+1;
    if(n>=M)
        disp('Warning:迭代次数太多,可能不收敛!')
        return;
    end
end
```

命令行输入：

```
A=[10 3 1;2-10 3;1 3 10];
b=[14;-5;14];
x0=[0;0;0];
[x,n]=Gauseidel(A,b,x0)
```

例 2.1 分别用雅可比迭代法和高斯—塞德尔迭代法求解方程组

$$\begin{cases}10x_1+3x_2+x_3=14,\\2x_1-10x_2+3x_3=-5,\\x_1+3x_2+10x_3=14,\end{cases}$$

设方程组的准确解为 $\boldsymbol{x}^*$，取初值 $\boldsymbol{x}^{(0)}=(0,0,0)^{\mathrm{T}}$，要求 $\|\boldsymbol{x}^{(k+1)}-\boldsymbol{x}^*\|_\infty<9\times10^{-3}$.

解 从后面判断收敛性的知识可知，用这两种方法求解该方程组均收敛．方程组的精确解是 $\boldsymbol{x}^*=(1,1,1)^{\mathrm{T}}$.

(1)用雅可比迭代法计算．易见其雅可比迭代公式为

$$\begin{cases}x_1^{(k+1)}=(14-3x_2^{(k)}-x_3^{(k)})/10,\\x_2^{(k+1)}=(-5-2x_1^{(k)}-3x_3^{(k)})/(-10),\\x_3^{(k+1)}=(14-x_1^{(k)}-3x_2^{(k)})/10,\end{cases}$$

取 $\boldsymbol{x}^{(0)}=(0,0,0)^{\mathrm{T}}$，迭代 6 次后的计算结果见表 2.1.

表 2.1 迭代 6 次的计算结果

$\boldsymbol{x}^{(1)}$	$(1.4,0.5,1.4)^{\mathrm{T}}$
$\boldsymbol{x}^{(2)}$	$(1.11,1.20,1.11)^{\mathrm{T}}$
$\boldsymbol{x}^{(3)}$	$(0.929,1.055,0.929)^{\mathrm{T}}$
$\boldsymbol{x}^{(4)}$	$(0.9906,0.9405,0.9906)^{\mathrm{T}}$
$\boldsymbol{x}^{(5)}$	$(1.0116,0.9953,1.0116)^{\mathrm{T}}$
$\boldsymbol{x}^{(6)}$	$(1.00025,1.00580,1.00025)^{\mathrm{T}}$

(2)用高斯—塞德尔迭代法计算．易见高斯—塞德尔迭代公式为

$$\begin{cases}x_1^{(k+1)}=(14-3x_2^{(k)}-x_3^{(k)})/10,\\x_2^{(k+1)}=(-5-2x_1^{(k+1)}-3x_3^{(k)})/(-10),\\x_3^{(k+1)}=(14-x_1^{(k+1)}-3x_2^{(k+1)})/10,\end{cases}$$

取同样的初值，迭代 4 次后得到

$$\boldsymbol{x}^{(4)}=(0.99154,0.99578,1.0021)^{\mathrm{T}}.$$

从而可见，本题选用高斯—塞德尔迭代法比用雅可比迭代法收敛快，但是要注意结论并非总是如此，甚至有这样的方程组，雅可比方法收敛，而高斯—塞德尔迭代法却是发散的，在后面将举例说明．

4. SOR 迭代法

为了加快收敛速度，将高斯—塞德尔迭代格式(2.14)改写成

$$x_i^{(k+1)}=x_i^{(k)}+\frac{1}{a_{ii}}\left(b_i-\sum_{j=1}^{i-1}a_{ij}x_j^{(k+1)}-\sum_{j=i}^{n}a_{ij}x_j^{(k)}\right),i=1,2,\cdots,n,$$

上式等号右端的第二项可以看成是在 $x_i^{(k)}$ 的基础上做的一个修正量．为了获得更快的收敛速度，在修正量前乘以一个常数 ω，称为松弛因子，从而得到所谓的逐次超松弛迭代法(Successive Over Relaxation Method，简称 SOR 迭代法)：

$$x_i^{(k+1)} = x_i^{(k)} + \frac{\omega}{a_{ii}}(b_i - \sum_{j=1}^{i-1} a_{ij}x_j^{(k+1)} - \sum_{j=i}^{n} a_{ij}x_j^{(k)}), i = 1,2,\cdots,n, \tag{2.16}$$

或者

$$\begin{cases} x_1^{(k+1)} = x_1^{(k)} + \frac{\omega}{a_{11}}(b_1 - a_{11}x_1^{(k)} - a_{12}x_2^{(k)} - a_{13}x_3^{(k)} - \cdots - a_{1n}x_n^{(k)}), \\ x_2^{(k+1)} = x_2^{(k)} + \frac{\omega}{a_{22}}(b_2 - a_{21}x_1^{(k+1)} - a_{22}x_2^{(k)} - a_{23}x_3^{(k)} - \cdots - a_{2n}x_n^{(k)}), \\ \vdots \\ x_n^{(k+1)} = x_n^{(k)} + \frac{\omega}{a_{nn}}(b_n - a_{n1}x_1^{(k+1)} - a_{n2}x_2^{(k+1)} - \cdots - a_{n,n-1}x_{n-1}^{(k+1)} - a_{nn}x_n^{(k)}). \end{cases} \tag{2.17}$$

同理,从迭代的分量形式(2.17)可以得到迭代的矩阵形式:

$$\begin{aligned} \boldsymbol{x}^{(k+1)} &= \boldsymbol{x}^{(k)} + \omega \boldsymbol{D}^{-1}(\boldsymbol{b} + \boldsymbol{L}\boldsymbol{x}^{(k+1)} + \boldsymbol{U}\boldsymbol{x}^{(k)} - \boldsymbol{D}\boldsymbol{x}^{(k)}) \\ &= \omega \boldsymbol{D}^{-1}\boldsymbol{L}\boldsymbol{x}^{(k+1)} + [\boldsymbol{E} + \omega \boldsymbol{D}^{-1}(\boldsymbol{U} - \boldsymbol{D})]\boldsymbol{x}^{(k)} + \omega \boldsymbol{D}^{-1}\boldsymbol{b}, \end{aligned}$$

解出 $\boldsymbol{x}^{(k+1)}$,得到

$$\begin{aligned} \boldsymbol{x}^{(k+1)} &= (\boldsymbol{E} - \omega \boldsymbol{D}^{-1}\boldsymbol{L})^{-1}[\boldsymbol{E} + \omega \boldsymbol{D}^{-1}(\boldsymbol{U} - \boldsymbol{D})]\boldsymbol{x}^{(k)} + (\boldsymbol{E} - \omega \boldsymbol{D}^{-1}\boldsymbol{L})^{-1}\omega \boldsymbol{D}^{-1}\boldsymbol{b} \\ &= (\boldsymbol{D} - \omega \boldsymbol{L})^{-1}[(1-\omega)\boldsymbol{D} + \omega \boldsymbol{U}]\boldsymbol{x}^{(k)} + \omega(\boldsymbol{D} - \omega \boldsymbol{L})^{-1}\boldsymbol{b}, \end{aligned} \tag{2.18}$$

记

$$\boldsymbol{B}_{\mathrm{S}} = (\boldsymbol{D} - \omega \boldsymbol{L})^{-1}[(1-\omega)\boldsymbol{D} + \omega \boldsymbol{U}], \boldsymbol{f}_{\mathrm{S}} = \omega(\boldsymbol{D} - \omega \boldsymbol{L})^{-1}\boldsymbol{b},$$

称 $\boldsymbol{B}_{\mathrm{S}}$ 为 SOR 迭代法的迭代矩阵.

注:

(1)当 $\omega=1$ 时,SOR 迭代法就是高斯—塞德尔迭代法.

(2)SOR 迭代法是高斯—塞德尔迭代法的一种修正,可由下述思想得到. 设已知 $\boldsymbol{x}^{(k)}$ 及已计算 $\boldsymbol{x}^{(k+1)}$ 的分量 $x_j^{(k+1)}(j=1,2,\cdots,i-1)$.

① 首先由高斯—塞德尔迭代法定义一个辅助量 $\tilde{x}_i^{(k+1)}$:

$$\tilde{x}_i^{(k+1)} = \frac{1}{a_{ii}}(b_i - \sum_{j=1}^{i-1} a_{ij}x_j^{(k+1)} - \sum_{j=i+1}^{n} a_{ij}x_j^{(k)}), i = 1,2,\cdots,n; \tag{2.19}$$

② 再由 $x_i^{(k)}$ 和 $\tilde{x}_i^{(k+1)}$ 加权平均得到 $x_i^{(k+1)}$,即

$$x_i^{(k+1)} = (1-\omega)x_i^{(k)} + \omega \tilde{x}_i^{(k+1)} = x_i^{(k)} + \omega(\tilde{x}_i^{(k+1)} - x_i^{(k)}). \tag{2.20}$$

将式(2.19)代入式(2.20)就得到式(2.16).

(3)SOR 迭代法的收敛性和收敛的快慢与松弛因子 ω 有密切关系.

算法 3(SOR 迭代法)

Step1 输入矩阵 $\boldsymbol{A}$,向量 $\boldsymbol{b}$,初始向量 x_0,误差范围 ε 和允许的最大迭代次数 N,松弛因子 ω.

Step2 记向量 $\boldsymbol{x}_0$ 的长度为 n,取 $\boldsymbol{A}$ 的对角阵、严格下三角和严格上三角阵分别为 $\boldsymbol{D}$,$\boldsymbol{L}$ 和 $\boldsymbol{U}$,令 $k=0$.

Step3 按照迭代公式 $\boldsymbol{x}^{(k+1)} = \boldsymbol{B}_{\mathrm{S}}\boldsymbol{x}^{(k)} + \boldsymbol{f}$,计算

$$x=B_S x_0+\omega(D-\omega L)^{-1}b, B_S=(D-\omega L)^{-1}[\omega U+(1-\omega)D], k=k+1.$$

Step4 当 $k<N$ 时，判定若 $\max\limits_{1\leqslant i\leqslant n}|x-x_0|\leqslant\varepsilon$，则输出 x 作为近似值和相应的迭代次数 k；反之令 $x_0=x$，并重复 Step2、Step3. 若 $k\geqslant N$，则输出迭代失败标志.

SOR 迭代法的 MATLAB 代码

编辑器窗口输入：

```
function [x,n]=sor(A,b,x0,w,eps,M)
%A 表示线性方程组的系数矩阵
%b 为常数向量
%x0 为迭代初值
%w 为松弛因子(0<w<2)
%eps 为允许误差
%nargin 为迭代步数
%n 表示求出所需精度解的实际迭代步数
if nargin==4
    eps=1.0e-5;
    M=21;
elseif nargin<4
    %error("输入参数不足")
    return
elseif nargin==5
    M=21;
end
if(w<=0 || w>=2)
    %error;
    return;
end
D=diag(diag(A));        %求 A 的对角矩阵
L=-tril(A,-1);          %求 A 的下三角矩阵
U=-triu(A,1);           %求 A 的下三角矩阵
B=inv(D-L*w)*((1-w)*D+w*U);
f=w*inv((D-L*w))*b;
x=B*x0+f;
n=1;    %迭代次数
while norm(x-x0)>=eps
    x0=x;
    x=B*x0+f;
    n=n+1;
    if(n>=M)
```

```
      disp('Warning:迭代次数太多,可能不收敛!')
      return;
   end
end
```

命令行输入:

```
A=[-4 1 1 1;1-4 1,1;1 1-4,1;1,1,1,-4];
b=[1;1;1;1];
x0=[0;0;0;0];
[x,n]=sor(A,b,x0,1);
```

例 2.2 用 SOR 迭代法求解线性代数方程组

$$\begin{cases}-4x_1+x_2+x_3+x_4=1,\\ x_1-4x_2+x_3+x_4=1,\\ x_1+x_2-4x_3+x_4=1,\\ x_1+x_2+x_3-4x_4=1,\end{cases}$$

初始值取为 $\boldsymbol{x}^{(0)}=(0,0,0,0)^{\mathrm{T}}$,其精确解为 $(-1,-1,-1,-1)^{\mathrm{T}}$,要求精确到 10^{-5}.

解 SOR 迭代法的迭代公式为

$$\begin{cases}x_1^{(k+1)}=x_1^{(k)}-\dfrac{\omega}{4}(1+4x_1^{(k)}-x_2^{(k)}-x_3^{(k)}-x_4^{(k)}),\\ x_2^{(k+1)}=x_2^{(k)}-\dfrac{\omega}{4}(1-x_1^{(k)}+4x_2^{(k)}-x_3^{(k)}-x_4^{(k)}),\\ x_3^{(k+1)}=x_3^{(k)}-\dfrac{\omega}{4}(1-x_1^{(k)}-x_2^{(k)}+4x_3^{(k)}-x_4^{(k)}),\\ x_4^{(k+1)}=x_4^{(k)}-\dfrac{\omega}{4}(1-x_1^{(k)}-x_2^{(k)}-x_3^{(k)}+4x_4^{(k)}),\end{cases}\quad k=0,1,2,\cdots$$

当 ω 取不同的值时,迭代加速的效果是不一样的,下面分别就列举一些不同 ω 取值的计算结果.

取 $\omega=1.0$ 时,迭代 21 次,得到

$$\boldsymbol{x}^{(21)}=(-0.99999,-0.99999,-1.00000,-1.00000)^{\mathrm{T}}.$$

取 $\omega=1.1$ 时,迭代 16 次,得到

$$\boldsymbol{x}^{(16)}=(-0.99999,-1.00000,-1.00000,-1.00000)^{\mathrm{T}}.$$

取 $\omega=1.2$ 时,迭代 11 次,得到

$$\boldsymbol{x}^{(11)}=(-1.00000,-1.00000,-1.00000,-1.00000)^{\mathrm{T}}.$$

取 $\omega=1.3$ 时,迭代 10 次,得到

$$\boldsymbol{x}^{(10)}=(-1.00000,-1.00000,-1.00000,-1.00000)^{\mathrm{T}}.$$

取 $\omega=1.4$ 时,迭代 13 次,得到

$$\boldsymbol{x}^{(13)}=(-1.00000,-1.00000,-1.00000,-1.00000)^{\mathrm{T}}.$$

取 $\omega=1.5$ 时，迭代16次，得到

$$x^{(16)}=(-0.99999,-1.00000,-1.00000,-1.00000)^{\mathrm{T}}.$$

取 $\omega=1.6$ 时，迭代22次，得到

$$x^{(22)}=(-1.00000,-1.00000,-1.00000,-1.00000)^{\mathrm{T}}.$$

取 $\omega=1.7$ 时，迭代32次，得到

$$x^{(32)}=(-1.00000,-0.99999,-1.00000,-1.00000)^{\mathrm{T}}.$$

取 $\omega=1.8$ 时，迭代52次，得到

$$x^{(52)}=(-0.99999,-1.00000,-1.00000,-0.99999)^{\mathrm{T}}.$$

显然，松弛因子选得好，会使SOR迭代法的收敛速度大大加快．本题选 $\omega=1.3$，加速效果最明显．一般而言，要得到一个最佳的松弛因子是有难度的．

5. 向后SOR迭代法

分裂 $\boldsymbol{A}=\frac{1}{\omega}(\boldsymbol{D}-\omega\boldsymbol{U})-\left(\boldsymbol{L}+\frac{1-\omega}{\omega}\boldsymbol{D}\right)$，$\omega\neq 0$，将方程组转化为

$$\frac{1}{\omega}(\boldsymbol{D}-\omega\boldsymbol{U})\boldsymbol{x}=\left(\boldsymbol{L}+\frac{1-\omega}{\omega}\boldsymbol{D}\right)\boldsymbol{x}+\boldsymbol{b},$$

即

$$\boldsymbol{x}=(\boldsymbol{D}-\omega\boldsymbol{U})^{-1}[\omega\boldsymbol{L}+(1-\omega)\boldsymbol{D}]\boldsymbol{x}+\omega(\boldsymbol{D}-\omega\boldsymbol{U})^{-1}\boldsymbol{b},$$

相应的迭代格式为

$$\boldsymbol{x}^{(h+1)}=(\boldsymbol{D}-\omega\boldsymbol{U})^{-1}[\omega\boldsymbol{L}+(1-\omega)\boldsymbol{D}]\boldsymbol{x}^{(i)}+\omega(\boldsymbol{D}-\omega\boldsymbol{U})^{-1}\boldsymbol{b},$$

或者

$$\boldsymbol{D}\boldsymbol{x}^{(k+1)}=\boldsymbol{D}\boldsymbol{x}^{(k)}+\omega(\boldsymbol{b}+\boldsymbol{L}\boldsymbol{x}^{(k)}+\boldsymbol{U}\boldsymbol{x}^{(k+1)}-\boldsymbol{D}\boldsymbol{x}^{(k)}),$$

即

$$\boldsymbol{x}^{(k+1)}=\boldsymbol{x}^{(k)}+\omega\boldsymbol{D}^{-1}(\boldsymbol{b}+\boldsymbol{L}\boldsymbol{x}^{(k)}+\boldsymbol{U}\boldsymbol{x}^{(k+1)}-\boldsymbol{D}\boldsymbol{x}^{(k)}),$$

迭代矩阵为 $\tilde{\boldsymbol{B}}_{\omega}=(\boldsymbol{D}-\omega\boldsymbol{U})^{-1}[\omega\boldsymbol{L}+(1-\omega)\boldsymbol{D}]$.

其分量形式的迭代格式为

$$x_i^{(k+1)}=x_i^{(k)}+\frac{\omega}{a_{ii}}\left(b_i-\sum_{j=1}^{i}a_{ij}x_j^{(k)}-\sum_{j=i+1}^{n}a_{ij}x_j^{(k+1)}\right),i=n,n-1,\cdots,2,1.$$

6. SSOR(对称SOR法)迭代法

SSOR迭代法的迭代格式为

$$\begin{cases}\bar{\boldsymbol{x}}^{(k+1)}=\boldsymbol{x}^{(k)}+\omega\boldsymbol{D}^{-1}(\boldsymbol{b}+\boldsymbol{L}\bar{\boldsymbol{x}}^{(k+1)}+\boldsymbol{U}\boldsymbol{x}^{(k)}-\boldsymbol{D}\boldsymbol{x}^{(k)}),\\ \boldsymbol{x}^{(k+1)}=\bar{\boldsymbol{x}}^{(k+1)}+\omega\boldsymbol{D}^{-1}(\boldsymbol{b}+\boldsymbol{L}\bar{\boldsymbol{x}}^{(k+1)}+\boldsymbol{U}\boldsymbol{x}^{(k+1)}-\boldsymbol{D}\bar{\boldsymbol{x}}^{(k+1)}),\end{cases}$$

其分量形式的迭代格式为

$$\begin{cases}\bar{x}_i^{(k+1)}=x_i^{(k)}+\frac{\omega}{a_{ii}}\left(b_i-\sum_{j=1}^{i-1}a_{ij}\bar{x}_j^{(k+1)}-\sum_{j=i}^{n}a_{ij}x_j^{(k)}\right),i=1,2,\cdots,n,\\ x_i^{(k+1)}=\bar{x}_i^{(k+1)}+\frac{\omega}{a_{ii}}\left(b_i-\sum_{j=1}^{i}a_{ij}\bar{x}_j^{(k+1)}-\sum_{j=i+1}^{n}a_{ij}x_j^{(k+1)}\right),i=n,n-1,\cdots,2,1.\end{cases}$$

SSOR 迭代法的 MATLAB 代码

编辑器窗口输入：

```
function[x,k]=LinearEquations_SSOR(A,b,x0,MaxIters,err,w)
%A:系数矩阵
%b:常数矩阵
%x0:初始解
%MaxIters:最大迭代次数
%err:精度阈值
%w:松弛因子;(输入)
%x:近似解
%k:迭代次数;(输出)
n=length(x0);
x1=x0;
x2=zeros(n,1);
x3=zeros(n,1);
r=max(abs(b-A*x1));
k=0;
while r>err  %精度阈值作为判断条件
    for i=1:n
        sum=0;
        for j=1:n
            if j>i
                sum=sum+A(i,j)*x1(j);
            elseif j<i
                sum=sum+A(i,j)*x2(j);
            end
        end
        x2(i)=(1-w)*x1(i)+w*(b(i)-sum)/(A(i,i)+eps);
    end
    for i=n:-1:1
        sum=0;
        for j=1:n
            if j>i
                sum=sum+A(i,j)*x3(j);
            elseif j<i
                sum=sum+A(i,j)*x2(j);
            end
        end
        x3(i)=(1-w)*x2(i)+w*(b(i)-sum)/A(i,i);
    end
```

```
    r=max(abs(x3-x1));
    x1=x3;
    k=k+1;
    if k>MaxIters
        x=[];
        return;
    end
end
x=x1;
```

命令行窗口输入:

```
A=[5,-1,1,2;2,-7,-3,1;1,3,9,4;1,-1,4,11];
b=[1;3;-4;10];
x0=[0;0;0;0];
MaxIters=1000;
err=1e-6;
w=0.5;
[x,k]=LinearEquations_SSOR(A,b,x0,MaxIters,err,w)
```

例 2.3　写出下列方程组

$$\begin{cases}5x_1-x_2+x_3+2x_4=1,\\2x_1-7x_2-3x_3+x_4=3,\\x_1+3x_2+9x_3+4x_4=-4,\\x_1-x_2+4x_3+11x_4=10\end{cases}$$

的分量形式的迭代公式.

解　(1)简单迭代法:

$$\begin{cases}x_1^{(k+1)}=x_1^{(k)}-5x_1^{(k)}+x_2^{(k)}-x_3^{(k)}-2x_4^{(k)}+1,\\x_2^{(k+1)}=x_2^{(k)}-2x_1^{(k)}+7x_2^{(k)}+3x_3^{(k)}-x_4^{(k)}+3,\\x_3^{(k+1)}=x_3^{(k)}-x_1^{(k)}-3x_2^{(k)}-9x_3^{(k)}-4x_4^{(k)}-4,\\x_4^{(k+1)}=x_4^{(k)}-x_1^{(k)}+x_2^{(k)}-4x_3^{(k)}-11x_4^{(k)}+10.\end{cases}$$

(2)雅可比迭代法:

$$\begin{cases}x_1^{(k+1)}=\dfrac{1}{5}(1+x_2^{(k)}-x_3^{(k)}-2x_4^{(k)}),\\x_2^{(k+1)}=\dfrac{1}{-7}(3-2x_1^{(k)}+3x_3^{(k)}-x_4^{(k)}),\\x_3^{(k+1)}=\dfrac{1}{9}(-4-x_1^{(k)}-3x_2^{(k)}-4x_4^{(k)}),\\x_4^{(k+1)}=\dfrac{1}{11}(10-x_1^{(k)}+x_2^{(k)}-4x_3^{(k)}).\end{cases}$$

(3)高斯—塞德尔迭代法：

$$\begin{cases} x_1^{(k+1)} = \frac{1}{5}(1+x_2^{(k)}-x_3^{(k)}-2x_4^{(k)}), \\ x_2^{(k+1)} = \frac{1}{-7}(3-2x_1^{(k+1)}+3x_3^{(k)}-x_4^{(k)}), \\ x_3^{(k+1)} = \frac{1}{9}(-4-x_1^{(k+1)}-3x_2^{(k+1)}-4x_4^{(k)}), \\ x_4^{(k+1)} = \frac{1}{11}(10-x_1^{(k+1)}+x_2^{(k+1)}-4x_3^{(k+1)}). \end{cases}$$

(4)SOR 迭代法：

$$\begin{cases} x_1^{(k+1)} = x_1^{(k)}+\frac{\omega}{5}(1-5x_1^{(k)}+x_2^{(k)}-x_3^{(k)}-2x_4^{(k)}), \\ x_2^{(k+1)} = x_2^{(k)}+\frac{\omega}{-7}(3-2x_1^{(k+1)}+7x_2^{(k)}+3x_3^{(k)}-x_4^{(k)}), \\ x_3^{(k+1)} = x_3^{(k)}+\frac{\omega}{9}(-4-x_1^{(k+1)}-3x_2^{(k+1)}-9x_3^{(k)}-4x_4^{(k)}), \\ x_4^{(k+1)} = x_4^{(k)}+\frac{\omega}{11}(10-x_1^{(k+1)}+x_2^{(k+1)}-4x_3^{(k+1)}-11x_4^{(k)}). \end{cases}$$

(5)向后 SOR 迭代法：

$$\begin{cases} x_4^{(k+1)} = x_4^{(k)}+\frac{\omega}{11}(10-x_1^{(k)}+x_2^{(k)}-4x_3^{(k)}-11x_4^{(k)}), \\ x_3^{(k+1)} = x_3^{(k)}+\frac{\omega}{9}(-4-x_1^{(k)}-3x_2^{(k)}-9x_3^{(k)}-4x_4^{(k+1)}), \\ x_2^{(k+1)} = x_2^{(k)}+\frac{\omega}{-7}(3-2x_1^{(k)}+7x_2^{(k)}+3x_3^{(k+1)}-x_4^{(k+1)}), \\ x_1^{(k+1)} = x_1^{(k)}+\frac{\omega}{5}(1-5x_1^{(k)}+x_2^{(k+1)}-x_3^{(k+1)}-2x_4^{(k+1)}). \end{cases}$$

(6)SSOR 迭代法：

$$\begin{cases} \bar{x}_1^{(k+1)} = x_1^{(k)}+\frac{\omega}{5}(1-5x_1^{(k)}+x_2^{(k)}-x_3^{(k)}-2x_4^{(k)}), \\ \bar{x}_2^{(k+1)} = x_2^{(k)}+\frac{\omega}{-7}(3-2x_1^{(k+1)}+7x_2^{(k)}+3x_3^{(k)}-x_4^{(k)}), \\ \bar{x}_3^{(k+1)} = x_3^{(k)}+\frac{\omega}{9}(-4-\bar{x}_1^{(k+1)}-3\bar{x}_2^{(k+1)}-9x_3^{(k)}-4x_4^{(k)}), \\ \bar{x}_4^{(k+1)} = x_4^{(k)}+\frac{\omega}{11}(10-\bar{x}_1^{(k+1)}+\bar{x}_2^{(k+1)}-4x_3^{(k+1)}-11x_4^{(k)}), \end{cases}$$

$$\begin{cases} x_4^{(k+1)}=\bar{x}_4^{(k+1)}+\dfrac{\omega}{11}(10-\bar{x}_1^{(k+1)}+\bar{x}_2^{(k+1)}-4\bar{x}_3^{(k+1)}-11\bar{x}_4^{(k+1)}), \\ x_3^{(k+1)}=\bar{x}_3^{(k+1)}+\dfrac{\omega}{9}(-4-\bar{x}_1^{(k+1)}-3\bar{x}_2^{(k+1)}-9\bar{x}_3^{(k+1)}-4x_4^{(k+1)}), \\ x_2^{(k+1)}=\bar{x}_2^{(k+1)}+\dfrac{\omega}{-7}(3-2\bar{x}_1^{(k+1)}+7\bar{x}_2^{(k+1)}+3x_3^{(k+1)}-x_4^{(k+1)}), \\ x_1^{(k+1)}=\bar{x}_1^{(k+1)}+\dfrac{\omega}{5}(1-5\bar{x}_1^{(k+1)}+x_2^{(k+1)}-x_3^{(k+1)}-2x_4^{(k+1)}). \end{cases}$$

对于由迭代格式 $\boldsymbol{x}^{(k+1)}=\boldsymbol{B}\boldsymbol{x}^{(k)}+\boldsymbol{f}$ 迭代计算产生的迭代序列 $\{\boldsymbol{x}^{(k)}\}$，需要讨论何时 $\lim\limits_{k\to\infty}\boldsymbol{x}^{(k)}=\boldsymbol{x}^*$. 有时也需要估计误差 $\|\boldsymbol{x}^{(k)}-\boldsymbol{x}^*\|$ 的上界 .

设 $\boldsymbol{x}^*$ 是 $\boldsymbol{x}=\boldsymbol{B}\boldsymbol{x}+\boldsymbol{f}$ 的唯一解，对于迭代格式 $\boldsymbol{x}^{(k+1)}=\boldsymbol{B}\boldsymbol{x}^{(k)}+\boldsymbol{f}$，引入误差向量

$$\boldsymbol{\varepsilon}^{(k+1)}=\boldsymbol{x}^{(k+1)}-\boldsymbol{x}^*,$$

易得

$$\boldsymbol{\varepsilon}^{(k+1)}=\boldsymbol{B}\boldsymbol{\varepsilon}^{(k)},k=0,1,2,\cdots$$

递推可得

$$\boldsymbol{\varepsilon}^{(k)}=\boldsymbol{B}^k\boldsymbol{\varepsilon}^{(0)}.$$

2.1.2　迭代法的收敛性

对于一个迭代法而言，不可能无限迭代下去 . 总是希望迭代到某一步后就停止迭代，这时的解就非常接近于精确解，这就涉及收敛性和收敛速度的问题 . 下面主要介绍迭代法收敛性的一些判定定理，最后简单提及收敛速度的定义 .

考察 $\{\boldsymbol{x}^{(k)}\}$ 的收敛性就是考察 $\{\boldsymbol{\varepsilon}^{(k)}\}$ 是否收敛于零向量的问题 . 注意到初始误差向量 $\boldsymbol{\varepsilon}^{(0)}$ 的任意性，问题的关键就转化成研究 $\boldsymbol{B}$ 在什么条件下满足 $\boldsymbol{B}^k\to\boldsymbol{0}$.

定理 2.1　设 $\boldsymbol{B}=(b_{ij})\in\mathbf{R}^{n\times n}$，则 $\lim\limits_{k\to\infty}\boldsymbol{B}^k=\boldsymbol{0}$ 的充分必要条件是矩阵 $\boldsymbol{B}$ 的谱半径 $\rho(\boldsymbol{B})<1$.

定理 2.2（迭代法基本定理）　对于上述给定的迭代格式，对任意选取的初始向量 $\boldsymbol{x}^{(0)}$，迭代格式 $\boldsymbol{x}^{(k+1)}=\boldsymbol{B}\boldsymbol{x}^{(k)}+\boldsymbol{f}$ 收敛的充分必要条件是迭代矩阵 $\boldsymbol{B}$ 的谱半径 $\rho(\boldsymbol{B})<1$.

证明　充分性 . 设 $\rho(\boldsymbol{B})<1$. 从而 1 不是 $\boldsymbol{B}$ 的特征值，故

$$|1\cdot\boldsymbol{E}-\boldsymbol{B}|=|\boldsymbol{E}-\boldsymbol{B}|\neq 0,$$

即 $\boldsymbol{E}-\boldsymbol{B}$ 是可逆阵，从而方程组 $(\boldsymbol{E}-\boldsymbol{B})\boldsymbol{x}=\boldsymbol{f}$ 有唯一解，即 $\boldsymbol{x}=\boldsymbol{B}\boldsymbol{x}+\boldsymbol{f}$ 有唯一解，记为 $\boldsymbol{x}^*$，即

$$\boldsymbol{x}^*=\boldsymbol{B}\boldsymbol{x}^*+\boldsymbol{f}.$$

误差向量

$$\boldsymbol{\varepsilon}^{(k)}=\boldsymbol{x}^{(k)}-\boldsymbol{x}^*=\boldsymbol{B}^k\boldsymbol{\varepsilon}^{(0)},\boldsymbol{\varepsilon}^{(0)}=\boldsymbol{x}^{(0)}-\boldsymbol{x}^*,$$

由设 $\rho(\boldsymbol{B})<1$，应用定理 2.1，有 $\boldsymbol{B}^k\to\boldsymbol{0}(k\to\infty)$. 于是对任意 $\boldsymbol{x}^{(0)}$，有 $\boldsymbol{\varepsilon}^{(k)}\to\boldsymbol{0}(k\to\infty)$，即 $\boldsymbol{x}^{(k)}\to\boldsymbol{x}^*(k\to\infty)$.

必要性 . 设对任意 $\boldsymbol{x}^{(0)}$ 皆有

$$\lim_{k\to\infty}\boldsymbol{x}^{(k)}=\boldsymbol{x}^*,$$

其中 $\boldsymbol{x}^{(k+1)}=\boldsymbol{B}\boldsymbol{x}^{(k)}+\boldsymbol{f}$. 显然，极限 $\boldsymbol{x}^*$ 是方程组 $\boldsymbol{x}=\boldsymbol{B}\boldsymbol{x}+\boldsymbol{f}$ 的解，且对任意 $\boldsymbol{x}^{(0)}$ 有

$$\boldsymbol{\varepsilon}^{(k)}=\boldsymbol{x}^{(k)}-\boldsymbol{x}^{*}=\boldsymbol{B}^{k}\boldsymbol{\varepsilon}^{(0)}\to\boldsymbol{0}(k\to\infty).$$

由定理知

$$\boldsymbol{B}^{k}\to\boldsymbol{0}(k\to\infty).$$

再由定理 2.1,即得 $\rho(\boldsymbol{B})<1$.

推论 设 $\boldsymbol{A}\boldsymbol{x}=\boldsymbol{b}$ 且 $\boldsymbol{A}=\boldsymbol{D}-\boldsymbol{L}-\boldsymbol{U}$,$\boldsymbol{A}$、$\boldsymbol{D}$ 均为非奇异阵,则:

(1)解方程组的雅可比迭代法收敛的充要条件是 $\rho(\boldsymbol{B}_{\mathrm{J}})<1$,其中 $\boldsymbol{B}_{\mathrm{J}}=\boldsymbol{D}^{-1}(\boldsymbol{L}+\boldsymbol{U})=\boldsymbol{E}-\boldsymbol{D}^{-1}\boldsymbol{A}$.

(2)解方程组的高斯—塞德尔迭代法收敛的充要条件是 $\rho(\boldsymbol{B}_{\mathrm{G}})<1$,其中 $\boldsymbol{B}_{\mathrm{G}}=(\boldsymbol{D}-\boldsymbol{L})^{-1}\boldsymbol{U}$.

(3)解方程组的 SOR 迭代法收敛的充要条件是 $\rho(\boldsymbol{B}_{\mathrm{S}})<1$,其中 $\boldsymbol{B}_{\mathrm{S}}=(\boldsymbol{D}-\omega\boldsymbol{L})^{-1}[(1-\omega)\boldsymbol{D}+\omega\boldsymbol{U}]$.

下面利用矩阵 $\boldsymbol{B}$ 的范数来建立判别迭代法收敛的充分条件.

定理 2.3 设有线性方程组

$$x=\boldsymbol{B}x+\boldsymbol{f}$$

及一阶定常迭代法

$$\boldsymbol{x}^{(k+1)}=\boldsymbol{B}\boldsymbol{x}^{(k)}+\boldsymbol{f},$$

如果有 $\boldsymbol{B}$ 的某种算子范数 $\|\boldsymbol{B}\|=q<1$,则:

(1)迭代法收敛,即对任意 $\boldsymbol{x}^{(0)}$,都有 $\lim\limits_{k\to\infty}\boldsymbol{x}^{(k)}=\boldsymbol{x}^{*}$,且 $\boldsymbol{x}^{(*)}=\boldsymbol{B}\boldsymbol{x}^{(*)}+\boldsymbol{f}$;

(2) $\|\boldsymbol{x}^{*}-\boldsymbol{x}^{(k)}\|\leqslant q^{k}\|\boldsymbol{x}^{*}-\boldsymbol{x}^{(0)}\|$;

(3) $\|\boldsymbol{x}^{*}-\boldsymbol{x}^{(k)}\|\leqslant\dfrac{q}{1-q}\|\boldsymbol{x}^{(k)}-\boldsymbol{x}^{(k-1)}\|$;

(4) $\|\boldsymbol{x}^{*}-\boldsymbol{x}^{(k)}\|\leqslant\dfrac{q^{k}}{1-q}\|\boldsymbol{x}^{(1)}-\boldsymbol{x}^{(0)}\|$.

该定理只是给出迭代法收敛的充分条件,即使 $\|\boldsymbol{B}\|>1$,迭代序列仍可能收敛. 例如,迭代法 $\boldsymbol{x}^{(k+1)}=\boldsymbol{B}\boldsymbol{x}^{(k)}+\boldsymbol{f}$,其中 $\boldsymbol{B}=\begin{pmatrix}0.9 & 0\\ 0.3 & 0.8\end{pmatrix}$,$\boldsymbol{f}=\begin{pmatrix}1\\2\end{pmatrix}$,显然 $\|\boldsymbol{B}\|=1.1$,$\|\boldsymbol{B}\|_{1}=1.2$,$\|\boldsymbol{B}\|_{2}=1.043$,$\|\boldsymbol{B}\|_{F}=\sqrt{1.54}$,表明 $\boldsymbol{B}$ 的各种常用范数均大于 1,但是 $\rho(\boldsymbol{B})=0.9<1$,故此迭代法产生的迭代序列 $\{\boldsymbol{x}^{(k)}\}$ 是收敛的.

证明 (1)结论(1)是显然成立的.

(2)注意到

$$\boldsymbol{x}^{*}-\boldsymbol{x}^{(k+1)}=\boldsymbol{B}(\boldsymbol{x}^{*}-\boldsymbol{x}^{(k)})$$

及

$$\boldsymbol{x}^{(k+1)}-\boldsymbol{x}^{(k)}=\boldsymbol{B}(\boldsymbol{x}^{(k)}-\boldsymbol{x}^{(k-1)}),$$

于是有:

① $\|\boldsymbol{x}^{(k+1)}-\boldsymbol{x}^{(k)}\|\leqslant q\|\boldsymbol{x}^{(k)}-\boldsymbol{x}^{(k-1)}\|$,$k=1,2,\cdots$

② $\|\boldsymbol{x}^{*}-\boldsymbol{x}^{(k+1)}\|\leqslant q\|\boldsymbol{x}^{*}-\boldsymbol{x}^{(k)}\|$,

反复利用②就得到结论(2).

(3)注意到

$$\|x^{(k+1)}-x^{(k)}\|=\|x^*-x^{(k)}-(x^*-x^{(k+1)})\|\geqslant\|x^*-x^{(k)}\|-\|x^*-x^{(k+1)}\|\geqslant(1-q)\|x^*-x^{(k)}\|,$$

从而

$$\|x^*-x^{(k)}\|\leqslant\frac{1}{1-q}\|x^{(k+1)}-x^{(k)}\|\leqslant\frac{q}{1-q}\|x^{(k)}-x^{(k-1)}\|,k=1,2,\cdots$$

(4)在结论(3)的基础上反复利用①即得.

要特别注意,当矩阵 $\boldsymbol{B}$ 的某种算子范数 $\|\boldsymbol{B}\|>1$ 时,并不能判断迭代法发散,例如

$$\boldsymbol{B}=\begin{pmatrix}0.9 & 0\\ 0.2 & 0.8\end{pmatrix},$$

易见 $\|\boldsymbol{B}\|_\infty=1.0$,　$\|\boldsymbol{B}\|_1=1.1$.

虽然 $\boldsymbol{B}$ 的这些范数都大于 1,但 $\boldsymbol{B}$ 的特征值为 $\lambda_1=0.9,\lambda_2=0.8$,由定理 2.2,对此方程组应用迭代法还是收敛的.

由定理 2.3 可知,$\|\boldsymbol{B}\|=q<1$ 越小,由结论(2)知道迭代法收敛越快. 由结论(3)可知,当 $\boldsymbol{B}$ 的某一种范数 $\|\boldsymbol{B}\|<1$ 时,若相邻两次迭代误差 $\|x^{(k)}-x^{(k-1)}\|<\varepsilon_0$($\varepsilon_0$ 为给定的精度要求),则可以说明第 k 次迭代值和准确值 x^* 之间的误差就充分小. 所以实际中可用 $\|x^{(k)}-x^{(k-1)}\|<\varepsilon_0$ 作为判断迭代终止的条件. 另外结论(4)是一种先验误差估计,可以用来事先确定迭代多少次数才能保证精度.

例 2.4　讨论用雅可比迭代和高斯—塞德尔迭代求解

$$\begin{cases}x_1+2x_2-2x_3=1,\\ x_1+x_2+x_3=2,\\ 2x_1+2x_2+x_3=3\end{cases}$$

的收敛性.

解　雅可比迭代法的迭代矩阵为

$$\boldsymbol{B}_\mathrm{J}=\boldsymbol{D}^{-1}(\boldsymbol{L}+\boldsymbol{U}).$$

注意到

$$|\lambda\boldsymbol{E}-\boldsymbol{B}_\mathrm{J}|=|\lambda\boldsymbol{E}-\boldsymbol{D}^{-1}(\boldsymbol{L}+\boldsymbol{U})|=\boldsymbol{0}\Leftrightarrow|\lambda\boldsymbol{D}-\boldsymbol{L}-\boldsymbol{U}|=0,$$

从而有

$$|\lambda\boldsymbol{D}-\boldsymbol{L}-\boldsymbol{U}|=\begin{vmatrix}\lambda & 2 & -2\\ 1 & \lambda & 1\\ 2 & 2 & \lambda\end{vmatrix}=\lambda^3=0,$$

故 $\lambda_1=\lambda_2=\lambda_3=0$,从而 $\rho(\boldsymbol{B}_\mathrm{J})=0<1$,雅可比迭代法收敛.

注意到高斯—塞德尔迭代矩阵为

$$\boldsymbol{B}_\mathrm{G}=(\boldsymbol{D}-\boldsymbol{L})^{-1}\boldsymbol{U}.$$

注意到

$$|\lambda\boldsymbol{E}-\boldsymbol{B}_\mathrm{G}|=|\lambda\boldsymbol{E}-(\boldsymbol{D}-\boldsymbol{L})^{-1}\boldsymbol{U}|=\boldsymbol{0}\Leftrightarrow|\lambda(\boldsymbol{D}-\boldsymbol{L})-\boldsymbol{U}|=0,$$

从而有

$$|\lambda(\boldsymbol{D}-\boldsymbol{L})-\boldsymbol{U}|=\begin{vmatrix}\lambda & 2 & -2\\ \lambda & \lambda & 1\\ 2\lambda & 2\lambda & \lambda\end{vmatrix}=\lambda(\lambda^2+2\lambda-2)=0,$$

从而有 $\rho(\boldsymbol{B}_G)=1+\sqrt{3}>1$，故高斯—塞德尔迭代法发散.

在科学和工程计算中，要求解线性代数方程组 $\boldsymbol{Ax}=\boldsymbol{b}$，其系数矩阵 $\boldsymbol{A}$ 常常具有特殊性. 例如对角占优或不可约，或者是对称正定矩阵. 下面分析一下求解这些方程组的收敛性.

定义 2.2 设 $\boldsymbol{A}=(a_{ij})_{n\times n}$，

(1) 如果 $\boldsymbol{A}$ 的元素满足

$$|a_{ii}|>\sum_{j=1}^{i-1}|a_{ij}|+\sum_{j=i+1}^{n}|a_{ij}|,$$

称 $\boldsymbol{A}$ 为严格对角占优矩阵.

(2) 如果 $\boldsymbol{A}$ 的元素满足

$$|a_{ii}|\geqslant\sum_{j=1}^{j-1}|a_{ij}|+\sum_{j=i+1}^{n}|a_{ij}|,$$

且式中至少有一个不等式严格成立，则称 $\boldsymbol{A}$ 是弱对角占优矩阵.

定义 2.3 设 $\boldsymbol{A}=(a_{ij})_{n\times n}(n\geqslant 2)$，如果存在置换阵 $\boldsymbol{P}$ 使得

$$\boldsymbol{P}^{\mathrm{T}}\boldsymbol{AP}=\begin{pmatrix}\boldsymbol{A}_{11} & \boldsymbol{A}_{12}\\ \boldsymbol{0} & \boldsymbol{A}_{22}\end{pmatrix},$$

其中 $\boldsymbol{A}_{11}$ 为 r 阶方阵，$\boldsymbol{A}_{22}$ 为 $n-r(1\leqslant r<n)$ 阶方阵，则称 $\boldsymbol{A}$ 为可约矩阵，否则，称为不可约矩阵.

定理 2.4 若 $\boldsymbol{A}=(a_{ij})_{n\times n}$ 是严格对角占优或 $\boldsymbol{A}$ 是不可约弱对角占优矩阵，则 $\boldsymbol{A}$ 是非奇异矩阵.

证明 下面就矩阵为严格对角占优矩阵证明该定理. 采用反证法. 如果 $|\boldsymbol{A}|=0$，则 $\boldsymbol{Ax}=\boldsymbol{0}$ 有非零解，记为 $\boldsymbol{x}=(x_1,x_2,\cdots,x_n)^{\mathrm{T}}$，则 $|x_k|=\max\limits_{1\leqslant i\leqslant n}|x_i|\neq 0$.

由齐次方程组第 k 个方程

$$\sum_{j=1}^{n}a_{kj}x_j=0$$

有

$$|a_{kk}x_k|=\left|\sum_{j=1}^{k-1}a_{kj}x_j+\sum_{j-k+1}^{n}a_{kj}x_j\right|\leqslant\sum_{j=1}^{k-1}|a_{kj}||x_j|+\sum_{j=k+1}^{n}|a_{kj}||x_j|$$
$$\leqslant|x_k|\cdot\left(\sum_{j=1}^{k-1}|a_{kj}|+\sum_{j=k+1}^{n}|a_{kj}|\right),$$

即

$$|a_{kk}|\leqslant\left(\sum_{j=1}^{k-1}|a_{kj}|+\sum_{j=k+1}^{n}|a_{kj}|\right),$$

与对角占优的假设矛盾，故 $|\boldsymbol{A}|\neq 0$.

定理 2.5 若 $\boldsymbol{A}=(a_{ij})_{n\times n}$ 是严格对角占优或 $\boldsymbol{A}$ 是不可约弱对角占优矩阵，则求解方程组 $\boldsymbol{Ax}=\boldsymbol{b}$ 的雅可比迭代法和高斯—塞德尔迭代法均收敛.

证明 下面就严格对角占优情况下高斯—塞德尔迭代法收敛进行证明.

首先考察高斯—塞德尔迭代矩阵$\boldsymbol{B}_G=(\boldsymbol{D}-\boldsymbol{L})^{-1}\boldsymbol{U}$的特征值情况. 注意到

$$|\lambda\boldsymbol{E}-\boldsymbol{B}_G|=|\lambda\boldsymbol{E}-(\boldsymbol{D}-\boldsymbol{L})^{-1}\boldsymbol{U}|=0\Leftrightarrow|\lambda(\boldsymbol{D}-\boldsymbol{L})-\boldsymbol{U}|=0,$$

记

$$\boldsymbol{C}=\lambda(\boldsymbol{D}-\boldsymbol{L})-\boldsymbol{U}=\begin{pmatrix}\lambda a_{11} & a_{12} & \cdots & a_{1n}\\ \lambda a_{21} & \lambda a_{22} & \cdots & a_{2n}\\ \vdots & \vdots & \cdots & \vdots\\ \lambda a_{n1} & \lambda a_{n2} & \cdots & \lambda a_{nn}\end{pmatrix},$$

假设$|\lambda|\geqslant 1$,由$\boldsymbol{A}$是严格对角占优矩阵,则对于$k=1,2,\cdots,n$,

$$|c_{kk}|=|\lambda a_{kk}|>|\lambda|\cdot\left(\sum_{j=1}^{k-1}|a_{kj}|+\sum_{j=k+1}^{n}|a_{kj}|\right)\geqslant\left(\sum_{j=1}^{k-1}|\lambda a_{kj}|+\sum_{j=k+1}^{n}|a_{kj}|\right)$$
$$=\sum_{j=1}^{k-1}|c_{kj}|+\sum_{j=k+1}^{n}|c_{kj}|,$$

从而$\boldsymbol{C}=\lambda(\boldsymbol{D}-\boldsymbol{L})-\boldsymbol{U}$是严格对角占优矩阵,从而$|\boldsymbol{C}|\neq 0$.

定理 2.6 设矩阵$\boldsymbol{A}=(a_{ij})_{n\times n}$对称,且对角元$a_{ii}>0(i=1,2,\cdots,n)$,则解方程组$\boldsymbol{Ax}=\boldsymbol{b}$的雅可比迭代法收敛的充要条件是$\boldsymbol{A}$和$2\boldsymbol{D}-\boldsymbol{A}$均为正定矩阵.

证明 记

$$\boldsymbol{D}^{\frac{1}{2}}=\mathrm{diag}(\sqrt{a_{11}},\sqrt{a_{22}},\cdots,\sqrt{a_{nn}}),$$
$$\boldsymbol{D}^{-\frac{1}{2}}=(\boldsymbol{D}^{\frac{1}{2}})^{-1}=\mathrm{diag}(1/\sqrt{a_{11}},1/\sqrt{a_{22}},\cdots,1/\sqrt{a_{nn}}),$$

则

$$\boldsymbol{B}_J=\boldsymbol{D}^{-1}(\boldsymbol{D}-\boldsymbol{A})=\boldsymbol{D}^{-\frac{1}{2}}(\boldsymbol{E}-\boldsymbol{D}^{-\frac{1}{2}}\boldsymbol{A}\boldsymbol{D}^{-\frac{1}{2}})\boldsymbol{D}^{\frac{1}{2}},$$

即$\boldsymbol{B}_J$和$\boldsymbol{E}-\boldsymbol{D}^{-\frac{1}{2}}\boldsymbol{A}\boldsymbol{D}^{-\frac{1}{2}}$相似,从而它们有相同的特征值. 由$\boldsymbol{A}$对称可知$\boldsymbol{E}-\boldsymbol{D}^{-\frac{1}{2}}\boldsymbol{A}\boldsymbol{D}^{-\frac{1}{2}}$是对称的,从而$\boldsymbol{E}-\boldsymbol{D}^{-\frac{1}{2}}\boldsymbol{A}\boldsymbol{D}^{-\frac{1}{2}}$的特征值都是实数,故$\boldsymbol{B}_J$的特征值都是实数.

必要性. 设雅可比迭代法收敛,即$\rho(\boldsymbol{B}_J)<1$,则

$$\rho(\boldsymbol{E}-\boldsymbol{D}^{-\frac{1}{2}}\boldsymbol{A}\boldsymbol{D}^{-\frac{1}{2}})<1.$$

设实数λ是实对称矩阵$\boldsymbol{D}^{-\frac{1}{2}}\boldsymbol{A}\boldsymbol{D}^{-\frac{1}{2}}$的任一特征值,则$\boldsymbol{E}-\boldsymbol{D}^{-\frac{1}{2}}\boldsymbol{A}\boldsymbol{D}^{-\frac{1}{2}}$的特征值为$1-\lambda$,从而$|1-\lambda|<1$,即$0<\lambda<2$. 从而$\boldsymbol{D}^{-\frac{1}{2}}\boldsymbol{A}\boldsymbol{D}^{-\frac{1}{2}}$是正定矩阵. 由于$\boldsymbol{A}$和$\boldsymbol{D}^{-\frac{1}{2}}\boldsymbol{A}\boldsymbol{D}^{-\frac{1}{2}}$合同,所以$\boldsymbol{A}$也是正定矩阵.

再设实对称矩阵$\boldsymbol{D}^{-\frac{1}{2}}\boldsymbol{A}\boldsymbol{D}^{-\frac{1}{2}}$的特征值是$\lambda_1,\lambda_2,\cdots,\lambda_n,\cdots$,存在正交矩阵$\boldsymbol{P}$使得

$$\boldsymbol{P}^{\mathrm{T}}(\boldsymbol{D}^{-\frac{1}{2}}\boldsymbol{A}\boldsymbol{D}^{-\frac{1}{2}})\boldsymbol{P}=\mathrm{diag}(\lambda_1,\lambda_2,\cdots,\lambda_n),$$

从而

$$\boldsymbol{P}^{\mathrm{T}}(2\boldsymbol{E}-\boldsymbol{D}^{-\frac{1}{2}}\boldsymbol{A}\boldsymbol{D}^{-\frac{1}{2}})\boldsymbol{P}=\mathrm{diag}(2-\lambda_1,2-\lambda_2,\cdots,2-\lambda_n).$$

由于$2-\lambda_i>0,i=1,2,\cdots,n$,故$2\boldsymbol{E}-\boldsymbol{D}^{-\frac{1}{2}}\boldsymbol{A}\boldsymbol{D}^{-\frac{1}{2}}$是正定矩阵. 由于$2\boldsymbol{D}-\boldsymbol{A}=\boldsymbol{D}^{\frac{1}{2}}(2\boldsymbol{E}-\boldsymbol{D}^{-\frac{1}{2}}\boldsymbol{A}\boldsymbol{D}^{-\frac{1}{2}})\boldsymbol{D}^{\frac{1}{2}}$与

$2E-D^{-\frac{1}{2}}AD^{-\frac{1}{2}}$合同，故 $2D-A$ 也是正定矩阵.

充分性．设 A 和 $2D-A$ 均为正定矩阵，则有：A 正定$\Rightarrow D^{-\frac{1}{2}}AD^{-\frac{1}{2}}$正定$\Rightarrow D^{-\frac{1}{2}}AD^{-\frac{1}{2}}$的特征值大于零；$2D-A$ 正定$\Rightarrow 2E-D^{-\frac{1}{2}}AD^{-\frac{1}{2}}=D^{-\frac{1}{2}}(2D-A)D^{-\frac{1}{2}}$正定$\Rightarrow 2E-D^{-\frac{1}{2}}AD^{-\frac{1}{2}}$的特征值大于零.

设 μ 是B_J 的特征值，从而也是 $E-D^{-\frac{1}{2}}AD^{-\frac{1}{2}}$的特征值，且为实数，注意到

$$D^{-\frac{1}{2}}AD^{-\frac{1}{2}}=E-(E-D^{-\frac{1}{2}}AD^{-\frac{1}{2}}),$$

从而 $1-\mu$ 是$D^{-\frac{1}{2}}AD^{-\frac{1}{2}}$的特征值，$1+\mu$ 是$\Rightarrow 2E-D^{-\frac{1}{2}}AD^{-\frac{1}{2}}$的特征值，故 $1-\mu>0, 1+\mu>0$，从而 $|\mu|<1$，故 $\rho(B_J)<1$，从而雅可比迭代法收敛.

定理 2.7 设解线性代数方程组 $Ax=b$ 的 SOR 迭代法收敛，则 $0<\omega<2$.

定理 2.8 设 $Ax=b$，如果：

(1) A 为对称正定矩阵，$A=D-L-U$；

(2) $0<\omega<2$；

则求解 $Ax=b$ 的 SOR 迭代法收敛.

证明 在上述假定下，只需证明 $|\lambda|<1$（λ 为 SOR 迭代法迭代矩阵 B_S 的任一特征值）. 事实上，设 y 为对应 λ 的 B_S 的特征向量，即

$$B_Sy=\lambda y, \quad y=(y_1,y_2,\cdots,y_n)^T\neq 0,$$

$$(D-\omega L)^{-1}[\omega U+(1-\omega)D]y=\lambda y,$$

即

$$[\omega U+(1-\omega)D]y=\lambda(D-\omega L)y.$$

考虑内积

$$([\omega U+(1-\omega)D]y,y)=\lambda[(D-\omega L)y,y],$$

则

$$\lambda=\frac{(Dy,y)-\omega(Dy,y)+\omega(Uy,y)}{(Dy,y)-\omega(Ly,y)},$$

显然

$$(Dy,y)=\sum_{i=1}^{n}a_{ii}|y_i|^2\equiv\sigma>0,$$

记

$$-(Ly,y)=\alpha+i\beta,$$

由于 $A=A^T$，所以 $U=L^T$，故

$$-(Uy,y)=-(y,Ly)=-\overline{(Ly,y)}=\alpha-i\beta,$$

$$0<(Ay,y)=((D-L-U)y,y)=\sigma+2\alpha,$$

所以

$$\lambda=\frac{\sigma-\omega\sigma-\alpha\omega+i\omega\beta}{\sigma+\alpha\omega+i\omega\beta},$$

从而

$$|\lambda|^2=\frac{(\sigma-\omega\sigma-\alpha\omega)^2+\omega^2\beta^2}{(\sigma+\alpha\omega)^2+\omega^2\beta^2}.$$

当 $0<\omega<2$ 时,有

$$(\sigma-\omega\sigma-\alpha\omega)^2-(\sigma+\alpha\omega)^2=\omega\sigma(\sigma+2\alpha)(\omega-2)<0,$$

从而可得 SOR 法迭代矩阵$\boldsymbol{B}_S$ 的任一特征值 λ 满足 $|\lambda|<1$,故 SOR 迭代法收敛[注意当 $0<\omega<2$ 时,可以证明 $(\sigma+\alpha\omega)^2+\omega^2\beta^2\neq 0$].

定理 2.9　设 $\boldsymbol{Ax}=\boldsymbol{b}$,如果:

(1)$\boldsymbol{A}$ 是严格对角占优矩阵(或 $\boldsymbol{A}$ 为弱对角占优不可约矩阵);

(2)$0<\omega\leqslant 1$;

则求解 $\boldsymbol{Ax}=\boldsymbol{b}$ 的 SOR 法收敛.

例 2.5　考察用迭代法解

$$\boldsymbol{x}=\boldsymbol{Bx}+\boldsymbol{f}$$

的收敛性,其中 $\boldsymbol{B}=\begin{bmatrix}0&2\\3&0\end{bmatrix}$,$\boldsymbol{f}=\begin{bmatrix}5\\5\end{bmatrix}$.

解　矩阵 $\boldsymbol{B}$ 的特征方程为

$$\det(\lambda\boldsymbol{E}-\boldsymbol{B})=\lambda^2-6=0,$$

特征根 $\lambda_{1,2}=\pm\sqrt{6}$,即 $\rho(\boldsymbol{B})>1$. 这说明用迭代法解此方程组不收敛.

例 2.6　设有方程组

$$\begin{bmatrix}1&2&-2\\1&1&1\\2&2&1\end{bmatrix}\begin{bmatrix}x_1\\x_2\\x_3\end{bmatrix}=\begin{bmatrix}b_1\\b_2\\b_3\end{bmatrix},$$

试考察用雅可比迭代法和高斯—塞德尔迭代法求解的收敛性.

解　雅可比迭代法的迭代矩阵为

$$\boldsymbol{B}_J=\boldsymbol{E}-\boldsymbol{D}^{-1}\boldsymbol{A}=\begin{bmatrix}0&-2&2\\-1&0&-1\\-2&-2&0\end{bmatrix},$$

其特征值为 $\lambda_{1,2,3}=0$,故谱半径 $\rho(\boldsymbol{B}_J)=0<1$,可知雅可比迭代法收敛.

高斯—塞德尔迭代法的迭代矩阵为

$$\boldsymbol{B}_G=(\boldsymbol{D}-\boldsymbol{L})^{-1}\boldsymbol{U}=\begin{bmatrix}0&-2&2\\0&2&-3\\0&0&2\end{bmatrix},$$

其特征值为 $\lambda_1=0,\lambda_{2,3}=2$,故谱半径为 $\rho(\boldsymbol{B}_G)=2>1$,所以高斯—塞德尔迭代法发散.

例 2.7　给定线性代数方程组 $\boldsymbol{Ax}=\boldsymbol{b}$,其中

$$\boldsymbol{A}=\begin{bmatrix}1&0.5&0.5\\0.5&1&0.5\\0.5&0.5&1\end{bmatrix},$$

试考察用雅可比迭代法和高斯—塞德尔迭代法求解的收敛性.

解 雅可比迭代的迭代矩阵为

$$B_J=E-D^{-1}A=\begin{bmatrix}0 & -0.5 & -0.5\\ -0.5 & 0 & -0.5\\ -0.5 & -0.5 & 0\end{bmatrix},$$

其特征值为 $\lambda_1=-1,\lambda_{2,3}=0.5$,从而谱半径 $\rho(B_J)=1$,雅可比迭代法发散.

注意到矩阵 A 为对称阵且各阶顺序主子式

$$|1|=1>0,\begin{vmatrix}1 & 0.5\\ 0.5 & 1\end{vmatrix}=0.75>0,\ |A|=0.5>0,$$

从而矩阵 A 为对称正定阵,由定理 2.2 的推论可知高斯—塞德尔迭代法收敛.

注:(1)从文中叙述高斯—塞德尔迭代法的过程中不难得到,高斯—塞德尔迭代法似乎比雅可比迭代法要好些,从例 2.2 中还可以看出,高斯—塞德尔迭代法比雅可比迭代法收敛快些. 现在从例 2.6 和例 2.7 中可以看出,有的问题两者的收敛性可能完全相反. 也就是说完全可能出现一种迭代法收敛而另一种却发散的情况.

(2)定理 2.2 只是说 $\rho(B)<1$ 是对于任意选取的初始迭代向量迭代法都收敛的充要条件,并没有说当 $\rho(B)\geqslant 1$ 时,对于任意选取的初始迭代向量,迭代法一定都要发散. 实际上,在例 2.6 和例 2.7 中所说的“发散”,其准确含义应该理解为“不是对任意初始向量 $x^{(0)}$ 都收敛”,也就是说“对有的初始向量迭代法发散,对有的初始迭代向量它可能收敛”. 下面的例子正好可以说明这一点.

例 2.8 设 n 阶矩阵 B 的谱半径 $\rho(B)\geqslant 1$,但是 B 有一个特征值 λ,其模 $|\lambda|<1$,则一定存在初始向量 $x^{(0)}$,使得迭代法

$$x^{(k+1)}=Bx^{(k)}+f(k=0,1,2,\cdots)$$

关于此初始迭代向量收敛到 $x=Bx+f$ 的准确解 x^*.

证明 设矩阵 B 相应于特征值 λ 的特征向量为 y,则有

$$By=\lambda y, B^k y=\lambda^k y,$$

由式(2.7)和式(2.8)可知

$$x^{(k)}-x^*=B^k(x^{(0)}-x^*). \tag{2.21}$$

取初始向量

$$x^{(0)}=x^*+y,$$

则有

$$x^{(k)}-x^*=B^k(x^{(0)}-x^*)=B^k y=\lambda^k y,$$

注意到 $|\lambda|<1$,从而

$$\|x^{(k)}-x^*\|=|\lambda|^k\|y\|\to 0,$$

即 $x^{(k)}\to x^*$.

运用定理 2.2 判断收敛性需要计算迭代矩阵的特征值,可知 $\rho(B)\leqslant\|B\|$,即矩阵的谱半径小于等于矩阵的任何一种算子范数.

2.2 块迭代

设 $\boldsymbol{Ax}=\boldsymbol{b}$,其中 $\boldsymbol{A}\in\mathbf{R}^{n\times n}$ 是大型稀疏矩阵且将 $\boldsymbol{A}$ 分成三部分 $\boldsymbol{A}=\boldsymbol{D}-\boldsymbol{L}-\boldsymbol{U}$,其中

$$\boldsymbol{A}=\begin{pmatrix}\boldsymbol{A}_{11} & \boldsymbol{A}_{12} & \cdots & \boldsymbol{A}_{1q}\\ \boldsymbol{A}_{21} & \boldsymbol{A}_{22} & \cdots & \boldsymbol{A}_{2q}\\ \vdots & \vdots & \cdots & \vdots\\ \boldsymbol{A}_{q1} & \boldsymbol{A}_{q2} & \cdots & \boldsymbol{A}_{qq}\end{pmatrix},\boldsymbol{D}=\begin{pmatrix}\boldsymbol{A}_{11} & 0 & \cdots & 0\\ 0 & \boldsymbol{A}_{22} & \cdots & 0\\ \vdots & \vdots & \cdots & \vdots\\ 0 & 0 & \cdots & \boldsymbol{A}_{qq}\end{pmatrix},$$

$$\boldsymbol{L}=\begin{pmatrix}0 & 0 & \cdots & 0\\ -\boldsymbol{A}_{21} & 0 & \cdots & 0\\ \vdots & \vdots & \cdots & \vdots\\ -\boldsymbol{A}_{q1} & -\boldsymbol{A}_{q2} & \cdots & 0\end{pmatrix},\boldsymbol{U}=\begin{pmatrix}0 & -\boldsymbol{A}_{12} & \cdots & -\boldsymbol{A}_{1q}\\ 0 & 0 & \cdots & -\boldsymbol{A}_{2q}\\ \vdots & \vdots & \cdots & \vdots\\ 0 & 0 & \cdots & 0\end{pmatrix},$$

且$\boldsymbol{A}_{ii}(i=1,2,\cdots,q)$为 $n_i\times n_i$ 非奇异矩阵, $\sum_{i=1}^{q}n_i=n$. 对 $\boldsymbol{x}$ 和 $\boldsymbol{b}$ 同样分块

$$\boldsymbol{x}=\begin{pmatrix}x_1\\ x_2\\ \vdots\\ x_q\end{pmatrix},\boldsymbol{b}=\begin{pmatrix}b_1\\ b_2\\ \vdots\\ b_q\end{pmatrix},$$

其中 $x_i\in\mathbf{R}^{n_i}$,　$b_i\in\mathbf{R}^{n_i}$.

选取分裂阵 $\boldsymbol{M}$ 为 $\boldsymbol{A}$ 的对角块部分,即选

$$\begin{cases}\boldsymbol{M}=\boldsymbol{D},\\ \boldsymbol{A}=\boldsymbol{M}-\boldsymbol{N},\end{cases}$$

于是得到块雅可比迭代法

$$\boldsymbol{x}^{(k+1)}=\boldsymbol{B}\boldsymbol{x}^{(k)}+\boldsymbol{f},$$

其中迭代矩阵

$$\boldsymbol{B}=\boldsymbol{D}^{-1}(\boldsymbol{L}+\boldsymbol{U})=\boldsymbol{E}-\boldsymbol{D}^{-1}\boldsymbol{A},\quad \boldsymbol{f}=\boldsymbol{D}^{-1}\boldsymbol{b},$$

或写成

$$\boldsymbol{D}\boldsymbol{x}^{(k+1)}=(\boldsymbol{L}+\boldsymbol{U})\boldsymbol{x}^{(k)}+\boldsymbol{b}.$$

由分块矩阵乘法,得到块雅可比迭代法的具体形式

$$\boldsymbol{A}_{ii}\boldsymbol{x}_i^{(k+1)}=b_i-\sum_{j=1}^{i-1}\boldsymbol{A}_{ij}\boldsymbol{x}_j^{(k)}-\sum_{j=i+1}^{q}\boldsymbol{A}_{ij}\boldsymbol{x}_j^{(k)},i=1,2,\cdots,q,$$

其中

$$\boldsymbol{x}^{(k)}=\begin{pmatrix}\boldsymbol{x}_1^{(k)}\\ \boldsymbol{x}_2^{(k)}\\ \vdots\\ \boldsymbol{x}_q^{(k)}\end{pmatrix},\quad \boldsymbol{x}_i^{(k)}\in\mathbf{R}^{n_i}.$$

这说明,块雅可比迭代法,每迭代一次,从$\boldsymbol{x}^{(k)}\to\boldsymbol{x}^{(k+1)}$,需要求解 q 个低阶线性代数方程组

$$\boldsymbol{A}_{ii}\boldsymbol{x}_i^{(k+1)}=\boldsymbol{b}_i-\sum_{j=1}^{i-1}\boldsymbol{A}_{ij}\boldsymbol{x}_j^{(k)}-\sum_{j=i+1}^{q}\boldsymbol{A}_{ij}\boldsymbol{x}_j^{(k)}\triangleq\boldsymbol{g}_i,i=1,2,\cdots,q.$$

选取分裂阵 $\boldsymbol{M}$ 为带松弛因子的 $\boldsymbol{A}$ 的块下三角部分,即选

$$\begin{cases}\boldsymbol{M}=\dfrac{1}{\omega}(\boldsymbol{D}-\omega\boldsymbol{L}),\\ \boldsymbol{A}=\boldsymbol{M}-\boldsymbol{N},\end{cases}$$

得到块 SOR 迭代法(BSOR)

$$\boldsymbol{x}^{(k+1)}=\boldsymbol{B}_\omega\boldsymbol{x}^{(k)}+\boldsymbol{f},$$

其中迭代矩阵

$$\boldsymbol{B}_\omega=(\boldsymbol{D}-\omega\boldsymbol{L})^{-1}[\omega\boldsymbol{U}+(1-\omega)\boldsymbol{D}],\quad \boldsymbol{f}=\omega(\boldsymbol{D}-\omega\boldsymbol{L})^{-1}\boldsymbol{b},$$

或

$$(\boldsymbol{D}-\omega\boldsymbol{L})\boldsymbol{x}^{(k+1)}=[\omega\boldsymbol{U}+(1-\omega)\boldsymbol{D}]\boldsymbol{x}^{(k)}+\omega\boldsymbol{b}.$$

由分块矩阵乘法得到 BSOR 迭代法的具体形式:

$$\boldsymbol{A}_{ii}\boldsymbol{x}_i^{(k+1)}=\boldsymbol{A}_{ii}\boldsymbol{x}_i^{(k)}+\omega\left(\boldsymbol{b}_i-\sum_{j=1}^{i-1}\boldsymbol{A}_{ij}\boldsymbol{x}_j^{(k+1)}-\sum_{j=i}^{q}\boldsymbol{A}_{ij}\boldsymbol{x}_j^{(k)}\right),i=1,2,\cdots,q,\qquad(*)$$

其中 ω 为松弛因子.

于是,当$\boldsymbol{x}^{(k)}$及$\boldsymbol{x}_j^{(k+1)}(j=1,2,\cdots,i-1)$已计算时,解低阶线性代数方程组(*)可计算小块$\boldsymbol{x}_j^{(k+1)}$. 从$\boldsymbol{x}^{(k)}\to\boldsymbol{x}^{(k+1)}$共需要解 q 个低阶线性代数方程组,当$\boldsymbol{A}_{ii}$ 为三对角矩阵或带状矩阵时,可用直接法求解.

这里给出如下结果.

定理 2.10 设 $\boldsymbol{Ax}=\boldsymbol{b}$,如果:

(1)$\boldsymbol{A}$ 为对称正定矩阵,$\boldsymbol{A}=\boldsymbol{D}-\boldsymbol{L}-\boldsymbol{U}$(分块形式);

(2)$0<\omega<2$;

则求解 $\boldsymbol{Ax}=\boldsymbol{b}$ 的 BSOR 法收敛.

2.3 基于变分原理的迭代法

本节约定:矩阵 $\boldsymbol{A}\in\mathbf{R}^{n\times n}$ 对称正定,列向量 $\boldsymbol{b}\in\mathbf{R}^n$.

首先建立求解方程组 $\boldsymbol{Ax}=\boldsymbol{b}$ 的变分原理．定义 n 元二次函数

$$\varphi(\boldsymbol{x})=\frac{1}{2}(\boldsymbol{Ax},\boldsymbol{x})-(\boldsymbol{b},\boldsymbol{x})=\frac{1}{2}\sum_{i,j=1}^{n}a_{ij}x_ix_j-\sum_{j=1}^{n}b_jx_j.$$

定理 2.11　设 $\boldsymbol{A}$ 是 n 阶实对称正定矩阵，$\boldsymbol{b}\in\mathbf{R}^n$ 是 n 维实列向量，则$\boldsymbol{x}^*\in\mathbf{R}^n$ 是方程组 $\boldsymbol{Ax}=\boldsymbol{b}$ 的解的充要条件是 $\varphi(\boldsymbol{x}^*)=\min_{x\in\mathbf{R}^n}\varphi(\boldsymbol{x})$.

证明　必要性．设 $\boldsymbol{Ax}^*=\boldsymbol{b}$，则 $\varphi(\boldsymbol{x}^*)=-\frac{1}{2}(\boldsymbol{b},\boldsymbol{x}^*)$，于是对 $\forall\boldsymbol{x}\in\mathbf{R}^n$，

$$\begin{aligned}\varphi(\boldsymbol{x})-\varphi(\boldsymbol{x}^*)&=\frac{1}{2}(\boldsymbol{Ax},\boldsymbol{x})-(\boldsymbol{b},\boldsymbol{x})+\frac{1}{2}(\boldsymbol{b},\boldsymbol{x}^*)\\&=\frac{1}{2}(\boldsymbol{Ax},\boldsymbol{x})-(\boldsymbol{Ax}^*,\boldsymbol{x})+\frac{1}{2}(\boldsymbol{Ax}^*,\boldsymbol{x}^*)\\&=\frac{1}{2}(\boldsymbol{A}(\boldsymbol{x}-\boldsymbol{x}^*),\boldsymbol{x}-\boldsymbol{x}^*)\geqslant 0,\end{aligned}\tag{2.22}$$

从而 $\varphi(\boldsymbol{x})\geqslant\varphi(\boldsymbol{x}^*)$，即

$$\varphi(\boldsymbol{x}^*)=\min_{x\in\mathbf{R}^n}\varphi(\boldsymbol{x}).$$

充分性．设 $\varphi(\boldsymbol{x}^*)=\min_{x\in\mathbf{R}^n}\varphi(\boldsymbol{x})$，则对于 $\forall\boldsymbol{x}\in\mathbf{R}^n$，任意 $\alpha\in\mathbf{R}$，

$$\varphi(\boldsymbol{x}^*+\alpha\boldsymbol{x})\geqslant\varphi(\boldsymbol{x}^*),$$

即一元函数 $h(\alpha)=\varphi(\boldsymbol{x}^*+\alpha\boldsymbol{x})$ 在 $\alpha=0$ 处取得极小值，从而

$$h'(\alpha)\big|_{\alpha=0}=\left.\frac{\mathrm{d}\varphi(\boldsymbol{x}^*+\alpha\boldsymbol{x})}{\mathrm{d}\alpha}\right|_{\alpha=0}=0.$$

注意到

$$\begin{aligned}\varphi(\boldsymbol{x}^*+\alpha\boldsymbol{x})&=\frac{1}{2}[\boldsymbol{A}(\boldsymbol{x}^*+\alpha\boldsymbol{x}),\boldsymbol{x}^*+\alpha\boldsymbol{x}]-(\boldsymbol{b},\boldsymbol{x}^*+\alpha\boldsymbol{x})\\&=\varphi(\boldsymbol{x}^*)+\alpha(\boldsymbol{Ax}^*-\boldsymbol{b},\boldsymbol{x})+\frac{\alpha^2}{2}(\boldsymbol{Ax},\boldsymbol{x}),\end{aligned}\tag{2.23}$$

所以

$$\left.\frac{\mathrm{d}\varphi(\boldsymbol{x}^*+\alpha\boldsymbol{x})}{\mathrm{d}\alpha}\right|_{\alpha=0}=(\boldsymbol{Ax}^*-\boldsymbol{b},\boldsymbol{x})=0.$$

上式对 $\forall\boldsymbol{x}\in\mathbf{R}^n$ 都成立．取 $\boldsymbol{x}=\boldsymbol{Ax}^*-\boldsymbol{b}$ 立即可得 $\boldsymbol{Ax}^*-\boldsymbol{b}=\boldsymbol{0}$.

由定理 2.10 可知，求$\boldsymbol{x}^*\in\mathbf{R}^n$ 使得 $\varphi(\boldsymbol{x})$取得极小值，这就是求解等价于线性方程组 $\boldsymbol{Ax}=\boldsymbol{b}$ 的变分问题．求解方法是构造一个向量序列$\{\boldsymbol{x}^{(k)}\}$使 $\varphi(\boldsymbol{x}^{(k)})\to\varphi(\boldsymbol{x}^*)$.

2.3.1　最速下降法

通常求 $\varphi(\boldsymbol{x})$的极小点$\boldsymbol{x}^*$可以转化为求一维问题的极小，即从 $\boldsymbol{x}^{(0)}$ 出发，找一个方向$\boldsymbol{p}^{(0)}$，令$\boldsymbol{x}^{(1)}=\boldsymbol{x}^{(0)}+\alpha\boldsymbol{p}^{(0)}$，使得 $\varphi(\boldsymbol{x}^{(1)})=\min_{\alpha\in\mathbf{R}}\varphi(\boldsymbol{x}^{(0)}+\alpha\boldsymbol{p}^{(0)})$.

一般地,令

$$x^{(k+1)}=x^{(k)}+\alpha_k p^{(k)}, \tag{2.24}$$

使

$$\varphi(x^{(k+1)})=\min_{\alpha\in\mathbf{R}}\varphi(x^{(k)}+\alpha p^{(k)}).$$

注意到

$$\varphi(x^{(k)}+\alpha p^{(k)})=\varphi(x^{(k)})+\alpha(Ax^{(k)}-b,p^{(k)})+\frac{\alpha^2}{2}(Ap^{(k)},p^{(k)}), \tag{2.25}$$

$$\frac{\mathrm{d}\varphi(x^{(k)}+\alpha p^{(k)})}{\mathrm{d}\alpha}=(Ax^{(k)}-b,p^{(k)})+\alpha(Ap^{(k)},p^{(k)})=0, \tag{2.26}$$

于是可得

$$\alpha_k=-\frac{(Ax^{(k)}-b,p^{(k)})}{(Ap^{(k)},p^{(k)})}, \tag{2.27}$$

这样得到的α_k 显然满足

$$\varphi(x^{(k)}+\alpha_k p^{(k)})\leqslant\varphi(x^{(k)}+\alpha p^{(k)}).$$

这就是求 $\varphi(x)$的下降算法,这里$p^{(k)}$是任意选取的方向. 如果选取一个方向$p^{(k)}$使 $\varphi(x)$在$x^{(k)}$沿$p^{(k)}$下降最快,就称为最速下降法. 由于函数 $\varphi(x)$在点$x^{(k)}$的负梯度方向

$$-\nabla\varphi(x^{(k)})=-\left(\frac{\partial\varphi(x^{(k)})}{\partial x_1},\frac{\partial\varphi(x^{(k)})}{\partial x_2},\cdots,\frac{\partial\varphi(x^{(k)})}{\partial x_n}\right)^{\mathrm{T}}$$

是函数下降最快的方向,从而取

$$p^{(k)}=-\nabla\varphi(x^{(k)})=-(Ax^{(k)}-b)=b-Ax^{(k)}\triangleq r^{(k)},$$

$r^{(k)}=b-Ax^{(k)}$称为剩余向量或残量.

由式(2.27)有

$$\alpha_k=\frac{(r^{(k)},r^{(k)})}{(Ar^{(k)},r^{(k)})}.$$

综上,最速下降法的迭代格式为:

任取$x^{(0)}\in\mathbf{R}^n$,计算残量$r^{(k)}=b-Ax^{(k)}$,计算参数,迭代计算$x^{(k+1)}=x^{(k)}+\alpha_k r^{(k)}$.

注:由于

$$(r^{(k+1)},r^{(k)})=(b-Ax^{(k+1)},r^{(k)})=(b-A(x^{(k)}+\alpha_k r^{(k)}),r^{(k)})=(r^{(k)},r^{(k)})-\alpha_k(Ar^{(k)},r^{(k)})=0,$$

所以最速下降法两个相邻的搜索方向$r^{(k+1)}$和$r^{(k)}$正交.

下面讨论最速下降法的收敛性.

引理 设A是n阶实对称正定矩阵,$f(t)$是m次实系数多项式,则对任意$x\in\mathbf{R}^n$,有

$$\|f(A)x\|_A\leqslant\max_{1\leqslant i\leqslant n}|f(\lambda_i)|\cdot\|x\|_A,$$

其中$\lambda_1,\lambda_2,\cdots,\lambda_n$是矩阵$A$的特征值,$\|x\|_A=\sqrt{(Ax,x)}=\sqrt{x^{\mathrm{T}}Ax}$是向量范数.

证明 设A的相应于$\lambda_1,\lambda_2,\cdots,\lambda_n$的特征向量$y_1,y_2,\cdots,y_n$标准正交,则有

$$x=\sum_{i=1}^{n}c_i y_i,\quad f(A)x=\sum_{i=1}^{n}c_i f(\lambda_i)y_i,$$

$$\|x\|_A^2=(Ax,x)=\left(\sum_{i=1}^{n}c_i\lambda_i y_i,\sum_{i=1}^{n}c_i y_i\right)=\sum_{i=1}^{n}c_i^2\lambda_i,$$

$$\begin{aligned}\|f(A)x\|_A^2&=(A(f(A)x),f(A)x)\\&=\left(\sum_{i=1}^{n}c_i\lambda_i f(\lambda_i)y_i,\sum_{i=1}^{n}c_i f(\lambda_i)y_i\right)=\sum_{i=1}^{n}c_i^2\lambda_i f^2(\lambda_i)\\&\leqslant(\max_{1\leqslant i\leqslant n}f^2(\lambda_i))\sum_{i=1}^{n}c_i^2\lambda_i\\&=(\max_{1\leqslant i\leqslant n}|f(\lambda_i)|^2)\|x\|_A^2.\end{aligned}$$

上式两端开平方即得.

定理 2.12 A 是 n 阶实对称正定矩阵,λ_1、λ_n 分别表示 A 的最大和最小特征值,则由最速下降法得到的向量序列 $x^{(k)}$ 满足

$$\|x^{(k)}-x^*\|_A\leqslant\left(\frac{\lambda_1-\lambda_n}{\lambda_1+\lambda_n}\right)^k\cdot\|x^{(0)}-x^*\|_A.$$

证明 对于任意实数 α 有

$$\varphi(x^{(k)})=\varphi(x^{(k-1)}+\alpha_{k-1}x^{(k-1)})\leqslant\varphi(x^{(k-1)}+\alpha r^{(k-1)}),$$

故

$$\varphi(x^{(k)})-\varphi(x^*)\leqslant\varphi(x^{(k-1)}+\alpha r^{(k-1)})-\varphi(x^*),$$

由式(2.22)得到

$$\frac{1}{2}(A(x^{(k)}-x^*),x^{(k)}-x^*)\leqslant\frac{1}{2}(A(x^{(k-1)}+\alpha r^{(k-1)}-x^*),x^{(k-1)}+\alpha r^{(k-1)}-x^*).$$

注意到

$$r^{(k-1)}=b-Ax^{(k-1)}=Ax^*-Ax^{(k-1)}=A(x^*-x^{(k-1)}),$$

利用引理可得

$$\begin{aligned}\|x^{(k)}-x^*\|_A&\leqslant\|x^{(k-1)}+\alpha r^{(k-1)}-x^*\|_A\\&=\|(E-\alpha A)(x^{(k-1)}-x^*)\|_A\leqslant\max_{1\leqslant n}|1-\alpha\lambda_1|\cdot\|x^{(k-1)}-x^*\|,\end{aligned}$$

特别地,取 $\alpha=\dfrac{2}{\lambda_1+\lambda_n}$ 时,有

$$\max_{1\leqslant i\leqslant n}|1-\alpha\lambda_i|=\max_{1\leqslant i\leqslant n}(|1-\alpha\lambda_1|,|1-\alpha\lambda_n|)=\frac{\lambda_1-\lambda_n}{\lambda_1+\lambda_n}.$$

上式利用了函数 $f(\lambda)=1-\alpha\lambda$ 的单调性. 于是递推可得

$$\|x^{(k)}-x^*\|_A\leqslant\frac{\lambda_1-\lambda_n}{\lambda_1+\lambda_n}\cdot\|x^{(k-1)}-x^*\|\leqslant\cdots\leqslant\left(\frac{\lambda_1-\lambda_n}{\lambda_1+\lambda_n}\right)^k\cdot\|x^{(0)}-x^*\|_A.$$

上述结果表明,最速下降法从理论上来看是收敛的．但是当 $\lambda_1 \gg \lambda_n$ 时,收敛很慢．另外当 $\|\boldsymbol{r}^{(k)}\|_A$ 很小时,由于舍入误差的影响,计算将出现不稳定．所以该算法在实际中很少使用,需要寻求对整体而言下降更快的算法．

最速下降法的 MATLAB 代码

```
  function[min_x,min_f,k]=steepest_destcent(f,x0,var,eps)
%输入目标函数 f
%初始点 x0
%自变量 var
%精度 eps
%利用 Newton 迭代法计算无约束目标函数极小值
%输出最小值点 min_x,最小值 min_f 以及迭代次数 k
syms a;
ff=sym(f);
j=jacobian(f,var);        %计算函数的雅可比矩阵
falg=1;                   %梯度恰好是雅可比矩阵的转置
x=x0;
k=0;%计数器;
while falg
   g=(double(subs(j,var,x)));                  %subs 函数
   if norm(g,2)>eps                            %算法停止标准
      f_a=subs(ff,var,x-a*g);
      f_diff=simplify(diff(f_a,a));
      alpha=max(double(solve(f_diff)));         %求解步长\alpha
      x=double(x-alpha*g);                      %产生新迭代点
      k=k+1;
   else
      break
   end
end
min_x=x;                                        %最优解
min_f=subs(f,var,min_x);                        %目标函数最小值
```

命令行窗口输入:

```
syms x1 x2;
f=x1^3+x2^3-3*x1*x2;
x0=[1,0];
var=[x1,x2];
eps=10^(-5);
[min_x,min_f,k]=steepest_destcent(f,x0,var,eps)
```

2.3.2　共轭梯度法

在最速下降法中，选取$\boldsymbol{p}^{(k)}=\boldsymbol{r}^{(k)}$为 $\varphi(\boldsymbol{x})$在$\boldsymbol{x}^{(k)}$的最速下降方向，当$\|\boldsymbol{r}^{(k)}\|_A$ 很小时，由于舍入误差的影响，实际计算得到的$\boldsymbol{r}^{(k)}$会偏离最速下降方向．共轭梯度法是一种求解大型稀疏对称正定方程组十分有效的方法．该方法仍然选择一组搜索方向$\boldsymbol{p}^{(0)},\boldsymbol{p}^{(1)},\cdots$，但它们不再是具有正交性的$\boldsymbol{r}^{(0)},\boldsymbol{r}^{(1)},\cdots$．如果按照方向$\boldsymbol{p}^{(0)},\boldsymbol{p}^{(1)},\cdots,\boldsymbol{p}^{(k-1)}$已进行 k 次搜索，求得$\boldsymbol{x}^{(k)}$，下一步确定$\boldsymbol{p}^{(k)}$方向能使$\boldsymbol{x}^{(k+1)}$更快求得 $\boldsymbol{x}^*$．不失一般性，设$\boldsymbol{x}^{(0)}=0$，若已算出$\boldsymbol{x}^{(k)}$，则

$$\boldsymbol{x}^{(k+1)}=\boldsymbol{x}^{(k)}+\alpha_k\boldsymbol{p}^{(k)},$$

$$\boldsymbol{x}^{(k)}=\alpha_0\boldsymbol{p}^{(0)}+\alpha_1\boldsymbol{p}^{(1)}+\cdots+\alpha_{k-1}\boldsymbol{p}^{(k-1)},$$

初始方向取$\boldsymbol{p}^{(0)}=\boldsymbol{r}^{(0)}$.

当 $k\geqslant 1$ 时，确定方向$\boldsymbol{p}^{(k)}$，要求满足：

(1) $\varphi(\boldsymbol{x}^{(k+1)})=\min_{\alpha\in\mathbf{R}}\varphi(\boldsymbol{x}^{(k)}+\alpha\boldsymbol{p}^{(k)})$；

(2) $\varphi(\boldsymbol{x}^{(k+1)})=\min_{\boldsymbol{x}\in\operatorname{span}\{\boldsymbol{p}^{(0)},\boldsymbol{p}^{(1)},\cdots,\boldsymbol{p}^{(k)}\}}\varphi(\boldsymbol{x})$.　　(2.28)

注意到 $\boldsymbol{x}\in\operatorname{span}\{\boldsymbol{p}^{(0)},\boldsymbol{p}^{(1)},\cdots,\boldsymbol{p}^{(k)}\}$可以表示为

$$\boldsymbol{x}=\boldsymbol{y}+\alpha\boldsymbol{p}^{(k)},\quad \boldsymbol{y}\in\operatorname{span}\{\boldsymbol{p}^{(0)},\boldsymbol{p}^{(1)},\cdots,\boldsymbol{p}^{(k-1)}\},\quad \alpha\in\mathbf{R}. \tag{2.29}$$

由式(2.25)有

$$\begin{aligned}\varphi(\boldsymbol{x})&=\varphi(\boldsymbol{y}+\alpha\boldsymbol{p}^{(k)})\\&=\varphi(\boldsymbol{y})+\alpha(\boldsymbol{A}\boldsymbol{y},\boldsymbol{p}^{(k)})-\alpha(\boldsymbol{b},\boldsymbol{p}^{(k)})+\frac{\alpha^2}{2}(\boldsymbol{A}\boldsymbol{p}^{(k)},\boldsymbol{p}^{(k)}).\end{aligned} \tag{2.30}$$

式(2.30)中出现了“交叉项”$(\boldsymbol{A}\boldsymbol{y},\boldsymbol{p}^{(k)})$，使求 $\varphi(\boldsymbol{x})$ 极小复杂化了．为了把极小化问题式(2.28)分离为对 $\boldsymbol{y}$ 和对 α 分别求极小，令

$$(\boldsymbol{A}\boldsymbol{y},\boldsymbol{p}^{(k)})=0.\ \forall\boldsymbol{y}\in\operatorname{span}\{\boldsymbol{p}^{(0)},\boldsymbol{p}^{(1)},\cdots,\boldsymbol{p}^{(k)}\},$$

也就是

$$(\boldsymbol{A}\boldsymbol{y}^{(j)},\boldsymbol{p}^{(k)})=0,\quad j=0,1,\cdots,k-1,$$

如果对 $k=1,2,\cdots$每一步都如此确定$\boldsymbol{p}^{(k)}$，则它们符合如下定义．

定义 2.4　设矩阵 $\boldsymbol{A}$ 对称正定，若$\mathbf{R}^n$ 中向量组$\{\boldsymbol{p}^{(0)},\boldsymbol{p}^{(1)},\cdots,\boldsymbol{p}^{(k)}\}$满足

$$(\boldsymbol{A}\boldsymbol{p}^{(i)},\boldsymbol{p}^{(j)})=0,\quad i\neq j,\quad i,j=0,1,\cdots,m,$$

则称它们为$\mathbf{R}^n$ 中的一个 $\boldsymbol{A}$-共轭向量组或称 $\boldsymbol{A}$-正交向量组．

显然，当 $m<n$ 时，不含零向量的 $\boldsymbol{A}$-共轭向量组线性无关．当 $\boldsymbol{A}=\boldsymbol{E}$ 时，$\boldsymbol{A}$-共轭性就是一般的正交性．可以按照 Gram-Schmidt 方法正交化的方法得到对应的 $\boldsymbol{A}$-共轭向量组．

若取$\{\boldsymbol{p}^{(0)},\boldsymbol{p}^{(1)},\cdots,\boldsymbol{p}^{(k)}\}$是 $\boldsymbol{A}$-共轭的，并设$\boldsymbol{x}^{(k)}$已是前一步极小问题的解，即

$$\varphi(\boldsymbol{x}^{(k)})=\min_{\boldsymbol{y}\in\operatorname{span}\{\boldsymbol{p}^{(0)},\boldsymbol{p}^{(0)},\cdots,\boldsymbol{p}^{(k-1)}\}}\varphi(\boldsymbol{y}),$$

并且$\boldsymbol{p}^{(k)}$使得式(2.30)中$(\boldsymbol{A}\boldsymbol{y},\boldsymbol{p}^{(k)})=0$. 从而极小化问题式(2.28)可以分离为两个极小化问题．

$$\begin{aligned}&\min_{\boldsymbol{x}\in\operatorname{span}\{\boldsymbol{p}^{(0)},\boldsymbol{p}^{(1)},\cdots\boldsymbol{p}^{(k)}\}}\varphi(\boldsymbol{x})=\min_{\alpha,\boldsymbol{y}}\varphi(\boldsymbol{y}+\alpha\boldsymbol{p}^{(k)})\\&=\min_{\boldsymbol{y}}\varphi(\boldsymbol{y})+\min_{\alpha}\left[\alpha(\boldsymbol{A}\boldsymbol{y},\boldsymbol{p}^{(k)})-\alpha(\boldsymbol{b},\boldsymbol{p}^{(k)})+\frac{\alpha^2}{2}(\boldsymbol{A}\boldsymbol{p}^{(k)},\boldsymbol{p}^{(k)})\right].\end{aligned}$$

第一个极小化问题的解是

$$y = x^{(k)},$$

第二个极小化问题的解是

$$\alpha_k = \frac{(b - Ax^{(k)}, p^{(k)})}{(Ap^{(k)}, p^{(k)})} = \frac{(r^{(k)}, p^{(k)})}{(Ap^{(k)}, p^{(k)})}.$$

下面分析共轭梯度法中向量组$\{p^{(0)}, p^{(1)}, \cdots, p^{(k)}\}$的选择问题．取$p^{(0)} = r^{(0)}$，$p^{(k)}$就取成与$A$-共轭的向量．当然，这样的向量不唯一，可选为与$r^{(k)}$，$p^{(k-1)}$的线性组合．不妨设

$$p^{(k)} = r^{(k)} + \beta_{k-1} p^{(k-1)},$$

利用$(Ap^{(k-1)}, p^{(k)}) = 0$，可以定出

$$\beta_{k-1} = -\frac{(r^{(k)}, Ap^{(k-1)})}{(p^{(k-1)}, Ap^{(k-1)})}.$$

综上可得如下算法（共轭梯度算法）：

（1）任取$x^{(0)} \in \mathbf{R}^n$，计算$r^{(0)} = b - A\,x^{(0)}$，取$p^{(0)} = r^{(0)}$；

（2）对$k = 0, 1, \cdots$，计算

$$\alpha_k = \frac{(b - Ax^{(k)}, p^{(k)})}{(Ap^{(k)}, p^{(k)})} = \frac{(r^{(k)}, p^{(k)})}{(Ap^{(k)}, p^{(k)})},$$

$$x^{(k+1)} = x^{(k)} + \alpha_k p^{(k)},$$

$$r^{(k+1)} = b - Ax^{(k+1)} = r^{(k)} - \alpha_k A p^{(k)},$$

$$\beta_k = -\frac{(r^{(k+1)}, Ap^{(k)})}{(p^{(k)}, Ap^{(k)})},$$

$$p^{(k+1)} = r^{(k+1)} + \beta_k p^{(k)}.$$

下面给出一些化简及算法的一些性质．

注意到

$$r^{(k+1)} = b - Ax^{(k+1)} = r^{(k)} - \alpha_k A p^{(k)}, \tag{2.31}$$

由α_k的表达式有

$$(r^{(k+1)}, p^{(k)}) = (r^{(k)}, p^{(k)}) - \alpha_k (Ap^{(k)}, p^{(k)}) = 0,$$

从而

$$(r^{(k)}, p^{(k)}) = (r^{(k)}, r^{(k)} + \beta_{k-1} p^{(k-1)}) = (r^{(k)}, r^{(k)}),$$

代回α_k的表达式有

$$\alpha_k = \frac{(r^{(k)}, r^{(k)})}{(Ap^{(k)}, p^{(k)})}. \tag{2.32}$$

由此看出，当$r^{(k)} \neq 0$时，$\alpha_k > 0$.

定理 2.13 共轭梯度算法得到的向量序列$\{r^{(k)}\}$及$\{p^{(k)}\}$有如下性质：

（1）$(r^{(i)}, p^{(i-1)}) = 0\ (i = 1, 2, \cdots)$；

（2）$(r^{(i)}, r^{(j)}) = 0\ (i \neq j)$，即$\{r^{(k)}\}$构成$\mathbf{R}^n$中的正交向量组；

（3）$(Ap^{(i)}, p^{(j)}) = (p^{(i)}, Ap^{(j)}) = 0\ (i \neq j)$，即$\{p^{(k)}\}$是一个$A$-共轭向量组．

证明　用数学归纳法证明.

$$(\boldsymbol{r}^{(1)},\boldsymbol{p}^{(0)})=(\boldsymbol{r}^{(0)}-\alpha_0\boldsymbol{A}\boldsymbol{p}^{(0)},\boldsymbol{p}^{(0)})=(\boldsymbol{r}^{(0)},\boldsymbol{r}^{(0)})-\alpha_0(\boldsymbol{A}\boldsymbol{p}^{(0)},\boldsymbol{p}^{(0)})=0,$$

由式(2.31)及 α_0 和 β_0 的表达式有

$$(\boldsymbol{r}^{(0)},\boldsymbol{r}^{(1)})=(\boldsymbol{r}^{(0)},\boldsymbol{r}^{(0)})-\alpha_0(\boldsymbol{r}^{(0)},\boldsymbol{A}\boldsymbol{r}^{(0)})=0,$$

$$(\boldsymbol{p}^{(1)},\boldsymbol{A}\boldsymbol{p}^{(0)})=(\boldsymbol{r}^{(1)},\boldsymbol{A}\boldsymbol{r}^{(0)})+\beta_0(\boldsymbol{r}^{(0)},\boldsymbol{A}\boldsymbol{r}^{(0)})=0.$$

现设 $(\boldsymbol{r}^{(i)},\boldsymbol{p}^{(i-1)})=0(i=1,2,\cdots,k)$，$\boldsymbol{r}^{(0)},\boldsymbol{r}^{(1)},\cdots,\boldsymbol{r}^{(k)}$ 相互正交，$\boldsymbol{p}^{(0)},\boldsymbol{p}^{(1)},\cdots,\boldsymbol{p}^{(k)}$ 相互 $\boldsymbol{A}$-共轭，则对 $k+1$，

$$(\boldsymbol{r}^{(k+1)},\boldsymbol{p}^{(k)})=(\boldsymbol{r}^{(k)}-\alpha_k\boldsymbol{A}\boldsymbol{p}^{(k)},\boldsymbol{p}^{(k)})=(\boldsymbol{r}^{(k)},\boldsymbol{p}^{(k)})-\alpha_k(\boldsymbol{A}\boldsymbol{p}^{(k)},\boldsymbol{p}^{(k)})=0,$$

$$\begin{aligned}(\boldsymbol{r}^{(k+1)},\boldsymbol{r}^{(k)})&=(\boldsymbol{r}^{(k+1)},\boldsymbol{p}^{(k)}-\beta_{k-1}\boldsymbol{p}^{(k-1)})=-\beta_{k-1}(\boldsymbol{r}^{(k+1)},\boldsymbol{p}^{(k-1)})\\&=-\beta_{k-1}(\boldsymbol{r}^{(k)}-\alpha_k\boldsymbol{A}\boldsymbol{p}^{(k)},\boldsymbol{p}^{(k-1)})=0.\end{aligned}$$

当 $j<k$ 时，

$$(\boldsymbol{r}^{(k+1)},\boldsymbol{r}^{(j)})=(\boldsymbol{r}^{(k)}-\alpha_k\boldsymbol{A}\boldsymbol{p}^{(k)},\boldsymbol{r}^{(j)})=-\alpha_k(\boldsymbol{A}\boldsymbol{p}^{(k)},\boldsymbol{r}^{(j)})=-\alpha_k(\boldsymbol{A}\boldsymbol{p}^{(k)},\boldsymbol{p}^{(j)}-\beta_{j-1}\boldsymbol{p}^{(j-1)})=0,$$

由 β_k 的表达式有

$$(\boldsymbol{p}^{(k+1)},\boldsymbol{A}\boldsymbol{p}^{(k)})=(\boldsymbol{r}^{(k+1)},\boldsymbol{A}\boldsymbol{p}^{(k)})+\beta_k(\boldsymbol{p}^{(k)},\boldsymbol{A}\boldsymbol{p}^{(k)})=0.$$

当 $j<k$ 时，注意到式(2.31)及归纳假设有

$$(\boldsymbol{p}^{(k+1)},\boldsymbol{A}\boldsymbol{p}^{(j)})=(\boldsymbol{r}^{(k+1)},\boldsymbol{A}\boldsymbol{p}^{(j)})+\beta_k(\boldsymbol{p}^{(k)},\boldsymbol{A}\boldsymbol{p}^{(j)})=(\boldsymbol{r}^{(k+1)},\boldsymbol{A}\boldsymbol{p}^{(j)})=\left(\boldsymbol{r}^{(k+1)},\frac{1}{\alpha_j}(\boldsymbol{r}^{(j)}-\boldsymbol{r}^{(j+1)})\right)=0.$$

由定理的推导过程也还可以简化 β_k 的表达式：

$$\beta_k=-\frac{(\boldsymbol{r}^{(k+1)},\boldsymbol{A}\boldsymbol{p}^{(k)})}{(\boldsymbol{p}^{(k)},\boldsymbol{A}\boldsymbol{p}^{(k)})}=-\frac{\left(\boldsymbol{r}^{(k+1)},\frac{1}{\alpha_k}(\boldsymbol{r}^{(k)}-\boldsymbol{r}^{(k+1)})\right)}{(\boldsymbol{r}^{(k)}+\beta_{k-1}\boldsymbol{p}^{(k-1)},\boldsymbol{A}\boldsymbol{p}^{(k)})}=\frac{(\boldsymbol{r}^{(k+1)},\boldsymbol{r}^{(k+1)})}{\alpha_k(\boldsymbol{r}^{(k)},\boldsymbol{A}\boldsymbol{p}^{(k)})}=\frac{(\boldsymbol{r}^{(k+1)},\boldsymbol{r}^{(k+1)})}{(\boldsymbol{r}^{(k)},\boldsymbol{r}^{(k)})}.$$

下面将共轭梯度算法归纳如下：

(1)任取 $\boldsymbol{x}^{(0)}\in\mathbf{R}^n$，计算 $\boldsymbol{r}^{(0)}=\boldsymbol{b}-\boldsymbol{A}\boldsymbol{x}^{(0)}$，取 $\boldsymbol{p}^{(0)}=\boldsymbol{r}^{(0)}$.

(2)对 $k=0,1,\cdots$，计算

$$\alpha_k=\frac{(\boldsymbol{r}^{(k)},\boldsymbol{r}^{(k)})}{(\boldsymbol{A}\boldsymbol{p}^{(k)},\boldsymbol{p}^{(k)})},$$

$$\boldsymbol{x}^{(k+1)}=\boldsymbol{x}^{(k)}+\alpha_k\boldsymbol{p}^{(k)},$$

$$\boldsymbol{r}^{(k+1)}=\boldsymbol{r}^{(k)}-\alpha_k\boldsymbol{A}\boldsymbol{p}^{(k)},$$

$$\beta_k=\frac{(\boldsymbol{r}^{(k+1)},\boldsymbol{r}^{(k+1)})}{(\boldsymbol{r}^{(k)},\boldsymbol{r}^{(k)})},$$

$$\boldsymbol{p}^{(k+1)}=\boldsymbol{r}^{(k+1)}+\beta_k\boldsymbol{p}^{(k)}.$$

(3)若 $\boldsymbol{r}^{(k)}=0$ 或 $(\boldsymbol{A}\boldsymbol{p}^{(k)},\boldsymbol{p}^{(k)})=0$，计算停止，则 $\boldsymbol{x}^{(k)}=\boldsymbol{x}^*$. 由于 $\boldsymbol{A}$ 正定，故当 $(\boldsymbol{A}\boldsymbol{p}^{(k)},\boldsymbol{p}^{(k)})=0$ 时，$\boldsymbol{p}^{(k)}=\boldsymbol{0}$，而 $(\boldsymbol{r}^{(k)},\boldsymbol{r}^{(k)})=(\boldsymbol{r}^{(k)},\boldsymbol{p}^{(k)})=0$，也即 $\boldsymbol{r}^{(k)}=\boldsymbol{0}$.

由于 $\{\boldsymbol{r}^{(k)}\}$ 相互正交，故在 $\boldsymbol{r}^{(0)},\boldsymbol{r}^{(1)},\cdots,\boldsymbol{r}^{(n)}$ 中至少有一个零向量. 若 $\boldsymbol{r}^{(k)}=\boldsymbol{0}$，则 $\boldsymbol{x}^{(k)}=\boldsymbol{x}^*$. 所以用共轭梯度算法求解 n 阶线性代数方程组，理论上最多 n 步可以求得精确解，从这个

意义上讲共轭梯度算法是一种直接法．但是由于存在舍入误差，很难保证$\{\boldsymbol{r}^{(k)}\}$的正交性．此外当n很大时，实际计算步数$k \ll n$，即可达到精度要求而不必计算n步．从这意义上讲，它是一个迭代法，所以也存在收敛性问题．可以证明对共轭梯度算法有如下误差估计式．

定理 2.14 $\boldsymbol{A}$是n阶实对称正定矩阵，λ_1、λ_n分别表示$\boldsymbol{A}$的最大和最小特征值，则由共轭梯度算法得到的向量序列$\boldsymbol{x}^{(k)}$满足

$$\|\boldsymbol{x}^{(k)}-\boldsymbol{x}^*\|_A \leqslant 2\left(\frac{\sqrt{\lambda_1}-\sqrt{\lambda_n}}{\sqrt{\lambda_1}+\sqrt{\lambda_n}}\right)^k \cdot \|\boldsymbol{x}^{(0)}-\boldsymbol{x}^*\|_A.$$

注意到

$$\left(\frac{\lambda_1-\lambda_n}{\lambda_1+\lambda_n}\right)^k = 2\left(\frac{\sqrt{\lambda_1}-\sqrt{\lambda_n}}{\sqrt{\lambda_1}+\sqrt{\lambda_n}}\right)^k \cdot \left(\frac{1}{2}\left(1+\frac{2\sqrt{\lambda_1\lambda_n}}{\lambda_1+\lambda_n}\right)^k\right),$$

故共轭梯度法比最速下降法的收敛性好．

共轭梯度算法的 MATLAB 代码

```
function [er,k]=ConGra(A)
%共轭梯度法求解正定线性方程组
%er:表示停机时实际的绝对误差
%k:表示停机时实际的迭代次数
tol=1e-6;%规定停机绝对误差限
[n,m]=size(A);
if n~=m     %判断输入的合法性
   error('wrong input');
end
x=zeros(n,1);        %初始化解向量
b=ones(n,1);
r=b-A*x;             %当前残量
k=0;                 %记录迭代次数
while norm(r,2)>tol
   k=k+1;
   if k==1
      p=r;%第一步即最速下降法,取残量方向
   else
      q=(r'*r)/(rq'*rq);
      p=r+q*p;
   end
   a=(r'*r)/(p'*A*p);
   x=x+a*p;
   rq=r;
   r=r-a*A*p;
end
er=norm(A*x-b,2);
```

例 2.9　用共轭梯度算法解线性代数方程组

$$\begin{cases}3x_1+x_2=5,\\ x_1+2x_2=5.\end{cases}$$

解　显然系数矩阵 $\boldsymbol{A}=\begin{pmatrix}3&1\\1&2\end{pmatrix}$ 对称正定．故取 $\boldsymbol{x}^{(0)}=(0,0)^{\mathrm{T}}$，则

$$\boldsymbol{p}^{(0)}=\boldsymbol{r}^{(0)}=\boldsymbol{b}-\boldsymbol{A}\boldsymbol{x}^{(0)}=(5,5)^{\mathrm{T}},$$

$$\alpha_0=\frac{(\boldsymbol{t}^{(0)},\boldsymbol{t}^{(0)})}{(\boldsymbol{A}\boldsymbol{p}^{(0)},\boldsymbol{p}^{(0)})}=\frac{2}{7},$$

$$\boldsymbol{x}^{(1)}=\boldsymbol{x}^{(0)}+\alpha_0\boldsymbol{p}^{(0)}=\left(\frac{10}{7},\frac{10}{7}\right)^{\mathrm{T}},$$

$$\boldsymbol{r}^{(1)}=\boldsymbol{r}^{(0)}-\alpha_0\boldsymbol{A}\boldsymbol{p}^{(0)}=\left(-\frac{5}{7},\frac{5}{7}\right)^{\mathrm{T}},$$

$$\beta_0=\frac{(\boldsymbol{r}^{(1)},\boldsymbol{r}^{(1)})}{(\boldsymbol{r}^{(0)},\boldsymbol{r}^{(0)})}=\frac{1}{49},$$

$$\boldsymbol{p}^{(1)}=\boldsymbol{r}^{(1)}+\beta_0\boldsymbol{p}^{(0)}=\left(-\frac{30}{49},\frac{40}{49}\right)^{\mathrm{T}}.$$

类似可计算出 $\alpha_1=\frac{7}{10}$，$\boldsymbol{x}^{(2)}=(1,2)^{\mathrm{T}}$ 为方程组的精确解．

2.4　基于 Galerkin 原理的迭代方法

对于求解形如 $\boldsymbol{A}\boldsymbol{x}=\boldsymbol{b}$ 的大型线性代数方程组，系数矩阵 $\boldsymbol{A}$ 不再是对称正定，对于求解这种类型的方程组，已经发展起来几十种有效算法．下面介绍基于 Galerkin 原理建立的一类迭代算法，虽然在理论上这类算法的收敛性问题还没有完全解决，但是许多的工程计算表明这类算法是有效的，这里只介绍这类算法的基本思路．

本节约定：向量范数 $\|\cdot\|$ 为 2−范数，$\boldsymbol{A}\in\mathbf{R}^{n\times n}$，　$\boldsymbol{b}\in\mathbf{R}^{n}$．

2.4.1　Galerkin 原理

任意给定 $\boldsymbol{x}_0\in\mathbf{R}^n$，令 $\boldsymbol{x}=\boldsymbol{x}_0+z$，则方程组 $\boldsymbol{A}\boldsymbol{x}=\boldsymbol{b}$ 等价于

$$\boldsymbol{A}z=\boldsymbol{r}_0,\tag{2.33}$$

其中 $\boldsymbol{r}_0=\boldsymbol{b}-\boldsymbol{A}\boldsymbol{x}_0$．

设 $\mathbf{R}^n$ 中两个 m 维子空间 $\boldsymbol{K}_m$、$\boldsymbol{L}_m$ 的基底分别为 $\{\boldsymbol{v}_i\}$ 和 $\{\boldsymbol{w}_i\}$，即

$$\boldsymbol{K}_m=\mathrm{span}\{\boldsymbol{v}_1,\boldsymbol{v}_2,\cdots,\boldsymbol{v}_m\},\quad \boldsymbol{L}_m=\mathrm{span}\{\boldsymbol{w}_1,\boldsymbol{w}_2,\cdots,\boldsymbol{w}_m\},$$

求解式（2.33）的 Galerkin 原理可以叙述为：在子空间 $\boldsymbol{K}_m$ 中寻找 $z_m\in\boldsymbol{K}_m$，使得残余向量 $\boldsymbol{r}_0-\boldsymbol{A}z_m$ 和空间 $\boldsymbol{L}_m$ 正交，即：$z_m\in\boldsymbol{K}_m$，$(\boldsymbol{r}_0-\boldsymbol{A}z_m,\boldsymbol{w})=0$，$\forall\,\boldsymbol{w}\in\boldsymbol{L}_m$．显然该表达式等价于

$$(\boldsymbol{r}_0-\boldsymbol{A}z_m,\boldsymbol{w})=0,\quad i=1,2,\cdots,m.\tag{2.34}$$

令矩阵 $\boldsymbol{V}_m=(\boldsymbol{v}_1,\boldsymbol{v}_2,\cdots,\boldsymbol{v}_m)$，　$\boldsymbol{W}_m=(\boldsymbol{w}_1,\boldsymbol{w}_2,\cdots,\boldsymbol{w}_m)$，则 $z_m\in\boldsymbol{K}_m$ 可以表示成

$$z_m=\eta_1\boldsymbol{v}_1+\eta_2\boldsymbol{v}_2+\cdots+\eta_m\boldsymbol{v}_m=\boldsymbol{V}_m\boldsymbol{y}_m,$$

其中$\boldsymbol{y}_m=(\eta_1,\eta_2,\cdots,\eta_m)^{\mathrm{T}}\in\mathbf{R}^m$.

这时式(2.34)可以改写成

$$\boldsymbol{w}_i^{\mathrm{T}}(\boldsymbol{r}_0-\boldsymbol{A}\boldsymbol{z}_m)=0,\quad i=1,2,\cdots,m,$$

即

$$\boldsymbol{w}_i^{\mathrm{T}}(\boldsymbol{r}_0-\boldsymbol{A}\boldsymbol{V}_m\boldsymbol{y}_m)=0,\quad i=1,2,\cdots,m,$$

或者

$$\boldsymbol{W}_m^{\mathrm{T}}(\boldsymbol{r}_0-\boldsymbol{A}\boldsymbol{V}_m\boldsymbol{y}_m)=0,$$

也就是

$$(\boldsymbol{W}_m^{\mathrm{T}}\boldsymbol{A}\boldsymbol{V}_m)\boldsymbol{y}_m=\boldsymbol{W}_m^{\mathrm{T}}\boldsymbol{r}_0. \tag{2.35}$$

如果$\boldsymbol{W}_m^{\mathrm{T}}\boldsymbol{A}\boldsymbol{V}_m$ 可逆,则有$\boldsymbol{y}_m=(\boldsymbol{W}_m^{\mathrm{T}}\boldsymbol{A}\boldsymbol{V}_m)^{-1}\boldsymbol{W}_m^{\mathrm{T}}\boldsymbol{r}_0$,从而得到近似解

$$\boldsymbol{z}_m=\boldsymbol{V}_m(\boldsymbol{W}_m^{\mathrm{T}}\boldsymbol{A}\boldsymbol{V}_m)^{-1}\boldsymbol{W}_m^{\mathrm{T}}\boldsymbol{r}_0.$$

要实现上述算法,需要讨论如下几个问题:

(1)如何选择子空间$\boldsymbol{K}_m$ 和$\boldsymbol{L}_m$ 使得$\boldsymbol{W}_m^{\mathrm{T}}\boldsymbol{A}\boldsymbol{V}_m$ 可逆?

(2)理论上看只有当 $m=n$ 时,$\boldsymbol{z}_m$ 才是方程组的精确解;而当 $m\ll n$ 时,如何估计$\|\boldsymbol{z}_m-\boldsymbol{z}^*\|$?当 m 增加时,$\boldsymbol{z}_m$ 会变得越来越接近$\boldsymbol{z}^*$吗?

根据上述 Galerkin 原理,可以建立 $\boldsymbol{A}\boldsymbol{x}=\boldsymbol{b}$ 的如下迭代算法.

任意给定$\boldsymbol{x}^{(0)}\in\mathbf{R}^n$,记$\boldsymbol{x}_0=\boldsymbol{x}^{(0)}$. 对 $k=0,1,\cdots$

(1)$\boldsymbol{x}_0=\boldsymbol{b}-\boldsymbol{A}\boldsymbol{x}_0$,由方程组(2.35)解出$\boldsymbol{y}_m$;

(2)计算

$$\boldsymbol{x}^{(k+1)}=\boldsymbol{x}^{(k)}+\boldsymbol{V}_m\boldsymbol{y}_m; \tag{2.36}$$

(3)$\boldsymbol{x}_0=\boldsymbol{x}^{(k+1)}$,代入(1),循环计算.

如果对某个 k,出现$\boldsymbol{W}_m^{\mathrm{T}}\boldsymbol{A}\boldsymbol{V}_m$ 不可逆,则称算法发生了中断. 这时一般需要更换子空间$\boldsymbol{K}_m$ 和$\boldsymbol{L}_m$ 重新计算. 如何选取子空间$\boldsymbol{K}_m$ 和$\boldsymbol{L}_m$ 不使算法发生中断,目前还是人们努力研究的问题.

2.4.2 Arnoldi 算法

适当选取 m 及$\boldsymbol{x}_0$,使得$\boldsymbol{r}_0,\boldsymbol{A}\boldsymbol{r}_0,\cdots,\boldsymbol{A}^{m-1}\boldsymbol{r}_0$ 线性无关. 一般的选取方法是:给定 m 时调整$\boldsymbol{x}_0$,或给定$\boldsymbol{x}_0$ 调整 m(取 m 小一些). 选取$\boldsymbol{K}_m=\boldsymbol{L}_m=\mathrm{span}\{\boldsymbol{r}_0,\boldsymbol{A}\boldsymbol{r}_0,\cdots,\boldsymbol{A}^{m-1}\boldsymbol{r}_0\}$,并按照下面的过程构造它们的标准正交基$\{\boldsymbol{v}_i\}_{i=1}^m$. 在这组标准正交基下,方程组(2.35)的系数矩阵和右端项有比较简单的形状,使得实际计算变得相对容易.

1. Arnoldi 过程

设$\boldsymbol{r}_0,\boldsymbol{A}\boldsymbol{r}_0,\cdots,\boldsymbol{A}^{m-1}\boldsymbol{r}_0$ 线性无关,构造:

(1)$\boldsymbol{v}_1=\dfrac{\boldsymbol{r}_0}{\|\boldsymbol{r}_0\|}$,$\boldsymbol{v}_1\neq 0$.

(2)$\tilde{\boldsymbol{v}}_2=\boldsymbol{A}\boldsymbol{v}_1-h_{11}\boldsymbol{v}_1$,要求$(\tilde{\boldsymbol{v}}_2,\boldsymbol{v}_1)=0$,可得 $h_{11}=(\boldsymbol{A}\boldsymbol{v}_1,\boldsymbol{v}_1)\cdot\tilde{\boldsymbol{v}}_2\neq 0$,否则$\boldsymbol{r}_0,\boldsymbol{A}\boldsymbol{r}_0$ 线性相关.

$h_{21}=\|\tilde{\boldsymbol{v}}_2\|, \boldsymbol{v}_2=\frac{1}{h_{21}}\tilde{\boldsymbol{v}}_2$.

(3) $\tilde{\boldsymbol{v}}_3=\boldsymbol{A}\boldsymbol{v}_2-h_{12}\boldsymbol{v}_1-h_{22}\boldsymbol{v}_2$. 要求$(\tilde{\boldsymbol{v}}_3,\boldsymbol{v}_i)=0$,可得 $h_{i2}=(\boldsymbol{A}\boldsymbol{v}_2,\boldsymbol{v}_i)(i=1,2)$. $\tilde{\boldsymbol{v}}_3\neq 0$,否则$\boldsymbol{r}_0$, $\boldsymbol{A}\boldsymbol{r}_0,\boldsymbol{A}^2\boldsymbol{r}_0$ 线性相关. $h_{32}=\|\tilde{\boldsymbol{v}}_3\|, \boldsymbol{v}_3=\frac{1}{h_{32}}\tilde{\boldsymbol{v}}_3$.

……

(m) $\tilde{\boldsymbol{v}}_m=\boldsymbol{A}\boldsymbol{v}_{m-1}-\sum_{i=1}^{m-1}h_{i,m-1}\boldsymbol{v}_i$. 要求$(\tilde{\boldsymbol{v}}_m,\boldsymbol{v}_i)=0$,可得$h_{i,m-1}=(\boldsymbol{A}\boldsymbol{v}_{m-1},\boldsymbol{v}_i)(i=1,2,\cdots,n)$, $\tilde{\boldsymbol{v}}_m\neq 0$,否则$\boldsymbol{r}_0,\boldsymbol{A}\boldsymbol{r}_0,\cdots,\boldsymbol{A}^{m-1}\boldsymbol{r}_0$ 线性相关. $h_{m,m-1}=\|\tilde{\boldsymbol{v}}_m\|, \boldsymbol{v}_m=\frac{1}{h_{m,m-1}}\tilde{\boldsymbol{v}}_m$.

$(m+1)$ $\tilde{\boldsymbol{v}}_{m+1}=\boldsymbol{A}\boldsymbol{v}_m-\sum_{i=1}^{m}h_{i,m-1}\boldsymbol{v}_i$. 要求$(\tilde{\boldsymbol{v}}_{m+1},\boldsymbol{v}_i)=0$,可得$h_{i,m-1}=(\boldsymbol{A}\boldsymbol{v}_{m-1},\boldsymbol{v}_i)$ $(i=1,2,\cdots,m)$. $h_{m+1,m}=\|\tilde{\boldsymbol{v}}_{m+1}\|\neq 0$ 时, $\boldsymbol{v}_{m+1}=\frac{1}{h_{m+1,m}}\tilde{\boldsymbol{v}}_{m+1}$ · $h_{m+1,m}=\|\tilde{\boldsymbol{v}}_{m+1}\|=0$ 时,约定 $\boldsymbol{v}_{m+1}=0$.

于是得到$\boldsymbol{K}_m$ 的一组标准正交基$\{\boldsymbol{v}_j\}_{i=1}^{m}$,且有$\tilde{\boldsymbol{v}}_{m+1}\perp\boldsymbol{K}_m$.

下面利用矩阵形式描述 Arnoldi 过程. 将 Arnoldi 过程的第(2),(3),…,$(m+1)$步的公式改写为

$$\begin{cases}\boldsymbol{A}\boldsymbol{v}_1=h_{11}\boldsymbol{v}_1+h_{21}\boldsymbol{v}_2,\\ \boldsymbol{A}\boldsymbol{v}_2=h_{12}\boldsymbol{v}_1+h_{22}\boldsymbol{v}_2+h_{32}\boldsymbol{v}_3,\\ \qquad\vdots\\ \boldsymbol{A}\boldsymbol{v}_m=h_{1m}\boldsymbol{v}_1+h_{2m}\boldsymbol{v}_2+\cdots+h_{mn}\boldsymbol{v}_m+h_{m+1m}\boldsymbol{v}_{m+1}.\end{cases}$$

令

$$\boldsymbol{H}_m=\begin{pmatrix}h_{11} & h_{12} & \cdots & h_{1,m-1} & h_{1m}\\ h_{21} & h_{22} & \cdots & h_{2,m-1} & h_{2m}\\ & h_{32} & \cdots & h_{3,m-1} & h_{3m}\\ & & \ddots & \vdots & \vdots\\ & & & h_{m,m-1} & h_{mm}\end{pmatrix},$$

则有

$$\boldsymbol{A}\boldsymbol{V}_m=\boldsymbol{V}_m\boldsymbol{H}_m+h_{m+1,m}\boldsymbol{v}_{m+1}\boldsymbol{e}_m^{\mathrm{T}}, \tag{2.37}$$

其中 $\boldsymbol{e}_m=(0,0,\cdots,0,1)^{\mathrm{T}}\in\mathbf{R}^m$.

式(2.37)两端左乘$\boldsymbol{V}_m^{\mathrm{T}}$,并利用$\boldsymbol{v}_{m+1}$ 与$\boldsymbol{V}_m$ 的列向量的正交性可得

$$\boldsymbol{V}_m^{\mathrm{T}}\boldsymbol{A}\boldsymbol{V}_m=\boldsymbol{H}_m, \tag{2.38}$$

$$\boldsymbol{V}_m^{\mathrm{T}}\boldsymbol{r}_0=\begin{pmatrix}\boldsymbol{v}_1^{\mathrm{T}}\\ \vdots\\ \boldsymbol{v}_m^{\mathrm{T}}\end{pmatrix}(\|\boldsymbol{r}_0\|\boldsymbol{v}_1)=\|\boldsymbol{r}_0\|\boldsymbol{e}_1.$$

于是在$\boldsymbol{K}_m=\boldsymbol{L}_m$ 的标准正交基$\{\boldsymbol{v}_j\}_{i=1}^m$ 下,式(2.35)成为

$$\boldsymbol{H}_m\boldsymbol{y}_m=\beta\boldsymbol{e}_1, \tag{2.39}$$

其中$\beta=\|\boldsymbol{r}_0\|$,$\boldsymbol{e}_1=(1,0,\cdots,0)^{\mathrm{T}}\in\mathbf{R}^m$. 若 Hessenberg 阵$\boldsymbol{H}_m$ 可逆,则可由式(2.39)唯一解出$\boldsymbol{y}_m$,就得到了一个"近似解"z_m,或者说完成了式(2.36)中的一次迭代. 这就是 Arnoldi 算法的原理.

2. Arnoldi 算法的误差

下面估计一下对于固定的 m,Arnoldi 算法给出的误差.

定理 2.15 设 $m>0$,若$\boldsymbol{y}_m$ 是式(2.39)的唯一解,则$\boldsymbol{z}_m=\boldsymbol{V}_m\boldsymbol{y}_m$ 满足

$$\|\boldsymbol{r}_0-\boldsymbol{A}\boldsymbol{z}_m\|=h_{m+1,m}\,|\boldsymbol{e}_m^{\mathrm{T}}\boldsymbol{y}_m|. \tag{2.40}$$

证明 由式(2.38)可得

$$\begin{aligned}\boldsymbol{r}_0-\boldsymbol{A}\boldsymbol{z}_m&=\boldsymbol{r}_0-\boldsymbol{A}\boldsymbol{V}_m\boldsymbol{y}_m=\boldsymbol{r}_0-(\boldsymbol{V}_m\boldsymbol{H}_m+h_{m+1,m}\boldsymbol{v}_{m+1}\boldsymbol{e}_m^{\mathrm{T}})\boldsymbol{y}_m=\boldsymbol{r}_0-\boldsymbol{V}_m\boldsymbol{H}_m\boldsymbol{y}_m-h_{m+1,m}\boldsymbol{v}_{m+1}\boldsymbol{e}_m^{\mathrm{T}}\boldsymbol{y}_m\\&=\boldsymbol{r}_0-\boldsymbol{V}_m(\beta\boldsymbol{e}_1)-h_{m+1,m}\,\boldsymbol{v}_{m+1}(\boldsymbol{e}_m^{\mathrm{T}}\boldsymbol{y}_m)=-h_{m+1,m}\,\boldsymbol{v}_{m+1}(\boldsymbol{e}_m^{\mathrm{T}}\boldsymbol{y}_m).\end{aligned}$$

当$\tilde{\boldsymbol{v}}_{m+1}\neq0$ 时,$\|\boldsymbol{v}_{m+1}\|=1$. 上式两端取范数即得式(2.40);当$\tilde{\boldsymbol{v}}_{m+1}=0$ 时,$h_{m+1,m}=0$,上式成为$\boldsymbol{r}_0-\boldsymbol{A}\boldsymbol{z}_m=\boldsymbol{0}$,两端取范数也得到式(2.40).

上述定理表明,对于某个 m,如果$\boldsymbol{H}_m$ 可逆,则当 $h_{m+1,m}=0$,即$\tilde{\boldsymbol{v}}_{m+1}=0$ 时,$\boldsymbol{z}_m=\boldsymbol{V}_m\boldsymbol{y}_m=z^*$ 就是精确解.

3. 原理型 Arnoldi 算法

通过增大 m 确定$\boldsymbol{z}_m$,使得$\|\boldsymbol{r}_0-\boldsymbol{A}\boldsymbol{z}_m\|<\varepsilon$($\varepsilon$ 为指定的误差界). 计算步骤如下:

(1)给定$\boldsymbol{x}_0\in\mathbf{R}^n$,将方程转化为$\boldsymbol{A}\boldsymbol{z}=\boldsymbol{r}_0$,计算$\boldsymbol{r}_0=\boldsymbol{b}-\boldsymbol{A}\boldsymbol{x}_0$.

(2)对于 $m=l$,由 Arnoldi 过程求出$\{\boldsymbol{v}_i\}_{i=1}^m$ 及$\tilde{\boldsymbol{v}}_{m+1}$($l=1,2,\cdots$).

$\boldsymbol{H}_m$ 不可逆时,算法中断,更换$\boldsymbol{x}_0$,转(1);

$\boldsymbol{H}_m$ 可逆时,求解$\boldsymbol{H}_m\boldsymbol{y}_m=\beta\boldsymbol{e}_1$ 得到$\boldsymbol{y}_m$,并计算$\boldsymbol{z}_m=\boldsymbol{V}_m\boldsymbol{y}_m$.

(3)$\tilde{\boldsymbol{v}}_{m+1}=0$ 时,$\boldsymbol{x}^*=\boldsymbol{x}_0+z_m$,停止.

$\tilde{\boldsymbol{v}}_{m+1}\neq0$ 时,若$\|\boldsymbol{r}_0-\boldsymbol{A}\boldsymbol{z}_m\|<\varepsilon$,取$\boldsymbol{x}^*\approx\boldsymbol{x}_0+z_m$,停止.

若$\|\boldsymbol{r}_0-\boldsymbol{A}\boldsymbol{z}_m\|\geqslant\varepsilon$,用 $l+1$ 代替 l,转(2).

上述算法用于求大型方程组($n\gg1$)时,一般 m 也需要相当大,从而计算$\boldsymbol{z}_m$ 的计算量也相当大,使得算法失去了实用价值. 克服这一缺点的方法之一是固定 m,只对$\boldsymbol{z}_m$ 进行修正的迭代方法,即下面介绍的循环型 Arnoldi 算法.

4. 循环型 Arnoldi 算法

固定 m 迭代计算$\boldsymbol{z}_m$,使得$\|\boldsymbol{r}_0-\boldsymbol{A}\boldsymbol{z}_m\|<\varepsilon$,其计算步骤如下:

(1)给定 $m\ll n$,选取$\boldsymbol{x}^{(0)}=\boldsymbol{x}_0\in\mathbf{R}^n$,计算$\boldsymbol{r}_0=\boldsymbol{b}-\boldsymbol{A}\boldsymbol{x}_0$.

(2)用原理型 Arnoldi 算法求出$\boldsymbol{z}_m=\boldsymbol{V}_m\boldsymbol{y}_m$,形成迭代过程

$$\boldsymbol{x}^{(k+1)}=\boldsymbol{x}^{(k)}+z_m,k=0,1,2,\cdots$$

(3)$\|\boldsymbol{b}-\boldsymbol{A}\boldsymbol{x}^{(k+1)}\|<\varepsilon$ 时,$\boldsymbol{x}^*\approx\boldsymbol{x}^{(k+1)}$,停止;

$\|\boldsymbol{b}-\boldsymbol{A}\boldsymbol{x}^{(k+1)}\|\geqslant\varepsilon$,$\boldsymbol{r}_0=\boldsymbol{b}-\boldsymbol{A}\boldsymbol{x}^{(k+1)}$,转(2).

在循环型 Arnoldi 算法中，由于 $m \ll n$，所以计算 z_m 的工作量相对来说不会太大．当 $k \geq 1$ 时，如果原理型 Arnoldi 算法产生中断，则前面所有的计算均告作废．虽然如此，不少数值计算实例表明循环型 Arnoldi 算法确实有效，其收敛速度有时会超过共轭梯度法．

除上述两种 Arnoldi 算法外，还有不少它的变形．Arnoldi 算法有两个缺点：一是无法事先判断什么时候会发生算法中断，二是对于一般矩阵，算法的收敛性无法得到证明．

Arnoldi 算法的 MATLAB 代码

```
function [V,H]=arnoldi(Afun,n,m)
%初始化
v=randn(n,1);
v=v/norm(v);
V=v;
H=zeros(m+1,m);
for i=1:m     %构造标准正交基,Hessenberg 阵
    w=Afun(v);
    h=V' * w;
    w=w-V * h;
    gamma=norm(w);
    if gamma==0
        return
    end
    v=w/gamma;
    V=[V,v];
    H(1:i,i)=h;
    H(1+i,i)=gamma;
end
```

2.4.3 GMRES 算法

由于 Arnoldi 算法的中断问题难以解决，并且在理论上很难分析其收敛性，人们转而探索另外的 Galerkin 算法．下面介绍的广义极小残余算法(Generalized Minimal RESidual algorithm)就是其中之一．该算法经过许多学者的努力得到了很大的改善，已经成为当前求解大型稀疏非对称线性方程组的主要工具．

选取 m 及 $\boldsymbol{x}_0$ 使得 $\boldsymbol{r}_0,\boldsymbol{A}\boldsymbol{r}_0,\cdots,\boldsymbol{A}^{m-1}\boldsymbol{r}_0$ 线性无关．由于 $\boldsymbol{A}$ 可逆，所以 $\boldsymbol{A}\boldsymbol{r}_0,\boldsymbol{A}^2\boldsymbol{r}_0,\cdots,\boldsymbol{A}^m\boldsymbol{r}_0$ 也线性无关．构造子空间：

$$\boldsymbol{K}_m=\mathrm{span}\{\boldsymbol{r}_0,\boldsymbol{A}\boldsymbol{r}_0,\cdots,\boldsymbol{A}^{m-1}\boldsymbol{r}_0\},$$

$$\boldsymbol{L}_m=\mathrm{span}\{\boldsymbol{A}\boldsymbol{r}_0,\boldsymbol{A}^2\boldsymbol{r}_0,\cdots,\boldsymbol{A}^m\boldsymbol{r}_0\},$$

则寻找式(2.33)的近似解 $\boldsymbol{z}_m\in\boldsymbol{K}_m$，使得 $(\boldsymbol{r}_0-\boldsymbol{A}\boldsymbol{z}_m)\perp\boldsymbol{L}_m$，即要求 $\boldsymbol{r}_0-\boldsymbol{A}\boldsymbol{z}_m$ 与空间 $\boldsymbol{L}_m$ 中所有向量正交．该问题可以转化为如下最小二乘问题．

定理 2.16 对于 $m>0$，$z_m \in \boldsymbol{K}_m$ 满足 $(\boldsymbol{r}_0-\boldsymbol{A}z_m)\perp \boldsymbol{L}_m$ 的充要条件是

$$\|\boldsymbol{r}_0-\boldsymbol{A}z_m\|=\min_{z\in \boldsymbol{K}_m}\|\boldsymbol{r}_0-\boldsymbol{A}z\|.$$

证明 必要性．若 $z_m \in \boldsymbol{K}_m$ 满足 $(\boldsymbol{r}_0-\boldsymbol{A}z_m)\perp \boldsymbol{L}_m$，则对任意的 $z_m \in \boldsymbol{K}_m$，有

$$\begin{aligned}\|\boldsymbol{r}_0-\boldsymbol{A}z\|^2&=\|(\boldsymbol{r}_0-\boldsymbol{A}z_m)-\boldsymbol{A}(z-z_m)\|^2\\&=\|\boldsymbol{r}_0-\boldsymbol{A}z_m\|^2-2(\boldsymbol{r}_0-\boldsymbol{A}z_m,\boldsymbol{A}(z-z_m))+\|\boldsymbol{A}(z-z_m)\|^2.\end{aligned}$$

因为 $z_m \in \boldsymbol{K}_m$，故 $(z-z_m)\in \boldsymbol{K}_m$，即存在数组 $k_0,k_1,\cdots,k_{m-1}$ 使得

$$z-z_m=k_0\boldsymbol{r}_0+k_1\boldsymbol{A}\boldsymbol{r}_0+\cdots+k_{m-1}\boldsymbol{A}^{m-1}\boldsymbol{r}_0,$$

$$\boldsymbol{A}(z-z_m)=k_0\boldsymbol{A}\boldsymbol{r}_0+k_1\boldsymbol{A}^2\boldsymbol{r}_0+\cdots+k_{m-1}\boldsymbol{A}^m\boldsymbol{r}_0,$$

从而 $\boldsymbol{A}(z-z_m)\in \boldsymbol{L}_m$．由 $(\boldsymbol{r}_0-\boldsymbol{A}z_m)\perp \boldsymbol{L}_m$ 可得

$$(\boldsymbol{r}_0-\boldsymbol{A}z_m,\boldsymbol{A}(z-z_m))=0,$$

从而

$$\|\boldsymbol{r}_0-\boldsymbol{A}z\|^2=\|\boldsymbol{r}_0-\boldsymbol{A}z_m\|^2+\|\boldsymbol{A}(z-z_m)\|^2\geqslant\|\boldsymbol{r}_0-\boldsymbol{A}z_m\|^2.$$

充分性．若 $\|\boldsymbol{r}_0-\boldsymbol{A}z_m\|=\min_{z\in \boldsymbol{K}_m}\|\boldsymbol{r}_0-\boldsymbol{A}z\|$，则对任意 $\boldsymbol{v}\in \boldsymbol{K}_m$ 和 $\alpha\in \mathbf{R}$ 有

$$\begin{aligned}f(\alpha)&=\|\boldsymbol{r}_0-\boldsymbol{A}(z_m+\alpha\boldsymbol{v})\|^2=\|(\boldsymbol{r}_0-\boldsymbol{A}z_m)-\alpha\boldsymbol{A}\boldsymbol{v}\|^2\\&=\|\boldsymbol{r}_0-\boldsymbol{A}z_m\|^2-2\alpha(\boldsymbol{r}_0-\boldsymbol{A}z_m,\boldsymbol{A}\boldsymbol{v})+\alpha^2\|\boldsymbol{A}\boldsymbol{v}\|^2,\\f(\alpha)&\geqslant\|\boldsymbol{r}_0-\boldsymbol{A}z_m\|^2=f(0).\end{aligned}$$

从而有 $f'(0)=0$，即 $(\boldsymbol{r}_0-\boldsymbol{A}z_m,\boldsymbol{A}\boldsymbol{v})=0$.

对任意 $\boldsymbol{w}\in \boldsymbol{L}_m$，存在数组 $c_0,c_1,\cdots,c_{m-1}$ 使得

$$\boldsymbol{w}=c_0\boldsymbol{A}\boldsymbol{r}_0+c_1\boldsymbol{A}^2\boldsymbol{r}_0+\cdots+c_{m-1}\boldsymbol{A}^m\boldsymbol{r}_0=\boldsymbol{A}(c_0\boldsymbol{r}_0+c_1\boldsymbol{A}\boldsymbol{r}_0+\cdots+c_{m-1}\boldsymbol{A}^{m-1}\boldsymbol{r}_0),$$

特别地，取

$$\boldsymbol{v}=c_0\boldsymbol{r}_0+c_1\boldsymbol{A}\boldsymbol{r}_0+\cdots+c_{m-1}\boldsymbol{A}^{m-1}\boldsymbol{r}_0\in \boldsymbol{K}_m,$$

则有

$$(\boldsymbol{r}_0-\boldsymbol{A}z_m,\boldsymbol{w})=(\boldsymbol{r}_0-\boldsymbol{A}z_m,\boldsymbol{A}\boldsymbol{v})=0,$$

从而

$$(\boldsymbol{r}_0-\boldsymbol{A}z_m)\perp \boldsymbol{L}_m.$$

该定理表明这组特定的 $\boldsymbol{K}_m$ 和 $\boldsymbol{L}_m$ 的取法，实际上求 z_m 等价于在 $\boldsymbol{K}_m$ 中极小化残余向量的2-范数，故名广义极小残余方法．

引入分块矩阵

$$\tilde{\boldsymbol{H}}_m=\begin{pmatrix}\boldsymbol{H}_m\\ \vdots\\ h_{m=1,m}\boldsymbol{e}_m^{\mathrm{T}}\end{pmatrix}\quad(\boldsymbol{e}_m\in \mathbf{R}^m),\tag{2.41}$$

则式(2.38)可写成

$$\boldsymbol{A}\boldsymbol{V}_m=(\boldsymbol{V}_m\vdots\boldsymbol{v}_{m+1})\begin{pmatrix}\boldsymbol{H}_m\\ \vdots\\ h_{m+1,m}\boldsymbol{e}_m^{\mathrm{T}}\end{pmatrix}=\boldsymbol{V}_{m+1}\tilde{\boldsymbol{H}}_m,$$

其中分块矩阵 $\boldsymbol{V}_{m+1}=(\boldsymbol{V}_m\vdots\boldsymbol{v}_{m+1})$.

设 $z \in \boldsymbol{K}_m$，则有唯一的列向量 $\boldsymbol{y} \in \mathbf{R}^m$ 使得 $z = \boldsymbol{V}_m \boldsymbol{y}$.

当$\boldsymbol{v}_{m+1} \neq 0$ 时，有

$$\begin{aligned}\|\boldsymbol{r}_0 - \boldsymbol{A}z\| &= \|\boldsymbol{r}_0 - \boldsymbol{A}\boldsymbol{V}_m\boldsymbol{y}\| = \|\boldsymbol{r}_0 - \boldsymbol{V}_{m+1}\tilde{\boldsymbol{H}}_m\boldsymbol{y}\| \\ &= \|\boldsymbol{V}_{m+1}(\beta\boldsymbol{e}_1 - \boldsymbol{H}_m\boldsymbol{y})\| = \|\beta\boldsymbol{e}_1 - \boldsymbol{H}_m\boldsymbol{y}\| \quad (\boldsymbol{e}_1 \in \mathbf{R}^{m+1}, \boldsymbol{V}_{m+1}^{\mathrm{T}}\boldsymbol{V}_{m+1} = \boldsymbol{E}).\end{aligned}$$

当$\boldsymbol{v}_{m+1} = 0$ 时，$h_{m+1m} = 0$，式(2.38)变成 $\boldsymbol{A}\boldsymbol{V}_m = \boldsymbol{V}_m\boldsymbol{H}_m$，且有

$$\begin{aligned}\|\boldsymbol{r}_0 - \boldsymbol{A}z\| &= \|\boldsymbol{r}_0 - \boldsymbol{A}\boldsymbol{V}_m\boldsymbol{y}\| = \|\boldsymbol{r}_0 - \boldsymbol{V}_m\boldsymbol{H}_m\boldsymbol{y}\| \\ &= \|\boldsymbol{V}_m(\beta\boldsymbol{e}_1 - \boldsymbol{H}_m\boldsymbol{y})\| = \|\beta\boldsymbol{e}_1 - \boldsymbol{H}_m\boldsymbol{y}\| (\boldsymbol{e}_1 \in \mathbf{R}^m, \boldsymbol{V}_m^{\mathrm{T}}\boldsymbol{V}_m = \boldsymbol{E}). \\ &= \|\beta\boldsymbol{e}_1 - \tilde{\boldsymbol{H}}_m\boldsymbol{y}\| \quad (\boldsymbol{e}_1 \in \mathbf{R}^{m+1}).\end{aligned}$$

由此可得

$$\|\boldsymbol{r}_0 - \boldsymbol{A}z_m\| = \min_{z \in \boldsymbol{K}_m}\|\boldsymbol{r}_0 - \boldsymbol{A}z\| = \min_{y \in \mathbf{R}^m}\|\beta\boldsymbol{e}_1 - \tilde{\boldsymbol{H}}_m\boldsymbol{y}\|.$$

由矩阵的广义逆可知 GMRES 算法不会产生中断.

1. 原理型 GMRES 算法

通过增大 m 确定z_m，使得$\|\boldsymbol{r}_0 - \boldsymbol{A}z_m\| < \varepsilon$. 其计算步骤如下：

(1)给定$\boldsymbol{x}_0 \in \mathbf{R}^n$，计算$\boldsymbol{r}_0 = \boldsymbol{b} - \boldsymbol{A}\boldsymbol{x}_0$ 及 $\beta = \|\boldsymbol{r}_0\|$.

(2)对于 $m = l$，由 Arnoldi 过程求出$\{\boldsymbol{v}_i\}_{i=1}^m$ 及$\tilde{\boldsymbol{H}}_m(l = 1, 2, \cdots)$.

(3)求解$\min_{y \in \mathbf{R}^n}\|\beta\boldsymbol{e}_1 - \tilde{\boldsymbol{H}}_m\boldsymbol{y}\|$得到$\boldsymbol{y}_m$.

(4)计算$z_m = \boldsymbol{V}_m\boldsymbol{y}_m$，若$\|\boldsymbol{r}_0 - \boldsymbol{A}z_m\| < \varepsilon$，取$\boldsymbol{x}^* \approx \boldsymbol{x}_0 + z_m$，停止；若$\|\boldsymbol{r}_0 - \boldsymbol{A}z_m\| \geqslant \varepsilon$，用 $l+1$ 代替 l，转(2).

理论上讲，当 $m = n$ 时，由$(\boldsymbol{r}_0 - \boldsymbol{A}z_m) \perp \boldsymbol{l}_m$ 可得$\boldsymbol{r}_0 - \boldsymbol{A}z_m$，即原理型 GMRES 算法可给出方程组的精确解. 但是对于大型方程组($n \gg 1$)而言，m 很大时，计算z_m 的工作量增大，使得算法失去了实用价值. 下面介绍循环型 GMRES(m)算法.

2. 循环型 GMRES(m)算法

固定 m 迭代计算z_m，使得$\|\boldsymbol{r}_0 - \boldsymbol{A}z_m\| < \varepsilon$，其计算步骤如下：

(1)给定 $m \ll n$，选取$\boldsymbol{x}^{(0)} \in \mathbf{R}^n$，计算$\boldsymbol{r}^{(0)} = \boldsymbol{b} - \boldsymbol{A}\boldsymbol{x}^{(0)}$，记$\boldsymbol{r}_0 = \boldsymbol{r}^{(0)}$.

(2)由 Arnoldi 过程求出$\{\boldsymbol{v}_i\}_{i=1}^m$ 及$\tilde{\boldsymbol{H}}_m$.

(3)求解$\min_{y \in \mathbf{R}^m}\|\beta\boldsymbol{e}_1 - \tilde{\boldsymbol{H}}_m\boldsymbol{y}\|$得到$\boldsymbol{y}_m$，并计算$z_m = \boldsymbol{V}_m\boldsymbol{y}_m$.

(4)形成迭代过程$\boldsymbol{x}^{(k+1)} = \boldsymbol{x}^{(k)} + z_m$，或者$\boldsymbol{r}^{(k+1)} = \boldsymbol{r}^{(k)} - \boldsymbol{A}z_m(k = 0, 1, 2, \cdots)$.

(3)$\|\boldsymbol{r}^{(k+1)}\| < \varepsilon$ 时，$\boldsymbol{x}^* \approx \boldsymbol{x}^{(k+1)}$，停止；$\|\boldsymbol{r}^{(k+1)}\| \geqslant \varepsilon$，$\boldsymbol{r}_0 = \boldsymbol{r}^{(k+1)}$，转(2).

在 GMRES 算法中，如何选择 m 及如何求解$\min_{y \in \mathbf{R}^m}\|\beta\boldsymbol{e}_1 - \tilde{\boldsymbol{H}}_m\boldsymbol{y}\|$是计算中的两个关键问题. 下面举例说明，并非任意 m 都能使循环型 GMRES(m)算法收敛.

例 2.10 设 $\boldsymbol{A} = \begin{pmatrix} 0 & 1 \\ -1 & 0 \end{pmatrix}$，$\boldsymbol{b} = \begin{pmatrix} 1 \\ 1 \end{pmatrix}$，用 GMRES(1)算法求解方程组 $\boldsymbol{A}\boldsymbol{x} = \boldsymbol{b}$.

解 取$\boldsymbol{x}^{(0)} = \begin{pmatrix} 0 \\ 0 \end{pmatrix}$，$\boldsymbol{r}^{(0)} = \boldsymbol{b} - \boldsymbol{A}\boldsymbol{x}^{(0)} = \begin{pmatrix} 1 \\ 1 \end{pmatrix}$. 记$\boldsymbol{r}_0 = \boldsymbol{r}^{(0)}$，求出

$$v_1=\frac{1}{\sqrt{2}}\begin{pmatrix}1\\1\end{pmatrix},h_{11}=0,v_2=\frac{1}{\sqrt{2}}\begin{pmatrix}1\\-1\end{pmatrix},h_{21}=1,\tilde{H}_1=\begin{pmatrix}0\\1\end{pmatrix},\beta=\sqrt{2}.$$

因为$\|\beta e_1-\tilde{H}_m y\|=2+y^2$,所以极小点$y_1=0$. 于是

$$z_1=v_1y_1=\begin{pmatrix}0\\0\end{pmatrix},$$

从而

$$x^{(1)}=x^{(0)}+z_1=x^{(0)}.$$

故 GMRES(1)算法不可能收敛.

定理 2.17 对于方程组$Ax=b$,若系数矩阵A相似于对角阵,则存在充分大的m,使得 GMRES(m)算法收敛.

下面讨论$\min_{y\in\mathbf{R}^m}\|\beta e_1-\tilde{H}_m y\|$的求解问题. 由于$r_0,Ar_0,\cdots,A^{m-1}r_0$线性无关,$\mathrm{rank}(V_m)=m$. 注意到$A$可逆,所以$\mathrm{rank}(AV_m)=m$. 再由$AV_m=V_{m+1}\tilde{H}_m$可得$\mathrm{rank}(\tilde{H}_m)=m$,从而$\tilde{H}_m$的列向量组线性无关. 根据矩阵的 QR 分解理论,存在$m+1$阶正交阵Q(有限个 Givens 矩阵的乘积或有限个 Householder 矩阵的乘积),使得

$$Q\tilde{H}_m=\begin{pmatrix}T\\\mathbf{0}^{\mathrm{T}}\end{pmatrix},$$

其中T为m阶可逆上三角阵. 记$Q(\beta e_1)=(c_1,c_2,\cdots,c_{m_2},c_{m+1})^{\mathrm{T}}$,根据$Q$的正交性,有

$$\|\beta e_1-\tilde{H}_m y\|^2=\|Q(\beta e_1-\tilde{H}_m y)\|^2=\left\|\begin{pmatrix}c_1\\\vdots\\c_m\end{pmatrix}-Ty\right\|+c_{m+1}^2,$$

由此可得,$\min_{y\in\mathbf{R}^m}\|\beta e_1-\tilde{H}_m y\|$的解$y_m$是方程组

$$Ty=\begin{pmatrix}c_1\\\vdots\\c_m\end{pmatrix}$$

的唯一解,而且$\|\beta e_1-\tilde{H}_m y_m\|=|c_{m+1}|$.

GMRES 算法的 MATLAB 代码

```
function [x]=GMRESGS(A,b)
%初始化待求解的向量 x
%A 为系数矩阵
%b 为常数向量
for i=1:length(b)
    xx0(i)=1;
end
%上述生成的 xx0 为一个行向量,需进行转置
x0=xx0'
[n,m]=size(A);      %n 为 A 的行,m 为 A 的列
TOL=0.00001;        %误差控制
r0=b-A*x0;
```

```
beta=norm(r0);
v(:,1)=r0/beta;
Num=0;
while(beta>TOL)     %残差的范数作为判断的条件
    for j=1:m
        w(:,j)=A*v(:,j);
        for i=1:j
            h(i,j)=w(:,j)'*v(:,i);%h_ij=(w_j,v_i)
            w(:,j)=w(:,j)-h(i,j)*v(:,i);Num=Num+1;
        end
        h(j+1,j)=norm(w(:,j));
        if(h(j+1,j)==0)
            m=j;
            %Hmbar;
            for row=1:m
                for col=1:m
                    Hmbar(row,col)=h(row,col);Num=Num+1;
                end
            end
            break;
        end
        v(:,j+1)=w(:,j)/h(j+1,j);
    end
    %Hmbar;
    for row=1:m
        for col=1:m
            Hmbar(row,col)=h(row,col);Num=Num+1;
        end
    end
    Hmbar
    for i=1:m
        e1(1,i)=0;Num=Num+1;
    end
    e1(1,1)=1;
    e2=beta*e1';
    y(:,m)=pinv(Hmbar)*e2;  %pinv 代表 Moore-Penrose 逆,来求解最小二乘解
    x=x0+v(:,1:m)*y(:,m);   %此处 v 矩阵为 m*(m+1),由 m+1 个正交向量构成,v(:,1:m)为 m*m
    r0=b-A*x;
    beta=norm(r0);
    v(:,1)=r0/beta;
    Num=Num+1;
end
disp(Num)
```

2.5 应用案例

2.5.1 油藏数值模拟的线性求解算法

油藏数值模拟起源于20世纪50年代,它是定量描述非均质储油地层中多相流体流动规律的工具,在油藏管理、动态预测、二次开采、井位部署、方案调整等方面起着非常重要的作用. 随着油藏描述技术的不断进步,大量的地震、地质、测井、动态油藏数据可供油藏工程师用来建立越来越精细的数值模型. 目前,大型油田的油藏数值模拟采用的水平方向网格尺寸多为100m量级,而高分辨率的油藏数值模拟的网格尺寸需要25m甚至更小,这就需要模拟计算千万以上量级网格单元的模型,对现有模拟器是一个巨大的挑战. 油藏数值模拟过程中通常需要求解大规模的线性代数方程组. 在全隐式离散方法中线性方程组的求解时间通常占到模拟时间的80%以上. 由于离散方程的条件数与网格尺寸有关,网格尺寸越小矩阵条件数越坏,线性方程组的求解难度也越大. 模拟千万量级模型对线性求解算法及其软件模块的性能提出了较高的要求.

黑油模型的偏微分方程组具有高度非线性和强耦合性,常采用全隐式方法进行求解,其中需要求解大规模、非对称、强耦合的雅可比方程组. Krylov子空间方法,如广义最小残量法(GMRES)、双共轭梯度法(BiCGstab)等,是求解这类方程组的常用方法. 但直接应用这些方法一般收敛较慢,必须使用合适的预条件子来进行加速. 研究人员针对黑油模型的求解进行了大量尝试,并提出了很多求解算法:一类是基于矩阵分解的整体型预条件子,如ILU、嵌套分解等;另一类是多阶段预条件算法,如组合型预条件子、约束残量预条件子(CPR)等. 老一代油藏数值模拟器中常用矩阵分解型预条件子,但这类方法在求解大规模问题时速度较慢.

本案例介绍了一种适用于超大规模精细油藏全隐式模拟的稳健、高效的雅可比方程求解算法. 研究人员提出了一种分裂型预条件子,其中的左预条件子采用工程界常用的ABF解耦方法,ABF方法能有效地减弱不同物理量之间的耦合关系,极大地改善雅可比矩阵的特征值分布. 然后,根据ABF解耦后雅可比矩阵的特点,有针对性地设计了一种多阶段子空间校正右预条件子. 为了测试该分裂型预条件子的高效性和稳健性,研究人员在台式机上进行了数十万至千万网格节点算例的模拟计算,并通过一个实际油田模型验证了精细模拟的重大实际价值.

2.5.2 黑油模型及其离散

油藏多孔介质中的多相渗流一般包含油、气、水三相三组分流体的流动,在流动过程中会发生油气两相之间的质量交换. 黑油模型给出了水、油、气三种组分的质量守恒方程:

$$\frac{\partial(\phi\rho_{\mathrm{w}}S_{\mathrm{w}})}{\partial t}=-\nabla\cdot(\rho_{\mathrm{w}}u_{\mathrm{w}})+q_{\mathrm{w}},\tag{2.42}$$

$$\frac{\partial(\phi\rho_{\mathrm{o}}S_{\mathrm{o}})}{\partial t}=-\nabla\cdot(\rho_{\mathrm{o}}u_{\mathrm{o}})+q_{\mathrm{o}},\tag{2.43}$$

$$\frac{\partial[\phi(\rho_o S_o+\rho_g S_g)]}{\partial t}=-\nabla\cdot(\rho_o u_o+\rho_g u_g)+q_g, \tag{2.44}$$

假设多孔介质中流体运动遵循达西定律

$$u_\alpha=\frac{kk_{r\alpha}}{\mu_\alpha}(\nabla p_\alpha-\rho_\alpha g\nabla Z),\alpha=o,w,g,$$

另外,这些变量之间还满足如下本构关系:

$$S_o+S_w+S_g=1,$$

$$p_o-p_w=p_{cov}(S_w),p_g-p_o=p_{cog}(S_g),$$

油藏数值模拟中边界条件分为外边界条件和内边界条件两大类,其中外边界条件指油藏流体在外边界所处的状态,内边界条件是指生产井或注入井所处的状态. 外边界条件主要有给定油藏区域边界压力或者给定油藏区域边界流量两种,内边界条件则分为给定井产量(产油量或产液量)或者给定井筒底部压力. 在实际问题中,内边界条件一般比较复杂并常随时间发生变化,在这里不加详述.

该案例只考虑采用全隐式方法对黑油模型方程式(2.42)至式(2.44)进行离散(Newton 线性化,时间上采用一阶向后欧拉格式,空间上采用网格块中心有限体积格式),离散过程中将 p_o、S_w、S_o 作为主变量. 全隐式离散后所得到的雅可比线性代数系统如下:

$$\begin{pmatrix}\boldsymbol{J}_{RR} & \boldsymbol{J}_{RW}\\ \boldsymbol{J}_{WR} & \boldsymbol{J}_{WW}\end{pmatrix}\begin{pmatrix}\boldsymbol{x}_R\\ \boldsymbol{x}_W\end{pmatrix}=\begin{pmatrix}\boldsymbol{f}_R\\ \boldsymbol{f}_W\end{pmatrix}, \tag{2.45}$$

式中,$\boldsymbol{J}_{RR}$ 为模型方程对油藏变量的导数的系数,$\boldsymbol{J}_{RW}$ 为油藏方程对井变量的导数的系数,$\boldsymbol{J}_{WR}$ 为井方程对油藏变量的导数的系数,$\boldsymbol{J}_{WW}$ 为井方程对井变量的导数的系数,$\boldsymbol{X}_R$、$\boldsymbol{X}_W$ 分别为油藏变量和井变量,$\boldsymbol{f}_R$、$\boldsymbol{f}_W$ 分别为油藏常数和井常数。一般来说,井方程和油藏方程的特点截然不同,将它们耦合在一起求解可能会破坏雅可比矩阵的一些性质,可以将式(2.45)中井方程和油藏方程分开单独进行预条件,本案例只讨论油藏部分线性代数系统的求解.

1. 模型的快速求解算法

根据式(2.45),可以得到对应油藏变量的子系统

$$\boldsymbol{J}_{RR}\boldsymbol{x}_R=\boldsymbol{f}_R-\boldsymbol{J}_{RW}\boldsymbol{x}_W, \tag{2.46}$$

其中$\boldsymbol{J}_{RR}$ 可展开成如下形式

$$\begin{pmatrix}\boldsymbol{J}_{p_op_o} & \boldsymbol{J}_{p_oS_w} & \boldsymbol{J}_{p_oS_o}\\ \boldsymbol{J}_{S_wp_o} & \boldsymbol{J}_{S_wS_w} & \boldsymbol{J}_{S_wS_o}\\ \boldsymbol{J}_{S_op_o} & \boldsymbol{J}_{S_oS_w} & \boldsymbol{J}_{S_oS_o}\end{pmatrix},$$

这里$\boldsymbol{J}_{p_op_o}$ 对应压力块,$\boldsymbol{J}_{p_\alpha p_\alpha}$ 对应饱和度块,$\boldsymbol{J}_{p_\alpha S_\alpha}$、$\boldsymbol{J}_{S_\alpha p_\alpha}$ 对应压力变量和饱和度变量间的耦合($\alpha=o,w$),为了讨论的方便,将油藏子系统式(2.44)简记为

$$\boldsymbol{J}\boldsymbol{x}=\boldsymbol{f}. \tag{2.47}$$

经全隐式离散得到的子系统的系数矩阵通常规模大、非对称性强、条件数坏. Krylov 子空间方法(KSM)对这类问题一般收敛很慢. 因此通常会先对线性代数系统做预条件处理,转而求解一个较容易求解的等价代数系统. 理想的预条件方法能使预处理后的矩阵条件数远小于原矩

阵的条件数或者使预处理后矩阵的特征值分布变集中，同时具备较低的算子复杂度及内存复杂度．将针对线性代数系统式(2.47)设计一种分裂型预条件子，即形为

$$\boldsymbol{P}_{\mathrm{L}}^{-1}\boldsymbol{J}\boldsymbol{P}_{\mathrm{R}}^{-1}(\boldsymbol{P}_{\mathrm{R}}\boldsymbol{x})=\boldsymbol{P}_{\mathrm{L}}^{-1}\boldsymbol{f} \tag{2.48}$$

的预条件代数系统，其中 $\boldsymbol{P}_{\mathrm{L}}^{-1}$、$\boldsymbol{P}_{\mathrm{R}}^{-1}$ 分别为左、右预条件子．

2. 左预条件子 $\boldsymbol{P}_{\mathrm{L}}^{-1}$ 的构造

在全隐式模拟中，$\boldsymbol{P}_{\mathrm{L}}^{-1}$ 通常可以弱化不同物理量之间的耦合关系，因此称为解耦预条件子. 块交错分解(ABF)方法最早由 Bank 等在 1989 年提出，用来削弱半导体模型中的漂移—扩散方程的物理变量间的耦合关系．1997 年，Klie 将这种方法应用到油藏数值模拟中．式(2.47)经 ABF 解耦预条件作用后，有

$$\hat{\boldsymbol{J}}x=\hat{\boldsymbol{f}} \text{ 或} \boldsymbol{P}_{\mathrm{L}}^{-1}\boldsymbol{J}\boldsymbol{x}=\boldsymbol{P}_{\mathrm{L}}^{-1}\boldsymbol{f},$$

其中

$$\boldsymbol{P}_{\mathrm{L}}=\begin{pmatrix}\mathrm{diag}(\boldsymbol{J}_{p_op_o}) & \mathrm{diag}(\boldsymbol{J}_{p_oS_w}) & \mathrm{diag}(\boldsymbol{J}_{p_oS_o})\\ \mathrm{diag}(\boldsymbol{J}_{S_wp_o}) & \mathrm{diag}(\boldsymbol{J}_{S_wS_w}) & \mathrm{diag}(\boldsymbol{J}_{S_wS_o})\\ \mathrm{diag}(\boldsymbol{J}_{S_op_o}) & \mathrm{diag}(\boldsymbol{J}_{S_oS_w}) & \mathrm{diag}(\boldsymbol{J}_{S_oS_o})\end{pmatrix}.$$

可以验证，$\hat{\boldsymbol{J}}$ 中非对角块阵的对角元都为 0，实际上也就是说，ABF 方法削弱了压力和饱和度变量间的耦合关系．而且，数值实验发现 ABF 解耦对雅可比矩阵的特征值起到了很好的聚集作用——绝大多数特征值分布在 1.0 附近，这大大改善了 KSM 方法的收敛性．上述形式的$\boldsymbol{P}_{\mathrm{L}}$仅为了描述的方便，在代码实现过程中，自由度一般按照网格单元序来排列，经全隐式离散得到的雅可比矩阵 $\boldsymbol{J}$ 的元素均是 3×3 的子块，这时$\boldsymbol{P}_{\mathrm{L}}=\mathrm{diag}(\boldsymbol{J})$其中$\boldsymbol{J}_{ii}\in\mathbf{R}^{3\times3}$，$i=1,\cdots,N$，$N$ 为网格单元数．计算$\boldsymbol{P}_{\mathrm{L}}^{-1}$ 只需将每个$\boldsymbol{J}_{ii}$ 子块单独求逆即可．

3. 右预条件子 $\boldsymbol{P}_{\mathrm{R}}^{-1}$ 的构造

模型方程式(2.42)至式(2.44)的不同物理变量具有不同的解析特性：压力方程表现出椭圆性，饱和度方程主要表现出双曲性．椭圆型方程通常体现的是一种全局性，而双曲型方程一般具有局部性，这使得雅可比矩阵的不同子块也具有不同的代数性质．因此，针对不同性质的方程分别采用对应的解法是一种比较合理的思路．

基于上述认识及子空间校正的思想，根据 ABF 预条件后得到的代数系统的特性(压力和饱和度变量局部解耦、饱和度变量之间也局部解耦)，首先在饱和度子空间用块高斯—塞德尔(BGS)方法对饱和度方程进行一次近似求解，消除饱和度部分的高频误差部分．由于渗透率的强间断性导致压力方程是带强间断系数的椭圆型方程，针对带间断系数的二阶椭圆型问题，Xu 和 Zhu 从理论上证明了多层网格(MG)预条件的共轴梯度法的一致收敛性，即收敛速度与网格尺寸及系数跳跃的大小都无关，而直接应用 MG 作为迭代法却没有一致收敛性．受此启发，研究者采用代数多层网格(AMG)预条件 GMRES 方法来近似求解上述压力方程代数系统. 最后，在全空间再进行一次全局 BGS 求解．上述三阶段子空间校正方法的算法步骤如下：

(1)对饱和度方程进行一次(块)高斯磨光；

(2)利用 AMG 预条件 GMRES 方法对压力方程进行求解至一个固定精度；

(3)对雅可比方程进行一次整体块高斯磨光．

在步骤(1)和步骤(3)中,采用顺风排序来提高 BGS 的稳定性. 由于油藏中的流体是从压力高的网格单元流向压力低的单元,按照前一时间层计算出来的压力值大小,对磨光进行排序. 在该序下,饱和度矩阵接近下三角阵,BGS 可变得更加高效. 在步骤(2)中,为了减少内存使用量并降低算法的计算复杂度,将 GMRES 最大迭代次数设为一个较小的值,在案例的所有数值实验中将其设为 15,且将压力方程的相对残量范数降到 0.1 时即停止. 由于步骤(2)中使用的 AMG 预条件 GMRES 方法是一个迭代法,所以多阶段预条件方法(算法 1)是非线性的,因此外层迭代使用 Flexible GMRES 方法. 针对目前油藏数值模拟主要在 PC 机或台式工作站环境上完成的现状,由于 GMRES 类方法的内存消耗量基本由重启回头数(restart number)决定,所以采用动态重启技术减少内存使用量.

课后习题

1. 写出求解线性方程组 $\boldsymbol{Ax}=\boldsymbol{b}$ 的迭代法的一般形式,并给出它收敛的充分必要条件.

2. 给出迭代法 $\boldsymbol{x}^{(k+1)}=\boldsymbol{Bx}^{(k)}+\boldsymbol{f}$ 收敛的充分条件、误差估计及其收敛速度.

3. 什么是矩阵 $\boldsymbol{A}$ 的分裂? 由 $\boldsymbol{A}$ 的分裂构造解 $\boldsymbol{Ax}=\boldsymbol{b}$ 的迭代法,给出雅可比迭代矩阵与高斯—塞德尔迭代矩阵.

4. 写出解线性方程组 $\boldsymbol{Ax}=\boldsymbol{b}$ 的雅可比迭代法与高斯—塞德尔迭代法的计算公式,它们的基本区别是什么?

5. 设有线性方程组

$$\begin{cases}5x_1+2x_2+x_3=-12,\\-x_1+4x_2+2x_3=20,\\2x_1-3x_2+10x_3=3,\end{cases}$$

(1)考察用雅可比迭代法、高斯—塞德尔迭代法解此方程组的收敛性;

(2)用雅可比迭代法、高斯—塞德尔迭代法解此方程组,要求当 $\|x^{(k+1)}-x^{(k)}\|_\infty<10^{-4}$ 时迭代终止.

6. 用雅可比迭代法、高斯—塞德尔迭代法解线性方程组 $\boldsymbol{Ax}=\boldsymbol{b}$,证明若取 $\boldsymbol{A}=\begin{pmatrix}3&0&-2\\0&2&1\\-2&1&2\end{pmatrix}$,则两种方法均收敛,试比较哪种方法收敛快。

7. 用 SOR 方法解线性方程组(取 $\omega=0.9$)

$$\begin{cases}5x_1+2x_2+x_3=-12,\\-x_1+4x_2+2x_3=20,\\2x_1-3x_2+10x_3=3,\end{cases}$$

要求当 $\|\boldsymbol{x}^{(k+1)}-\boldsymbol{x}^{(k)}\|_\infty<10^{-4}$ 时迭代终止.

8. 用 SOR 方法解线性方程组(分别取松弛因子 $\omega=1.03,\omega=1,\omega=1.1$)

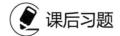

$$\begin{cases}4x_1-x_2=1,\\-x_1+4x_2-x_3=4,\\-x_2+4x_4=-3,\end{cases}$$

精确解 $x^*=\left(\frac{1}{2},1-\frac{1}{2}\right)$. 要求当 $\|x^*-x^{(k)}\|_\infty<5\times10^{-6}$ 时迭代终止,并且对每一个 ω 值确定迭代次数.

9. 取 $x^{(0)}=\mathbf{0}$. 用共轭梯度法求解下列线性方程组:

(1) $\begin{pmatrix}6&3\\3&2\end{pmatrix}\begin{pmatrix}x_1\\x_2\end{pmatrix}=\begin{pmatrix}0\\-1\end{pmatrix}$;

(2) $\begin{pmatrix}4&3&0\\3&4&-1\\0&-1&4\end{pmatrix}\begin{pmatrix}x_1\\x_2\\x_3\end{pmatrix}=\begin{pmatrix}3\\5\\-5\end{pmatrix}$.

10. 证明在共轭梯度法中有 $\varphi(x^{(k+1)})\leqslant\varphi(x^{(k)})$,若 $r^{(k)}\neq\mathbf{0}$,则严格不等式成立.

第 3 章　非线性方程组的数值解法

在实际问题中,会遇到很多的非线性方程或方程组,对于这一类方程(组)往往不能得到它的解析解,只能通过迭代法在给定误差下求出根的近似解.

设有非线性方程

$$f(x)=0,$$

其中,$f(x)$是一元线性函数,若$f(x)$是 n 次多项式,则该方程为代数方程或 n 次多项式方程;若$f(x)$是超越函数,则称该方程为超越方程;若有常数 x^*,使$f(x^*)=0$,则称 x^* 为该方程的根,又称为函数$f(x)$的零点;若$f(x)$能分解为

$$f(x)=(x-x^*)^m\varphi(x),$$

其中,$\varphi(x^*)\neq 0$,则称 x^* 是该方程的 m 重根或$f(x)$的 m 重零点,当 $m=1$ 时,称 x^* 为该方程的单根或$f(x)$的单零点.

只有很少类型的非线性方程能解出根的解析表达式.对于大多数非线性方程,只能用数值方法求出根的近似值.本章介绍几种常用的有效的数值求根方法,由于它们都属于迭代法,因而还要讨论这些方法的收敛性和收敛速度.

3.1　非线性方程组求解问题

3.1.1　基本概念

在科学与工程计算中,经常遇见求解多变量非线性方程组的问题,它涉及自然科学、工程技术和经济学等各个领域.非线性科学是当今科学发展的重要研究方向,而非线性方程组的数值解法是其中不可或缺的内容.通常非线性方程组是指 n 个变量 n 个方程的方程组:

$$\begin{cases} f_1(x_1,x_2,\cdots,x_n)=0,\\ f_2(x_1,x_2,\cdots,x_n)=0,\\ \qquad\vdots \\ f_n(x_1,x_2,\cdots,x_n)=0, \end{cases} \tag{3.1}$$

其中 $f_i(x_1,x_2,\cdots,x_n)\,(i=1,2,\cdots,n)$是定义在区域 $D\subset\mathbf{R}^n$ 上的 n 个变量 $x_1,x_2,\cdots,x_n$ 的实值函数,$f_i(x_1,x_2,\cdots,x_n)$中至少有一个是非线性的.若$f_i(x_1,x_2,\cdots,x_n)$都是线性的,则式(3.1)为线性代数方程组.若 $n=1$,式(3.1)就是方程求根问题.下面假设 $n\geqslant 2$.为了讨论及书写方便,引入向量记号,令

$$
\boldsymbol{x}=\begin{pmatrix}x_1\\x_2\\\vdots\\x_n\end{pmatrix},F(\boldsymbol{x})=\begin{pmatrix}f_1(x_1,x_2,\cdots,x_n)\\f_2(x_1,x_2,\cdots,x_n)\\\vdots\\f_n(x_1,x_2,\cdots,x_n)\end{pmatrix}=\begin{pmatrix}f_1(\boldsymbol{x})\\f_2(\boldsymbol{x})\\\vdots\\f_n(\boldsymbol{x})\end{pmatrix},
$$

则方程组(3.1)可改写成

$$
F(\boldsymbol{x})=\boldsymbol{0}, \tag{3.2}
$$

并记 $F:D\subset\mathbf{R}^n\to\mathbf{R}^n$,表示 F 定义在区域 $D\subset\mathbf{R}^n$ 上且取值于$\mathbf{R}^n$ 的向量值函数,F 称为 $D\subset\mathbf{R}^n$ 到$\mathbf{R}^n$ 的映射. 若存在$\boldsymbol{x}^*\subset\mathbf{R}^n$ 使式(3.2)准确成立,则称$\boldsymbol{x}^*$为方程组的解.

由于 F 的非线性性质,从已经发展的求解式(3.2)的理论和算法来看,它们远不如线性方程组成熟和有效,非线性问题突出的特点是多解性. 在理论上,非线性方程组的解的存在唯一性没有完全解决,情况复杂. 它可能无解,可能有无穷多解,也可能有唯一解.

例 3.1 求方程组

$$
\begin{cases}f_1(x_1,x_2)=x_1^2-x_2+\alpha=0,\\f_2(x_1,x_2)=-x_1+x_2^2+\alpha=0\end{cases}
$$

的解.

解 方程组表示的几何意义是求平面上两条抛物线的交点. 当参数 α 在-1 和 1 之间变化时就有如下情形:

(1) $\alpha=1$,无解.

(2) $\alpha=\frac{1}{4}$,一个解.

(3) $\alpha=0$,两个解.

(4) $\alpha=-1$,四个解.

还有无穷多解的方程组,例如

$$
\begin{cases}f_1(x_1,x_2)=\sin\dfrac{\pi x_1}{2}-x_2=0,\\f_2(x_1,x_2)=x_2-\dfrac{1}{2}=0.\end{cases}
$$

所以,对于非线性方程组只能给出解在区域 D 中存在唯一解的充分条件,并在该前提下讨论求解的方法,通常都用迭代法求解. 对于迭代法,一般需要讨论以下三个问题:

(1)迭代序列的适定性. 即要求迭代法产生的序列$\{\boldsymbol{x}^{(k)}\}_{k=0}^{\infty}$ 在区域 D 中是有定义的.

(2)迭代序列的收敛性. 即要求迭代法产生的序列满足 $\lim\limits_{k\to\infty}\boldsymbol{x}^{(k)}=\boldsymbol{x}^*$.

(3)迭代序列的收敛速度和效率. 迭代序列收敛的快慢及计算时间长短,是衡量迭代法好坏的主要标准.

3.1.2 向量值函数的连续与可导

映射 $F:D\subset\mathbf{R}^n\to\mathbf{R}^m$,即

$$F(\boldsymbol{x})=\begin{pmatrix} f_1(x_1,x_2,\cdots,x_n) \\ f_2(x_1,x_2,\cdots,x_n) \\ \vdots \\ f_n(x_1,x_2,\cdots,x_n) \end{pmatrix}=\begin{pmatrix} f_1(\boldsymbol{x}) \\ f_2(\boldsymbol{x}) \\ \vdots \\ f_n(\boldsymbol{x}) \end{pmatrix}.$$

当 $m=1$ 时，$F(\boldsymbol{x})=f(x_1,x_2,\cdots,x_n)$ 就是多元函数，因此 $F(\boldsymbol{x})$ 连续与可导的概念是多元函数 $f(x_1,x_2,\cdots,x_n)$ 连续和导数概念的推广.

定义 3.1　假定 $F:D\subset\mathbf{R}^n\to\mathbf{R}^m$，若对 $\forall\,\varepsilon>0$，$\exists\,\delta>0$，使得

$$\forall\,\boldsymbol{x}\in N(\boldsymbol{x}^{(0)},\delta)=\{\boldsymbol{x}\mid\|\boldsymbol{x}-\boldsymbol{x}^{(0)}\|<\delta\}\subset D,$$

都有

$$\|F(\boldsymbol{x})-F(\boldsymbol{x}^{(0)})\|<\varepsilon.$$

则称 $F(\boldsymbol{x})$ 在点 $\boldsymbol{x}^{(0)}\in\mathrm{int}D$ 连续. 若 $F(\boldsymbol{x})$ 在 D 内每一点都连续，则称 $F(\boldsymbol{x})$ 在 D 内连续.

如果对于 $\forall\,\varepsilon>0$，$\exists\,\delta=\delta(\varepsilon)>0$，使得 $\forall\,\boldsymbol{x},\boldsymbol{y}\in\Omega\subset D$，当 $\|\boldsymbol{x}-\boldsymbol{y}\|<\delta$ 时，都有

$$\|F(\boldsymbol{x})-F(\boldsymbol{y})\|<\delta,$$

则称 $F(\boldsymbol{x})$ 在 $\boldsymbol{\Omega}$ 上一致连续.

定义 3.2　假定 $F:D\subset\mathbf{R}^n\to\mathbf{R}^m$ 是闭区域 $D_0\subset D$ 上的映射，若对 $\forall\,\boldsymbol{x},\boldsymbol{y}\in D_0$，都有常数

$$\|F(\boldsymbol{x})-F(\boldsymbol{y})\|<L\|\boldsymbol{x}-\boldsymbol{y}\|^p$$

成立，其中 $0<p<1$，则称 $F(\boldsymbol{x})$ 在 D_0 上 Hölder 连续. 若 $p=1$，则称 $F(\boldsymbol{x})$ 在 D_0 上 Lipschitz 连续.

显然有：Lipschitz 连续⇒Hölder 连续⇒一致连续.

定义 3.3　设 $F:D\subset\mathbf{R}^n\to\mathbf{R}^m$，对于 $\boldsymbol{x}\in\mathrm{int}D$ 及 $\forall\,\boldsymbol{h}\in\mathbf{R}^n$，若存在 $A(\boldsymbol{x})\in\mathbf{R}^{m\times n}$，有

$$\lim_{\boldsymbol{h}\to 0}\frac{\|F(\boldsymbol{x}+\boldsymbol{h})-F(\boldsymbol{x})-A(\boldsymbol{x})\boldsymbol{h}\|}{\|\boldsymbol{h}\|}=0,\tag{3.3}$$

则称 $F(\boldsymbol{x})$ 在 $\boldsymbol{x}$ 处可导，称 $A(\boldsymbol{x})$ 为 $F(\boldsymbol{x})$ 在 $\boldsymbol{x}$ 处的导数，称为弗雷歇(Frechet)导数，并称为 F-可导，记为 $F'(\boldsymbol{x})=A(\boldsymbol{x})$.

如果 $F(\boldsymbol{x})$ 在区域 D 内每点可导，则称 $F(\boldsymbol{x})$ 在区域 D 内可导.

由于向量范数的等价性，式(3.3)中的范数可取任意一种向量范数.

对于 $m=1$ 的情形，即 $F(\boldsymbol{x})=f(x_1,x_2,\cdots,x_n)=f(\boldsymbol{x})$，有以下定理：

定理 3.1　设 $f:D\subset\mathbf{R}^n\to\mathbf{R}$，在点 $\boldsymbol{x}\in\mathrm{int}D$ 可导，则 f 在点 $\boldsymbol{x}$ 的偏导数 $\dfrac{\partial f(\boldsymbol{x})}{\partial x_j}(j=1,2,\cdots,n)$ 存在，且 $A(\boldsymbol{x})\in\mathbf{R}^{1\times n}$，

$$A(\boldsymbol{x})=\left(\frac{\partial f(\boldsymbol{x})}{\partial x_1},\frac{\partial f(\boldsymbol{x})}{\partial x_2},\cdots,\frac{\partial f(\boldsymbol{x})}{\partial x_n}\right)=\nabla f(\boldsymbol{x}).$$

证明　记 $A(\boldsymbol{x})=\boldsymbol{\alpha}^{\mathrm{T}}=(\alpha_1,\alpha_2,\cdots,\alpha_n)$，由于 F-可导，按照定义

$$\lim_{\boldsymbol{h}\to 0}\frac{\|f(\boldsymbol{x}+\boldsymbol{h})-f(\boldsymbol{x})-\alpha^{\mathrm{T}}\boldsymbol{h}\|}{\|\boldsymbol{h}\|}=0.$$

若取 $\boldsymbol{h}=h_je_j$，由上式可得

$$\alpha_j=\lim_{h_i\to 0}\frac{f(\boldsymbol{x}+h_je_j)-f(\boldsymbol{x})}{h_j}=\frac{\partial f(\boldsymbol{x})}{\partial x_j},j=1,2,\cdots,n,$$

于是得到

$$\boldsymbol{\alpha}^{\mathrm{T}}=\left(\frac{\partial f(\boldsymbol{x})}{\partial x_1},\frac{\partial f(\boldsymbol{x})}{\partial x_2},\cdots,\frac{\partial f(\boldsymbol{x})}{\partial x_n}\right)=\nabla f(\boldsymbol{x})=\operatorname{grad}f(\boldsymbol{x}),$$

这里梯度向量记号表示的是行向量.

对于一般情形, $F:D\subset\mathbf{R}^n\to\mathbf{R}^m$, 如果 $F(\boldsymbol{x})$ 在点 $\boldsymbol{x}$ 可导, 对每个分量 $f(\boldsymbol{x})$ 应用上述定理的结论, 记 $A(\boldsymbol{x})$ 的第 i 行为 α_i^{T}, 可得

$$\alpha_i^{\mathrm{T}}=\nabla f_i(\boldsymbol{x}),i=1,2,\cdots,m,$$

于是 $F(\boldsymbol{x})$ 在点 $\boldsymbol{x}$ 的导数 $A(\boldsymbol{x})=F'(\boldsymbol{x})$ 就是 $F(\boldsymbol{x})$ 的雅可比矩阵

$$F'(\boldsymbol{x})=\begin{pmatrix}\frac{\partial f_1(\boldsymbol{x})}{\partial x_1} & \frac{\partial f_1(\boldsymbol{x})}{\partial x_2} & \cdots & \frac{\partial f_1(\boldsymbol{x})}{\partial x_n}\\ \frac{\partial f_2(\boldsymbol{x})}{\partial x_1} & \frac{\partial f_2(\boldsymbol{x})}{\partial x_2} & \cdots & \frac{\partial f_2(\boldsymbol{x})}{\partial x_n}\\ \vdots & \vdots & \cdots & \vdots\\ \frac{\partial f_m(\boldsymbol{x})}{\partial x_1} & \frac{\partial f_m(\boldsymbol{x})}{\partial x_2} & \cdots & \frac{\partial f_m(\boldsymbol{x})}{\partial x_n}\end{pmatrix}.$$

3.2 压缩映射原理与不动点迭代法的收敛法

将方程组 $F(\boldsymbol{x})=0$ 改写成便于迭代的形式

$$\boldsymbol{x}=G(\boldsymbol{x}),$$

其中 $G:D\subset\mathbf{R}^n\to\mathbf{R}^n$, 若 $\boldsymbol{x}^*\in D$ 满足 $\boldsymbol{x}^*=G(\boldsymbol{x}^*)$, 则称 $\boldsymbol{x}^*$ 是映射 $G(\boldsymbol{x})$ 的不动点. 从而求方程组 $F(\boldsymbol{x})=0$ 的解就转化为求映射 $G(\boldsymbol{x})$ 的不动点, 研究非线性方程组解的存在唯一性就转化为研究不动点的存在唯一性.

3.2.1 压缩映射原理

压缩映射的定义参见定义 1.16, 例如, 在 $\mathbf{R}^1$ 上 $G(x)=\mathrm{e}^x$. $G(x)$ 在 $[-1,-2]$ 上是压缩的, 而在 $[1,2]$ 上却不是.

还要指出的是同一个映射, 在同一个域 D 上是否为压缩的和所选用的范数有关.

例 3.2 考虑 $\boldsymbol{x}\in\mathbf{R}^2$, $G(\boldsymbol{x})=\boldsymbol{A}\boldsymbol{x}=\begin{pmatrix}0.1 & 0.9\\ 0 & 0.1\end{pmatrix}\boldsymbol{x}$.

证明 如范数取为 $\|\cdot\|_2$, 则

$$\|G(\boldsymbol{x})-G(\boldsymbol{y})\|_2=\|\boldsymbol{A}(\boldsymbol{x}-\boldsymbol{y})\|_2\leqslant\|\boldsymbol{A}\|_2\|\boldsymbol{x}-\boldsymbol{y}\|_2,$$

而

$$\|\boldsymbol{A}\|_2^2=\rho(\boldsymbol{A}^{\mathrm{T}}\boldsymbol{A})=\rho\begin{pmatrix}0.01 & 0.09\\ 0.09 & 0.82\end{pmatrix}<1,$$

所以压缩是映射的. 但如果取范数为 $\|\cdot\|_\infty$. 取 $\boldsymbol{x}=(1,1)^{\mathrm{T}}$, $\boldsymbol{y}=(2,2)^{\mathrm{T}}$, 则

$$\|G(\boldsymbol{x})-G(\boldsymbol{y})\|_\infty=1.$$

而 $\|x-y\|_\infty=1$,所以压缩不是映射的.

从定义易知 $G(x)$ 在 D_0 上是压缩映射,则 $G(x)$ 在 D_0 上是连续的. 另外 $G(x)$ 在 D_0 上对一种范数是压缩映射,对另外一种范数可能不是压缩的.

定理 3.2(压缩映射原理)　假定 $G:D\subset\mathbf{R}^n\to\mathbf{R}^n$ 在闭集 $D_0\subset D$ 上是压缩映射,且 G 把 D_0 映入自身,即 $GD_0\subset D$,则 $G(x)$ 在 D_0 中存在唯一的不动点.

该定理的证明类似一维情况下的压缩映射原理的证明.

定理 3.3(Brouwer 不动点定理)　假定 $G:D\subset\mathbf{R}^n\to\mathbf{R}^n$ 在有界闭凸集 $D_0\subset D$ 上连续且 $GD_0\subset D$,则 $G(x)$ 在 D_0 中存在不动点.

这是一个著名的不动点定理. 注意该定理中的有界、闭集和凸性的要求都不可少. 另外定理的结果没有唯一性.

利用 Brouwer 不动点定理可以判别一个映射是否存在不动点,然而不能给出不动点的个数. 满足 Brouwer 不动点定理条件的映射,其不动点的个数可以相去甚远. 例如 $\mathbf{R}^n$ 中任意有界闭集上的恒等算子便有无穷多不动点,因为定义域上的每个点都是不动点.

上面介绍的压缩映射原理,回答了不动点的存在唯一性问题. 它是求解非线性方程组非常得力的工具.

3.2.2　不动点迭代法的收敛性

对于非线性方程组 $\boldsymbol{x}=G(\boldsymbol{x})$ 建立其迭代格式

$$\boldsymbol{x}^{(k+1)}=G(\boldsymbol{x}^{(k)}),k=0,1,2,\cdots$$

这里 $G(\boldsymbol{x})$ 依赖于 $F(\boldsymbol{x})$ 和 $F'(\boldsymbol{x})$,称为单步迭代法. $G(\boldsymbol{x})$ 称为迭代函数. 为研究收敛性,先给出有关的定义和定理.

定义 3.4　设 $\boldsymbol{x}^*\in D\subset\mathbf{R}^n$ 是方程组 $F(\boldsymbol{x})=0$ 的解,且存在 $\boldsymbol{x}^*$ 的一个邻域 $N\subset D$,使得 $\forall\boldsymbol{x}^{(0)}\in N$,迭代序列 $\{\boldsymbol{x}^{(k+1)}\}$ 是适定的,且收敛于 $\boldsymbol{x}^*$,则称 $\boldsymbol{x}^*$ 是序列 $\{\boldsymbol{x}^{(k+1)}\}$ 的一个吸引点. 一个序列有吸引点 $\boldsymbol{x}^*$,则称该迭代序列具有局部收敛性.

定理 3.4　假定 $G:D\subset\mathbf{R}^n\to\mathbf{R}^n$,$\boldsymbol{x}^*$ 是 $G(\boldsymbol{x})$ 的不动点,若存在开球 $N=N(\boldsymbol{x}^*,\delta)\subset D$ 和常数 $\alpha\in(0,1)$,使得

$$\|G(\boldsymbol{x})-G(\boldsymbol{x}^*)\|\leqslant\alpha\|\boldsymbol{x}-\boldsymbol{x}^*\|,\ \forall\boldsymbol{x}\in N,$$

则对 $\forall\boldsymbol{x}^{(0)}\in N$,$\boldsymbol{x}^*$ 是迭代序列 $\boldsymbol{x}^{(k+1)}=G(\boldsymbol{x}^{(k)})$ 的吸引点.

注:压缩映射原理是在整个区域 $D_0\subset D$ 上满足压缩条件,它的收敛是大范围收敛,且定理本身包含了不动点的存在唯一性. 该定理是在假设不动点已知的情况下,要求在不动点 $\boldsymbol{x}^*$ 的一个邻域上满足压缩条件,因此只是一个局部收敛性条件. 实际应用中,用 $G(\boldsymbol{x})$ 在点 $\boldsymbol{x}^*$ 导数 $G'(\boldsymbol{x}^*)$ 的条件比在邻域上用压缩条件更方便.

定理 3.5　假定 $G:D\subset\mathbf{R}^n\to\mathbf{R}^n$ 在 $\boldsymbol{x}^*\in\text{int}D$ 处可导,$\boldsymbol{x}^*$ 为 $G(\boldsymbol{x})$ 的不动点. 若 $\rho(G'(\boldsymbol{x}^*))=\sigma<1$,则存在开球 $N=N(\boldsymbol{x}^*,\delta)\subset D$,使得 $\forall\boldsymbol{x}^{(0)}\in N$,迭代序列收敛到 $G(\boldsymbol{x})$ 的不动点 $\boldsymbol{x}^*$.

该定理相当于解线性方程组 $\boldsymbol{x}=\boldsymbol{B}\boldsymbol{x}+\boldsymbol{f}$ 时迭代法收敛的充分必要条件 $\rho(\boldsymbol{B})<1$,此时,$G(\boldsymbol{x})=\boldsymbol{B}\boldsymbol{x}+\boldsymbol{f}$,$G'(\boldsymbol{x})=\boldsymbol{B}$ 为常矩阵. 而对非线性问题,$G'(\boldsymbol{x})$ 依赖于 $\boldsymbol{x}$. 因此,条件 $\rho(G'(\boldsymbol{x}^*))=\sigma<1$ 只是迭代局部收敛的充分条件而不是必要条件. 因为当 $\boldsymbol{x}^{(k+1)}\to\boldsymbol{x}^*$ 时,不一

定有$\rho(G'(\boldsymbol{x}^*))=\sigma<1$，也可能出现$\rho(G'(\boldsymbol{x}^*))=1$. 例如$G(x)=x-x^3$，$G'(x)=1-3x^2$，$x^*=0$，$G'(x^*)=1$，而迭代

$$x^{(k+1)}=x^{(k)}-(x^{(k)})^3, x^{(k+1)}\to x^*=0.$$

这表明该定理与线性情况的区别.

例 3.3 用不动点迭代法求解方程组

$$\begin{cases} x_1^2-10x_1+x_2^2+8=0, \\ x_1x_2^2+x_1-10x_2+8=0. \end{cases}$$

解 将方程组改写成不动点形式$\boldsymbol{x}=G(\boldsymbol{x})$，其中

$$\boldsymbol{x}=\begin{pmatrix} x_1 \\ x_2 \end{pmatrix}, G(\boldsymbol{x})=\begin{pmatrix} g_1(\boldsymbol{x}) \\ g_2(\boldsymbol{x}) \end{pmatrix}=\begin{pmatrix} \dfrac{x_1^2+x_2^2+8}{10} \\ \dfrac{x_1x_2^2+x_1+8}{10} \end{pmatrix}.$$

设$D=\{(x_1,x_2)\mid 0\leqslant x_1,x_2\leqslant 1.5\}$，不难验证

$$0.8\leqslant g_1(\boldsymbol{x})\leqslant 1.25, 0.8\leqslant g_2(\boldsymbol{x})\leqslant 1.2875.$$

故有$GD\subset D$. 又对任意$\boldsymbol{x},\boldsymbol{y}\in D$有

$$|g_1(\boldsymbol{y})-g_1(\boldsymbol{x})|=\frac{|y_1^2-x_1^2+y_2^2-x_2^2|}{10}\leqslant\frac{3}{10}(|y_1-x_1|+|y_2-x_2|),$$

$$|g_2(\boldsymbol{y})-g_2(\boldsymbol{x})|=\frac{|y_1y_2^2-x_1x_2^2+y_1-x_1|}{10}\leqslant\frac{4.5}{10}(|y_1-x_1|+|y_2-x_2|).$$

于是有

$$\|G(\boldsymbol{x})-G(\boldsymbol{y})\|_1\leqslant 0.75\|\boldsymbol{x}-\boldsymbol{y}\|_1, \forall \boldsymbol{x},\boldsymbol{y}\in D,$$

即$G(\boldsymbol{x})$满足压缩条件. 根据压缩映射原理，$G(\boldsymbol{x})$在D内存在唯一的不动点$\boldsymbol{x}^*$. 取$\boldsymbol{x}^{(0)}=(0,0)^{\mathrm{T}}$，由$\boldsymbol{x}^{(k+1)}=G(\boldsymbol{x}^{(k)})$迭代计算可得$\boldsymbol{x}^{(1)}=(0.8,0.8)^{\mathrm{T}}$，$\boldsymbol{x}^{(2)}=(0.928,0.9312)^{\mathrm{T}}$，…，$\boldsymbol{x}^{(6)}=(0.999328,0.999329)^{\mathrm{T}}$，…，$\boldsymbol{x}^*=(1,1)^{\mathrm{T}}$. 注意到

$$G'(\boldsymbol{x})=\begin{pmatrix} \dfrac{\partial g_1(x)}{\partial x_1} & \dfrac{\partial g_1(x)}{\partial x_2} \\ \dfrac{\partial g_2(x)}{\partial x_1} & \dfrac{\partial g_2(x)}{\partial x_2} \end{pmatrix}=\begin{pmatrix} \dfrac{x_1}{5} & \dfrac{x_2}{5} \\ \dfrac{x_2^2+1}{10} & \dfrac{x_1x_2}{5} \end{pmatrix},$$

故$G'(\boldsymbol{x}^*)=\begin{pmatrix} 0.2 & 0.2 \\ 0.2 & 0.2 \end{pmatrix}$，$\|G'(\boldsymbol{x}^*)\|_1=0.4<1$，故$\rho(G'(\boldsymbol{x}^*))<1$.

定义 3.5 假定序列$\{\boldsymbol{x}^{(k)}\}$收敛于$\boldsymbol{x}^*$，若存在$\rho\geqslant 1$及常数$\alpha>0$，使得

$$\lim_{k\to\infty}\frac{\|\boldsymbol{x}^{(k+1)}-\boldsymbol{x}^*\|}{\|\boldsymbol{x}^{(k)}-\boldsymbol{x}^*\|}=\alpha,$$

则称序列是p阶收敛的. $p=1$称为线性收敛；$p>1$称为超线性收敛；$p=2$称为平方收敛，α称为收敛因子.

不定点迭代法的 MATLAB 代码

编辑器窗口输入:

```
function [r,n]=mulStablePoint(x0,eps)
%不动点迭代法求非线性方程组的一个解
%初始迭代向量:x0
%迭代精度:eps
%解向量:r
%迭代步数:n
if nargin==1
    eps=1.0e-4;
end
r=myf(x0);
n=1;
tol=1;
while tol>eps
    x0=r;
    r=myf(x0);        %迭代公式
    tol=norm(r-x0);%注意矩阵的误差求法,norm 为矩阵的欧几里得范数
    n=n+1;
    if(n>100000)      %迭代步数控制
        disp('迭代次数太多,可能不收敛')
            return;
          end
        end
    function f=myf(x)
f(1)=0.5*sin(x(1))+0.1*cos(x(2)*x(1))-x(1);
f(2)=0.5*cos(x(1))-0.1*sin(x(2))-x(2);
```

命令行窗口输入:

```
[r,n]=mulStablePoint([0;0],eps)
```

3.3 牛顿法与牛顿型迭代法

3.3.1 基础牛顿法

考虑非线性方程组

$$F(\boldsymbol{x})=0,$$

其中 $F:D\subset\mathbf{R}^n\to\mathbf{R}^n$,$\boldsymbol{x}=(x_1,x_2,\cdots,x_n)^{\mathrm{T}}$,$F(\boldsymbol{x})=(f_1(\boldsymbol{x}),f_2(\boldsymbol{x}),\cdots,f_n(\boldsymbol{x}))^{\mathrm{T}}$,求解上述方程组的牛顿法是最常用的方法,它可以看作是 $n=1$ 时的单个方程牛顿法的推广.

设$\boldsymbol{x}^{(k)}=(x_1^{(k)},x_2^{(k)},\cdots,x_n^{(k)})^{\mathrm{T}}\in D$ 为方程的一个近似解，将 $F(\boldsymbol{x})=(f_1(x),f_2(x),\cdots,f_n(x))^{\mathrm{T}}$ 在 $x^{(k)}$ 处进行泰勒展开，取线性部分可得

$$f_i(\boldsymbol{x})\approx f_i(\boldsymbol{x}^{(k)})+\frac{\partial f_i(\boldsymbol{x}^{(k)})}{\partial x_1}(x_1-x_1^{(k)})^{\mathrm{T}}+\cdots+\frac{\partial f_i(\boldsymbol{x}^{(k)})}{\partial x_n}(x_n-x_n^{(k)})^{\mathrm{T}}=0,\quad i=1,2,\cdots,n,$$

表示成向量形式

$$F(\boldsymbol{x})\approx F(\boldsymbol{x}^{(k)})+F'(\boldsymbol{x}^{(k)})(\boldsymbol{x}-\boldsymbol{x}^{(k)})=0, \tag{3.4}$$

这里 $F'(\boldsymbol{x}^{(k)})$就是 $F(x)$在点$\boldsymbol{x}^{(k)}$处的 Jacobi 矩阵，求此线性代数方程组的解，并记为$\boldsymbol{x}^{(k+1)}$，当 $F'(\boldsymbol{x}^{(k)})$可逆时，得到

$$\boldsymbol{x}^{(k+1)}=\boldsymbol{x}^{(k)}-F'(\boldsymbol{x}^{(k)})^{-1}F(\boldsymbol{x}^{(k)}), \tag{3.5}$$

称为解方程组 $F(\boldsymbol{x})=0$ 的牛顿迭代法，简称牛顿法．

牛顿法有明显的几何解释．方程 $F(\boldsymbol{x})=0$ 的根$\boldsymbol{x}^*$可解释为曲线 $\boldsymbol{y}=f(\boldsymbol{x})$与 $\boldsymbol{x}$ 轴的交点的横坐标．设$\boldsymbol{x}^{(k)}$是根$\boldsymbol{x}^*$的某个近似值，过曲线 $\boldsymbol{y}=f(\boldsymbol{x})$上横坐标为$\boldsymbol{x}^{(k)}$的点 $P^{(k)}$引曲线 $\boldsymbol{y}=f(\boldsymbol{x})$的切线，并将该切线与 $\boldsymbol{x}$ 轴的交点的横坐标$\boldsymbol{x}^{(k+1)}$作为$\boldsymbol{x}^*$的新的近似值．注意到切线方程为

$$\boldsymbol{y}=f(\boldsymbol{x}^{(k)})+f'(\boldsymbol{x}^{(k)})(\boldsymbol{x}-\boldsymbol{x}^{(k)}),$$

这样求得的值$\boldsymbol{x}^{(k+1)}$必满足式(3.4)，从而就是牛顿迭代公式(3.5)的计算结果．由于这种几何背景，牛顿法也称切线法．

如果写成一般的不动点迭代形式，迭代函数为

$$G(\boldsymbol{x})=\boldsymbol{x}-F'(\boldsymbol{x})^{-1}F(\boldsymbol{x}).$$

由$\boldsymbol{x}^{(k)}$计算$\boldsymbol{x}^{(k+1)}$的过程为：

(1)求解线性方程组 $F'(\boldsymbol{x}^{(k)})\Delta\boldsymbol{x}^{(k)}=-F(\boldsymbol{x}^{(k)})$（该方程也称为牛顿方程），得到解$\Delta\boldsymbol{x}^{(k)}$；

(2)计算$\boldsymbol{x}^{(k+1)}=\boldsymbol{x}^{(k)}+\Delta\boldsymbol{x}^{(k)}$．

牛顿法每步迭代要计算一次 $F(\boldsymbol{x}^{(k)})$和一次 $F'(\boldsymbol{x}^{(k)})$，计算 $F'(\boldsymbol{x}^{(k)})$相当于计算 n 个 $F(\boldsymbol{x}^{(k)})$值，计算量大．

关于牛顿法的收敛性，有如下局部收敛性定理．

定理 3.6 设 $F:D\subset\mathbf{R}^n\to\mathbf{R}^n$，$x^*$满足 $F(\boldsymbol{x}^*)=0$，$F(\boldsymbol{x})$在$\boldsymbol{x}^*$的开邻域 $N_0\subset D$ 上可导，$F'(\boldsymbol{x})$连续，$F'(\boldsymbol{x}^*)$可逆，则存在闭球 $N=N(\boldsymbol{x}^*,\delta)\subset N_0(\delta>0)$，使得映射 $G(\boldsymbol{x})=\boldsymbol{x}-(F'(\boldsymbol{x})^{-1})F(\boldsymbol{x})$对所有 $\boldsymbol{x}\in N$ 有意义，且牛顿迭代公式(3.5)生成的迭代序列超收敛于$\boldsymbol{x}^*$．

如果还存在常数 $L>0$，使得

$$\|F'(\boldsymbol{x})-F'(\boldsymbol{x}^*)\|\leqslant L\|\boldsymbol{x}-\boldsymbol{x}^*\|,\ \forall\boldsymbol{x}\in N,$$

则迭代序列$\{\boldsymbol{x}^{(k)}\}$至少平方收敛．

证明从略．

从定理可以看出，只要初始向量$\boldsymbol{x}^{(0)}$选择靠近$\boldsymbol{x}^*$，牛顿法收敛很快．

例 3.4 用牛顿法解方程组

$$\begin{cases} x_1^2-10x_1+x_2^2+8=0, \\ x_1x_2^2+x_1-10x_2+8=0. \end{cases}$$

解

$$F(\boldsymbol{x})=\begin{pmatrix} x_1^2-10x_1+x_2^2+8 \\ x_1x_2^2+x_1-10x_2+8 \end{pmatrix},$$

$$F'(\boldsymbol{x})=\begin{pmatrix} 2x_1-10 & 2x_2 \\ x_2^2+1 & 2x_1x_2-10 \end{pmatrix}.$$

选择$\boldsymbol{x}^{(0)}=(0,0)^{\mathrm{T}}$，解方程 $F'(\boldsymbol{x}^{(0)})\Delta\boldsymbol{x}^{(0)}=-F(\boldsymbol{x}^{(0)})$，即解

$$\begin{pmatrix} -10 & 0 \\ 1 & -10 \end{pmatrix}\Delta\boldsymbol{x}^{(0)}=-\begin{pmatrix} 8 \\ 8 \end{pmatrix},$$

求出 $\Delta\boldsymbol{x}^{(0)}=-\begin{pmatrix} 0.8 \\ 0.88 \end{pmatrix}$，从而计算出 $\boldsymbol{x}^{(1)}=\boldsymbol{x}^{(0)}+\Delta\boldsymbol{x}^{(0)}=-\begin{pmatrix} 0.8 \\ 0.88 \end{pmatrix}$. 同理计算 $\boldsymbol{x}^{(2)},\boldsymbol{x}^{(3)},\cdots$，可得

$$\boldsymbol{x}^{(2)}=\begin{pmatrix} 0.9917872 \\ 0.9917117 \end{pmatrix},\boldsymbol{x}^{(3)}=\begin{pmatrix} 0.9999752 \\ 0.9999685 \end{pmatrix},\boldsymbol{x}^{(4)}=\begin{pmatrix} 1.0000000 \\ 1.0000000 \end{pmatrix}.$$

牛顿法收敛快，但是每一步计算 $F(\boldsymbol{x})$ 和 $F'(\boldsymbol{x})$ 的值，并解线性方程组，计算量较大，这是它的一个缺点；另一个缺点是它的局部收敛性，即初始近似 $\boldsymbol{x}^{(0)}$ 靠近解 $\boldsymbol{x}^*$ 才能保证收敛性.

针对牛顿法计算量大的缺点，将牛顿迭代公式(3.5)简化为

$$\boldsymbol{x}^{(k+1)}=\boldsymbol{x}^{(k)}-F'(\boldsymbol{x}^{(0)})^{-1}F(\boldsymbol{x}^{(k)}),\quad k=0,1,2,\cdots \tag{3.6}$$

称为简化牛顿法．该方法除第一步外，它每步只计算一个，但它只是线性收敛.

若综合牛顿法收敛快和简化牛顿法计算量少的特点，将 m 步简化牛顿法组成一步牛顿迭代，则得

$$\begin{cases} \boldsymbol{x}^{(k,i+1)}=\boldsymbol{x}^{(k,i)}-F'(\boldsymbol{x}^{(k)})^{-1}F(\boldsymbol{x}^{(k,i)}), \quad i=0,1,\cdots,m-1, \\ \boldsymbol{x}^{(k)}=x^{(k,0)},\boldsymbol{x}^{(k+1)}=\boldsymbol{x}^{(k,m)}, \quad k=0,1,\cdots, \end{cases} \tag{3.7}$$

称为**修正牛顿法**，它是萨马斯基于 1967 年给出的，也称为萨马斯基技巧．式(3.7)具有 $m+1$ 阶收敛阶．$m=1$ 时即为牛顿法.

针对牛顿法对初始近似 $\boldsymbol{x}^{(0)}$ 的限制，在牛顿迭代公式(3.5)中引入松弛参数 $\omega_k>0$，得到

$$\boldsymbol{x}^{(k+1)}=\boldsymbol{x}^{(k)}-\omega_kF'(\boldsymbol{x}^{(k)})^{-1}F(\boldsymbol{x}^{(k)}), \tag{3.8}$$

通常 $0<\omega_k<1$，使它满足

$$\|F(\boldsymbol{x}^{(k+1)})\|<\|F(\boldsymbol{x}^{(k)})\|. \tag{3.9}$$

式(3.8)称为**牛顿下山法**．当 $\omega_k\equiv1$ 时即为牛顿法．一般牛顿法并不能保证式(3.9)成立，因此，它只有当 $\boldsymbol{x}^{(0)}$ 在 $\boldsymbol{x}^*$ 邻域内，迭代序列才收敛．而对式(3.8)，由于可适当选择 $\omega_k>0$ 使式(3.9)永远成立，因而对 $\boldsymbol{x}^{(0)}$ 没有本质限制，因此该方法得到的序列具有大范围

收敛性．用式(3.9)求解时，每步可分别取 $\omega_k=1,\frac{1}{2},\frac{1}{4},\cdots$ 直到式(3.9)满足为止，这样计算工作量增加，并且只有线性收敛．此方法克服了牛顿法选初始近似的困难．

使用牛顿迭代公式(3.5)还要 $F'(\boldsymbol{x}^{(k)})$ 可逆，故 $F'(\boldsymbol{x}^{(k)})$ 不可逆或严重病态时都不能使迭代进行下去，为解决这一问题，可在式(3.5)中引入参数 λ_k，使迭代序列改为

$$\boldsymbol{x}^{(k+1)}=\boldsymbol{x}^{(k)}-[F'(\boldsymbol{x}^{(k)})+\lambda_k\boldsymbol{E}]^{-1}F(\boldsymbol{x}^{(k)}),\quad k=0,1,\cdots \tag{3.10}$$

λ_k 称为阻尼参数，式(3.10)称为阻尼牛顿法．适当选择 λ_k 可使 $F'(\boldsymbol{x}^{(k)})+\lambda_k\boldsymbol{E}$ 非奇异，非病态，从而使 $\begin{cases}f_1(x_1,x_2,\cdots,x_n)=0,\\f_2(x_1,x_2,\cdots,x_n)=0,\\\quad\vdots\\f_n(x_1,x_2,\cdots,x_n)=0\end{cases}$ 有意义，这时如果 $\{\boldsymbol{x}^{(k)}\}$ 收敛，只有线性收敛．

另外，有时 $F(\boldsymbol{x}^{(k)})$ 的导数不易计算，可采用均差近似导数，将式(3.5)改为

$$\boldsymbol{x}^{(k+1)}=\boldsymbol{x}^{(k)}-(J(\boldsymbol{x}^{(k)},\boldsymbol{h}^{(k)}))^{-1}F(\boldsymbol{x}^{(k)}),\quad k=0,1,\cdots \tag{3.11}$$

其中

$$J(\boldsymbol{x}^{(k)},\boldsymbol{h}^{(k)})=\left(\frac{F(\boldsymbol{x}^{(k)}+h_1^{(k)}\boldsymbol{e}_1)-F(\boldsymbol{x}^{(k)})}{h_1^{(k)}},\cdots,\frac{F(\boldsymbol{x}^{(k)}+h_n^{(k)}\boldsymbol{e}_n)-F(\boldsymbol{x}^{(k)})}{h_n^{(k)}}\right)$$

为 $\boldsymbol{x}^{(k)}$ 处 $F'(x^{(k)})$ 的近似，$\boldsymbol{h}^{(k)}=(h_1^{(k)},h_2^{(k)},\cdots,h_n^{(k)})^{\mathrm{T}}$ 是一个给定向量．式(3.11)称为离散牛顿法．计算时步长向量 $\boldsymbol{h}^{(k)}=\boldsymbol{h}$(不依赖于 k)，方法仍是超线性收敛．若取 $\boldsymbol{h}^{(k)}=F(\boldsymbol{x}^{(k)})$，则式(3.11)称为 **Newton-Steffensen** 方法．

牛顿迭代法的 MATLAB 代码

```
%首先建立函数 F(x),方程组编程如下,将 F.m 保存到工作路径中:
function f=F(x)
f(1)=x(1)^2-10*x(1)+x(2)^2+8;
f(2)=x(1)*x(2)^2+x(1)-10*x(2)+8;
f=[f(1)f(2)];
%建立函数 DF(x),用于求方程组的 Jacobi 矩阵,将 DF.m 保存到工作路径中:
function df=DF(x)
df=[2*x(1)-10,2*x(2);x(2)^2+1,2*x(1)*x(2)-10];
%编程牛顿迭代法解非线性方程组,将 newton.m 保存到工作路径中:
clear;
clc
x=[0,0]';%指定初始值
f=F(x);
df=DF(x);
fprintf('%d %.7f %.7f\n',0,x(1),x(2));
N=4;
%牛顿法的步骤
for i=1:N
```

```
    y=df\f';        %求解Δx
    x=x-y;          %新的变量 x
    f=F(x);
    df=DF(x);
    fprintf('%d %.7f %.7f \n',i,x(1),x(2));
    if norm(y)<0.0000001        %如果小于该精度,就结束
        break;
    else
    end
end
```

牛顿下山法的 MATLAB 代码

编辑器窗口输入:

```
function[r,n]=mulDNewton(x0,eps)
%x0 是初始迭代向量
%eps 是迭代精度
%r 是解向量
%n 是迭代步数
%fun 原始函数
%fun1 求导后的函数
if   nargin==1
    tol=1.0e-4;
%输入的自变量的数目为 1 个时,精度定为 eps=1.0e-4
end
r=x0-fun(x0)/fun1(x0);
%当 n=1 时,取 w=1
n=1;
tol=1;
%初始 n 和 tol 的值
while tol>eps
    x0=r;
    ttol=1;%初始 ttol 的值
    w=1;%初始 w 的值,w 就是下山因子 alpha
    F1=norm(fun(x0));
    %牛顿下山法的条件
    while   ttol>=0
        r=x0-w*fun(x0)/fun1(x0);
        ttol=norm(fun(r))-F1;
        w=w/2;
    end
```

```
    tol=norm(r-x0);
    n=n+1;
    if(n>100000)
        disp('迭代步数太多,可能不收敛');
        return;
    end
end
end

function y1=fun(x)
  y1=sqrt(x^2+1)-tan(x);
end
function y2=fun1(x)
y2=x/sqrt(x^2+1)-(sec(x))^2;
end
```

命令行窗口输入:

```
[r,n]=mulDNewton(0,0.005)
```

3.3.2 双层迭代法

用牛顿法求非线性方程组 $F(\boldsymbol{x})=0$,每步迭代都要求解线性代数方程组

$$F'(\boldsymbol{x}^{(k)})\Delta\boldsymbol{x}^{(k)}=-F(\boldsymbol{x}^{(k)}),k=0,1,\cdots \tag{3.12}$$

前面介绍牛顿法及其他牛顿法的变形方法中,都是基于直接法求解式(3.12),方法的收敛阶也是在此前提下得到的. 如果解式(3.12)用迭代法,则每一步牛顿迭代都要得到解式(3.12)的一个迭代序列$\{\boldsymbol{x}^{(k,m)},m=0,1,\cdots\}$,这就形成了一个双层迭代. 外层对牛顿法迭代 k,内层对式(3.12)迭代 m,即$\{\boldsymbol{x}^{(k,m)},m=0,1,\cdots\}_{k=0}^{\infty}$.

若解式(3.12)分别采用 Jacobi 迭代、Gauss-Seidel 迭代和 SOR 迭代,则得到的双层迭代分解称为 Newton-Jacobi 迭代、Newton-Gauss-Seidel 迭代和 Newton-SOR 迭代. 下面只讨论 Newton-SOR 迭代法.

将式(3.12)改写称

$$\boldsymbol{A}_k\boldsymbol{x}^{(k+1)}=\boldsymbol{b}_k, \tag{3.13}$$

其中

$$\boldsymbol{A}_k=F'(\boldsymbol{x}^{(k)}),\boldsymbol{b}_k=F'(\boldsymbol{x}^{(k)})\boldsymbol{x}^{(k)}-F(\boldsymbol{x}^{(k)}).$$

将$\boldsymbol{A}_k$ 分解为$\boldsymbol{A}_k=\boldsymbol{D}_k-\boldsymbol{L}_k-\boldsymbol{U}_k$,其中$\boldsymbol{D}_k$、$-\boldsymbol{L}_k$ 和$-\boldsymbol{U}_k$ 分别为$\boldsymbol{A}_k$ 的对角阵、严格下三角阵和严格上三角阵. 记

$$\boldsymbol{B}_k=\frac{1}{\omega_k}(\boldsymbol{D}_k-\omega_k\boldsymbol{L}_k),\boldsymbol{C}_k=\frac{1}{\omega_k}[(1-\omega_k)\boldsymbol{D}_k+\omega_k\boldsymbol{U}_k],$$

显然有$\boldsymbol{A}_k=\boldsymbol{B}_k-\boldsymbol{C}_k$，这里$\omega_k>0$为松弛参数，于是可得 Newton-SOR 迭代法：

$$\begin{cases}\boldsymbol{x}^{(k,0)}=\boldsymbol{x}^{(k)},\\ \boldsymbol{x}^{(k+1)}=\boldsymbol{B}_k^{-1}C_k\boldsymbol{x}^{(k,i)}+\boldsymbol{B}_k^{-1}\boldsymbol{b}_k, \quad i=0,1,\cdots,m_k-1.\\ \boldsymbol{x}^{(k+1)}=\boldsymbol{x}^{(k,m_k)}, \quad k=0,1,\cdots\end{cases} \tag{3.14}$$

这样得到的迭代序列是收敛的．迭代公式(3.14)的特点是不用求逆，计算简单，适用于解大型稀疏的非线性方程组，但它通常只有线性收敛速度．

如果将求解线性方程组迭代法的思想直接用于解非线性方程组$F(x)=0$，则可构造一种线性—非线性的双层迭代．

设已知k次近似$\boldsymbol{x}^{(k)}=(x_1^{(k)},x_2^{(k)},\cdots,x_n^{(k)})^{\mathrm{T}}$，若将 Jacobi 迭代用于求解$F(x)=0$，引进松弛因子$\omega>0$，则得到：

(1)(非线性 Jacobi 迭代)对于$i=1,2,\cdots,n$，利用非线性方程求根方法求解

$$f_i(x_1^{(k)},x_2^{(i)},\cdots,x_{i-1}^{(k)},x_i,x_{i+1}^{(i)},\cdots,x_n^{(k)})=0, \quad i=1,2,\cdots,n, \tag{3.15}$$

解出$x_i(i=1,2,\cdots,n)$，令

$$x_i^{(k+1)}=x_i^{(k)}+\omega(x_i-x_i^{(k)}), \quad k=0,1\cdots$$

类似地，若将 Gauss-Seidel 迭代法用于求解$F(\boldsymbol{x})=0$，并引入松弛因子$\omega>0$，则得到：

(2)(非线性 SOR 迭代)对于$i=1,2,\cdots,n$，利用非线性方程求根方法求解

$$f_i(x_1^{(k+1)},x_2^{(k+1)},\cdots,x_{i-1}^{(k+!)},x_i,x_{i+1}^{(k)},\cdots,x_n^{(k)})=0,i=1,2,\cdots,n, \tag{3.16}$$

解出$\boldsymbol{x}_i(i=1,2,\cdots,n)$，令

$$x_i^{(k+1)}=x_i^{(k)}+\omega(x_i-x_i^{(k)}), \quad k=0,1\cdots$$

迭代公式(3.15)和式(3.16)的每一步均要求解n个一元非线性方程．如果用牛顿法求解这些一元非线性方程，而且牛顿法只迭代一步，则由式(3.15)可得

$$x_i^{(k+1)}=x_i^{(k)}-\omega\frac{f_i(x_1^{(k)},x_2^{(k)},\cdots,x_n^{(k)})}{\frac{\partial}{\partial x_i}f_i(x_1^{(k)},x_2^{(k)},\cdots,x_n^{(k)})}, \quad i=1,2,\cdots,n, \quad k=0,1\cdots \tag{3.17}$$

称为一步 Jacobi-Newton 迭代．

类似地，由式(3.16)得到一步 SOR-Newton 迭代：

$$x_i^{(k+1)}=x_i^{(k)}-\omega\frac{f_i(x_1^{(k+1)},x_2^{(k+1)},\cdots,x_{i-1}^{(k+1)},x_i^{(k+1)},x_{i+1}^{(k+1)},\cdots,x_n^{(k+1)})}{\frac{\partial}{\partial x_i}f_i(x_1^{(k+1)},x_2^{(k+1)},\cdots,x_{i-1}^{(k+1)},x_i^{(k+1)},x_{i+1}^{(k+1)},\cdots,x_n^{(k+1)})}, \quad i=1,2,\cdots,n, \quad k=0,1,\cdots \tag{3.18}$$

当$\omega=1$时，式(3.18)称为一步 Seidel-Newton 迭代．

迭代公式(3.17)和式(3.18)每一步计算n个函数值和n个导数值，不用求逆，计算简单，存储量少．另外式(3.17)适合并行计算．在一定条件下，式(3.17)和式(3.18)产生的迭代序列是收敛的．

3.3.3 拟牛顿法和 Broyden 方法

求解 $F(\boldsymbol{x})=0$ 的牛顿法收敛很快，但是每一步都要计算 $F'(\boldsymbol{x}^{(k)})$，很不方便，有时计算困难而且计算量大．如何使每一步不必计算 $F'(\boldsymbol{x}^{(k)})$ 而又保持超线性收敛？拟牛顿法就是为解决这一问题而产生的．

首先，考虑用比较简单的矩阵 $\boldsymbol{A}^{(k)}$ 近似 $F'(\boldsymbol{x}^{(k)})$，将迭代公式改写成

$$\boldsymbol{x}^{(k+1)}=\boldsymbol{x}^{(k)}-(\boldsymbol{A}^{(k)})^{-1}F(\boldsymbol{x}^{(k)}),k=0,1,\cdots \tag{3.19}$$

这里 $\boldsymbol{A}^{(k)}\in\mathbf{R}^{n\times n}$ 依赖于 $F(\boldsymbol{x}^{(k)})$ 和 $F'(\boldsymbol{x}^{(k)})$．

当 $\|\boldsymbol{x}^{(k)}-\boldsymbol{x}^{(k+1)}\|$ 很小时，将 $F(\boldsymbol{x}^{(k)})$ 在 $\boldsymbol{x}^{(k+1)}$ 处进行泰勒展开，取线性部分可得

$$F(\boldsymbol{x}^{(k)})\approx F(\boldsymbol{x}^{(k+1)})+F'(\boldsymbol{x}^{(k+1)})(\boldsymbol{x}^{(k)}-\boldsymbol{x}^{(k+1)}),$$

从而要求 $\boldsymbol{A}^{(k+1)}$ 满足

$$\boldsymbol{A}^{(k+1)}(\boldsymbol{x}^{(k+1)}-\boldsymbol{x}^{(k)})=F(\boldsymbol{x}^{(k+1)})-F(\boldsymbol{x}^{(k)}), \tag{3.20}$$

称为拟牛顿方程.

其次，为避免每步都重新计算矩阵 $\boldsymbol{A}^{(k)}$，考虑下一步的 $\boldsymbol{A}^{(k+1)}$ 是只对 $\boldsymbol{A}^{(k)}$ 做低秩修正得到，即

$$\boldsymbol{A}^{(k+1)}=\boldsymbol{A}^{(k)}+\Delta\boldsymbol{A}^{(k)},\mathrm{rank}(\Delta\boldsymbol{A}^{(k)})=m\geqslant 1, \tag{3.21}$$

其中 $\Delta\boldsymbol{A}^{(k)}$ 是秩 m 的修正矩阵．由式(3.19)、式(3.20)和式(3.21)组成的迭代法就称为拟牛顿法．这种算法由于矩阵 $\Delta\boldsymbol{A}^{(k)}$ 的不同取法，可以得到许多不同的拟牛顿算法，常用的拟牛顿算法是 $\Delta\boldsymbol{A}^{(k)}$ 为秩 1 或秩 2 的方法．下面介绍为秩 1 的拟牛顿法．

设 $\mathrm{rank}(\Delta\boldsymbol{A}^{(k)})=1$，则 $\Delta\boldsymbol{A}^{(k)}$ 可以表示成一个列向量和一个行向量的乘积．记

$$\Delta\boldsymbol{A}^{(k)}=\boldsymbol{n}^{(k)}(\boldsymbol{y}^{(k)})^{\mathrm{T}}, \tag{3.22}$$

取 $\boldsymbol{y}^{(k)}=\boldsymbol{x}^{(k+l)}-\boldsymbol{x}^{(k)}$，则 $\boldsymbol{n}^{(k)}$ 待定，需要计算出来．记 $\boldsymbol{g}^{(k)}=F(\boldsymbol{x}^{(k+1)})-F(\boldsymbol{x}^{(k)})$，则式(3.20)变成

$$\boldsymbol{A}^{(k+1)}\boldsymbol{y}^{(k)}=\boldsymbol{g}^{(k)}, \tag{3.23}$$

式(3.21)变成

$$\boldsymbol{A}^{(k+1)}=\boldsymbol{A}^{(k)}+\boldsymbol{u}^{(k)}(\boldsymbol{y}^{(k)})^{\mathrm{T}}, \tag{3.24}$$

将式(3.24)代入式(3.23)，得到

$$[\boldsymbol{A}^{(k)}+\boldsymbol{u}^{(k)}(\boldsymbol{y}^{(k)})^{\mathrm{T}}]\boldsymbol{y}^{(k)}=\boldsymbol{g}^{(k)},$$

从而得到

$$\boldsymbol{u}^{(k)}=\frac{\boldsymbol{g}^{(k)}-\boldsymbol{A}^{(k)}\boldsymbol{y}^{(k)}}{(\boldsymbol{y}^{(k)})^{\mathrm{T}}\boldsymbol{y}^{(k)}},$$

故

$$\boldsymbol{A}^{(k+1)}=\boldsymbol{A}^{(k)}+\frac{\boldsymbol{g}^{(k)}-\boldsymbol{A}^{(k)}\boldsymbol{y}^{(k)}}{(\boldsymbol{y}^{(k)})^{\mathrm{T}}\boldsymbol{y}^{(k)}}(\boldsymbol{y}^{(k)})^{\mathrm{T}}.$$

综上可得到秩1的拟牛顿法.

给定 $x^{(0)}$ 和 $A^{(0)}$,

$$\begin{cases} x^{(k+1)}=x^{(k)}-(A^{(k)})^{-1}F(x^{(k)}), \\ y^{(k)}=x^{(k+1)}-x^{(k)}, g^{(k)}=F(x^{(k+1)})-F(x^{(k)}), \\ A^{(k+1)}=A^{(k)}+\dfrac{g^{(k)}-A^{(k)}y^{(k)}}{(y^{(k)})^{\mathrm{T}}y^{(k)}}(y^{(k)})^{\mathrm{T}}, \end{cases} \tag{3.25}$$

称为 Broyden 秩1方法.

注意在 Broyden 秩1方法中,每一步都要计算 $(A^{(k)})^{-1}$,计算量比较大. 为避免求逆矩阵,采用下述引理.

引理(Sherman-Morrison) 设 $A\in\mathbf{R}^{n\times n}$ 且 A 可逆,$u,v\in\mathbf{R}^n$,当且仅当 $1+v^{\mathrm{T}}A^{-1}n\neq 0$ 时,矩阵 $A+uv^{\mathrm{T}}$ 可逆,且有

$$(A+uv^{\mathrm{T}})^{-1}=A^{-1}-\frac{A^{-1}uv^{\mathrm{T}}A^{-1}}{1+v^{\mathrm{T}}A^{-1}u}.$$

在引理中取 $A=A^{(k)}$, $u=\dfrac{g^{(k)}-A^{(k)}y^{(k)}}{(y^{(k)})^{\mathrm{T}}y^{(k)}}$, $v^{\mathrm{T}}=(y^{(k)})^{\mathrm{T}}$,并记 $H^{(k)}=(A^{(k)})^{-1}$,从而可将式(3.25)改写成如下形式:

给定 $x^{(0)}$ 和 $A^{(0)}$,

$$\begin{cases} x^{(k+1)}=x^{(k)}-H^{(k)}F(x^{(k)}), \\ y^{(k)}=x^{(k+1)}-x^{(k)}, g^{(k)}=F(x^{(k+1)})-F(x^{(k)}), \\ H^{(k+1)}=H^{(k)}+(y^{(k)}-H^{(k)}g^{(k)})\dfrac{(y^{(k)})^{\mathrm{T}}H^{(k)}}{(y^{(k)})^{\mathrm{T}}H^{(k)}g^{(k)}}, \end{cases} \tag{3.26}$$

称为逆 Broyden 秩1方法.

拟牛顿法的 MATLAB 代码

编辑器窗口输入:

```
function x=Opt_BFGS(x0,Iter_max,eps)
ite=1;%循环次数
gk=BFGS_Gradient(x0);%初始矩阵
H=eye(length(x0));%初始 H 阵
d=-gk*H';%初始搜索方向
alpha=Advance_Retreat_Gold(x0,d,0,0.01,eps);%初始搜索步长
while norm(gk)>eps && ite<Iter_max
    x0=x0+alpha*d;%新的循环点
    gkk=BFGS_Gradient(x0);%新的梯度
    y=gkk-gk;%梯度差
    s=alpha*d;%迭代点差
    H=H+(1+(y*H*y')/(s*y'))*(s'*s)/(s*y')-(s'*y*H+H*y'*s)/(s*y');%H 阵更新
```

```
    d=-gkk * H';%新的搜索方向
    alpha=Advance_Retreat_Gold(x0,d,0,0.01,1e-4);%新的搜索步长
    gk=gkk;%更新梯度
    ite=ite+1;%循环次数加1
end
x=x0+alpha * d;%极小值
end
%梯度矩阵
function g=BFGS_Gradient(x0)
g=[2 * x0(1)-2,2 * x0(2)-4,2 * x0(3)-6,2 * x0(4)-2,2 * x0(5)-2,2 * x0(6)-2];
end
%一维搜索
function result=Advance_Retreat_Gold(x0,d,t0,step,eps)
%进退法和黄金分割法确定步长
%输入:
% x0:当前点
% d:搜索方向
% t0:进退法端点值
% step:进退法步长
% eps:黄金分割法的精度
%输出:
% result:步长
%进退法确定大致区间
t1=t0+step;
ft0=BFGS_fun(x0,t0,d);%目标函数
ft1=BFGS_fun(x0,t1,d);
if ft1<=ft0
     step=2 * step;
     t2=t1+step;
     ft2=BFGS_fun(x0,t2,d);
while ft1>ft2
     t1=t2;
     step=2 * step;
     t2=t1+step;
     ft1=BFGS_fun(x0,t1,d);
     ft2=BFGS_fun(x0,2,d);
end
else
     step=step/2;
     t2=t1;
```

```
      t1=t2-step;
      ft1=BFGS_fun(x0,t1,d);
while(ft1>ft0)
      step=step/2;
      t2=t1;
      t1=t2-step;
      ft1=BFGS_fun(x0,t2,d);
      end
      end
a=0;
b=t2;
%黄金分割法确定精确解
a1=a+0.382*(b-a);
a2=a+0.618*(b-a);
f1=BFGS_fun(x0,a1,d);
f2=BFGS_fun(x0,a2,d);
while abs(b-a)>=eps
    if f1<f2
        b=a2;
        a2=a1;
        f2=f1;
        a1=a+0.382*(b-a);
        f1=BFGS_fun(x0,a1,d);
    else
        a=a1;
        a1=a2;
        f1=f2;
        a2=a+0.618*(b-a);
        f2=BFGS_fun(x0,a2,d);
    end
end
result=0.5*(a+b);
end

%目标函数
% x0:当前点
% d:搜索方向
% r:进退法端点值
function f=BFGS_fun(x0,r,d)
f=(x0(1)+r*d(1)-1)^2+(x0(2)+r*d(2)-2)^2+(x0(3)+r*d(3)-3)^2+(x0(4)+r*d(4)-
1)^2+(x0(5)+r*d(5)-1)^2+(x0(6)+r*d(6)-1)^2;
end
```

命令窗口输入：

```
x0=zeros(1,6);
Iter_max=12;
eps=0.05;
Opt_BFGS(x0,Iter_max,eps)
```

Broyden 方法的 MATLAB 代码

编辑器窗口输入：

```
function[sol,it_hist,ierr]=brsola(x,f,tol,parms)
%输入:x为初始值;tol=[atol,rtol]非线性迭代的相对/绝对误差公差;
%parms=[maxit,maxdim] maxit为最大非线性迭代次数,maxdim为最大broyden迭代次数;
%输出:sol为结果,it_hist(maxit,3)表示迭代、数值函数计算和步进缩减的12个非线性残差的比例;
%ierr=0时表示成功终止;ierr=1时表示如果经过maxit迭代后,终止条件不满足;ierr=2时表示如果在行搜索中失败,执行了太多的步进缩减迭代将被终止.
%随着迭代的进展,debug=打开/关闭迭代统计信息.
debug=1;
%
ierr=0;maxit=40;maxdim=39;
it_histx=zeros(maxit,3);
maxarm=10;
if nargin==4
    maxit=parms(1);maxdim=parms(2)-1;
end
rtol=tol(2);atol=tol(1);n=length(x);%fnrm=1;
itc=0;nbroy=0;
%
%在初始迭代时计算f
%计算停止的条件
%


f0=feval(f,x);
fc=f0;
fnrm=norm(f0)/sqrt(n);
it_hist(itc+1)=fnrm;
it_histx(itc+1,1)=fnrm;it_histx(itc+1,2)=0;
it_histx(itc+1,3)=0;
%fnrmo=1;
stop_tol=atol+rtol*fnrm;
```

```
outstat(itc+1,:)=[itc fnrm 0 0];
%
%在进入终止时
%
if fnrm<stop_tol
      sol=x;
      return
end
%
%初始化迭代存储矩阵
%
stp=zeros(n,maxdim);
stp_nrm=zeros(maxdim,1);
lam_rec=ones(maxdim,1);
%lambda=1;
%设置初始步骤设置为-F,并计算该步骤的范数
%
stp(:,1)=-fc;
stp_nrm(1)=stp(:,1)' * stp(:,1);
%主迭代循环
while(itc<maxit)
    nbroy=nbroy+1;
    %
    %记录续的残差范数和迭代计数器
    %
    fnrmo=fnrm;itc=itc+1;
    %计算新的点,测试终端,
    xold=x;lambda=1;iarm=0;lrat=.5;alpha=1.d-4;
    x=x+stp(:,nbroy);
    fc=feval(f,x);
    fnrm=norm(fc)/sqrt(n);
    ff0=fnrmo * fnrmo;ffc=fnrm * fnrm;lamc=lambda;
        %
        %线搜索,假设 Broyden 方向是一个非作用牛顿方向.
        %如果在 maxarm steplength reductions 后线搜索未能找到足够的减少量
        %则 brsola 将返回失败.
        %三点抛物线搜索
    while fnrm>=(1-lambda * alpha) * fnrmo&&iarm<maxarm
        if iarm==0
            lambda=lambda * lrat;
        else
```

```
      lambda=parab3p(lamc,lamm,ff0,ffc,ffm);
    end
    lamm=lamc;ffm=ffc;lamc=lambda;
    x=xold+lambda*stp(:,nbroy);
    fc=feval(f,x);
    fnrm=norm(fc)/sqrt(n);
    ffc=fnrm*fnrm;
    iarm=iarm+1;
end
%错误标志和在行搜索失败时返回
if iarm==maxarm
      disp('Line search failure in brsola')
      ierr=2;
      it_hist=it_histx(1:itc+1,:);
      sol=xold;
      return;
end
%这个迭代需要多少个函数评估?
it_histx(itc+1,1)=fnrm;
it_histx(itc+1,2)=it_histx(itc,2)+iarm+1;
if(itc==1)
    it_histx(itc+1,2)=it_histx(itc+1,2)+1;
end
it_histx(itc+1,3)=iarm;
%是否停止?
if fnrm<stop_tol
      sol=x;
      rat=fnrm/fnrmo;
      outstat(itc+1,:)=[itc fnrm iarm rat];
      it_hist=it_histx(1:itc+1,:);
      if debug==1
            disp(outstat(itc+1,:))
      end
      return
end
%若需要反映出该行,修改该步骤以及其范数
lam_rec(nbroy)=lambda;
if lambda~=1
      stp(:,nbroy)=lambda*stp(:,nbroy);
      stp_nrm(nbroy)=lambda*lambda*stp_nrm(nbroy);
end
```

```
    rat=fnrm/fnrmo;
    outstat(itc+1,:)=[itc fnrm iarm rat];
    if debug==1
        disp(outstat(itc+1,:))
    end
    %如果有空间,计算下一个搜索方向、规范和添加到迭代历史
    if nbroy<maxdim+1
        z=-fc;
        if nbroy>1
            for kbr=1:nbroy-1
                ztmp=stp(:,kbr+1)/lam+rec(kbr+1);
                ztmp=ztmp+(1-1/lam_rec(kbr))*stp(:,kbr);
                ztmp=ztmp*lam_rec(kbr);
                z=z+ztmp*((stp(:,kbr)'*z)/stp_nrm(kbr));
            end
        end
        %储存新的搜索方向和它的范数
        a2=-lam_rec(nbroy)/stp_nrm(nbroy);
        a1=1-lam_rec(nbroy);
        zz=stp(:,nbroy)'*z;
        a3=a1*zz/stp_nrm(nbroy);
        a4=1+a2*zz;
        stp(:,nbroy+1)=(z-a3*stp(:,nbroy))/a4;
        stp_nrm(nbroy+1)=stp(:,nbroy+1)'*stp(:,nbroy+1);
    else
        %释放空间
        stp(:,1)=-fc;
        stp_nrm(1)=stp(:,1)'*stp(:,1);
        nbroy=0;
    end
end
sol=x;
it_hist=it_histx(1:itc+1,:);
ierr=1;
if debug==1
      disp('outstat')
end

function lambdap=parab3p(lambdac,lambdam,ff0,ffc,ffm)
sigma0=.1;sigma1=.5;
```

```
c2=lambdam*(ffc-ff0)-lambdac*(ffm-ff0);
if c2>=0
   lambdap=sigma1*lambdac;return
end
c1=lambdac*lambdac*(ffm-ff0)-lambdam*lambdam*(ffc-ff0);
lambdap=-c1*.5/c2;
if (lambdap<sigma0*lambdac)
   lambdap=sigma0*lambdac;
end
if (lambdap>sigma1*lambdac)
   lambdap=sigma1*lambdac;
end
```

命令行窗口输入：

```
x=[1,2,3]';
f=@(x)[3*x(1)-cos(x(2)*x(3))-1/2;x(1)^2-81*(x(2)+0.1)^2+sin(x(3))+1.06;exp
(-x(1)*x(2))+20*x(3)+(10*pi-3)/3;];
tol=[3,-5];
[sol,it_hist,ierr]=brsola(x,f,tol)
```

3.4 非线性最小二乘问题数值方法

用最小二乘法处理实验数据的拟合曲线时，若关于参量的数学模型非线性就是非线性最小二乘问题．例如，拟合函数为

$$y=f(t,x_1,x_2,\cdots,x_n),$$

其中 t 是自变量，$x_1,x_2,\cdots,x_n$ 为参数，$y=f(t,x_1,x_2,\cdots,x_n)$ 关于参数非线性．若用 $y=f(t,x_1,x_2,\cdots,x_n)$ 拟合实验数据 (t,y_i)，$i=1,2,\cdots,m$，用最小二乘法确定参数时就得到关于

$$\varphi(x_1,x_2,\cdots,x_n)=\sum_{i=1}^{m}[f(t_i,x_1,x_2,\cdots,x_n)-y_i]^2\quad(m>n)$$

的极小问题．

在科学计算中经常出现求解超定方程组

$$\begin{cases}f_1(x_1,x_2,\cdots,x_n)=0,\\ f_2(x_1,x_2,\cdots,x_n)=0,\\ \quad\vdots\\ f_m(x_1,x_2,\cdots,x_n)=0.\end{cases}$$

当 $m>n$ 时，就是超定方程．可将它转化为求

$$\varphi(x_1,x_2,\cdots,x_n)=\sum_{i=1}^{m}f_i^2(x_1,x_2,\cdots,x_n)$$

的极小．该问题和上述曲线拟合问题是一致的．

上述两个例子可写成统一的形式．设映射 $F:D\subset \mathbf{R}^n\to\mathbf{R}^n$，即

$$F(\boldsymbol{x})=\begin{pmatrix} f_1(x_1,x_2,\cdots,x_n) \\ f_2(x_1,x_2,\cdots,x_n) \\ \vdots \\ f_n(x_1,x_2,\cdots,x_n) \end{pmatrix}=\begin{pmatrix} f_1(\boldsymbol{x}) \\ f_2(\boldsymbol{x}) \\ \vdots \\ f_n(\boldsymbol{x}) \end{pmatrix}.$$

定义函数

$$\varphi(x_1,x_2,\cdots,x_n)=\frac{1}{2}\sum_{i=1}^{m} f_i^2(x_1,x_2,\cdots,x_n),$$

简记为

$$\varphi(\boldsymbol{x})=\frac{1}{2}F(\boldsymbol{x})^{\mathrm{T}}F(\boldsymbol{x}), \tag{3.27}$$

显然 $\varphi:D\subset\mathbf{R}^n\to\mathbf{R}$，于是非线性最小二乘问题就是求

$$\min_{\boldsymbol{x}\in D}\varphi(\boldsymbol{x})=\min_{\boldsymbol{x}\in D}\frac{1}{2}F(\boldsymbol{x})^{\mathrm{T}}F(\boldsymbol{x}).$$

这就是求多元函数 $\varphi(\boldsymbol{x})$ 极小的问题，由极值存在的必要条件，可知 $\varphi(\boldsymbol{x})$ 的极小点满足方程

$$\nabla\varphi(\boldsymbol{x})=\sum_{i=1}^{m} f_i(\boldsymbol{x})\nabla f_i(\boldsymbol{x})=0,$$

这里的梯度向量是列向量，即

$$\begin{pmatrix} \frac{\partial f_1(\boldsymbol{x})}{\partial x_1} & \frac{\partial f_2(\boldsymbol{x})}{\partial x_1} & \cdots & \frac{\partial f_n(\boldsymbol{x})}{\partial x_1} \\ \frac{\partial f_1(\boldsymbol{x})}{\partial x_2} & \frac{\partial f_2(\boldsymbol{x})}{\partial x_2} & \cdots & \frac{\partial f_n(\boldsymbol{x})}{\partial x_2} \\ \vdots & \vdots & \cdots & \vdots \\ \frac{\partial f_1(\boldsymbol{x})}{\partial x_n} & \frac{\partial f_2(\boldsymbol{x})}{\partial x_n} & \cdots & \frac{\partial f_n(\boldsymbol{x})}{\partial x_n} \end{pmatrix}\begin{pmatrix} f_1(\boldsymbol{x}) \\ f_2(\boldsymbol{x}) \\ \vdots \\ f_n(\boldsymbol{x}) \end{pmatrix}=0. \tag{3.28}$$

记

$$F'(\boldsymbol{x})=\begin{pmatrix} \frac{\partial f_1(\boldsymbol{x})}{\partial x_1} & \frac{\partial f_1(\boldsymbol{x})}{\partial x_2} & \cdots & \frac{\partial f_1(\boldsymbol{x})}{\partial x_n} \\ \frac{\partial f_2(\boldsymbol{x})}{\partial x_1} & \frac{\partial f_2(\boldsymbol{x})}{\partial x_2} & \cdots & \frac{\partial f_2(\boldsymbol{x})}{\partial x_n} \\ \vdots & \vdots & \cdots & \vdots \\ \frac{\partial f_n(\boldsymbol{x})}{\partial x_1} & \frac{\partial f_n(\boldsymbol{x})}{\partial x_2} & \cdots & \frac{\partial f_n(\boldsymbol{x})}{\partial x_n} \end{pmatrix},$$

式(3.28)可改写成

$$\nabla\varphi(\boldsymbol{x})=F'(\boldsymbol{x})^{\mathrm{T}}F(\boldsymbol{x})=0. \tag{3.29}$$

这是一个非线性代数方程组．自然可以采用牛顿法求解式(3.29)，但是注意到式(3.29)中已经出现一阶导数，所以用牛顿法来求解式(3.29)，需计算一个 Hessian 矩阵($F(\boldsymbol{x})$的二阶导数)，计算量非常大．为避免计算 Hessian 矩阵，先将 $F(\boldsymbol{x})$线性化．

将 $F(\boldsymbol{x})$在 $\boldsymbol{x}^{(k)}$处进行泰勒展开，略去高阶项，有

$$F(\boldsymbol{x})\approx F(x^{(k)})+F'(\boldsymbol{x}^{(k)})(\boldsymbol{x}-\boldsymbol{x}^{(k)})=L^{(k)}(\boldsymbol{x}), \tag{3.30}$$

用线性函数 $L^{(k)}(\boldsymbol{x})$代替 $F(\boldsymbol{x})$，由式(3.29)得到

$$\nabla\phi(\boldsymbol{x})=F'(\boldsymbol{x}^{(k)})^{\mathrm{T}}F'(\boldsymbol{x}^{(k)})(\boldsymbol{x}-\boldsymbol{x}^{(k)})+F'(\boldsymbol{x}^{(k)})^{\mathrm{T}}F(\boldsymbol{x}^{(k)})=0.$$

上式的解记作 $\boldsymbol{x}^{(h+1)}$，于是有

$$\boldsymbol{x}^{(k+1)}=\boldsymbol{x}^{(k)}-[F'(\boldsymbol{x}^{(k)})^{\mathrm{T}}F'(\boldsymbol{x}^{(k)})]^{-1}F'(\boldsymbol{x}^{(k)})^{\mathrm{T}}F(\boldsymbol{x}^{(k)}). \tag{3.31}$$

式(3.31)称为 **Gauss-Newton** 法．改变一个写法就是

$$\begin{cases}F'(\boldsymbol{x}^{(k)})^{\mathrm{T}}F'(\boldsymbol{x}^{(k)})\Delta\boldsymbol{x}^{(k)}=-F'(\boldsymbol{x}^{(k)})^{\mathrm{T}}F(\boldsymbol{x}^{(k)}),\\ \boldsymbol{x}^{(k+1)}=\boldsymbol{x}^{(k)}+\Delta\boldsymbol{x}^{(k)},k=0,1,2,\cdots\end{cases} \tag{3.32}$$

记

$$G(\boldsymbol{x})=F'(\boldsymbol{x})^{\mathrm{T}}F'(\boldsymbol{x}). \tag{3.33}$$

注意到 $\nabla\phi(\boldsymbol{x})=(F'(\boldsymbol{x}^{(k)}))^{\mathrm{T}}F'(\boldsymbol{x}^{(k)})$，利用式(3.33)可将式(3.31)改写成

$$\boldsymbol{x}^{(k+1)}=\boldsymbol{x}^{(k)}-G(\boldsymbol{x}^{(k)})^{-1}\ \nabla\varphi(\boldsymbol{x}^{(k)}). \tag{3.34}$$

它在形式上与解式(3.29)的牛顿法相似，但是它不是牛顿法．因为牛顿法需计算一个 Hessian 矩阵($F(\boldsymbol{x})$的二阶导数)，计算量非常大．而式(3.34)只需要计算 $F(\boldsymbol{x})$的一阶导数，计算简单．

对于一般的非线性函数 $F(\boldsymbol{x})$，由式(3.33)定义的 $G(\boldsymbol{x})$是对称非负定矩阵．

如果 $G(\boldsymbol{x}^{(k)})$正定，在式(3.31)中记

$$\boldsymbol{p}^{(k)}=-[F'(\boldsymbol{x}^{(k)})^{\mathrm{T}}F'(\boldsymbol{x}^{(k)})]^{-1}F'(\boldsymbol{x}^{(k)})^{\mathrm{T}}F(\boldsymbol{x}^{(k)})=-G(\boldsymbol{x}^{(k)})^{-1}\ \nabla\varphi(\boldsymbol{x}^{(k)}),$$

于是

$$(\boldsymbol{P}^{(k)})^{\mathrm{T}}\ \nabla\varphi(\boldsymbol{x}^{(k)})=-(\boldsymbol{p}^{(k)})^{\mathrm{T}}G(\boldsymbol{x}^{(k)})(\boldsymbol{p}^{(k)})<0,$$

它表明向量 $\boldsymbol{p}^{(k)}$与$-\nabla\varphi(\boldsymbol{x}^{(k)})$的方向一致，是 $\varphi(\boldsymbol{x})$在点 $\boldsymbol{x}^{(k)}$处的下降方向．

为了防止 $G(\boldsymbol{x}^{(k)})$奇异或病态，可以增加一个阻尼项，即令

$$\overline{G}(\boldsymbol{x}^{(k)})=G(\boldsymbol{x}^{(k)})+\mu_i\boldsymbol{E}, \tag{3.35}$$

当阻尼因子 $\mu_k>0$ 时，显然 $\overline{G}(\boldsymbol{x}^{(k)})$是对称正定矩阵，从而

$$\boldsymbol{p}^{(k)}(\mu_k)=-\overline{G}(\boldsymbol{x}^{(k)})^{-1}\ \nabla\varphi(\boldsymbol{x}^{(k)}) \tag{3.36}$$

是 $\varphi(\boldsymbol{x})$在点 $\boldsymbol{x}^{(k)}$处的下降方向．于是构造迭代法

$$\boldsymbol{x}^{(k+1)}=\boldsymbol{x}^{(k)}-\overline{G}(\boldsymbol{x}^{(k)})^{-1}\ \nabla\varphi(\boldsymbol{x}^{(k)}),k=0,1,\cdots \tag{3.37}$$

称为**阻尼最小二乘法**，或称为 **Levenbery-Marquardt** 法，它是高斯—牛顿法的改进，当 $\mu_k>0$ 时，总可以保证 $\varphi\{\boldsymbol{x}^{(k+1)}\}<\varphi\{\boldsymbol{x}^{(k)}\}$，因而 $\boldsymbol{x}^{(k)}$总是收敛的．但是当 $\mu_k>0$ 太大时，$\{\boldsymbol{x}^{(k)}\}$收敛速度下降，而若 $\mu_k>0$ 太小时，则收敛域过小，初始近似 $\boldsymbol{x}^{(0)}$受限制，当然选择合适的 μ_k 较为困难，但是原则上 μ_k 应取小的正数，例如 $\mu_k=10^{-4}-10^{-2}$．通常可取 $\mu_k=10^{-2}$，然后通过计算调节．具体计算方案可以有不同设计，由于此方法是常用的重要方法，下面给出一种具体算法步

骤(**阻尼最小二乘法**)：

步骤 1　置初始近似 $\boldsymbol{x}^{(0)} \in \mathbf{R}^n$，误差限 $\varepsilon>0$，阻尼因子 $\boldsymbol{\mu}_0$(可取 $\mu_0=10^{-2}$)，缩放系数 $v>1$(可取 $v=2, v=5$ 或 $v=10$)，$0\to k$；

步骤 2　计算 $F(\boldsymbol{x}^{(k)})$，$F'(\boldsymbol{x}^{(k)})$，$\nabla\varphi(\boldsymbol{x}^{(k)})$，以及 $G(\boldsymbol{x}^{(k)})$，$\nabla\varphi(\boldsymbol{x}^{(k)})$，$0\to j$；

步骤 3　解方程组

$$[G(\boldsymbol{x}^{(k)})+\mu_k \boldsymbol{E}]\boldsymbol{p}^{(k)}=-\nabla\varphi(\boldsymbol{x}^{(k)}),$$

求得 $\boldsymbol{p}^{(k)}(\mu_k)=\boldsymbol{p}^{(k)}$；

步骤 4　计算 $\boldsymbol{x}^{(k+1)}=\boldsymbol{x}^{(k)}+\boldsymbol{p}^{(k)}(\mu_k)$ 及 $\varphi(\boldsymbol{x}^{(k+1)})$；

步骤 5　若 $\varphi(\boldsymbol{x}^{(k+1)})<\varphi(\boldsymbol{x}^{(k)})$ 且 $j=0$，则取 $\mu_k=\dfrac{\mu_k}{v}$，$1\to j$，转步骤(3)，否则 $j\neq 0$，转步骤(7)；

步骤 6　若 $\varphi(\boldsymbol{x}^{(k+1)})>\varphi(\boldsymbol{x}^{(k)})$，则取 $\mu_k=v\mu_k$，$1\to j$，转步骤(3)；

步骤 7　若满足 $\|\boldsymbol{p}^{(k)}\|\leqslant\varepsilon$ 或其他收敛准则，则 $\boldsymbol{x}^{(k+1)}$ 为极小点 $\boldsymbol{x}^*$ 的近似，停止，否则将 $\boldsymbol{x}^{(k+1)}\to\boldsymbol{x}^{(k)}$，转步骤(2).

例 3.5　设非线性最小二乘的数学模型为

$$y(t)=x_1 e^{x_2/t}+x_3,$$

用它拟合表 3.1 中的实验数据，试用阻尼最小二乘法确定参数 x_1, x_2, x_3.

表 3.1　例 3.5 实验数据表

i	1	2	3	4	5	6	7	8
t_i	0.2	1	2	3	5	7	11	16
y_i	5.05	8.88	11.63	12.93	14.15	14.73	15.30	15.60

解　$\varphi(x_1,x_2,x_3)=\dfrac{1}{2}\sum\limits_{i=1}^{8}[y(t_i)-y_i]^2=\dfrac{1}{2}\sum\limits_{i=1}^{8}[x_1 e^{x_2/t_i}+x_3-y_i]^2,$

$$F=(f_1,f_2,\cdots,f_8)^{\mathrm{T}}, f_i(x_1,x_2,x_3)=x_1 e^{x_2/t_i}+x_3-y_i.$$

取初值 $\boldsymbol{x}^{(0)}=(10,-1,4)^{\mathrm{T}}$，采用阻尼最小二乘法计算，迭代 4 次可得

$$\boldsymbol{x}^*=(11.3457,-1.0730,4.9974)^{\mathrm{T}},$$

从而拟合曲线为

$$y(t)=11.3457e^{-1.0730/t}+4.9974,$$

$$\varphi(\boldsymbol{x}^*)=\frac{1}{2}F(\boldsymbol{x}^*)^{\mathrm{T}}F(\boldsymbol{x}^*)=9.9385\times10^{-5}.$$

3.5　重根的迭代法

$\boldsymbol{x}^*$ 为方程 $F(\boldsymbol{x})=0$ 的 m 重根的充分必要条件为

$$f(\boldsymbol{x}^*)=f'(\boldsymbol{x}^*)=\cdots=f^{(m-1)}(\boldsymbol{x}^*)=0, f^{(m)}(\boldsymbol{x}^*)\neq 0. \tag{3.38}$$

定理 3.7　牛顿迭代法求解 r 重根时一阶收敛.

证明 设$\boldsymbol{x}^*$为$F(\boldsymbol{x})=0$的r重根,则$f(\boldsymbol{x}^*)=f'(\boldsymbol{x}^*)=\cdots=f^{(r-1)}(\boldsymbol{x}^*)=0$,$f^{(r)}(\boldsymbol{x}^*)\neq 0$,将$f(\boldsymbol{x})$,$f'(\boldsymbol{x})$在点$\boldsymbol{x}^*$处进行泰勒展开,有

$$\begin{aligned}\varphi(\boldsymbol{x})&=\boldsymbol{x}-\frac{f(\boldsymbol{x})}{f'(\boldsymbol{x})}\\&=\boldsymbol{x}-\frac{f(\boldsymbol{x}^*)+f'(\boldsymbol{x}^*)(\boldsymbol{x}-\boldsymbol{x}^*)+\cdots+\frac{1}{r!}f^{(r)}(\zeta_1)(\boldsymbol{x}-\boldsymbol{x}^*)^r}{f'(\boldsymbol{x}^*)+f''(\boldsymbol{x}^*)(\boldsymbol{x}-\boldsymbol{x}^*)+\cdots+\frac{1}{(r-1)!}f^{(r)}(\zeta_2)(\boldsymbol{x}-\boldsymbol{x}^*)^{r-1}}\\&=\boldsymbol{x}-\frac{1}{r}\frac{f^{(r)}(\zeta_1)(\boldsymbol{x}-\boldsymbol{x}^*)}{f^{(r)}(\zeta_2)}.\end{aligned}$$

又由$\varphi(\boldsymbol{x}^*)=\boldsymbol{x}^*$,于是有$\varphi'(\boldsymbol{x}^*)=\lim\limits_{x\to x^*}\dfrac{\varphi(\boldsymbol{x})-\varphi(\boldsymbol{x}^*)}{\boldsymbol{x}-\boldsymbol{x}^*}=1-\dfrac{1}{r}\neq 0$. 由于$r>1$,故$\varphi'(\boldsymbol{x}^*)=1-\dfrac{1}{r}<1$,所以牛顿迭代法对$r$重根是一阶收敛.

下面根据重根的重数是否已知来进行牛顿迭代法的修正.

情形1 已知根的重数为r,将牛顿迭代法修正为

$$\boldsymbol{x}_{i+1}=\boldsymbol{x}_i-r\frac{f(\boldsymbol{x}_i)}{f'(\boldsymbol{x}_i)},\tag{3.39}$$

则此公式对r重根是二阶收敛的.

证明 $\varepsilon_{i+1}=\boldsymbol{x}^*-x_{i+1}=\boldsymbol{x}^*-x_i+r\dfrac{f(x_i)}{f'(x_i)}=\dfrac{(\boldsymbol{x}^*-x_i)f'(x_i)+rf(x_i)}{f'(x_i)}=\dfrac{G(x_i)}{f'(x_i)}$,其中,$G(\boldsymbol{x})=(\boldsymbol{x}^*-\boldsymbol{x})f'(\boldsymbol{x})+rf(\boldsymbol{x})$,由$f(\boldsymbol{x}^*)=f'(\boldsymbol{x}^*)=\cdots=f^{(r-1)}(\boldsymbol{x}^*)=0$,有

$$G^{(j)}(\boldsymbol{x})=rf^{(j)}(\boldsymbol{x})+(\boldsymbol{x}^*-\boldsymbol{x})f^{(j+1)}(\boldsymbol{x})-jf^{(j)}(\boldsymbol{x}),$$

故$G^{(j)}(\boldsymbol{x}^*)=0(j=0,1,\cdots,r)$,$G^{(r+1)}(\boldsymbol{x}^*)=-f^{(r+1)}(\boldsymbol{x}^*)$.

利用$G(x_i)$,$f'(x_i)$在点$\boldsymbol{x}^*$附近的泰勒展开,有

$$\varepsilon_{i+1}=\frac{\frac{1}{(r+1)!}G^{(r+1)}(\zeta_1)\varepsilon_i^{r+1}}{\frac{1}{(r-1)!}f^{(r)}(\zeta_2)\varepsilon_i^{r-1}}=\frac{1}{r(r+1)}\frac{G^{(r+1)}(\zeta_1)}{f^{(r)}(\zeta_2)}\varepsilon_i^2,$$

于是公式对r重根是二阶收敛的.

情形2 未知根的重数,则将牛顿迭代法修正为

$$x_{i+1}=x_i-\frac{u(x_i)}{u'(x_i)},\tag{3.40}$$

其中$u(\boldsymbol{x})=\dfrac{f(\boldsymbol{x})}{f'(\boldsymbol{x})}$.

证明 式(3.40)是用来求$u(\boldsymbol{x})=0$的单根的二阶方法,因此只需说明$u(\boldsymbol{x})=0$的单根就是$F(\boldsymbol{x})=0$的r重根. 事实上

$$u(\boldsymbol{x})=\frac{f(\boldsymbol{x})}{f'(\boldsymbol{x})}=\frac{1}{r}\frac{f^{(r)}(\zeta_1)(\boldsymbol{x}-\boldsymbol{x}^*)}{f^{(r)}(\zeta_2)},$$

所以$\boldsymbol{x}^*$就是$u(\boldsymbol{x})=0$的单根.

由此,方程$F(\boldsymbol{x})=0$的重根都可以转化为求$u(\boldsymbol{x})=0$的单根,然后可用求单根的各种方法来求重根.

3.6 迭代收敛的加速方法

3.6.1 埃特金加速收敛法

对于收敛的迭代过程,只要迭代足够多次,就可以使结果达到任意的精度,但有时迭代过程收敛缓慢,从而使计算量变得很大,因此迭代过程的加速是一个很重要的课题.

设x_0是根x^*的某个近似值,用迭代公式迭代一次得

$$x_1=\varphi(x_0).$$

而由微分中值定理,有

$$x_1-x^*=\varphi(x_0)-\varphi(x^*)=\varphi'(\xi)(x_0-x^*).$$

假定$\varphi'(x)$改变不大,近似地取某个近似值L,则有

$$x_1-x^*\approx L(x_0-x^*). \tag{3.41}$$

若将校正值$x_1=\varphi(x_0)$再迭代一次,又得

$$x_2=\varphi(x_1).$$

由于$x_2-x^*\approx L(x_1-x^*)$,将它与式(3.41)联立,消去未知的$L$,有

$$\frac{x_1-x^*}{x_2-x^*}\approx\frac{x_0-x^*}{x_1-x^*},$$

由此推得

$$x^*\approx\frac{x_0x_2-x_1^2}{x_2-2x_1+x_0}=x_0-\frac{(x_1-x_0)^2}{x_2-2x_1+x_0}.$$

在计算了x_1及x_2之后,可用上式右端作为x^*的新近似值,记作$\bar{x}_1$. 一般情形是由x_k计算x_{k+1},x_{k+2},记

$$\bar{x}_{k+1}=x_k-\frac{(x_{k+1}-x_k)^2}{x_k-2x_{k+1}+x_{k+2}}=x_k-(\Delta x_k)^2/\Delta^2x_k,k=0,1,2,\cdots \tag{3.42}$$

其中$\Delta x_k=x_{k+1}-x_k,\Delta^2x_k=\Delta x_{k+1}-\Delta x_k=x_{k+2}-2x_{k+1}+x_k$,式(3.32)称为埃特金(Aitken)加速收敛法.

可以证明

$$\lim_{k\to\infty}\frac{\bar{x}_{k+1}-x^*}{x_k-x^*}=0.$$

它表明序列$\{\bar{x}_k\}$的收敛速度比$\{x_k\}$的收敛速度快.

埃特金加速收敛法的 MATLAB 代码

编辑器窗口输入：

```
function[x0,index,k]=Aitken(f,x0)
%Aitken(f,x0)中的 x0 为初始迭代点
%[x0,index,k]中的 x0 为当迭代成功时,输出方程的根
%  当迭代失败时,输出最后的迭代值;
%index 为指标变量,当 index=1 时,表明迭代成功
%k 为迭代次数
index=0;k=0;
for i=1:1:100
    x1=feval(f,x0);
    x2=feval(f,x1);
    D=x2-2*x1+x0;
    if abs(D)>eps
        xd=(x1-x2)^2/D;
        x0=x2-xd;
        if abs(xd)<1e-5
            k=i;
            index=1;
            break;
        end
    end
end
function f=doty(x,y);
f=x^3-1;
```

命令行窗口输入：

```
[x0,index,k]=Aitken('doty',1.5)
```

3.6.2 斯特芬森迭代法

埃特金加速收敛法不管原序列$\{x_k\}$是怎样产生的,对$\{x_k\}$进行加速运算,对$\{x_k\}$进行加速运算,得到序列$\{\bar{x}_k\}$. 如果把埃特金加速技巧与不动点迭代方法结合,则可得到如下的迭代法,

$$\begin{cases} y_k=\varphi(x_k),z_k=\varphi(y_k), \\ x_{k+1}=x_k-\dfrac{(y_k-x_k)^2}{z_k-2y_k+x_k}, \end{cases} \quad k=0,1,2,\cdots \tag{3.43}$$

此式称为斯特芬森(Steffensen)迭代法.

斯特芬森迭代法可以这样理解,令 $x=\varphi(x)$ 的根为 x^*,令 $\varepsilon(x)=\varphi(x)-x$,则 $\varepsilon(x^*)=\varphi(x^*)-x^*=0$. 已知 x^* 的近似值 x_k 及 y_k,其误差分别为

$$\varepsilon(x_k)=\varphi(x_k)-x_k=y_k-x_k,$$

$$\varepsilon(y_k)=\varphi(y_k)-y_k=z_k-y_k,$$

把误差 $\varepsilon(x)$“外推到零”，即过 $(x_k,\varepsilon(x_k))$ 及 $(y_k,\varepsilon(y_k))$ 两点做直线，它与 x 轴交点就是式(3.43)中的 x_{k+1}，即方程

$$\varepsilon(x_k)+\frac{\varepsilon(y_k)-\varepsilon(x_k)}{y_k-x_k}(x-x_k)=0$$

的解为

$$x=x_k-\frac{\varepsilon(x_k)}{\varepsilon(y_k)-\varepsilon(x_k)}(y_k-x_k)=x_k-\frac{(y_k-x_k)^2}{z_k-2y_k+x_k}=x_{k+1}.$$

实际上可将它写成另一种不动点迭代

$$x_{k+1}=\psi(x_k),k=0,1,2,\cdots \tag{3.44}$$

其中 $\psi(x)=x-\dfrac{[\varphi(x)-x]^2}{\varphi(\varphi(x))-2\varphi(x)+x}$.

对不动点迭代公式(3.44)有以下局部收敛定理.

定理 3.8 若 x^* 为式(3.44)定义的迭代函数 $\psi(x)$ 的不动点，则 x^* 为 $\varphi(x)$ 的不动点. 反之，若 x^* 为 $\varphi(x)$ 的不动点，设 $\varphi''(x)$ 存在，$\varphi'(x^*)\neq 1$，则 x^* 是 $\psi(x)$ 的不动点，且斯特芬森迭代法是二阶收敛的.

证明省略.

例 3.6 用斯特芬森迭代法求解方程 $f(x)=x^3-x-1=0$.

解 在上例中已指出下列迭代

$$x_{k+1}=x_k^3-1,k=0,1,2,\cdots$$

是发散的，现用式(3.33)计算，取 $\varphi(x)=x^3-1$，计算结果见表 3.2.

表 3.2 例 3.6 计算结果

k	x_k	y_k	z_k
0	1.5	2.375000	12.3965
1	1.41629	1.84092	5.23888
2	1.35565	1.49140	2.31728
3	1.32895	1.34710	1.44435
4	1.32480	1.32518	1.32714
5	1.32472		

计算表明它是收敛的. 即使牛顿迭代法不收敛，用斯特芬森迭代法仍可能收敛. 至于原来已收敛的牛顿迭代法，由定理 3.8 可知它可达到二阶收敛. 更进一步还可知若迭代法 $x_{k+1}=\varphi(x_k)\,(k=0,1,2,\cdots)$ 为 p 阶收敛，则斯特芬森迭代法为 $p+1$ 阶收敛.

斯特芬森迭代法的 MATLAB 代码

编辑器窗口输入：

```
function[x_star,index,it]=steffensen(f,x,ep,it_max)
%x 为初始点
```

```
%ep 为精度,当|x(k)-x(k-1)|<ep 时,终止计算,缺省值为 1e-5
%it_max 为最大迭代次数
%x_star 为当迭代成功时,输出方程的根
%  当迭代失败时,输出最后的迭代值;
%index 为指标变量,当 index=1 时,表明迭代成功
%it 为迭代次数
if nargin<4 it_max=100;end
if nargin<3 ep=1e-5;end
index=0;k=1;
while k<it_max
    x1=x;y=feval(f,x);z=feval(f,y);
    x=x-(y-x)^2/(z-2*y+x);
    if abs(x-x1)<ep
        index=1;break;
    end
    k=k+1;
end
x_star=x;it=k;
function f=doty(x,y);
f=x^3-1;
```

命令行窗口输入:

```
[x_star,inedx,it]=steffensen('doty',1.5)
```

例 3.7 求方程 $3x^2-e^x=0$ 在[3,4]中的根.

解 由方程得 $e^x=3x^2$,取对数得

$$x=\ln 3x^2=2\ln x+\ln 3=\varphi(x).$$

由于 $\varphi'(x)=\dfrac{2}{x}$, $\max\limits_{3\leqslant x\leqslant 4}|\varphi'(x)|\leqslant\dfrac{2}{3}<1$,且当 $x\in[3,4]$时,$\varphi(x)\in[3,4]$,则根据定理知此迭代法是收敛的. 若取 $x_0=3.5$ 迭代 16 次则得 $x_{16}=3.73307$,有 6 位有效数字.

用斯特芬森迭代法进行加速,计算结果见表 3.3.

表 3.3 例 3.7 计算结果

k	x_k	y_k	z_k
0	3.5	3.60414	3.66278
1	3.73835	3.73590	3.73459
2	3.73308		

迭代 2 次,就得到满足误差要求的根 $x_2=3.73308$. 可见斯特芬森迭代法收敛很快.

3.7 应用案例

3.7.1 问题背景

如今飞机的包线范围越来越广，飞行高度从原来的的 0~20 公里扩大到 0~30 公里，且飞行马赫数从 0~2.5 扩大到 0~3.5，同时为了执行亚音速和超音速飞行任务，由飞机/发动机设计原理可知，对于持续高马赫数飞行任务，需要高单位推力的涡喷循环，反之；如果任务强调低马赫数和长航程，就需要低耗油率的涡扇循环.

变循环发动机是指通过改变发动机某些部件的几何形状、尺寸或者位置以改变其热力循环的燃气涡轮发动机. 其优点有很多，如在某些状态下，通过几何调节，在不明显降低推力的前提下，改善发动机的效率和防止大气中的干扰使发动机稳定工作；此外，变循环发动机通过调整各个部件来实现超声速巡航，无须开加力，这有利于大大提高超音速飞行的经济性.

综上所述，变循环发动机具有常规发动机无法比拟的优越性能，因此研究变循环发动机建模及控制规律具有重大意义.

给定的部件特性数据以及各部件对应的变量中的计算公式，设在发动机飞行高度 $H=11\text{km}$、飞行马赫数 $Ma=0.8$ 的亚音速巡航点，采用双涵道模式，导叶角度均设置为 0°，选择活门完全打开，副外涵道面积设为 1.8395e+003，后混合器出口总面积设置为 2.8518e+004，尾喷管喉道面积 $A_8=9.5544\text{e}+003$，$n_L=0.85$. 此时需要运用或设计适当的算法求解由发动机 7 个平衡方程组成的非线性方程组. 对变循环发动机工作原理进行合理简化，如图 3.1 所示.

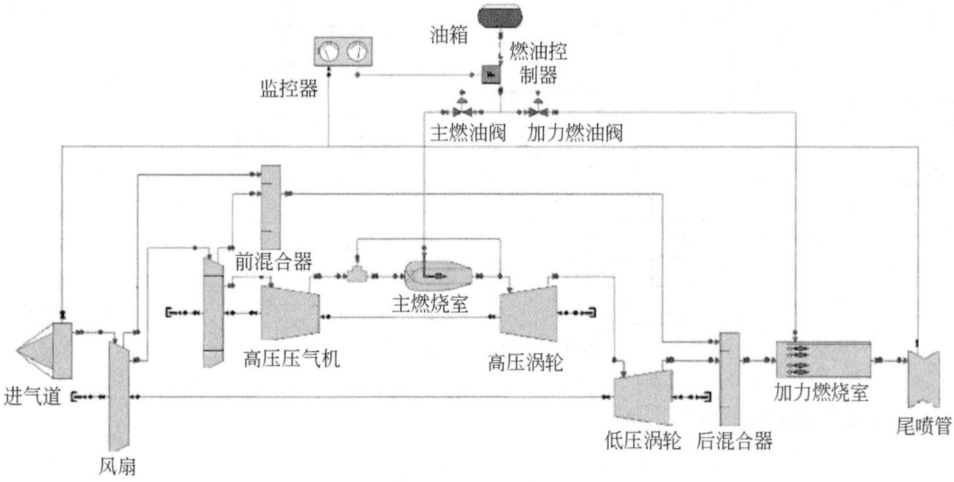

图 3.1 变循环发动机工作原理图

平衡方程组中的变量有 N_{CL}，N_{TL}，N_{CH}，N_{CDFS}，N_{TH}，W_{g41}，W'_{g41}，W_{g45}，W'_{g45}，p_{61}，p_{62}，A_8，W_{a2}，W_{a21}，W_{a13}，均可写成是表 3.4 中各部件参数的函数.

表 3.4 发动机参数说明

参数符号	说明	参数符号	说明
n_L	低压转速(风扇、低压涡轮物理转速)	Z_{TH}	高压涡轮压比函数值
n_H	高压转速(高压压气机、核心机驱动风扇、高压涡轮物理转速)	Z_{TL}	低压涡轮压比函数值
Z_{CL}	风扇压比函数值	α_L	风扇导叶角
Z_{CDFS}	核心机驱动风扇压比函数值	α_{CDFS}	核心机驱动风扇导叶角
Z_{CH}	高压压气机压比函数值	α_{CH}	高压压气机导叶角
T_4^*	主燃烧室出口温度	α_{TL}	低压涡轮导叶角

如图 3.2 所示,根据发动机各部件计算公式的相互关系,可以得到整个工作过程中的变量传递.

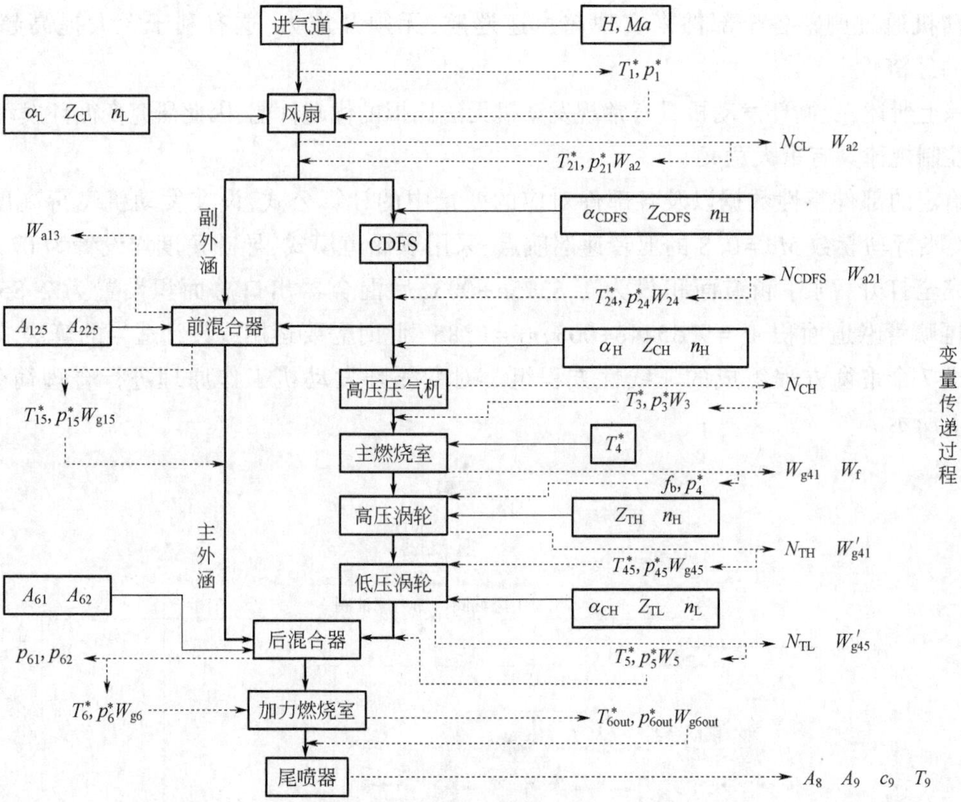

图 3.2 变量传递流程图

图 3.2 中变量的符号说明见表 3.5.

表 3.5 变量符号说明

变量符号	说明	变量符号	说明
H	飞行高度,km	W_c	换算流量,kg/s
Ma	马赫数	$pr_{c,map}$	特性图上的增压比
A	面积,m^2	$\eta_{c,map}$	特性图上的效率

续表

变量符号	说明	变量符号	说明
p_0	标准大气条件下环境压力,bar	$W_{c,map}$	特性图上的换算流量,kg/s
T_0	标准大气条件下环境温度,K	W_{out}	出口流量,kg/s
γ	气体绝热指数	P_{out}^*	出口总压,bar
n_{cor}	换算转速	T_{out}^*	出口总温,K
T_{in}^*	进口总温,K	W_f	燃油流量,kg/s
P_{in}^*	进口总压,bar	ψ_{in}	进口熵
zz	压比函数值	h_{in}	进口焓
n	物理转速	$\psi_{out,ei}$	出口理想熵
α	导叶角度	$h_{out,ei}$	出口理想焓
$T_{in,d}^*$	设计进口总温,K	$T_{out,ei}^*$	出口理想总温
pr_c	增压比	h_{out}	出口焓
η_c	效率	σ	总压恢复系数
W_{in}	进口流量,kg/s	N	功率,W

3.7.2　问题分析和模型建立

据图 3.2 中变量传递过程,再结合部件计算公式,通过上面各个部件的变量传递过程进行的推导,可将 7 个平衡方程中的未知变量写成如表 3.6 所示的函数关系,根据变量传递过程的推导,显然这是一个非线性方程组.

表 3.6　非线性方程函数表达式

平衡方程的未知变量	结果
N_{CL}	$N_{CL}=f_2(n_L,\alpha_L,Z_{CL})$
N_{TL}	$N_{TL}=f_{10}(n_L,\alpha_L,Z_{CL},n_H,\alpha_{CDFS},Z_{CDFS},\alpha_{CH},Z_{CH},T_4^*,\alpha_{TH},Z_{TH},\alpha_{TL},Z_{TL})$
N_{CH}	$N_{CH}=f_6(n_L,\alpha_L,Z_{CL},n_H,\alpha_{CDFS},Z_{CDFS},\alpha_{CH},Z_{CH})$
N_{CDFS}	$N_{CDFS}=f_4(n_L,\alpha_L,Z_{CL},n_H,\alpha_{CDFS},Z_{CDFS})$
N_{TH}	$N_{TH}=f_8(n_L,\alpha_L,Z_{CL},n_H,\alpha_{CDFS},Z_{CDFS},\alpha_{CH},Z_{CH},T_4^*,\alpha_{TH},Z_{TH},\alpha_{TL},Z_{TL})$
$W_{g41}=W_{aCH}$	$W_{g41}=f_5(n_L,\alpha_L,Z_{CL},n_H,\alpha_{CDFS},Z_{CDFS},\alpha_{CH},Z_{CH})$
$W'_{g41}=W_{gTH}$	$W'_{g41}=f_7(n_L,\alpha_L,Z_{CL},n_H,\alpha_{CDFS},Z_{CDFS},\alpha_{CH},Z_{CH},T_4^*,\alpha_{TH},Z_{TH})$
$W_{g45}=W_{aCH}$	$W_{g45}=f_5(n_L,\alpha_L,Z_{CL},n_H,\alpha_{CDFS},Z_{CDFS},\alpha_{CH},Z_{CH})$
$W'_{g45}=W_{gTL}$	$W_{g45}=f_9(n_L,\alpha_L,Z_{CL},n_H,\alpha_{CDFS},Z_{CDFS},\alpha_{CH},Z_{CH},T_4^*,\alpha_{TH},Z_{TH},\alpha_{TL},Z_{TL})$
p_{61}	$p_{61}=f_{12}(n_L,\alpha_L,Z_{CL},n_H,\alpha_{CDFS},Z_{CDFS},\alpha_{CH},Z_{CH},T_4^*,\alpha_{TH},Z_{TH},\alpha_{TL},Z_{TL})$
p_{62}	$p_{62}=f_{13}(n_L,\alpha_L,Z_{CL},n_H,\alpha_{CDFS},Z_{CDFS},\alpha_{CH},Z_{CH},T_4^*,\alpha_{TH},Z_{TH},\alpha_{TL},Z_{TL})$
A_8	$A_8=f_{14}(n_L,\alpha_L,Z_{CL},n_H,\alpha_{CDFS},Z_{CDFS},\alpha_{CH},Z_{CH},T_4^*,\alpha_{TH},Z_{TH},\alpha_{TL},Z_{TL})$
$W_{a2}=W_{aCL}$	$W_{a2}=f_1(n_L,\alpha_L,Z_{CL})$
$W_{a21}=W_{aCDFS}$	$W_{a21}=f_3(n_L,\alpha_L,Z_{CL},n_H,\alpha_{CDFS},Z_{CDFS})$
$W_{a13}=W_{g225}$	$W_{a13}=f_{11}(n_L,\alpha_L,Z_{CL},n_H,\alpha_{CDFS},Z_{CDFS})$

由于 $n_L=0.85$,$\alpha_L=\alpha_{CDFS}=\alpha_{CH}=\alpha_{TH}=\alpha_{TL}=0$,所以这里有 7 个平衡方程,7 个未知参数,

根据方程组的理论,得出可以求出唯一解.

3.7.3 平衡方程组的求解

由前面的推导可知,该平衡方程组为关于 $n_{\mathrm{H}}, Z_{\mathrm{CL}}, Z_{\mathrm{CDFS}}, Z_{\mathrm{CH}}, T_4^*, Z_{\mathrm{TH}}, Z_{\mathrm{TL}}$ 7 个未知变量的非线性方程组,方程个数也是 7 个,该方程组满足定解条件,有唯一解,这里采用牛顿法求解该线性方程组.

令 $\boldsymbol{f}=\begin{pmatrix} f_1 \\ f_2 \\ f_3 \\ f_4 \\ f_5 \\ f_6 \\ f_7 \end{pmatrix}=\begin{pmatrix} N_{\mathrm{CL}}-N_{\mathrm{TL}}\eta_{\mathrm{mL}} \\ N_{\mathrm{CH}}+N_{\mathrm{CDFS}}-N_{\mathrm{TH}}\eta_{\mathrm{mH}} \\ W_{\mathrm{g41}}-W'_{\mathrm{g41}} \\ W_{\mathrm{g45}}-W'_{\mathrm{g45}} \\ p_{61}-p_{62} \\ A_8-A'_8 \\ W_{\mathrm{a2}}-W_{\mathrm{a21}}-W_{\mathrm{a13}} \end{pmatrix}$,可构造如下迭代格式:

$$\boldsymbol{x}^{(k+1)}=\boldsymbol{x}^{(k)}-\nabla f(\boldsymbol{x}^{(k)})^{-1}f(\boldsymbol{x}^{(k)}).$$

其中, $\nabla f(\boldsymbol{x})$ 为 Jacobi 矩阵

$$\nabla f(\boldsymbol{x})=\begin{pmatrix} \dfrac{\partial f_1(x)}{\partial x_1} & \dfrac{\partial f_1(x)}{\partial x_2} & \cdots & \dfrac{\partial f_1(x)}{\partial x_n} \\ \dfrac{\partial f_2(x)}{\partial x_1} & \dfrac{\partial f_2(x)}{\partial x_2} & \cdots & \dfrac{\partial f_2(x)}{\partial x_n} \\ \vdots & \vdots & \cdots & \vdots \\ \dfrac{\partial f_7(x)}{\partial x_1} & \dfrac{\partial f_7(x)}{\partial x_2} & \cdots & \dfrac{\partial f_7(x)}{\partial x_n} \end{pmatrix}.$$

由牛顿法的局部收敛性可知,在 $\nabla f(\boldsymbol{x})$ 可逆的条件下,该方法具有不低于二阶的收敛速度。

但是在本问题中,使用牛顿法有如下问题:

(1)在上述平衡方程组中,变量传递时,某些中间变量为插值函数或反函数,因此,求偏导数比较困难. 可以考虑用差商矩阵代替 α_{L} 矩阵,通过减少步长来增加精度;

(2) Z_{CL} 矩阵不一定可逆,在求解过程中可以适当微调 $W_{\mathrm{aCL}}=f_1(n_{\mathrm{L}},\alpha_{\mathrm{L}},Z_{\mathrm{CL}})$ 和 $h_{\mathrm{out,ei}}$,保证 h_{out} 阵的可逆性;

(3)牛顿法对初值选取比较敏感,初值选取不恰当,可能导致发散,因此,需要多次尝试初始点的位置.

平衡方程组的求解结果见表 3.7.

表 3.7 平衡方程组求解结果

变量	n_{H}	Z_{CL}	Z_{CDFS}	Z_{CH}	T_4^*	Z_{TH}	Z_{TL}
结果	0.8611	0.6907	0.9116	0.3820	1213.2	0.2652	0.2372

课后习题

1. 为求方程 $x^3-x^2-1=0$ 在附近 $x_0=1.5$ 的一个根，设将方程改写成下列等价形式，并建立相应的迭代公式：

(1) $x=1+1/x^2$，迭代公式 $x_{k+1}=1+1/x_k^2$；

(2) $x^3=1+x^2$，迭代公式 $x_{k+1}=\sqrt{1+1/x_k^2}$；

(3) $x^2=\dfrac{1}{x-1}$，迭代公式 $x_{k+1}=\sqrt{x_k-1}$.

2. 用牛顿法和求重根迭代法计算方程 $f(x)=\left(\sin x-\dfrac{x}{2}\right)^2=0$ 的一个近似根，准确到10^{-5}，初始值 $x_0=\dfrac{\pi}{2}$.

3. 应用牛顿法于方程 $f(x)=x^n-a=0$ 和 $f(x)=1-\dfrac{a}{x^n}=0$，分导出求$\sqrt[n]{a}$的迭代公式，并求

$$\lim_{k\to\infty}(\sqrt[n]{a}-x_{k+1})/(\sqrt[n]{a}-x_k)^2.$$

4. 斯特芬森迭代法计算习题 1 中(2)、(3)的近似根，精确到 10^{-5}.

5. 对于 $f(x)=0$ 的牛顿公式 $x_{k+1}=x_k-f(x)/f'(x)$，证明

$$R_K=(x_k-x_{k-1})/(x_{k-1}-x_{k-2})^2$$

收敛到$-f''(x^*)/[2f'(x^*)]$，这里 x^* 为 $f(x)=0$ 的根.

6. 应用牛顿法于方程 $x^3-a=0$，导出求立方根$\sqrt[3]{a}$的迭代公式，并讨论其收敛性.

7. 证明迭代公式

$$x_{k+1}=\frac{x_k(x_k^2+3a)}{3x_k^2+a}$$

是计算$\sqrt{a}$的三阶方法. 假定初值 x_0 充分靠近根 x^*，求

$$\lim_{k\to\infty}(\sqrt{a}-x_{k+1})/(\sqrt{a}-x_k)^3.$$

8. 非线性方程组$\begin{cases}3x_1^2-x_2^2=0,\\3x_1x_2^2-x_1^3-1=0\end{cases}$在$(0.4,0.7)^{\mathrm{T}}$ 附近有一个解. 构造一个不动点迭代法，使它能收敛到这个解，并计算精确到10^{-5}(按$\|\cdot\|_\infty$).

第4章　矩阵特征值的计算方法

工程实践中有多种振动问题,如桥梁或建筑物的振动、机械机件的振动、飞机机翼的振动等. 这些问题的求解常常归结为求矩阵的特征值问题. 另外,一些稳定性分析及相关问题也可转化为求矩阵的特征值与特征向量的问题.

求矩阵特征值的一种方法是从原始矩阵出发,求其特征方程 $|\lambda \boldsymbol{E}-\boldsymbol{A}|=0$ 的根. 但高次多项式求根问题本身就很困难,而且重根的计算精度较低. 另外,原始矩阵求特征多项式系数的过程,对舍入误差也非常敏感,对最终结果影响很大. 所以,从数值计算的观点来看,这种求矩阵特征值的方法不够好. 另外一种方法是迭代法,它通过序列的极限求和,且舍入误差对这类方法的影响较小,但计算工作量较大.

在研究有关特征值和特征向量的迭代法之前,简单列出本章中可能用到的一些结论.

定义 4.1　设 $\boldsymbol{A}=(a_{ij})\in \mathbf{R}^{n\times n}$,若存在数 λ(实数或者复数)和非零向量 $\boldsymbol{x}=(x_1,x_2,\cdots,x_n)^{\mathrm{T}}\in \mathbf{R}^n$,使得

$$\boldsymbol{A}\boldsymbol{x}=\lambda \boldsymbol{x}, \tag{4.1}$$

则称 λ 为 $\boldsymbol{A}$ 的特征值,$\boldsymbol{x}$ 为 $\boldsymbol{A}$ 对应于 λ 的特征向量,$\boldsymbol{A}$ 的全体特征值称为 $\boldsymbol{A}$ 的谱,记作 $\sigma(\boldsymbol{A})$,即 $\sigma(\boldsymbol{A})=\{\lambda_1,\lambda_2,\cdots,\lambda_n\}$. 记

$$\rho(\boldsymbol{A})=\max_{1\leqslant i\leqslant n}|\lambda_i|. \tag{4.2}$$

由式(4.1)可知 λ 使得齐次线性代数方程组

$$(\lambda \boldsymbol{E}-\boldsymbol{A})\boldsymbol{x}=0$$

有非零解,故系数行列式 $|\lambda \boldsymbol{E}-\boldsymbol{A}|=0$,记

$$p(\lambda)=|\lambda \boldsymbol{E}-\boldsymbol{A}|=\begin{vmatrix} \lambda-a_{11} & -a_{12} & \cdots & -a_{12} \\ -a_{21} & \lambda-a_{22} & \cdots & -a_{2n} \\ \vdots & \vdots & \cdots & \vdots \\ -a_{n1} & -a_{n2} & \cdots & \lambda-a_{nn} \end{vmatrix}=\lambda^n+c_1\lambda^{n-1}+\cdots+c_{n-1}\lambda+c_n=0, \tag{4.3}$$

$p(\lambda)$ 称为矩阵 $\boldsymbol{A}$ 的特征值多项式,方程(4.3)称为矩阵 $\boldsymbol{A}$ 的特征方程. 易知:

(1) $|\boldsymbol{A}|=\prod_{i=1}^{n}\lambda_i$.

(2) $\mathrm{tr}(\boldsymbol{A})=\sum_{i=1}^{n}a_{ii}=\sum_{i=1}^{n}\lambda_i$.

另外,$\boldsymbol{A}$ 的特征值 λ 和特征向量 $\boldsymbol{x}$ 还有以下性质:

(1) $\boldsymbol{A}^{\mathrm{T}}$ 与 $\boldsymbol{A}$ 有相同的特征值 λ 和特征向量 $\boldsymbol{x}$;

(2) 若 $\boldsymbol{A}$ 可逆,则 $\boldsymbol{A}^{-1}$ 的特征值为 λ^{-1},特征向量为 $\boldsymbol{x}$;

(3) 相似矩阵 $\boldsymbol{B}=\boldsymbol{S}^{-1}\boldsymbol{A}\boldsymbol{S}$ 和 $\boldsymbol{A}$ 有相同的特征多项式;

(4)矩阵 $f(\boldsymbol{A})=b_m\boldsymbol{A}^m+b_{m-1}\boldsymbol{A}^{m-1}+\cdots+b_1\boldsymbol{A}+b_0\boldsymbol{E}$ 的特征值是

$$f(\lambda)=b_m\lambda^m+b_{m-1}\lambda^{m-1}+\cdots+b_1\lambda+b_0\boldsymbol{E}.$$

定理 4.1　(1)设 $\boldsymbol{A}\in\mathbf{R}^{n\times n}$ 可对角化,即存在可逆矩阵 $\boldsymbol{P}$ 使得

$$\boldsymbol{P}^{-1}\boldsymbol{A}\boldsymbol{P}=\begin{pmatrix}\lambda_1 & & & \\ & \lambda_2 & & \\ & & \ddots & \\ & & & \lambda_n\end{pmatrix}$$

的充分必要条件是 $\boldsymbol{A}$ 具有 n 个线性无关特征向量.

(2)如果 $\boldsymbol{A}$ 有 $m(m<n)$ 个不同的特征值 $\lambda_1,\lambda_2,\cdots,\lambda_m$,则对应的特征向量 $\boldsymbol{x}_1,\boldsymbol{x}_2,\cdots,\boldsymbol{x}_m$ 线性无关.

定理 4.2　设 $\boldsymbol{A}\in\mathbf{R}^{n\times n}$ 是对称阵,则:

(1)$\boldsymbol{A}$ 的特征值都是实数;

(2)$\boldsymbol{A}$ 有 n 个线性无关的特征向量;

(3)存在一个正交矩阵 $\boldsymbol{P}$ 使得

$$\boldsymbol{P}^{\mathrm{T}}\boldsymbol{A}\boldsymbol{P}=\begin{pmatrix}\lambda_1 & & & \\ & \lambda_2 & & \\ & & \ddots & \\ & & & \lambda_n\end{pmatrix},$$

且 $\lambda_1,\lambda_2,\cdots,\lambda_n$ 为 $\boldsymbol{A}$ 的特征值,而 $\boldsymbol{P}=(u_1,u_2,\cdots,u_n)$ 的列向量 $\boldsymbol{u}_j$ 为 $\boldsymbol{A}$ 相应于 λ_j 的特征向量.

定理 4.3　设 $\boldsymbol{A}\in\mathbf{R}^{n\times n}$ 是对称阵(其特征值依次记为 $\lambda_1\geqslant\lambda_2\geqslant\cdots\geqslant\lambda_n$),则

(1)$\lambda_n\leqslant\dfrac{(\boldsymbol{Ax},\boldsymbol{x})}{(\boldsymbol{x},\boldsymbol{x})}\leqslant\lambda_1$;

(2)$\lambda_1=\max\limits_{x\in\mathbf{R}^n,x\neq0}\dfrac{(\boldsymbol{Ax},\boldsymbol{x})}{(\boldsymbol{x},\boldsymbol{x})}=\dfrac{(\boldsymbol{Ax}_1,\boldsymbol{x}_1)}{(\boldsymbol{x}_1,\boldsymbol{x}_1)},\boldsymbol{Ax}_1=\lambda_1\boldsymbol{x}_1,\boldsymbol{x}_1\neq0$;

(3)$\lambda_n=\max\limits_{x\in\mathbf{R}^n,x\neq0}\dfrac{(\boldsymbol{Ax},\boldsymbol{x})}{(\boldsymbol{x},\boldsymbol{x})}=\dfrac{(\boldsymbol{Ax}_n,\boldsymbol{x}_n)}{(\boldsymbol{x}_n,\boldsymbol{x}_n)},\boldsymbol{Ax}_n=\lambda_n\boldsymbol{x}_n,\boldsymbol{x}_n\neq0.$

记 $R(\boldsymbol{x})=\dfrac{(\boldsymbol{Ax},\boldsymbol{x})}{(\boldsymbol{x},\boldsymbol{x})},x\neq0$,称为矩阵 $\boldsymbol{A}$ 的瑞利(**Rayleigh**)商.

下面只证明(1). 由于 $\boldsymbol{A}$ 为实对称阵,可将 $\lambda_1,\lambda_2,\cdots,\lambda_n$ 对应的特征向量标准正交化,记对应的标准正交化后的特征向量是 $\boldsymbol{x}_1,\boldsymbol{x}_2,\cdots,\boldsymbol{x}_n$,则 $(\boldsymbol{x}_i,\boldsymbol{x}_j)=\delta_{ij}$. 设 $\boldsymbol{x}\neq0$ 为 $\mathbf{R}^n$ 中任一向量,则有展开式

$$\boldsymbol{x}=\sum_{i=1}^{n}\alpha_i\boldsymbol{x}_i,(\boldsymbol{x},\boldsymbol{x})=\sum_{i=1}^{n}\alpha_i^2\neq0,$$

于是

$$\frac{(\boldsymbol{Ax},\boldsymbol{x})}{(\boldsymbol{x},\boldsymbol{x})}=\frac{\sum\limits_{i=1}^{n}\lambda_i\alpha_i^2}{\sum\limits_{i=1}^{n}\alpha_i^2},$$

从而(1)成立.

4.1 特征值的估计

定义 4.2 设 $\boldsymbol{A}=(a_{ij})_{n\times n}$，令：

(1) $r_i=\sum\limits_{j=1,j\neq i}^{n}|a_{ij}|\ (i=1,2,\cdots,n)$，

(2) 集合 $D_i=\{z\,|\,|z-a_{ii}|\leqslant r_i, z\in C\}$，

称复平面上以 a_{ii} 为圆心，以 r_i 为半径的所有圆盘为 $\boldsymbol{A}$ 的格什戈林(**Gershgorin**)圆盘.

定理 4.4(Gershgorin 圆盘定理)

(1) 设 $\boldsymbol{A}=(a_{ij})_{n\times n}$，则 $\boldsymbol{A}$ 的每个特征值必属于下述某个圆盘之中

$$|\lambda-a_{ii}|\leqslant r_i, i=1,2,\cdots,n, \tag{4.4}$$

或者说，$\boldsymbol{A}$ 的特征值都在复平面上 n 个圆盘的并集中.

(2) 如果 $\boldsymbol{A}$ 有 m 个圆盘组成一个连通的并集 S，且 S 与余下的 $n-m$ 个圆盘是分离的，则 S 内恰好包含 $\boldsymbol{A}$ 的 m 个特征值.

特别地，如果 $\boldsymbol{A}$ 的一个圆盘 $\boldsymbol{D}_i$ 是与其他的圆盘分离的(即孤立圆盘)，则 $\boldsymbol{D}_i$ 中精确地包含 $\boldsymbol{A}$ 的一个特征值.

证明 只就(1)给出证明. 设 λ 为 $\boldsymbol{A}$ 的特征值，即

$$\boldsymbol{Ax}=\lambda\boldsymbol{x},$$

其中 $\boldsymbol{x}=(\boldsymbol{x}_1,\boldsymbol{x}_2,\cdots,\boldsymbol{x}_n)^{\mathrm{T}}\neq 0$.

记 $|\boldsymbol{x}_k|=\max\limits_{1\leqslant i\leqslant n}|\boldsymbol{x}_i|=\|\boldsymbol{x}\|_\infty\neq 0$，考虑 $\boldsymbol{Ax}=\lambda\boldsymbol{x}$ 的第 k 个方程，即

$$\sum_{j=1}^{n}a_{kj}\boldsymbol{x}_j=\lambda\boldsymbol{x}_k \text{ 或} (\lambda-a_{kk})\boldsymbol{x}_k=\sum_{j=1,j\neq k}^{n}a_{kj}\boldsymbol{x}_j,$$

于是

$$|\lambda-a_{kk}||\boldsymbol{x}_k|\leqslant\sum_{j=1,j\neq k}^{n}|a_{kj}||\boldsymbol{x}_j|\leqslant|\boldsymbol{x}_k|\sum_{j=1,j\neq k}^{n}|a_{kj}|,$$

即

$$|\lambda-a_{kk}|\leqslant\sum_{j\neq k}^{n}|a_{kj}|.$$

利用矩阵相似性质，有时可以获得 $\boldsymbol{A}$ 的特征值进一步的估计，即适当选择非奇异对角阵

$$\boldsymbol{D}^{-1}=\begin{pmatrix}\alpha_1^{-1} & & & \\ & \alpha_2^{-1} & & \\ & & \ddots & \\ & & & \alpha_n^{-1}\end{pmatrix},$$

做相似变换 $\boldsymbol{D}^{-1}\boldsymbol{AD}=\left(\dfrac{a_{ij}\alpha_j}{\alpha_i}\right)_{n\times n}$，适当选取 $\alpha_i(i=1,2,\cdots,n)$ 可使某些圆盘半径和连通性发生变化.

例 4.1　估计矩阵

$$A=\begin{pmatrix}4 & 1 & 0\\ 1 & 0 & -1\\ 1 & 1 & -4\end{pmatrix}$$

特征值的范围 .

解　矩阵 $\boldsymbol{A}$ 的 3 个圆盘是

$$D_1:|\lambda-4|\leqslant 1,D_2:|\lambda|\leqslant 2,D_3:|\lambda+4|\leqslant 2,$$

由 Gershgorin 圆盘定理可知 $\boldsymbol{A}$ 的 3 个特征值位于 3 个圆盘的并集中,由于$\boldsymbol{D}_1$ 是孤立圆盘,所以$\boldsymbol{D}_1$ 内恰好包含 $\boldsymbol{A}$ 的一个特征值(为实特征值),即

$$3\leqslant\lambda_1\leqslant 5,$$

$\boldsymbol{A}$ 的其他两个特征值 λ_2,λ_3 包含在$\boldsymbol{D}_2,\boldsymbol{D}_3$ 的并集中 .

现在选取

$$D^{-1}=\begin{pmatrix}1 & & \\ & 1 & \\ & & 0.9\end{pmatrix},$$

作相似变换

$$A\to A_1=D^{-1}AD=\begin{pmatrix}4 & 1 & 0\\ 1 & 0 & -\dfrac{10}{9}\\ 0.9 & 0.9 & -4\end{pmatrix}.$$

矩阵$\boldsymbol{A}_1$ 的 3 个圆盘是

$$\widehat{D}_1:|\lambda-4|\leqslant 1,\widehat{D}_2:|\lambda|\leqslant\frac{19}{9},\widehat{D}_3:|\lambda+4|\leqslant 1.8,$$

显然,3 个圆盘都是孤立圆盘,所以每个圆盘包含矩阵 $\boldsymbol{A}$ 的一个特征值(实特征值)且有估计

$$\begin{cases}3\leqslant\lambda_1\leqslant 5,\\ -\dfrac{19}{9}\leqslant\lambda_2\leqslant\dfrac{19}{9},\\ -5.8\leqslant\lambda_3\leqslant -2.2.\end{cases}$$

关于计算矩阵 $\boldsymbol{A}$ 的特征值问题,当 $n=2,3$ 时,可以按照行列式展开的办法来求特征方程 $p(\lambda)=0$ 的根,但是当 n 较大时,按照行列式展开的办法,工作量就非常大 . 因此还是需要研究求 $\boldsymbol{A}$ 的特征值及特征向量的数值方法 .

4.2　幂法及反幂法

幂法是一种计算矩阵主特征值及其对应特征向量的迭代方法,特别适用于大型稀疏矩阵. 反幂法是计算海森伯格(Hessenberg)矩阵或三对角阵的对应的一个给定近似特征值的特征向量的有效方法之一 .

4.2.1 幂法

设 $\boldsymbol{A}\in\mathbf{R}^{n\times n}$ 有一个完备的特征向量组(矩阵 $\boldsymbol{A}$ 有 n 个线性无关特征向量),其特征值是 $\lambda_1,\lambda_2,\cdots,\lambda_n$,相应的特征向量是 $\boldsymbol{x}_1,\boldsymbol{x}_2,\cdots,\boldsymbol{x}_n$. 特征值满足

$$|\lambda_1|\geqslant|\lambda_2|\geqslant\cdots\geqslant|\lambda_n|, \tag{4.5}$$

矩阵 $\boldsymbol{A}$ 按模最大的特征值 λ_1 称为主特征值(显然它是实根且 $\lambda_1\neq0$),对应的特征向量 $\boldsymbol{x}_1$ 称为主特征向量. 下面讨论求 λ_1 和 $\boldsymbol{x}_1$ 的办法.

幂法的基本思想是任取一个非零的初始向量 $\boldsymbol{v}^{(0)}$,利用矩阵 $\boldsymbol{A}$ 构造一个向量序列

$$\boldsymbol{v}^{(k+1)}=\boldsymbol{A}^{k+1}\boldsymbol{v}^{(0)},k=0,1,\cdots \tag{4.6}$$

称为迭代向量.

由假设,有

$$\boldsymbol{v}^{(0)}=\alpha_1\boldsymbol{x}_1+\alpha_2\boldsymbol{x}_2+\cdots+\alpha_n\boldsymbol{x}_n(\text{设 }\alpha_1\neq0),$$

于是

$$\boldsymbol{v}^{(k)}=\boldsymbol{A}^k\boldsymbol{v}^{(0)}=\alpha_1\lambda_1^k\boldsymbol{x}_1+\alpha_2\lambda_2^k\boldsymbol{x}_2+\cdots+\alpha_n\lambda_n^k\boldsymbol{x}_n=\lambda_1^k\left[\alpha_1\boldsymbol{x}_1+\sum_{i=2}^n\alpha_i\left(\frac{\lambda_i}{\lambda_1}\right)^k\boldsymbol{x}_i\right].$$

注意到 $\left|\dfrac{\lambda_i}{\lambda_1}\right|<1(i=2,3,\cdots,n)$,故

$$\lim_{k\to\infty}\frac{\boldsymbol{v}^{(k)}}{\lambda_1^k}=\alpha_1\boldsymbol{x}_1,$$

即 k 充分大时,$\boldsymbol{v}^{(k)}\approx\lambda_1^k\alpha_1\boldsymbol{x}_1$,即迭代向量 $\boldsymbol{v}^{(k)}$ 为特征值 λ_1 的特征向量的近似向量(除一个因子外).

应用幂法计算矩阵的主特征向量时,如果 $|\lambda_1|>1$ 或 $|\lambda_1|<1$ 时,迭代向量 $\boldsymbol{v}^{(k)}$ 的各个不等于零的分量将随 $k\to\infty$ 而趋于无穷(或趋于零). 为克服这个缺点,就需要将迭代向量加以规范化.

设有一向量 $\boldsymbol{v}\neq0$,将其规范化得到向量

$$\boldsymbol{u}=\frac{\boldsymbol{v}}{\max\{\boldsymbol{v}\}},$$

其中 $\max\{\boldsymbol{v}\}$ 表示向量 $\boldsymbol{v}$ 的绝对值最大的分量,即如果有

$$|\boldsymbol{v}_{i_0}|=\max_{1\leqslant i\leqslant n}|\boldsymbol{v}_i|,$$

则 $\max\{\boldsymbol{v}\}=\boldsymbol{v}_{i_0}$,且 i_0 为所有绝对值最大的分量中的最小下标.

现在开始构造幂法的迭代向量序列. 任取初始非零向量 $\boldsymbol{v}^{(0)}\in\mathbf{R}^n(\alpha_1\neq0)$[通常取 $\boldsymbol{v}^{(0)}=(1,1,\cdots,1)^{\mathrm{T}}$],构造序列:

$$\begin{cases}\boldsymbol{v}^{(1)}=\boldsymbol{A}\boldsymbol{u}^{(0)}=\boldsymbol{A}\boldsymbol{v}^{(0)}, & \boldsymbol{u}^{(1)}=\dfrac{\boldsymbol{v}^{(1)}}{\max\{\boldsymbol{v}^{(0)}\}}=\dfrac{\boldsymbol{A}\boldsymbol{v}^{(0)}}{\max\{\boldsymbol{A}\boldsymbol{v}^{(0)}\}},\\ \boldsymbol{v}^{(2)}=\boldsymbol{A}\boldsymbol{u}^{(1)}=\dfrac{\boldsymbol{A}^2\boldsymbol{v}^{(0)}}{\max\{\boldsymbol{A}\boldsymbol{v}^{(0)}\}}, & \boldsymbol{u}^{(2)}=\dfrac{\boldsymbol{v}^{(2)}}{\max\{\boldsymbol{v}^{(2)}\}}=\dfrac{\boldsymbol{A}^2\boldsymbol{v}^{(0)}}{\max\{\boldsymbol{A}^2\boldsymbol{v}^{(0)}\}},\\ \quad\vdots & \quad\vdots\\ \boldsymbol{v}^{(k)}=\dfrac{\boldsymbol{A}^k\boldsymbol{v}^{(0)}}{\max\{\boldsymbol{A}^{k-1}\boldsymbol{v}^{(0)}\}} & \boldsymbol{u}^{(k)}=\dfrac{\boldsymbol{A}^k\boldsymbol{v}^{(0)}}{\max\{\boldsymbol{A}^k\boldsymbol{v}^{(0)}\}}.\end{cases}$$

注意到

$$A^k v^{(0)} = \lambda_1^k \left[\alpha_1 x_1 + \sum_{i=2}^{n} \alpha_i \left(\frac{\lambda_i}{\lambda_1} \right)^k x_i \right],$$

$$u^{(k)} = \frac{A^k v^{(0)}}{\max\{A^k v^{(0)}\}} = \frac{\lambda_1^k \left[\alpha_1 x_1 + \sum_{i=2}^{n} \alpha_i \left(\frac{\lambda_i}{\lambda_1} \right)^k x_i \right]}{\max\left\{ \lambda_1^k \left[\alpha_1 x_1 + \sum_{i=2}^{n} \alpha_i \left(\frac{\lambda_i}{\lambda_1} \right)^k x_i \right] \right\}}$$

$$= \frac{\alpha_1 x_1 + \sum_{i=2}^{n} \alpha_i \left(\frac{\lambda_i}{\lambda_1} \right)^k x_i}{\max\left\{ \alpha_1 x_1 + \sum_{i=2}^{n} \alpha_i \left(\frac{\lambda_i}{\lambda_1} \right)^k x_i \right\}} \rightarrow \frac{x_1}{\max\{x_1\}} (k \rightarrow \infty),$$

这表明规范化向量序列收敛到主特征值对应的特征向量.

同理,可得到

$$v^{(k)} = \frac{A^k v^{(0)}}{\max\{A^{k-1} v^{(0)}\}} = \frac{\lambda_1^k \left[\alpha_1 x_1 + \sum_{i=2}^{n} \alpha_i \left(\frac{\lambda_i}{\lambda_1} \right)^k x_i \right]}{\max\left\{ \lambda_1^{k-1} \left[\alpha_1 x_1 + \sum_{i=2}^{n} \alpha_i \left(\frac{\lambda_i}{\lambda_1} \right)^{k-1} x_i \right] \right\}},$$

$$\max(v^{(k)}) = \frac{\lambda_1 \max\left\{ \alpha_1 x_1 + \sum_{i=2}^{n} \alpha_i \left(\frac{\lambda_i}{\lambda_1} \right)^k x_i \right\}}{\max\left\{ \alpha_1 x_1 + \sum_{i=2}^{n} \alpha_i \left(\frac{\lambda_i}{\lambda_1} \right)^{k-1} x_i \right\}} = \lambda_1 \left[1 + o\left(\left| \frac{\lambda_2}{\lambda_1} \right|^k \right) \right] \rightarrow \lambda_1 (k \rightarrow \infty).$$

迭代收敛的快慢取决于比值 $\left| \frac{\lambda_2}{\lambda_1} \right|$.

定理 4.5 设 $A \in \mathbf{R}^{n \times n}$ 有 n 个线性无关特征向量,主特征值 λ_1 满足 $|\lambda_1| \geqslant |\lambda_2| \geqslant \cdots \geqslant |\lambda_n|$,则对任意非零初始向量 $v^{(0)} = u^{(0)}$ $(\alpha_1 \neq 0)$,对于 $k = 1, 2, \cdots$,按照下述方法构造向量序列 $\{u^{(k)}\}$,$\{v^{(k)}\}$:

$$\begin{cases} v^{(0)} = u^{(0)} \neq 0, \\ v^{(k)} = A u^{(k-1)}, \\ \mu_k = \max\{v^{(k)}\}, \\ u^{(k)} = \dfrac{v^{(k)}}{\mu_k}, \end{cases}$$

则有:

(1) $\lim\limits_{k \rightarrow \infty} u^{(k)} = \dfrac{x_1}{\max\{x_1\}}$;

(2) $\lim\limits_{k \rightarrow \infty} \mu_k = \lambda_1$.

例 4.2 用幂法计算矩阵

$$A=\begin{pmatrix}1.0 & 1.0 & 0.5\\ 1.0 & 1.0 & 0.25\\ 0.5 & 0.25 & 2.0\end{pmatrix}$$

的主特征值和相应的特征向量.

解 计算过程见表 4.1.

表 4.1 例 4.2 计算过程

k	$\boldsymbol{\mu}_k^{\mathrm{T}}$(规范化向量)	$\max\{\boldsymbol{v}^{(k)}\}$
0	(1 1 1)	
1	(0.9091 0.8182 1)	2.7500000
5	(0.7651 0.6674 1)	2.5587918
10	(0.7494 0.6497 1)	2.5380029
15	(0.7483 0.6508 1)	2.5366256
16	(0.7483 0.6497 1)	2.5365840
17	(0.7482 0.6497 1)	2.5365598
18	(0.7482 0.6497 1)	2.5365456
19	(0.7482 0.6497 1)	2.5365374
20	(0.7482 0.6497 1)	2.5365323

于是得到

$$\lambda_1\approx 2.5365323,$$

相应的特征向量为

$$\tilde{\boldsymbol{x}}_1=(0.7482,0.6497,1)^{\mathrm{T}}.$$

幂法的 MATLAB 代码

编辑器窗口输入:

```
function[m,u,index,k]=pow(A,ep,it_max)
%求矩阵最大特征值的幂法,其中
% A 为矩阵;
% ep 为精度要求,缺省为 1e-5;
% it_max 为最大迭代次数,缺省为 100;
%m 为绝对值最大的特征值;
%u 为对应最大特征值的特征向量;
% index,当 index=1 时,迭代成功,当 index=0 时,迭代失败
if nargin<4
    it_max=100;
end
if nargin<3
    ep=1e-5;
end
n=length(A);
```

```
u=ones(n,1);%初始化
index=0;
k=0;
m1=0;
m0=0.01;
%修改移位参数,原点移位法加速收敛,为 0 时,即为幂法
I=eye(n);
T=A-m0*I;
%幂法实现过程
while k<=it_max
    v=T*u;
%规范化
    [vmax,i]=max(abs(v));
    m=v(i);
    u=v/m;
    if abs(m-m1)<ep
       index=1;
       break;
    end
    m=m+m0;
    m1=m;
    k=k+1;
  end
```

命令行窗口输入:

```
A=[1.0,1.0,0.5;1.0,1.0,0.25;0.5,0.25,2.0];
[m,u,index,k]=pow(A,1.0e-3,100)
```

4.2.2　反幂法

反幂法用来计算矩阵按模最小的特征值及其特征向量,也可用来计算对应一个给定近似特征值的特征向量.

设 $\boldsymbol{A}\in\mathbf{R}^{n\times n}$ 为非奇异矩阵,它的特征值次序记为

$$|\lambda_1|\geqslant|\lambda_2|\geqslant\cdots\geqslant|\lambda_n|>0,$$

相应的特征向量为 $\boldsymbol{x}_1,\boldsymbol{x}_2,\cdots,\boldsymbol{x}_n$,则 A^{-1} 的特征值为

$$\left|\frac{1}{\lambda_n}\right|\geqslant\left|\frac{1}{\lambda_{n-1}}\right|\geqslant\cdots\geqslant\left|\frac{1}{\lambda_1}\right|,$$

对应的特征向量为

$$\boldsymbol{x}_n,\boldsymbol{x}_{n-1},\cdots,\boldsymbol{x}_1,$$

因此计算 $\boldsymbol{A}$ 的按模最小的特征值 λ_n 的问题就是计算$\boldsymbol{A}^{-1}$ 的按模最大的特征值的问题.

对于A^{-1}应用幂法迭代(称为反幂法),可求得矩阵A^{-1}的主特征值$\frac{1}{\lambda_n}$,从而求得A的按模最小的特征值λ_n.

反幂法迭代公式表示如下:

任取初始向量$v^{(0)}=u^{(0)}\neq 0$,对于$k=1,2,\cdots$,构造向量序列$\{u^{(k)}\}$,$\{v^{(k)}\}$:

$$\begin{cases} v^{(k)}=Au^{(k-1)}, \\ u^{(k)}=\dfrac{v^{(k)}}{\max\{v^{(k)}\}}. \end{cases}$$

迭代向量$v^{(k)}$可通过解线性方程组

$$Av^{(k)}=u^{(k-1)}$$

求得.

定理 4.6 设$A\in\mathbf{R}^{n\times n}$为非奇异矩阵且有$n$个线性无关的特征向量,对应的特征值满足

$$|\lambda_1|\geqslant|\lambda_2|\geqslant\cdots\geqslant|\lambda_n|>0.$$

对于任意初始非零向量$u^{(0)}(\alpha_n\neq 0)$,由反幂法构造的向量序列$\{v^{(k)}\}$,$\{u^{(k)}\}$满足:

(1) $\lim\limits_{k\to\infty} u^{(k)}=\dfrac{x_n}{\max\{x_n\}}$;

(2) $\lim\limits_{k\to\infty}\max\{v^{(k)}\}=\dfrac{1}{\lambda_n}$.

迭代收敛的快慢取决于比值$\left|\dfrac{\lambda_n}{\lambda_{n-1}}\right|$.

反幂法的 MATLAB 代码

编辑器窗口:

```
function[m,u,index,k]=pow_inv(A,ep,it_max)
%求矩阵最大特征值的反幂法
% A 为矩阵;
% ep 为精度要求,缺省为 1e-5;
% it_max 为最大迭代次数,缺省为 100;
% m 为绝对值最大的特征值;
% u 为对应最大特征值的特征向量;
% index,当 index=1 时,迭代成功,当 index=0 时,迭代失败
if nargin<4
    it_max=100;
end
if nargin<3
    ep=1e-5;
end
n=length(A);
u=ones(n,1);%初始化
index=0;
```

```
k=0;
m1=0;
m0=0;
%修改移位参数,原点移位法加速收敛,为 0 时,即为反幂法
I=eye(n);
T=A-m0*I;
invT=inv(T);
while k<=it_max
    v=invT*u;
  [vmax,i]=max(abs(v));
  m=v(i);
  u=v/m;
  if abs(m-m1)<ep
      index=1;
      break;
  end
  m1=m;
  k=k+1;
end
m=1/m;
m=m+m0;
```

命令行窗口输入:

```
A=[1.0,1.0,0.5;1.0,1.0,0.25;0.5,0.25,2.0];
[m,u,index,k]=pow_inv(A,1e-5,100)
```

4.3 Householder 变换

定义 4.3　设 $\boldsymbol{w}\in\mathbf{R}^n$ 且 $\|\boldsymbol{w}\|_2^2=\boldsymbol{w}^{\mathrm{T}}\boldsymbol{w}=1$,称矩阵

$$\boldsymbol{H}(\boldsymbol{w})=\boldsymbol{E}-2\boldsymbol{w}\boldsymbol{w}^{\mathrm{T}} \tag{4.7}$$

称为 Householder 变换,也称为 Householder 矩阵,也称为初等反射阵.

关于 Householder 矩阵,有如下性质:

(1) $\boldsymbol{H}$ 是对称阵,即 $\boldsymbol{H}^{\mathrm{T}}=\boldsymbol{H}$;

(2) $\boldsymbol{H}$ 是正交阵,即 $\boldsymbol{H}^{\mathrm{T}}=\boldsymbol{H}^{-1}$;

(3) 若 $\boldsymbol{A}^{\mathrm{T}}=\boldsymbol{A}$,则 $\boldsymbol{H}^{-1}\boldsymbol{A}\boldsymbol{H}=\boldsymbol{H}\boldsymbol{A}\boldsymbol{H}$ 也是对称阵;

(4) $\|\boldsymbol{H}\boldsymbol{x}\|_2=\|\boldsymbol{x}\|_2$.

下面只证明 $\boldsymbol{H}$ 的正交性.

$\boldsymbol{H}^{\mathrm{T}}\boldsymbol{H}=\boldsymbol{H}^2=(\boldsymbol{E}-2\boldsymbol{w}\boldsymbol{w}^{\mathrm{T}})(\boldsymbol{E}-2\boldsymbol{w}\boldsymbol{w}^{\mathrm{T}})=\boldsymbol{E}-4\boldsymbol{w}\boldsymbol{w}^{\mathrm{T}}+4\boldsymbol{w}(\boldsymbol{w}^{\mathrm{T}}\boldsymbol{w})\boldsymbol{w}^{\mathrm{T}}=\boldsymbol{E}$.

设向量 $\boldsymbol{u}\neq 0$,则显然有

$$H(w)=E-2\frac{uu^{\mathrm{T}}}{\|u\|_2^2}$$

是一个 Householder 矩阵.

下面考察 Householder 矩阵的几何意义.

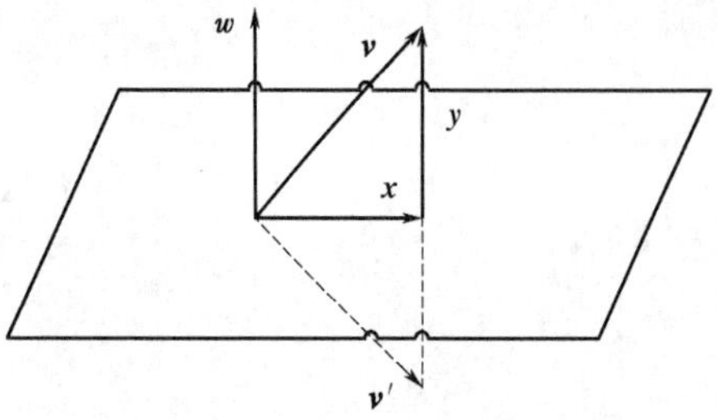

图 4.1 Householder 矩阵示意图

如图 4.1 所示,考虑以 w 为法向量且过原点 O 的超平面 $S:w^{\mathrm{T}}x=0$. 设任意向量 $v\in\mathbf{R}^n$,则 $v=x+y$,其中 $x\in S,y\in S^{\perp}$,于是

$$Hx=(E-2ww^{\mathrm{T}})x=x-2w(w^{\mathrm{T}}x)=x,$$

对于 $y\in S^{\perp}$,易知 $Hy=-y$,从而对任意 $v\in\mathbf{R}^n$,总有

$$Hv=x-y=v',$$

其中 v' 是 v 关于平面 S 的镜面反射. 故 $H(w)=E-2ww^{\mathrm{T}}$ 也称为初等反射阵. 另外从几何意义上看,Householder 变换的性质(4) $\|Hx\|_2=\|x\|_2$ 是显然的.

Hoseholder 矩阵在计算上的意义是它能来约化矩阵,比如设向量 $x\neq0$,可以选择一个 Householder 变换使得 $Hx=\sigma e_1,e_1=(1,0,\cdots,0)^{\mathrm{T}}$,为此先给出下面的一个结果.

定理 4.7 设 x 和 y 为两个不相等的 n 维向量,$\|x\|_2=\|y\|_2$,则存在一个 Householder 矩阵 H 使得 $Hx=y$.

证明 令 $w=\dfrac{x-y}{\|x-y\|_2}$,得到一个 Householder 矩阵

$$H=E-2ww^{\mathrm{T}}=E-2\frac{x-y}{\|x-y\|_2^2}(x^{\mathrm{T}}-y^{\mathrm{T}}),$$

且

$$Hx=x-2\frac{x-y}{\|x-y\|_2^2}(x^{\mathrm{T}}-y^{\mathrm{T}})x=x-2\frac{(x-y)(x^{\mathrm{T}}x-y^{\mathrm{T}}x)}{\|x-y\|_2^2}.$$

注意到

$$\|x-y\|_2^2=(x-y)^{\mathrm{T}}(x-y)=2(x^{\mathrm{T}}x-y^{\mathrm{T}}x),$$

所以

$$Hx=x-(x-y)=y.$$

定理 4.8(约化定理) 设 $x=(x_1,x_2,\cdots,x_n)^{\mathrm{T}}\neq0$,则存在 Householder 矩阵 H 使得 $Hx=-\sigma e_1$,其中

$$\begin{cases}H=E-\beta^{-1}uu^{\mathrm{T}},\\ \sigma=\mathrm{sgn}(x_1)\|x\|_2,\\ u=x+\sigma e_1,\\ \beta=\dfrac{1}{2}\|u\|_2^2=\sigma(\sigma+x_1).\end{cases}\tag{4.8}$$

证明 记 $y=-\sigma e_1$,设 $x\neq y$,取 $\sigma=\pm\|x\|_2$,则有 $\|x\|_2=\|y\|_2$. 于是由上述定理可知,存在矩阵 H:

$$\boldsymbol{H}=\boldsymbol{E}-2\boldsymbol{w}\boldsymbol{w}^{\mathrm{T}},$$

其中 $\boldsymbol{w}=\dfrac{\boldsymbol{x}+\sigma\boldsymbol{e}_1}{\|\boldsymbol{x}+\sigma\boldsymbol{e}_1\|_2}$,使得 $\boldsymbol{Hx}=\boldsymbol{y}=-\sigma\boldsymbol{e}_1$.

记 $\boldsymbol{u}=\boldsymbol{x}+\sigma\boldsymbol{e}_1=(\boldsymbol{u}_1,\boldsymbol{u}_2,\cdots,\boldsymbol{u}_n)^{\mathrm{T}}$,于是

$$\boldsymbol{H}(\boldsymbol{w})=\boldsymbol{E}-2\frac{\boldsymbol{u}\boldsymbol{u}^{\mathrm{T}}}{\|\boldsymbol{u}\|_2^2}=\boldsymbol{E}-\beta^{-1}\boldsymbol{u}\boldsymbol{u}^{\mathrm{T}},$$

其中 $\boldsymbol{u}=(x_1+\sigma,x_2,\cdots,x_n)^{\mathrm{T}},\beta=\dfrac{1}{2}\|\boldsymbol{u}\|_2^2$. 显然

$$\beta=\frac{1}{2}\|\boldsymbol{u}\|_2^2=\frac{1}{2}[(x_1+\sigma)^2+x_2^2+\cdots+x_n^2]=\sigma(\sigma+x_1).$$

如果 σ 与 x_1 异号,则计算 $\sigma+x_1$ 时有效数字可能损失,故取 σ 与 x_1 有相同的符号,即取

$$\sigma=\operatorname{sgn}(x_1)\|\boldsymbol{x}\|_2,$$

其中

$$\operatorname{sgn}(x_1)=\begin{cases}1, & x_1>0,\\ -1, & x_1>0.\end{cases}$$

另外,在计算 σ 时,有可能发生溢出,为了避免溢出,可以将 $\boldsymbol{x}$ 规范化

$$d=\|\boldsymbol{x}\|_\infty,\boldsymbol{x}'=\frac{\boldsymbol{x}}{d}\quad(设\ d\neq0).$$

则有 H' 使得 $\boldsymbol{H}'x'=-\sigma'e_1$,其中

$$\begin{cases}\boldsymbol{H}'=\boldsymbol{E}-(\beta')^{-1}\boldsymbol{u}'\boldsymbol{u}'^{\mathrm{T}},\\ \sigma'=\dfrac{\sigma}{d},\boldsymbol{u}'=\dfrac{\boldsymbol{u}}{d},\beta'=\dfrac{\beta}{d^2},\\ \boldsymbol{H}'=\boldsymbol{H}.\end{cases}$$

例 4.3　设 $\boldsymbol{x}=(3,5,1,1)^{\mathrm{T}}$,则 $\|\boldsymbol{x}\|_2=6$,取 $\sigma=6,\boldsymbol{u}=\boldsymbol{x}+\sigma\boldsymbol{e}_1=(9,5,1,1)^{\mathrm{T}}$,有

$$\|\boldsymbol{u}\|_2^2=108,\beta=\frac{1}{2}\|\boldsymbol{u}\|_2^2=54,$$

$$\boldsymbol{H}=\boldsymbol{E}-\beta^{-1}\boldsymbol{u}\boldsymbol{u}^{\mathrm{T}}=\frac{1}{54}\begin{pmatrix}-27 & -45 & -9 & -9\\ -45 & -29 & -5 & -5\\ -9 & -5 & 53 & -1\\ -9 & -5 & -1 & 53\end{pmatrix}.$$

直接验证可知 $\boldsymbol{Hx}=(-6,0,0,0)^{\mathrm{T}}$.

Householder 变换的 MATLAB 代码

编辑器窗口输入:

```
function [H,v,beta]=householder(x)
% x 是个大小为 n*1 的向量
%v 和 beta:是构造 H 矩阵的参数
% H 是 hoseholder 矩阵.H=I-beta*v*v'
```

```
%推导参数 v 和 beta
v=zeros(size(x));
beta=zeros(size(x));
%算法开始
x_len=length(x);
x_max=max(abs(x));
x=x./x_max;%规范化
zgama=x(2:end)' * x(2:end);
v(1)=1;
v(2:end)=x(2:end);
if zgama==0
   beta=0;
else
   alpha=sqrt(x(1)^2+zgama);
   %分情况进行讨论
   if x(1)<=0
       v(1)=x(1)-alpha;
   else
       %v(1)=-zgama./(x(1)+alpha);
   v(1)=  x(1)+alpha;
   end
   beta=2 * v(1)^2./(zgama+v(1)^2);
   v=v./v(1);
end
%beta=2./(v' * v);
H=eye(x_len,x_len)-beta * v * v';
end
```

命令行窗口输入:

```
x=[3;5;1;1];
[H,v,beta]=householder(x)
```

4.4 Givens 变换

对某个实数 θ,记 $c=\cos\theta,s=\sin\theta$,矩阵

$$\boldsymbol{J}(\theta)=\begin{pmatrix}\cos\theta & \sin\theta\\ -\sin\theta & \cos\theta\end{pmatrix}=\begin{pmatrix}c & s\\ -s & c\end{pmatrix}$$

是 2×2 正交矩阵. 设 $\boldsymbol{x},\boldsymbol{y}\in\mathbf{R}^2,\boldsymbol{x}=(x_1,x_2)^{\mathrm{T}},\boldsymbol{y}=(y_1,y_2)^{\mathrm{T}}$,则变换 $\boldsymbol{y}=\boldsymbol{J}(\theta)x$,即

$$\begin{pmatrix}y_1\\ y_2\end{pmatrix}=\begin{pmatrix}\cos\theta & \sin\theta\\ -\sin\theta & \cos\theta\end{pmatrix}\begin{pmatrix}x_1\\ x_2\end{pmatrix}$$

表示将向量 $\boldsymbol{x}$ 顺时针旋转 θ 角得到的向量 $\boldsymbol{y}$ 推广到 $n\times n$ 情形.

$$\boldsymbol{J}\equiv\boldsymbol{J}(i,j,\theta)\equiv\boldsymbol{J}(i,j)=\begin{pmatrix}1&&&&&&&&&\\&\ddots&&&&&&&&\\&&1&&&&&&&\\&&&c&&&s&&&\\&&&&1&&&&&\\&&&\vdots&&\ddots&\vdots&&&\\&&&&&1&&&&\\&&&-s&&&c&&&\\&&&&&&&1&&\\&&&&&&&&\ddots&\\&&&&&&&&&1\end{pmatrix}\begin{matrix}\\ \\ \\ i\\ \\ \\ \\ j\\ \\ \\ \\ \end{matrix}$$

称为 $n\times n$ 的 Givens 矩阵或 Givens 变换,或称旋转矩阵($\mathbf{R}^n$ 中平面 $\{x_i,x_j\}$ 的旋转变换).

显然 $\boldsymbol{J}(i,j,\theta)$ 具有性质:

(1) $\boldsymbol{J}$ 与单位阵 $\boldsymbol{E}$ 只是在 (i,i), (i,j), (j,i), (j,j) 位置元素不同,其他相同.

(2) $\boldsymbol{J}$ 是正交阵($\boldsymbol{J}^{-1}=\boldsymbol{J}^{\mathrm{T}}$).

(3) 设 $\boldsymbol{x}$ 是 n 维列向量,则 $\boldsymbol{J}(i,j)\boldsymbol{x}$ 只改变 $\boldsymbol{x}$ 的第 i 个和第 j 个分量.

(4) 设 $\boldsymbol{A}$ 是 n 阶矩阵,则 $\boldsymbol{J}(i,j)\boldsymbol{A}$ 只改变矩阵 $\boldsymbol{A}$ 的第 i 行和第 j 行. 若记

$$\boldsymbol{A}'=(a'_{ij})=\boldsymbol{J}(i,j)\boldsymbol{A},$$

则

$$\begin{pmatrix}a'_{il}\\a'_{jl}\end{pmatrix}=\begin{pmatrix}c&s\\-s&c\end{pmatrix}\begin{pmatrix}a_{il}\\a_{jl}\end{pmatrix},l=1,2,\cdots,n.$$

(5) 设 $\boldsymbol{A}$ 是 n 阶矩阵,则 $\boldsymbol{AJ}(i,j)$ 只改变矩阵 $\boldsymbol{A}$ 的第 i 列和第 j 列. 若记

$$\boldsymbol{A}'=(a'_{ij})=\boldsymbol{AJ}(i,j),$$

则

$$(a'_{li}\quad a'_{lj})=(a_{li}\quad a_{lj})\begin{pmatrix}c&s\\-s&c\end{pmatrix},l=1,2,\cdots,n.$$

利用平面旋转变换,可以使向量 $\boldsymbol{x}$ 中的指定元素变为零.

定理 4.9(约化定理)　设 $\boldsymbol{x}=(x_1,\cdots,x_i,\cdots,x_j,\cdots,x_n)^{\mathrm{T}}$,其中 x_i,x_j 不全为零,则可选平面旋转矩阵 $\boldsymbol{J}(i,j,\theta)$ 使

$$\boldsymbol{J}(i,j,\theta)\boldsymbol{x}=(x_1,\cdots,x'_i,\cdots,0,\ \cdots,x_n)^{\mathrm{T}},$$

其中 $x'_i=\sqrt{x_i^2+x_j^2}$, $\theta=\arctan\left(\dfrac{x_j}{x_i}\right)$.

证明　取 $c=\cos\theta=\dfrac{x_i}{x'_i}$, $s=\sin\theta=\dfrac{x_j}{x'_i}$,注意到

$$\boldsymbol{J}(i,j,\theta)\boldsymbol{x}=(x_1,\cdots,x'_i,\cdots,x_n)^{\mathrm{T}},$$

利用矩阵乘法,显然有

$$\begin{cases} x_i' = cx_i + sx_j, \\ x_j' = -sx_i + cx_j, k \neq i, j, \\ x_k' = x_k, \end{cases} \tag{4.9}$$

于是由 c,s 的取法得到

$$x_i' = \sqrt{x_i^2 + x_j^2}, x_j' = 0, \theta = \arctan\left(\frac{x_j}{x_i}\right).$$

例 4.4 已知 $\boldsymbol{x} = (1,2,3,4)^{\mathrm{T}}$,求 Givens 矩阵 $\boldsymbol{J}(2,4,\theta)$,使得 $\boldsymbol{J}(2,4,\theta)x$ 的第 4 个分量为零.

解 取 $i=2, j=4, x_2' = 2\sqrt{5}$,从而 $c = \frac{1}{\sqrt{5}}, s = \frac{2}{\sqrt{5}}$,从而 Givens 矩阵为

$$\boldsymbol{J}(2,4,\theta) = \begin{pmatrix} 1 & 0 & 0 & 0 \\ 0 & \frac{1}{\sqrt{5}} & 0 & \frac{2}{\sqrt{5}} \\ 0 & 0 & 1 & 0 \\ 0 & -\frac{2}{\sqrt{5}} & 0 & \frac{1}{\sqrt{5}} \end{pmatrix}.$$

显然有

$$\boldsymbol{J}(2,4,\theta)\boldsymbol{x} = \begin{pmatrix} 1 \\ 2\sqrt{5} \\ 3 \\ 0 \end{pmatrix}$$

4.5 矩阵分解

4.5.1 QR 分解

定理 4.10 设 $\boldsymbol{A} \in \mathbf{R}^{n \times n}$ 非奇异,则存在正交矩阵 $\boldsymbol{P}$,使得 $\boldsymbol{PA} = \boldsymbol{R}$,其中 $\boldsymbol{R}$ 为上三角阵.

要证明该定理,只要对给定的非奇异矩阵 $\boldsymbol{A}$,给出正交矩阵 $\boldsymbol{P}$ 的构造方法. 下面给出两种方法作出正交矩阵 $\boldsymbol{P}$,使得 $\boldsymbol{PA}$ 为上三角阵.

方法一:采用 Givens 变换.

第 1 步约化. 由假设存在 $j(j=1,2,\cdots,n)$ 使得 $a_{j1} \neq 0$,则可选择 Givens 矩阵 $\boldsymbol{J}(1,j)$,将 a_{j1} 处的元素变为零. 若 $a_{j1} \neq 0 (j=2,\cdots,n)$,则存在 $\boldsymbol{J}(1,j)$ 使得

$$\boldsymbol{J}(1,n)\cdots\boldsymbol{J}(1,2)\boldsymbol{A} = \begin{pmatrix} r_{11} & r_{12} & \cdots & r_{1n} \\ & a_{22}^{(2)} & \cdots & a_{2n}^{(2)} \\ & \vdots & & \vdots \\ & a_{n2}^{(2)} & \vdots & a_{nn}^{(2)} \end{pmatrix} \equiv \boldsymbol{A}(2),$$

简记为$\boldsymbol{P}_1\boldsymbol{A}=\boldsymbol{A}^{(2)}$，$\boldsymbol{P}_1=\boldsymbol{J}(1,n)\cdots\boldsymbol{J}(1,2)$.

第 k 步约化．设上述过程已经完成第 1 步到第 $k-1$ 步，于是有

$$\boldsymbol{P}_{k-1}\cdots\boldsymbol{P}_2\boldsymbol{P}_1=\begin{pmatrix} r_{11} & r_{12} & \cdots & r_{1k} & \cdots & r_{1n} \\ & r_{22} & \cdots & r_{2k} & \cdots & r_{2n} \\ & & \ddots & \vdots & & \vdots \\ & & & a_{kk}^{(k)} & \cdots & a_{kn}^{(k)} \\ & & & \vdots & & \vdots \\ & & & a_{nk}^{(k)} & & a_{nn}^{(k)} \end{pmatrix}\equiv\boldsymbol{A}^{(k)}.$$

由假设存在 $j(k\leqslant j\leqslant n)$ 使得 $a_{jk}^{(k)}\neq 0$，若 $a_{jk}^{(k)}\neq 0(j=k+1,\cdots,n)$，则可选择 Givens 矩阵 $\boldsymbol{J}(k,j)(j=k+1,\cdots,n)$，使得

$$\boldsymbol{P}_k\boldsymbol{A}^{(k)}=\boldsymbol{J}(k,n)\cdots\boldsymbol{J}(k,k+1)\boldsymbol{A}^{(k)}=\boldsymbol{P}_k\boldsymbol{P}_{k-1}\cdots\boldsymbol{P}_2\boldsymbol{P}_1\boldsymbol{A}=\boldsymbol{A}^{(k+1)},$$

其中$\boldsymbol{P}_k=\boldsymbol{J}(k,n)\cdots\boldsymbol{J}(k,k+1)\boldsymbol{A}^{(k)}$.

继续上述约化过程，最后有

$$\boldsymbol{P}_n\cdots\boldsymbol{P}_2\boldsymbol{P}_1\boldsymbol{A}=\boldsymbol{R}.$$

令

$$\boldsymbol{P}=\boldsymbol{P}_n\cdots\boldsymbol{P}_2\boldsymbol{P}_1,$$

则它是正交矩阵，有 $\boldsymbol{PA}=\boldsymbol{R}$.

方法二：采用 Householder 变换．

记$\boldsymbol{A}^{(0)}=\boldsymbol{A}$，它的第一列记为$\boldsymbol{a}_1^{(0)}$，则$\boldsymbol{a}_1^{(0)}\neq 0$，由式(4.8)存在矩阵$\boldsymbol{H}_1\in\mathbf{R}^{n\times n}$，$\boldsymbol{H}_1=\boldsymbol{E}-\boldsymbol{\beta}_1^{-1}\boldsymbol{u}_1\boldsymbol{u}_1^{\mathrm{T}}$，使得

$$\boldsymbol{H}_1\boldsymbol{a}_1^{(0)}=-\sigma_1 e_1,\ e_1=(1,0,\cdots,0)^{\mathrm{T}}\in\mathbf{R}^n.$$

于是

$$\boldsymbol{A}^{(1)}=\boldsymbol{H}_1\boldsymbol{A}^{(0)}=(\boldsymbol{H}_1\boldsymbol{a}_1^{(0)},\boldsymbol{H}_1\boldsymbol{a}_2^{(0)},\cdots,\boldsymbol{H}_1\boldsymbol{a}_n^{(0)})=\begin{pmatrix} -\sigma_1 & \boldsymbol{b}^{(1)} \\ \boldsymbol{0} & \overline{\boldsymbol{A}}^{(1)} \end{pmatrix}.$$

一般地，设

$$\boldsymbol{A}^{(j-1)}=\begin{pmatrix} \boldsymbol{D}^{(j-1)} & \boldsymbol{B}^{(j-1)} \\ \boldsymbol{0} & \overline{\boldsymbol{A}}^{(j-1)} \end{pmatrix},$$

其中$\boldsymbol{D}^{(j-1)}$为 $j-1$ 阶方阵，其对角线以下的元素均为零．$\overline{\boldsymbol{A}}^{(j-1)}$为 $n-j+1$ 阶方阵，设其第一列为 $\boldsymbol{a}_1^{(j-1)}$，可选择 $n-j$ 阶 Householder 矩阵$\overline{\boldsymbol{H}}_j\in\mathbf{R}^{(n-j)\times(n-j)}$，使得

$$\overline{\boldsymbol{H}}_j\boldsymbol{a}_1^{(j-1)}=-\sigma_j\boldsymbol{e}_1,\ \boldsymbol{e}_1=(1,0,\cdots,0)^{\mathrm{T}}\in\mathbf{R}^{n-j+1}.$$

根据$\overline{\boldsymbol{H}}_j\in\boldsymbol{R}^{(n-j)\times(n-j)}$构造 $n\times n$ 阶的变换矩阵$\boldsymbol{H}_j$ 为

$$\boldsymbol{H}_j=\begin{pmatrix} \boldsymbol{E}_{j-1} & \boldsymbol{0} \\ \boldsymbol{0} & \overline{\boldsymbol{H}}_j \end{pmatrix},$$

于是有

$$A^{(j)}=H_jA^{(j-1)}=\begin{pmatrix}D^{(j)} & B^{(j)}\\ 0 & \overline{A}_j\end{pmatrix},$$

它和$A^{(j-1)}$有类似形式，只是$D^{(j)}$为j阶方阵，其对角线以下的元素为零．这样经过$n-1$步运算得到

$$H_{n-1}\cdots H_2H_1A=A^{(n-1)}=R.$$

令$P=H_{n-1}\cdots H_2H_1$，则P是正交阵且$PA=R$.

定理 4.11（QR 分解定理） 设$A\in\mathbf{R}^{n\times n}$非奇异，则存在正交矩阵$Q$与上三角阵$R$，使得

$$A=QR$$

且当R的对角线元素为正时，这种分解是唯一的．

证明 由上述定理可知，只要令$Q=P^{\mathrm{T}}$，就有$A=QR$. 下面证明唯一性．假设存在两种分解

$$A=Q_1R_1=Q_2R_2,$$

其中Q_1,Q_2为正交矩阵，R_1和R_2为对角元素均为正的上三角阵，则

$$A^{\mathrm{T}}A=R_1^{\mathrm{T}}Q_1^{\mathrm{T}}Q_1R_1=R_1^{\mathrm{T}}R_1,$$

$$A^{\mathrm{T}}A=R_2^{\mathrm{T}}Q_2^{\mathrm{T}}Q_2R_2=R_2^{\mathrm{T}}R_2.$$

由假设及对称正定阵$A^{\mathrm{T}}A$的 Cholesky 分解的唯一性，得到$R_1=R_2$，从而$Q_1=Q_2$.

定理中如果不规定R的对角元为正，则分解不是唯一的．一般按照 Givens 变换或 Householder 变换作出的分解$A=QR$，R的对角线上的元素不一定是正的，设上三角阵$R=(r_{ij})$，只要令

$$D=\mathrm{diag}\left(\frac{r_{11}}{|r_{11}|},\frac{r_{22}}{|r_{22}|},\cdots,\frac{r_{nn}}{|r_{nn}|}\right),$$

则$\overline{Q}=QD$为正交阵，$\overline{R}=D^{-1}R$是对角元为$|r_{ii}|$的上三角阵，这样$A=\overline{Q}\,\overline{R}$便是符合定理要求的唯一的 QR 分解．

例 4.5 求矩阵$A=\begin{pmatrix}4&4&0\\3&3&-1\\0&1&1\end{pmatrix}$的 QR 分解，使$R$的对角元为正．

解 方法一：采用 Givens 变换．

注意到矩阵A的第一列为$(4,3,0)^{\mathrm{T}}$，按照式(4.9)有

$$J(1,2)=\begin{pmatrix}\frac{4}{5}&\frac{3}{5}&0\\-\frac{3}{5}&\frac{4}{5}&0\\0&0&1\end{pmatrix},J(1,2)A=\begin{pmatrix}5&5&-\frac{3}{5}\\0&0&-\frac{4}{5}\\0&1&1\end{pmatrix}.$$

$J(1,2)A$第 1 列对角线一下元素全为零．所以$P_1=J(1,2)$. $J(1,2)A$第 2 列后两个元素为 0 和 1，按照式(4.9)可计算

$$P_2=J(2,3)=\begin{pmatrix}1&0&0\\0&0&1\\0&-1&1\end{pmatrix},P_2P_1A=\begin{pmatrix}5&5&-\frac{3}{5}\\0&1&1\\0&0&\frac{4}{4}\end{pmatrix}=R.$$

$R=P_2\ P_1A$ 就是上三角阵,且其对角线上元素均为正．容易计算

$$Q=(P_2P_1)^{\mathrm{T}}=\begin{pmatrix}\frac{4}{5}&0&\frac{3}{5}\\\frac{3}{5}&0&-\frac{4}{5}\\0&1&0\end{pmatrix}$$

满足 $A=QR$,完成了 QR 分解．

方法二:采用 Householder 变换．

对于矩阵 A 的第一列$a_1=(4,3,0)^{\mathrm{T}}$,利用式(4.8)有

$$\sigma=5,u=a_1+\sigma e_1=(9,3,0)^{\mathrm{T}},\ \|u\|_2^2=90,\beta=45,$$

$$H_1=E-\beta^{-1}uu^{\mathrm{T}}=\begin{pmatrix}-\frac{4}{5}&-\frac{3}{5}&0\\-\frac{3}{5}&\frac{4}{5}&0\\0&0&1\end{pmatrix},H_1A=\begin{pmatrix}-5&-5&\frac{3}{5}\\0&0&-\frac{4}{5}\\0&1&1\end{pmatrix},$$

H_1A 的第一列对角线一下元素已经为零．对矩阵$\begin{pmatrix}0&-\frac{4}{5}\\1&1\end{pmatrix}$的第一列再次运用式(4.8)有

$$\sigma=1,u=a_1+\sigma e_1=(1,1)^{\mathrm{T}},\ \|u\|_2^2=2,\beta=1,$$

$$\overline{H}_2=E-\beta^{-1}uu^{\mathrm{T}}=\begin{pmatrix}0&-1\\-1&0\end{pmatrix},$$

于是

$$H_2=\begin{pmatrix}0&0&0\\0&0&-1\\0&-1&0\end{pmatrix},$$

$$H_2H_1A=\begin{pmatrix}-5&-5&\frac{5}{3}\\0&-1&-1\\0&0&\frac{4}{5}\end{pmatrix}=R.$$

于是 $R=H_2\ H_1A$ 是上三角阵,而

$$Q=(H_2H_1)^{\mathrm T}=\begin{pmatrix}-\frac{4}{5} & 0 & \frac{3}{5}\\ -\frac{3}{5} & 0 & -\frac{4}{5}\\ 0 & -1 & 0\end{pmatrix}$$

满足 $A=QR$,但 R 的对角元并非都是正的.

令

$$D=\mathrm{diag}(-1,-1,1),$$

$$\overline{Q}=QD=\begin{pmatrix}\frac{4}{5} & 0 & \frac{3}{5}\\ \frac{3}{5} & 0 & -\frac{4}{5}\\ 0 & 1 & 0\end{pmatrix},\overline{R}=D^{-1}R=\begin{pmatrix}5 & 5 & -\frac{3}{4}\\ 0 & 1 & 1\\ 0 & 0 & \frac{4}{5}\end{pmatrix},$$

从而 $A=\overline{Q}\,\overline{R}$,完成了题目要求的分解形式. 结果与用 Givens 变换得到的分解结果一致.

采用 Givens 变换的 QR 分解 MATLAB 代码

编辑器窗口输入:

```
function [Q,R]=givenQR(A)
%Q 为正交矩阵
%R 为上三角矩阵
%A 为输入的矩阵
n=size(A,2);%列数
m=size(A,1);%行数
R=A;
Q=eye(m);
%主程序
for i=1:n-1
    for j=i+1:m
        x=R(:,i)
        rt=givens(x,i,j);%J 矩阵
        %r=blkdiag(eye(i-1),rt)
        Q=Q*rt';
        R=rt*R;
    end
end
 %gives 变换的代码
%构造 J 矩阵
function [R,y]=givens(x,i,j)
xi=x(i);
xj=x(j);
r=sqrt(xi^2+xj^2);
```

```
cost=xi/r;
sint=xj/r;
R=eye(length(x));
R(i,i)=cost;
R(i,j)=sint;
R(j,i)=-sint;
R(j,j)=cost;
y=x(:);
y([i,j])=[r,0];%sint cost
```

命令行窗口输入:

```
A=[4 4 0;3 3 -1;0 1 1];
[Q,R]=givenQR(A)
```

采用 Householder 变换的 QR 分解 MATLAB 代码

编辑器窗口输入:

```
function  [Q,R]=houseQR(A)
%Q 为正交矩阵
%R 为上三角矩阵
%A 为输入的矩阵
[M,N]=size(A);
%获得矩阵维数
A1=A;
H1=zeros(M,M);
for j=1:M
      H1(j,j)=1;
end
%k 表示对所有的列
for k=1:N
%设置 H 矩阵初值,这里设置为单位矩阵
    H0=zeros(M,M);
%设置为单位矩阵以及初始化
  for i=1:M
      H0(i,i)=1;
  end
  s=0;
% 求第 k 列数的平方和
  for i=k:M
         s=s+A1(i,k)*A1(i,k);
  end
  s=sqrt(s);
```

```
  u=zeros(N,1);
  if (A1(k,k)>=0)
        u(k)=A1(k,k)+s;
  else
        u(k)=A1(k,k)-s;
  end
%取除去该列的一个数的全部数的平方
  for i=k+1:M
        u(i)=A1(i,k);
  end
  du=0;
  for i=k:M
        du=du+u(i)*u(i);
  end
%householder 变换的主程序
  for i=k:M
        for j=k:M
              H0(i,j)=-2*u(i)*u(j)/du;
              if i==j
                    H0(i,j)=1+H0(i,j);
              end
        end
  end
A2=H0*A1;
A1=A2;
H1=H1*H0;
end
Q=H1;
R=A1;
end
```

命令行窗口输入：

```
A=[4 4 0;3 3 -1;0 1 1];
[Q,R]=houseQR(A)
```

4.5.2 矩阵的 Schur 分解

除了 QR 分解，Schur 分解是最基本的矩阵分解之一，在矩阵分析中作为重要的理论工具，能够将一般方阵转化成上三角矩阵来研究.

引理 设整数 $s\leqslant n$，$\boldsymbol{A}\in\mathbf{R}^{n\times n}$，$\boldsymbol{B}\in\mathbf{R}^{s\times s}$，$\boldsymbol{X}\in\mathbf{R}^{n\times s}$ 满足

$$\boldsymbol{AX}=\boldsymbol{XB},\ \mathrm{rank}(\boldsymbol{X})=s.$$

则存在正交矩阵 $\boldsymbol{Q}\in\mathbf{R}^{n\times n}$，使得

$$\boldsymbol{Q}^{\mathrm{T}}\boldsymbol{A}\boldsymbol{Q}=\boldsymbol{T}\equiv\begin{pmatrix}\boldsymbol{T}_{11} & \boldsymbol{T}_{12}\\ \boldsymbol{0} & \boldsymbol{T}_{22}\end{pmatrix}\begin{pmatrix}s\\ n-s\end{pmatrix},$$

其中$\boldsymbol{T}_{11}$ 是 $s\times s$ 方阵，$\sigma(\boldsymbol{T}_{11})=\sigma(\boldsymbol{A})\cap\sigma(\boldsymbol{B})$.

证明　首先类似方阵的 QR 分解，对 $\boldsymbol{X}\in\mathbf{R}^{n\times s}$，可找到 Householder 矩阵$\boldsymbol{H}_j\in\mathbf{R}^{n\times n}$，$j=1,2,\cdots,s-1$，使得

$$\boldsymbol{H}_{s-1}\cdots\boldsymbol{H}_2\boldsymbol{H}_1\boldsymbol{X}=\begin{pmatrix}\boldsymbol{R}\\ \boldsymbol{0}\end{pmatrix},$$

其中 $\boldsymbol{R}\in\mathbf{R}^{s\times s}$ 为上三角阵，且因 $\mathrm{rank}(\boldsymbol{X})=s$，故 $\boldsymbol{R}$ 非奇异，令

$$\boldsymbol{Q}=(\boldsymbol{H}_{s-1},\cdots,\boldsymbol{H}_1)^{\mathrm{T}},$$

它是正交阵，使得

$$\boldsymbol{X}=\boldsymbol{Q}\begin{pmatrix}\boldsymbol{R}\\ \boldsymbol{0}\end{pmatrix}.$$

代入已知条件后，再乘以$\boldsymbol{Q}^{\mathrm{T}}$ 得到

$$\boldsymbol{Q}^{\mathrm{T}}\boldsymbol{A}\boldsymbol{Q}\begin{pmatrix}\boldsymbol{R}\\ \boldsymbol{0}\end{pmatrix}=\begin{pmatrix}\boldsymbol{R}\\ \boldsymbol{0}\end{pmatrix}\boldsymbol{B}.$$

将$\boldsymbol{Q}^{\mathrm{T}}\boldsymbol{A}\boldsymbol{Q}$ 分块表示为

$$\boldsymbol{Q}^{\mathrm{T}}\boldsymbol{A}\boldsymbol{Q}=\begin{pmatrix}\boldsymbol{T}_{11} & \boldsymbol{T}_{12}\\ \boldsymbol{T}_{21} & \boldsymbol{T}_{22}\end{pmatrix},$$

从而得到

$$\boldsymbol{T}_{11}\boldsymbol{R}=\boldsymbol{R}\boldsymbol{B},\boldsymbol{T}_{21}\boldsymbol{R}=\boldsymbol{0}.$$

注意到 $\boldsymbol{R}$ 非奇异，得到

$$\boldsymbol{T}_{21}=\boldsymbol{0},\boldsymbol{B}=\boldsymbol{R}^{-1}\boldsymbol{T}_{11}\boldsymbol{R},$$

即有

$$\sigma(\boldsymbol{B})=\sigma(\boldsymbol{T}_{11}),\sigma(\boldsymbol{A})=\sigma(\boldsymbol{T}_{11})\cup\sigma(\boldsymbol{T}_{22}).$$

定理 4.12(实 Schur 分解定理)　设 $\boldsymbol{A}\in\mathbf{R}^{n\times n}$，则存在正交阵 $\boldsymbol{Q}\in\mathbf{R}^{n\times n}$，使得

$$\boldsymbol{Q}^{\mathrm{T}}\boldsymbol{A}\boldsymbol{Q}=\begin{pmatrix}\boldsymbol{R}_{11} & \boldsymbol{R}_{12} & \cdots & \boldsymbol{R}_{1m}\\ & \boldsymbol{R}_{22} & \cdots & \boldsymbol{R}_{2m}\\ & & \ddots & \vdots\\ & & & \boldsymbol{R}_{mm}\end{pmatrix},\tag{4.10}$$

其中对角块$\boldsymbol{R}_{ii}(i=1,2,\cdots,m)$是一阶或二阶方阵，且每个一阶$\boldsymbol{R}_{ii}$ 是 $\boldsymbol{A}$ 的实特征值，每个二阶对角块$\boldsymbol{R}_{ii}$ 的特征值是 $\boldsymbol{A}$ 的一对共轭的复特征值.

若记式(4.10)的右端为 $\boldsymbol{R}$，它是特殊形式的块上三角阵，由式(4.10)有 $\boldsymbol{A}=\boldsymbol{Q}\boldsymbol{R}\boldsymbol{Q}^{\mathrm{T}}$，称为矩阵 $\boldsymbol{A}$ 的实 Schur 分解.

证明　$\boldsymbol{A}$ 的特征值多项式的系数是实数，$\boldsymbol{A}$ 若有复特征值，必为成对出现的共轭复数. 现设 $\sigma(\boldsymbol{A})$中有 k 对共轭复特征值.

设 $k=0$，$\boldsymbol{A}$ 的所有特征值都是实的，这时$\boldsymbol{R}_{ii}$ 应该是一阶矩阵，对 n 用归纳法证明命题成

立. $n=1$ 时显然. 假设对阶数不超过 $n-1$ 的矩阵命题成立. 再看 n 阶矩阵 $\boldsymbol{A}$,设

$$\boldsymbol{A}\boldsymbol{x}=\lambda\boldsymbol{x},\lambda\in\boldsymbol{R},x\neq 0,$$

由引理中 $s=1$ 的情况,存在正交阵 $\boldsymbol{U}\in\mathbf{R}^{n\times n}$,使得

$$\boldsymbol{U}^{\mathrm{T}}\boldsymbol{A}\boldsymbol{U}=\begin{pmatrix}\lambda & \boldsymbol{w}^{\mathrm{T}}\\ 0 & \boldsymbol{C}\end{pmatrix}\begin{pmatrix}1\\ n-1\end{pmatrix}.$$

由归纳假设,存在 $\overline{\boldsymbol{U}}\in\mathbf{R}^{(n-1)\times(n-1)}$,使得 $\overline{\boldsymbol{U}}^{\mathrm{T}}\boldsymbol{C}\overline{\boldsymbol{U}}$ 为上三角阵,取 $\boldsymbol{Q}=\boldsymbol{U}\mathrm{diag}(1,\overline{\boldsymbol{U}})\in\mathbf{R}^{n\times n}$,它为 $\boldsymbol{U}$ 与正交的块对角阵的乘积,所以是一个正交阵,并且 $\boldsymbol{Q}^{\mathrm{T}}\boldsymbol{A}\boldsymbol{Q}$ 为上三角阵. 这就证明了 $k=0$ 的情形.

现在对 k 用归纳法证明该定理,$k=0$ 已经证明,现在设 $k\geqslant 1$. 设 $\boldsymbol{A}$ 的一个特征值为 $\lambda=\alpha+i\beta$,其中 $\beta\neq 0$,则存在 $\boldsymbol{y},z\in\mathbf{R}^{n}$,$z\neq 0$,使得

$$\boldsymbol{A}(\boldsymbol{y}+i\beta)=(\alpha+i\beta)(\boldsymbol{y}+iz),$$

即

$$\boldsymbol{A}(\boldsymbol{y},\boldsymbol{z})=(\boldsymbol{y},\boldsymbol{z})\begin{pmatrix}\alpha & \beta\\ -\beta & \alpha\end{pmatrix}.$$

因为,$\beta\neq 0$,$\boldsymbol{y}\pm iz$ 是 $\boldsymbol{A}$ 的对应于两个不同特征值 $\alpha\pm i\beta$ 的特征向量,它们线性无关,所以 $\boldsymbol{y}$ 和 z 也线性无关,即 $(\boldsymbol{y},\boldsymbol{z})$ 的秩是 2. 利用引理中 $s=2$ 的情形,存在正交阵 $\boldsymbol{U}\in\mathbf{R}^{n\times n}$,使得

$$\boldsymbol{U}^{\mathrm{T}}\boldsymbol{A}\boldsymbol{U}=\begin{pmatrix}\boldsymbol{T}_{11} & \boldsymbol{T}_{12}\\ 0 & \boldsymbol{T}_{22}\end{pmatrix}\begin{pmatrix}2\\ n-2\end{pmatrix},$$

且 $\sigma(\boldsymbol{T}_{11})=\{\lambda,\bar{\lambda}\}$,而 $\boldsymbol{T}_{22}$ 有不超过 $k-1$ 对复特征值. 由归纳法假设,存在正交阵 $\tilde{\boldsymbol{U}}\in\mathbf{R}^{(n-2)\times(n-2)}$,使得 $\tilde{\boldsymbol{U}}^{\mathrm{T}}\boldsymbol{T}_{22}\tilde{\boldsymbol{U}}$ 有定理所要求的结构. 令 $\boldsymbol{Q}=\boldsymbol{U}\mathrm{diag}(\boldsymbol{E}_2;\tilde{\boldsymbol{U}})$,即得结论.

有了实 Schur 分解定理,可以考虑实运算的 Schur 型快速计算. 希望通过逐次正交相似变换使矩阵 $\boldsymbol{A}$ 趋于实 Schur 型的矩阵,以求 $\boldsymbol{A}$ 的特征值.

4.5.3 用正交相似变换约化一般矩阵为上海森伯格矩阵

定理 4.13(Householder 约化矩阵为上 Hessenberg 矩阵) 设 $\boldsymbol{A}\in\mathbf{R}^{n\times n}$,则存在 Householder 矩阵 $\boldsymbol{H}_1,\boldsymbol{H}_2,\cdots,\boldsymbol{H}_{n-2}$ 使得

$$\boldsymbol{H}_{n-2}\cdots\boldsymbol{H}_2\boldsymbol{H}_1\boldsymbol{A}\boldsymbol{H}_1\boldsymbol{H}_2\cdots\boldsymbol{H}_{n-2}\equiv\boldsymbol{Q}^{\mathrm{T}}\boldsymbol{A}\boldsymbol{Q}=\boldsymbol{H}(\text{上 Hessenberg 矩阵}).$$

证明 下面的证明过程给出了将 $\boldsymbol{A}$ 通过正交变换约化为上 Hessenberg 矩阵的方法.

(1)第 1 步约化. 设

$$\boldsymbol{A}=\boldsymbol{A}_1=\begin{pmatrix}a_{11} & a_{12} & \cdots & a_{1n}\\ a_{21} & a_{22} & \cdots & a_{2n}\\ \vdots & \vdots & \cdots & \vdots\\ a_{n1} & a_{n2} & \cdots & a_{nn}\end{pmatrix}=\begin{pmatrix}a_{11} & \boldsymbol{A}_{12}^{(1)}\\ \boldsymbol{c}_1 & \boldsymbol{A}_{22}^{(1)}\end{pmatrix},$$

其中 $c_1=(a_{21},a_{31},\cdots,a_{n1})^{\mathrm{T}}\in\mathbf{R}^{n-1}$,不妨设 $c_1\neq 0$,否则这一步不需要约化. 于是可以按照式(4.8)的办法选择 Householder 矩阵 $\boldsymbol{R}_1$ 使得 $\boldsymbol{R}_1\boldsymbol{c}_1=-\sigma_1\boldsymbol{e}_1$,其中

$$\begin{cases} \boldsymbol{R}_1 = \boldsymbol{E} - \beta_1^{-1} \boldsymbol{u}_1 \boldsymbol{u}_1^{\mathrm{T}}, \\ \sigma_1 = \operatorname{sgn}(a_{21}) \| c_1 \|_2, \\ \boldsymbol{u}_1 = \boldsymbol{c}_1 + \sigma_1 \boldsymbol{e}_1, \\ \beta_1 = \dfrac{1}{2} \| \boldsymbol{u}_1 \|_2^2 = \sigma_1 (\sigma_1 + a_{21}). \end{cases} \tag{4.11}$$

令

$$\boldsymbol{H}_1 = \operatorname{diag}(1, \boldsymbol{R}_1) = \begin{pmatrix} 1 & \\ & \boldsymbol{R}_1 \end{pmatrix},$$

则

$$\boldsymbol{A}_2 = \boldsymbol{H}_1 \boldsymbol{A}_1 \boldsymbol{H}_1 = \begin{pmatrix} a_{11} & \boldsymbol{A}_{12}^{(1)} \boldsymbol{R}_1 \\ \boldsymbol{R}_1 \boldsymbol{c}_1 & \boldsymbol{R}_1 \boldsymbol{A}_{22}^{(1)} \boldsymbol{R}_1 \end{pmatrix} = \begin{pmatrix} a_{11} & a_{12}^{(2)} & a_{13}^{(2)} & \cdots & a_{1n}^{(2)} \\ -\sigma_1 & a_{22}^{(2)} & a_{23}^{(2)} & \cdots & a_{2n}^{(2)} \\ 0 & a_{32}^{(2)} & a_{33}^{(2)} & \cdots & a_{3n}^{(2)} \\ \vdots & \vdots & \vdots & & \vdots \\ 0 & a_{n2}^{(2)} & a_{n3}^{(2)} & \cdots & a_{nn}^{(2)} \end{pmatrix} \equiv \left(\begin{array}{c|c} \boldsymbol{A}_{11}^{(2)} & \boldsymbol{A}_{12}^{(2)} \\ 0 \quad \boldsymbol{c}_2 & \boldsymbol{A}_{22}^{(2)} \end{array}\right),$$

其中$\boldsymbol{c}_2 = (a_{32}^{(2)}, \cdots, a_{n2}^{(2)}) \in \mathbf{R}^{n-2}, \boldsymbol{A}_{22}^{(2)} \in \mathbf{R}^{(n-2)\times(n-2)}$.

(2)第 k 步约化．重复上述过程,设已对 $\boldsymbol{A}$ 完成第 1 步到第 $k-1$ 步正交相似变换,即有

$$\boldsymbol{A}_k = \boldsymbol{H}_{k-1} \boldsymbol{A}_{k-1} \boldsymbol{H}_{k-1} \text{ 或} \boldsymbol{A}_k = \boldsymbol{H}_{k-1} \cdots \boldsymbol{H}_1 \boldsymbol{A}_1 \boldsymbol{H}_1 \cdots \boldsymbol{H}_{k-1},$$

且

$$\boldsymbol{A}_k = \begin{pmatrix} a_{11}^{(1)} & a_{12}^{(2)} & \cdots & a_{1,k-1}^{(k-1)} & a_{1k}^{(k)} & a_{1,k+1}^{(k)} & \cdots & a_{1n}^{(k)} \\ -\sigma_1 & a_{22}^{(2)} & \cdots & a_{2,k-1}^{(k-1)} & a_{2k}^{(k)} & a_{2,k+1}^{(k)} & \cdots & a_{2n}^{(k)} \\ & & \ddots & \vdots & \vdots & \vdots & \vdots & \vdots \\ & & & -\sigma_{k-1} & a_{kk}^{(k)} & a_{k,k+1}^{(k)} & \cdots & a_{kn}^{(k)} \\ & & & & a_{k+1,k}^{(k)} & a_{k+1,k+1}^{(k)} & \cdots & a_{k+1,n}^{(k)} \\ & & & & \vdots & \vdots & & \vdots \\ & & & & a_{nk}^{(k)} & a_{n,k+1}^{(k)} & \cdots & a_{nn}^{(k)} \end{pmatrix} \equiv \left(\begin{array}{c|c} \boldsymbol{A}_{11}^{(k)} & \boldsymbol{A}_{12}^{(k)} \\ 0 \quad \boldsymbol{c}_k & \boldsymbol{A}_{22}^{(k)} \end{array}\right),$$

其中$\boldsymbol{c}_k = (a_{k+1}^{(k)}, \cdots, a_{nk}^{(k)})^{\mathrm{T}} \in \mathbf{R}^{n-k}, \boldsymbol{A}_{11}^{(k)}$ 为 k 阶上 Hessenberg 矩阵,$\boldsymbol{A}_{22}^{(k)} \in \mathbf{R}^{(n-k)\times(n-k)}$.

设$\boldsymbol{c}_k \neq \boldsymbol{0}$,于是可以按照式(4.7)的办法选择 Householder 矩阵$\boldsymbol{R}_k$ 使得$\boldsymbol{R}_k \boldsymbol{c}_k = -\sigma_k \boldsymbol{e}_1$,其中

$$\begin{cases} \boldsymbol{R}_k = \boldsymbol{E} - \beta_k^{-1} \boldsymbol{u}_k \boldsymbol{u}_k^{\mathrm{T}} \\ \sigma_k = \operatorname{sgn}(a_{k+1,k}^{(k)}) \| \boldsymbol{c}_k \|_2, \\ \boldsymbol{u}_k = \boldsymbol{c}_k + \sigma_k \boldsymbol{e}_1, \\ \beta_k = \dfrac{1}{2} \| u_k \|_2^2 = \sigma_k (\sigma_k + a_{k+1,k}^{(k)}). \end{cases} \tag{4.12}$$

令

$$\boldsymbol{H}_k = \operatorname{diag}(\boldsymbol{E}, \boldsymbol{R}_k) = \begin{pmatrix} \boldsymbol{E} & \\ & \boldsymbol{R}_k \end{pmatrix},$$

则

$$\boldsymbol{A}_{k+1}=\boldsymbol{H}_k\boldsymbol{A}_k\boldsymbol{H}_k=\left(\begin{array}{cc|c}\boldsymbol{A}_{11}^{(k)} & & \boldsymbol{A}_{12}^{(k)}\boldsymbol{R}_k\\ 0 & \boldsymbol{R}_k\boldsymbol{c}_k & \boldsymbol{R}_k\boldsymbol{A}_{22}^{(k)}\boldsymbol{R}_k\end{array}\right)=\left(\begin{array}{cc|c}\boldsymbol{A}_{11}^{(k+1)} & & \boldsymbol{A}_{12}^{(k+1)}\\ 0 & \boldsymbol{c}_{k+1} & \boldsymbol{A}_{22}^{(k+1)}\end{array}\right),$$

其中$\boldsymbol{A}_{11}^{(k+1)}$ 为 k+1 阶上 Hessenberg 矩阵．第 k 步约化只需计算$\boldsymbol{A}_{12}^{(k)}\boldsymbol{R}_k$ 和$\boldsymbol{R}_k\boldsymbol{A}_{22}^{(k)}\boldsymbol{R}_k$(当 $\boldsymbol{A}$ 为对称阵时,只需要计算$\boldsymbol{R}_k\boldsymbol{A}_{22}^{(k)}\boldsymbol{R}_k$).

(3)重复上述过程,则有

$$\boldsymbol{H}_{n-2}\cdots\boldsymbol{H}_2\boldsymbol{H}_1\boldsymbol{A}\boldsymbol{H}_1\boldsymbol{H}_2\cdots\boldsymbol{H}_{n-2}=\begin{pmatrix}a_{11} & * & * & \cdots & * & *\\ -\sigma_1 & a_{22}^{(2)} & * & \cdots & * & *\\ & -\sigma_2 & a_{33}^{(2)} & \cdots & * & *\\ & & \ddots & \ddots & \vdots & \vdots\\ & & & -\sigma_{n-2} & a_{n-1,n-1}^{(n-2)} & *\\ & & & & -\sigma_{n-1} & a_{nn}^{(n-1)}\end{pmatrix}=\boldsymbol{A}_{n-1}.$$

例 4.6 设矩阵

$$\boldsymbol{A}=\begin{pmatrix}1 & 5 & 7\\ 3 & 0 & 6\\ 4 & 3 & 1\end{pmatrix},$$

求正交阵 $\boldsymbol{Q}$ 使得$\boldsymbol{Q}^{\mathrm{T}}\boldsymbol{A}\boldsymbol{Q}$ 为上 Hessenberg 阵．

解 注意到向量$\boldsymbol{c}_1=(3,4)^{\mathrm{T}}$,于是有

$$\sigma_1=5,\boldsymbol{u}_1=c_1+\sigma_1\boldsymbol{e}_1=(8,4)^{\mathrm{T}},\beta_1=\frac{1}{2}\|\boldsymbol{u}_1\|_2^2=\sigma_1(\sigma_1+a_{21})=40,$$

$$\boldsymbol{R}_1=\boldsymbol{E}-\beta_1^{-1}\boldsymbol{u}_1\boldsymbol{u}_1^{\mathrm{T}}=\begin{pmatrix}-\dfrac{3}{5} & -\dfrac{4}{5}\\ -\dfrac{4}{5} & \dfrac{3}{5}\end{pmatrix},$$

从而

$$\boldsymbol{H}_1=\mathrm{diag}(1,\boldsymbol{R}_1)=\begin{pmatrix}1 & 0 & 0\\ 0 & -\dfrac{3}{5} & -\dfrac{4}{5}\\ 0 & -\dfrac{4}{5} & \dfrac{3}{5}\end{pmatrix},\boldsymbol{H}_1\boldsymbol{A}\boldsymbol{H}_1=\begin{pmatrix}1 & -\dfrac{43}{5} & \dfrac{1}{5}\\ -5 & \dfrac{124}{25} & -\dfrac{18}{25}\\ 0 & \dfrac{57}{25} & -\dfrac{99}{25}\end{pmatrix}.$$

由于 $n=3$,只做了一次变换就得到了结果．

例 4.7 用 Householder 方法将矩阵

$$\boldsymbol{A}=\boldsymbol{A}_1=\begin{pmatrix}-4 & -3 & -7\\ 2 & 3 & 2\\ 4 & 2 & 7\end{pmatrix}$$

约化为上 Hessenberg 阵．

解 注意到 $c_1=(2,4)^T, d=\|c_1\|_\infty=4, c_1'=(0.5,1)^T$，从而有

$$\sigma_1=\sqrt{1.25}=1.118034, u_1=c_1'+\sigma_1 e_1=(1.618034,1)^T,$$

$$\beta_1=\frac{1}{2}\|u_1\|_2^2=\sigma_1(\sigma_1+0.5)=1.809017, R_1=E-\beta_1^{-1}u_1u_1^T,$$

$$\bar{\sigma}_1=\sigma_1 d=4.472136.$$

于是有 $R_1 c_1'=-\sigma_1 e_1$，从而有 $R_1 c_1=-\bar{\sigma}_1 e_1$.

令

$$H_1=\mathrm{diag}(1,R_1),$$

则

$$A_2=H_1AH_1=\begin{pmatrix} -4 & 7.602631 & -0.447214 \\ -4.472136 & 7.799999 & -0.400000 \\ 0 & -0.399999 & 2.200000 \end{pmatrix}.$$

用 Householder 方法将矩阵约化为上 Hessenberg 矩阵的 MATLAB 代码

```
function [G,Q]=Hessenberg(A)
      A=[-4 -3 -7;2 3 2;4 2 7];%代入矩阵
      n=size(A,1);
      G=A;%G 为上 Hessenberg 阵
      Q=eye(n);%Q 为正交阵
      for i=1:n-2
            if G(i+1,i)>=0
                 s=1;
            else
                 s=-1;
         end
      %Househloder 主程序
         k=s*norm(G(i+1:n,i));
         x=G(:,i);
         y=x;
         y(i+1)=-k;
         y(i+2:n)=0;
         H=eye(n)-((2/(norm(x-y)^2))*(x-y)*(x-y)');
         G=H*G*H;
         Q=Q*H;
      end
end

      G%输出上 Hessenberg 阵
      Q%输出正交阵 Q
在命令窗输入
A=[-4 -3 -7;2 3 2;4 2 7]
[G,Q]=Hessenberg(A)
```

4.6 QR 算法

QR 方法是一种变换方法,是计算一般矩阵(中小型矩阵)全部特征值问题的最有效方法之一. 目前 QR 方法主要用来计算:(1)上海森伯格矩阵的全部特征值问题;(2)对称三对角阵的全部特征值问题. QR 算法具有收敛快,算法稳定等特点.

4.6.1 基本的 QR 迭代算法

设 $\boldsymbol{A}\in\mathbf{R}^{n\times n}$,且对 $\boldsymbol{A}$ 进行 QR 分解 $\boldsymbol{A}=\boldsymbol{Q}\boldsymbol{R}$,从而得到矩阵 $\boldsymbol{B}=\boldsymbol{R}\boldsymbol{Q}=\boldsymbol{Q}^{\mathrm{T}}\boldsymbol{A}\boldsymbol{Q}$,从而 $\boldsymbol{B}$ 与 $\boldsymbol{A}$ 有相同的特征值. 再对矩阵 $\boldsymbol{B}$ 进行 QR 分解,又可得一新的矩阵,重复这一过程,得到一个矩阵序列:

设 $\boldsymbol{A}_1=\boldsymbol{A}$,将 $\boldsymbol{A}_1$ 进行 QR 分解 $\boldsymbol{A}_1=\boldsymbol{Q}_1\boldsymbol{R}_1$,计算矩阵 $\boldsymbol{A}_2=\boldsymbol{R}_1\boldsymbol{Q}_1$;将 $\boldsymbol{A}_2$ 进行 QR 分解 $\boldsymbol{A}_2=\boldsymbol{Q}_2\boldsymbol{R}_2$,计算矩阵 $\boldsymbol{A}_3=\boldsymbol{R}_2\boldsymbol{Q}_2$;依此类推,得到矩阵序列 $\{\boldsymbol{A}_{k+1}\}$.

定理 4.14(基本 QR 算法) 设 $\boldsymbol{A}_1=\boldsymbol{A}\in\mathbf{R}^{n\times n}$,构造 QR 算法

$$\begin{cases}\boldsymbol{A}_k=\boldsymbol{Q}_k\boldsymbol{R}_k,\\ \boldsymbol{A}_{k+1}=\boldsymbol{R}_k\boldsymbol{Q}_k,\end{cases}$$

其中 $\boldsymbol{Q}_k^{\mathrm{T}}\boldsymbol{Q}_k=\boldsymbol{E}$,$\boldsymbol{R}_k$ 为上三角阵,$k=1,2,\cdots$

记 $\tilde{\boldsymbol{Q}}_k=\boldsymbol{Q}_1\boldsymbol{Q}_2\cdots\boldsymbol{Q}_k$,$\tilde{\boldsymbol{R}}_k=\boldsymbol{R}_k\cdots\boldsymbol{R}_2\boldsymbol{R}_1$,则有:

(1)$\boldsymbol{A}_{k+1}=\boldsymbol{Q}_k^{\mathrm{T}}\boldsymbol{A}_k\boldsymbol{Q}_k$;

(2)$\boldsymbol{A}_{k+1}=(\boldsymbol{Q}_1\boldsymbol{Q}_2\cdots\boldsymbol{Q}_k)^{\mathrm{T}}\boldsymbol{A}_1(\boldsymbol{Q}_1\boldsymbol{Q}_2\cdots\boldsymbol{Q}_k)=\tilde{\boldsymbol{Q}}_k^{\mathrm{T}}\boldsymbol{A}_1\tilde{\boldsymbol{Q}}_k$;

(3)$\boldsymbol{A}^k$ 的 QR 分解式为 $\boldsymbol{A}^k=\tilde{\boldsymbol{Q}}_k\tilde{\boldsymbol{R}}_k$.

证明 (1)(2)显然,下面证明(3). 用归纳法,显然当 $k=1$ 时有 $\boldsymbol{A}_1=\tilde{\boldsymbol{Q}}_1\tilde{\boldsymbol{R}}_1=\boldsymbol{Q}_1\boldsymbol{R}_1$. 设 $\boldsymbol{A}^{k-1}$ 有分解式 $\boldsymbol{A}^{k-1}=\tilde{\boldsymbol{Q}}_{k-1}\tilde{\boldsymbol{R}}_{k-1}$,于是

$$\begin{aligned}\tilde{\boldsymbol{Q}}_k\tilde{\boldsymbol{R}}_k&=\boldsymbol{Q}_1\boldsymbol{Q}_2\cdots(\boldsymbol{Q}_k\boldsymbol{R}_k)\cdots\boldsymbol{R}_2\boldsymbol{R}_1=\boldsymbol{Q}_1\boldsymbol{Q}_2\cdots\boldsymbol{Q}_{k-1}\boldsymbol{A}_k\boldsymbol{R}_{k-1}\cdots\boldsymbol{R}_2\boldsymbol{R}_1\\&=\tilde{\boldsymbol{Q}}_{k-1}\boldsymbol{A}_k\tilde{\boldsymbol{R}}_{k-1}=\boldsymbol{A}\tilde{\boldsymbol{Q}}_{k-1}\tilde{\boldsymbol{R}}_{k-1}=\boldsymbol{A}^k(\text{因为}\boldsymbol{A}_k=\tilde{\boldsymbol{Q}}_{k-1}^{\mathrm{T}}\boldsymbol{A}\tilde{\boldsymbol{Q}}_{k-1}).\end{aligned}$$

定理 4.15(QR 算法的收敛性) 设 $\boldsymbol{A}=(a_{ij})\in\mathbf{R}^{n\times n}$,满足:

(1)特征值满足 $|\lambda_1|>|\lambda_2|>\cdots>|\lambda_n|$.

(2)$\boldsymbol{A}$ 有标准形 $\boldsymbol{A}=\boldsymbol{X}\boldsymbol{D}\boldsymbol{X}^{-1}$,其中 $\boldsymbol{D}=\mathrm{diag}(\lambda_1,\lambda_2,\cdots,\lambda_n)$(即 $\boldsymbol{X}$ 的每个列向量 $\boldsymbol{X}_i$ 是相应于特征值 λ_i 的特征向量),且设 $\boldsymbol{X}^{-1}$ 有三角分解 $\boldsymbol{X}^{-1}=\boldsymbol{L}\boldsymbol{U}$($\boldsymbol{L}$ 为单位下三角阵,$\boldsymbol{U}$ 是上三角阵),则由 QR 算法产生的序列 $\{\boldsymbol{A}_k\}$ 本质上收敛于上三角阵. 即

$$\boldsymbol{A}_k\to\boldsymbol{R}=\begin{pmatrix}\lambda_1 & * & \cdots & *\\ & \lambda_2 & \cdots & *\\ & & \ddots & *\\ & & & \lambda_n\end{pmatrix},k\to\infty.$$

若记 $\boldsymbol{A}_k=(a_{ij}^{(k)})$,则:

(1) $\lim\limits_{k\to\infty} a_{ii}^{(k)} = \lambda_i$;

(2) 当 $i>j$ 时, $\lim\limits_{k\to\infty} a_{ij}^{(k)} = 0$.

当 $i<j$ 时, $\lim\limits_{k\to\infty} a_{ij}^{(k)}$ 不一定存在.

定理 4.16 如果对称阵 $\boldsymbol{A}=(a_{ij})\in\mathbf{R}^{n\times n}$ 满足上述定理条件,则由 QR 算法产生的序列 $\{\boldsymbol{A}_k\}$ 收敛于对角阵 $\boldsymbol{D}=\mathrm{diag}(\lambda_1,\lambda_2,\cdots,\lambda_n)$.

例 4.8 设 $\boldsymbol{A}=\begin{pmatrix}8 & 2\\ 2 & 5\end{pmatrix}$,矩阵有特征值 $\lambda_1=9,\lambda_2=4$,可验证满足上述定理条件.

证 用 Givens 变换方法做 $\boldsymbol{A}_1=\boldsymbol{A}$ 的 QR 分解,得到

$$\boldsymbol{Q}_1=\frac{1}{\sqrt{68}}\begin{pmatrix}8 & -2\\ 2 & 8\end{pmatrix},\boldsymbol{R}_1=\frac{1}{\sqrt{68}}\begin{pmatrix}68 & 26\\ 0 & 36\end{pmatrix},$$

$$\boldsymbol{A}_2=\boldsymbol{R}_1\boldsymbol{Q}_1=\frac{1}{68}\begin{pmatrix}596 & 72\\ 72 & 288\end{pmatrix}\approx\begin{pmatrix}8.7647 & 1.0588\\ 1.0588 & 4.2353\end{pmatrix}.$$

得到的 $\boldsymbol{A}_2$ 还是对称矩阵,而且其非对角元素绝对值比 $\boldsymbol{A}_1$ 对应的数值要小,对角元素比 $\boldsymbol{A}_1$ 对应数值更接近于特征值,即 $\boldsymbol{A}_2$ 比 $\boldsymbol{A}_1$ 更接近于对角形,继续算下去,做 10 次 QR 分解可以算出 7 位有效数字的特征值.

4.6.2 Hessenberg 矩阵的 QR 算法

对于一般矩阵 $\boldsymbol{A}=(a_{ij})\in\mathbf{R}^{n\times n}$(或对称矩阵),首先用 Householder 方法将矩阵 $\boldsymbol{A}$ 化为上 Hessenberg 矩阵 $\boldsymbol{H}$,然后再用 QR 算法求 $\boldsymbol{H}$ 的全部特征值. 当然在用 QR 算法计算 $\boldsymbol{H}$ 的特征值时,有一些技巧,这里从略.

4.7 对称矩阵特征值的计算

4.7.1 对称 QR 算法

定理 4.17(Householder 约化对称矩阵为对称三对角矩阵) 设 $\boldsymbol{A}=(a_{ij})\in\mathbf{R}^{n\times n}$ 为对称矩阵,则存在 Householder 矩阵使得

$$\boldsymbol{H}_{n-2}\cdots\boldsymbol{H}_2\boldsymbol{H}_1\boldsymbol{A}\boldsymbol{H}_1\boldsymbol{H}_2\cdots\boldsymbol{H}_{n-2}\equiv\boldsymbol{Q}^{\mathrm{T}}\boldsymbol{A}\boldsymbol{Q}=\begin{pmatrix}c_1 & b_1 & & & \\ b_1 & c_2 & b_2 & & \\ & \ddots & \ddots & \ddots & \\ & & b_{n-2} & c_{n-1} & b_{n-1}\\ & & & b_{n-1} & c_n\end{pmatrix}.$$

证明 由前述定理 4.13 的证明可知存在 Householder 矩阵 $\boldsymbol{H}_1,\boldsymbol{H}_2,\cdots,\boldsymbol{H}_{n-2}$ 使得 $\boldsymbol{H}_{n-2}\cdots\boldsymbol{H}_2\boldsymbol{H}_1\boldsymbol{A}\boldsymbol{H}_1\boldsymbol{H}_2\cdots\boldsymbol{H}_{n-2}\equiv\boldsymbol{Q}^{\mathrm{T}}\boldsymbol{A}\boldsymbol{Q}=\boldsymbol{H}=\boldsymbol{A}_{n-1}$ 为上 Hessenberg 矩阵,且 $\boldsymbol{A}_{n-1}$ 也是对称矩阵,因此 $\boldsymbol{A}_{n-1}$ 是对称三对角矩阵.

由上面讨论可知,当 $\boldsymbol{A}$ 是对称矩阵时,由 $\boldsymbol{A}_k\to\boldsymbol{A}_{k+1}=\boldsymbol{H}_k\boldsymbol{A}_k\boldsymbol{H}_k$ 一步约化计算中只需要计

算$\boldsymbol{R}_k$ 和$\boldsymbol{R}_k \boldsymbol{A}_{22}^{(k)} \boldsymbol{R}_k$. 又由于$\boldsymbol{A}$ 的对称性,故只需要计算$\boldsymbol{R}_k \boldsymbol{A}_{22}^{(k)} \boldsymbol{R}_k$ 的对角线以下元素. 这样充分考虑到了对称性后,使得计算过程大大简化.

4.7.2 Rayleigh 商加速和 Rayleigh 商迭代

由前述定理可知,对称矩阵$\boldsymbol{A}$ 的特征值λ_1 和λ_n 可以用 Rayleigh 商来表示. 下面把 Rayleigh 商用到幂法计算实对称矩阵的主特征值的加速收敛上来.

定理 4.18 设$\boldsymbol{A} \in \mathbf{R}^{n\times n}$ 为实对称矩阵,特征值满足

$$|\lambda_1|>|\lambda_2|\geqslant\cdots\geqslant|\lambda_n|,$$

对应的特征向量满足$(\boldsymbol{x}_i,\boldsymbol{x}_j)=\delta_{ij}$,应用幂法公式计算矩阵$\boldsymbol{A}$ 的主特征值λ_1,则规范化向量$\boldsymbol{u}_k$ 的 Rayleigh 商给出了λ_1 的较好的近似

$$\frac{(\boldsymbol{A}\boldsymbol{u}_k,\boldsymbol{u}_k)}{(\boldsymbol{u}_k,\boldsymbol{u}_k)}=\lambda_1+o\left(\left(\frac{\lambda_2}{\lambda_1}\right)^{2k}\right).$$

证明 注意到幂法公式以及

$$\boldsymbol{u}_k=\frac{\boldsymbol{A}^k\boldsymbol{u}_0}{\max\{\boldsymbol{A}^k\boldsymbol{u}_0\}},\boldsymbol{v}_{k+1}=\boldsymbol{A}\boldsymbol{u}_k=\frac{\boldsymbol{A}^{k+1}\boldsymbol{u}_0}{\max\{\boldsymbol{A}^k\boldsymbol{u}_0\}},$$

得到

$$\frac{(\boldsymbol{A}\boldsymbol{u}_k,\boldsymbol{u}_k)}{(\boldsymbol{u}_k,\boldsymbol{u}_k)}=\frac{(\boldsymbol{A}^{k+1}\boldsymbol{u}_0,\boldsymbol{A}^k\boldsymbol{u}_0)}{(\boldsymbol{A}^k\boldsymbol{u}_0,\boldsymbol{A}^k\boldsymbol{u}_0)}=\frac{\sum_{j=1}^{n}\alpha_j^2\lambda_j^{2k+1}}{\sum_{j=1}^{n}\alpha_j^2\lambda_j^{2k}}=\lambda_1+o\left(\left(\frac{\lambda_2}{\lambda_1}\right)^{2k}\right).$$

注意幂法迭代中$\max(\boldsymbol{v}^{(k)})=\lambda_1\left[1+o\left(\left|\frac{\lambda_2}{\lambda_1}\right|^k\right)\right]$,从而采用 Rayleigh 商作为主特征值$\lambda_1$ 的近似,效果较好. 从而在计算$\boldsymbol{u}_k$ 后再计算$R(\boldsymbol{u}_k)=\dfrac{(\boldsymbol{A}\boldsymbol{u}_k,\boldsymbol{u}_k)}{(\boldsymbol{u}_k,\boldsymbol{u}_k)}$作为主特征值$\lambda_1$ 的近似值的方法,称为对称矩阵幂迭代法的 Rayleigh 商加速方法.

若矩阵$\boldsymbol{A} \in \mathbf{R}^{n\times n}$ 是对称矩阵,非零向量$\boldsymbol{x} \in \mathbf{R}^n$,对应有 Rayleigh 商$R(\boldsymbol{x})=\dfrac{(\boldsymbol{A}\boldsymbol{x},\boldsymbol{x})}{(\boldsymbol{x},\boldsymbol{x})}$. 如果$\boldsymbol{x}$ 是$\boldsymbol{A}$ 的特征向量,则$R(\boldsymbol{x})$为对应的特征值. 而且可以验证,对非零向量x(不一定是特征向量),若取$\lambda=R(\boldsymbol{x})$,可使$\|(\boldsymbol{A}-\lambda\boldsymbol{E})\boldsymbol{x}\|_2$ 达到最小. 所以,如果知道$\boldsymbol{v}$ 是近似特征向量,就可以用$R(\boldsymbol{v})$作为对应特征值的近似. 另外,若$\boldsymbol{\mu}$ 为某一近似特征值,则可用带位移的幂迭代法的思想解$(\boldsymbol{A}-\boldsymbol{\mu}\boldsymbol{E})\boldsymbol{y}=\boldsymbol{v}$ 得到特征向量的近似. 把这两方面的思想结合起来得到下面的 Rayleigh 商迭代算法:

(1)给定$\boldsymbol{v}^{(0)}$,满足$\|\boldsymbol{v}^{(0)}\|_2=1$.

(2)对于$k=0,1,\cdots$

$$\boldsymbol{\mu}_k=R(\boldsymbol{v}^{(k)}).$$

求解$(\boldsymbol{A}-\boldsymbol{\mu}_k\boldsymbol{E})\boldsymbol{y}^{(k+1)}=\boldsymbol{v}^{(k)}$,解出$\boldsymbol{y}^{(k+1)}$,

$$\boldsymbol{v}^{(k+1)}=\frac{\boldsymbol{y}^{(k+1)}}{\|\boldsymbol{y}^{(k+1)}\|_2}.$$

可以证明,Rayleigh 商迭代几乎都是收敛的．当收敛于单特征值和对应的特征向量时,收敛是三次的．

4.7.3　雅可比方法

雅可比方法是计算对称矩阵全部特征值的一种古典方法．其基本思想就是对矩阵 $\boldsymbol{A}$ 进行一系列正交相似变换,使矩阵的非对角元收敛到零．即寻找正交阵 $\boldsymbol{R}_1,\boldsymbol{R}_2,\cdots,\boldsymbol{R}_n,\cdots$,使得

$$\lim_{k\to\infty}\boldsymbol{R}_k^{\mathrm{T}}\boldsymbol{R}_{k-1}^{\mathrm{T}}\cdots\boldsymbol{R}_1^{\mathrm{T}}\boldsymbol{A}\boldsymbol{R}_1\cdots\boldsymbol{R}_{k-1}\boldsymbol{R}_k=\mathrm{diag}(\lambda_1,\lambda_2,\cdots,\lambda_n).$$

从而当 k 充分大时,矩阵 $\boldsymbol{R}_k^{\mathrm{T}}\boldsymbol{R}_{k-1}^{\mathrm{T}}\cdots\boldsymbol{R}_1^{\mathrm{T}}\boldsymbol{A}\boldsymbol{R}_1\cdots\boldsymbol{R}_{k-1}\boldsymbol{R}_k$ 的对角元就是矩阵 $\boldsymbol{A}$ 的近似特征值,$\boldsymbol{R}_1\cdots\boldsymbol{R}_{k-1}\boldsymbol{R}_k$ 的各列就是相应的近似特征向量．现在问题的关键是如何选择正交矩阵 $\boldsymbol{R}_k$.

引理　$\boldsymbol{A}$ 是 n 阶方阵,$\boldsymbol{R}$ 为正交矩阵,则

$$\|\boldsymbol{AR}\|_F^2=\|\boldsymbol{RA}\|_F^2=\|\boldsymbol{A}\|_F^2.$$

这里 $\|\boldsymbol{A}\|_F^2=\sum_{i,j=1}^{n}a_{i,j}^2$．由引理立即可知 $\|\boldsymbol{R}^{\mathrm{T}}\boldsymbol{AR}\|_F^2=\|\boldsymbol{A}\|_F^2$.

对于如何求上述的正交阵,可以用古典雅可比方法．这里把 Givens 矩阵称为雅可比旋转矩阵,即

$$\boldsymbol{J}\equiv\boldsymbol{J}(p,q,\theta)\equiv\boldsymbol{J}(p,q)=\begin{pmatrix}1&&&&&&&&&\\&\ddots&&&&&&&&\\&&1&&&&&&&\\&&&c&&\cdots&&s&&\\&&&&1&&&&&\\&&&\vdots&&\ddots&&\vdots&&\\&&&&&&1&&&\\&&&-s&&&&c&&\\&&&&&&&&1&\\&&&&&&&&&\ddots&\\&&&&&&&&&&1\end{pmatrix}\begin{matrix}\\\\p\\\\\\\\\\\\q\\\\\\\end{matrix},$$

式中 $c=\cos\theta,s=\sin\theta$. 对称矩阵 $\boldsymbol{A}$ 的非对角元的平方和记为

$$\mathrm{off}(\boldsymbol{A})=\sum_{\substack{i,j=1\\i\neq j}}^{n}a_{ij}^2. \tag{4.13}$$

希望通过逐次正交相似变换以减小 $\mathrm{off}(\boldsymbol{A})$.

做正交相似变换

$$\boldsymbol{B}=\boldsymbol{JAJ}^{-1}=\boldsymbol{JAJ}^{\mathrm{T}}.$$

由矩阵乘法得到

$$\begin{cases} b_{pp}=a_{pp}c^2+a_{qq}s^2+2a_{pq}cs, \\ b_{qq}=a_{pp}s^2+a_{qq}c^2-2a_{pq}cs, \\ b_{pq}=b_{qp}=(a_{qq}-q_{pp})cs+a_{pq}(c^2-s^2), \\ b_{ip}=b_{pi}=a_{ip}c+a_{iq}s, i\neq p,q, \\ b_{iq}=b_{qi}=-a_{ip}s+a_{iq}c, i\neq p,q, \\ b_{ij}=a_{ij}, i\neq p,q, j\neq p,q. \end{cases} \tag{4.14}$$

不难验证

$$b_{pp}^2+b_{qq}^2+2b_{pq}^2=a_{pp}^2+a_{qq}^2+2a_{pq}^2.$$

注意到引理可得

$$\mathrm{off}(\boldsymbol{B})=\|\boldsymbol{B}\|_F^2-\sum_{i=1}^{n}b_{ii}^2=\|\boldsymbol{A}\|_F^2-\sum_{\substack{i=1\\ i\neq p,q}}^{n}a_{ii}^2-b_{pp}^2-b_{qq}^2=\mathrm{off}(\boldsymbol{A})-2a_{pq}^2+2b_{pq}^2.$$

对于确定的(p,q),若要 off($\boldsymbol{B}$)最小,就要选择 s,c 使得 $b_{pq}=0$. 若 $a_{pq}=0$,根据式(4.14),选择 $\theta=0$,这时 $c=1,s=0$,从而 $b_{pq}=0$.

若 $a_{pq}\neq 0$,根据式(4.14),令

$$\cot 2\theta=\frac{a_{pp}-a_{qq}}{2a_{pq}}=\tau, \tag{4.15}$$

从而也使 $b_{pq}=0$. 若记 $t=\tan\theta$,利用三角关系式有

$$t^2+2\tau t-1=0.$$

方程有两个根

$$t=-\tau\pm\sqrt{\tau^2+1}.$$

可以证明 $|t|\leqslant 1$(即$|\theta|\leqslant 45°$)可使计算更稳定,故取绝对值较小者

$$t=\mathrm{sgn}(\tau)(-|\tau|+\sqrt{\tau^2+1})=\frac{\mathrm{sgn}(\tau)}{|\tau|+\sqrt{\tau^2+1}}. \tag{4.16}$$

然后由 t 可以确定出 c 和 s:

$$c=\frac{1}{\sqrt{t^2+1}}, s=tc. \tag{4.17}$$

这样,可以通过式(4.15)至式(4.17)由 a_{pp},a_{qq} 和 a_{pq} 用代数运算得到 c 和 s,避免了三角函数的计算,也避免了有效数字的损失. 这样确定的 θ,使得式(4.14)中 $b_{pq}=0$,同时有

$$b_{pp}=a_{qq}+\frac{c}{s}a_{pq}, \tag{4.18}$$

$$b_{qq}=a_{pp}-\frac{c}{s}a_{pq}, \tag{4.19}$$

$$\mathrm{off}(\boldsymbol{B})=\mathrm{off}(\boldsymbol{A})-2a_{pq}^2. \tag{4.20}$$

注:在所选择的 θ 的情况下,式(4.18)和式(4.19)可以代替式(4.14)的前两式计算,式(4.20)则说明这样由 $\boldsymbol{A}$ 变到 $\boldsymbol{B}$,非对角元的平方和减少了 $2a_{pq}^2$.

古典雅可比算法步骤如下:

设 $\boldsymbol{A}_1=\boldsymbol{A}=(a_{ij}^{(1)})$，对于 $k=1,2,\cdots$

(1)在$\boldsymbol{A}_k$ 中选择非对角元中绝对值最大的元 $a_{pq}^{(k)}$，以确定位置(p,q)；

(2)利用式(4.15)至式(4.17)确定 c,s；从而确定 $\boldsymbol{J}_k=\boldsymbol{J}(p_k,q_k,\theta_k)$；

(3)$\boldsymbol{A}_{k+1}=\boldsymbol{J}_k\boldsymbol{A}_k\boldsymbol{J}_k^{\mathrm{T}}$，利用式(4.14)、式(4.18)和式(4.19)计算 $a_{ij}^{(k+1)}$，其中 $a_{pq}^{(k+1)}=0$.

从而可得到一个矩阵序列$\{\boldsymbol{A}_k\}$.

如果用雅可比方法计算了 m 步，

$$\boldsymbol{J}_m\cdots\boldsymbol{J}_1\boldsymbol{A}\boldsymbol{J}_1^{\mathrm{T}}\cdots\boldsymbol{J}_m^{\mathrm{T}}\approx\boldsymbol{D},$$

$\boldsymbol{D}$ 为对角阵，那么$\boldsymbol{Q}_m=\boldsymbol{J}_1^{\mathrm{T}}\cdots\boldsymbol{J}_m^{\mathrm{T}}$ 的列向量就是矩阵 $\boldsymbol{A}$ 的近似列向量.

可以证明古典雅可比方法使$\{\boldsymbol{A}_k\}$收敛到对角阵，进一步可证明收敛是二次的.

例 4.9　用雅可比方法计算矩阵 $\boldsymbol{A}$ 的特征值

$$\boldsymbol{A}=\begin{pmatrix}2&-1&0\\-1&2&-1\\0&-1&2\end{pmatrix}.$$

解　令$\boldsymbol{A}_1=\boldsymbol{A}$，非对角元中绝对值最大者是 $a_{12}=a_{21}=-1$，即$(p,q)=(1,2)$. 按照式(4.15)至式(4.17)计算有 $\tau=0,c=s=\dfrac{1}{\sqrt{2}}$，所以

$$\boldsymbol{J}_1=\begin{pmatrix}\frac{1}{\sqrt{2}}&\frac{1}{\sqrt{2}}&0\\-\frac{1}{\sqrt{2}}&\frac{1}{\sqrt{2}}&0\\0&0&1\end{pmatrix},$$

$$\boldsymbol{A}_2=\boldsymbol{J}_1\boldsymbol{A}_1\boldsymbol{J}_1^{\mathrm{T}}=\begin{pmatrix}1&0&-\frac{1}{\sqrt{2}}\\0&3&-\frac{1}{\sqrt{2}}\\-\frac{1}{\sqrt{2}}&-\frac{1}{\sqrt{2}}&2\end{pmatrix}.$$

再取$(p,q)=(1,3)$，有 $\tau=\dfrac{1}{\sqrt{2}},c=0.88807,s=0.45970$，

$$\boldsymbol{J}_2=\begin{pmatrix}0.88807&0&0.45970\\0&1&0\\-0.45970&0&0.88807\end{pmatrix},\boldsymbol{A}_3=\boldsymbol{J}_2\boldsymbol{A}_2\boldsymbol{J}_2^{\mathrm{T}}=\begin{pmatrix}0.63398&-0.32505&0\\-0.32505&3&-0.62797\\0&-0.62797&2.36603\end{pmatrix}.$$

这里可以看到$\{\boldsymbol{A}_k\}$中矩阵非对角元的最大绝对值逐次减小，继续做下去，可得

$$\boldsymbol{A}_{10}=\begin{pmatrix}0.58578&0.00000&0.00000\\0.00000&2.00000&0.00000\\0.00000&0.00000&3.41421\end{pmatrix},$$

$$Q=J_1^{\mathrm{T}}\cdots J_9^{\mathrm{T}}=\begin{pmatrix}0.50000 & 0.70710 & 0.50000\\0.70710 & 0.0000 & -0.70710\\0.50000 & -0.70710 & 0.50000\end{pmatrix}.$$

特征值和特征向量已经求出.

用雅可比方法计算矩阵特征值和特征向量的 MATLAB 代码

```
function [lam,U]=jacobi2(A,eps)  %雅可比计算矩阵的特征值和特征向量
%lam为输出的特征向量
%U为一系列Give矩阵J相乘法
n=size(A);%获取矩阵的行数以及列数
%初始化
U=eye(n);
A1=eye(n);
%A1=A;
%求矩阵非对角元素中按模最大的值,p、q为其下标
p=1;
q=2;
for i=1:n
   for j=i+1:n
      if abs(A(i,j))>abs(A(p,q))
        p=i;
        q=j;
      end
   end
end
%迭代开始
while abs(A(p,q))>=eps
   A1=eye(n);
     %
     %求出cos1与sin1
     %
   cot2=(A(p,p)-A(q,q))/(2*A(p,q));
     sin2=sqrt(1/(1+cot2*cot2));
     cos2=sqrt(1-sin2*sin2);
     cos1=sqrt((cos2+1)/2);
     sin1=sqrt(1-cos1*cos1);%求特征向量,存储于矩阵U
     R=U;
   %求Gives矩阵
     for i=1:n
        U(i,p)=R(i,p)*cos1+R(i,q)*sin1;
        U(i,q)=-R(i,p)*sin1+R(i,q)*cos1;
```

```
        for j=1:n
            if j~=p&&j~=q
                U(i,j)=R(i,j);
            end
        end
    end
%求 A1
%jacobi 迭代满足的条件
    A1(p,p)=A(p,p)*cos1*cos1+A(q,q)*sin1*sin1+A(p,q)*sin2;
    A1(q,q)=A(p,p)*sin1*sin1+A(q,q)*cos1*cos1-A(p,q)*sin2;
    A1(p,q)=0.5*(A(q,q)-A(p,p))*sin2+A(p,q)*cos2;
    A1(q,p)=A1(p,q);
    for j=1:n
        if j~=p&&j~=q
            A1(p,j)=A(p,j)*cos1+A(q,j)*sin1;
            A1(q,j)=-A(p,j)*sin1+A(q,j)*cos1;
            A1(j,p)=A1(p,j);%实对称矩阵
            A1(j,q)=A1(q,j);
        end
    end
    for i=1:n
        for j=1:n
            if i~=p&&i~=q&&j~=p&&j~=q
                A1(i,j)=A(i,j);
                A1(j,i)=A1(i,j);
            end
        end
    end
    A=A1;
    lam=diag(A1);
  %求矩阵 A 非对角元素中按模最大值的下标 p、q
    p=1;
    q=2;
    for i=1:n
        for j=i+1:n
            if abs(A(i,j))>abs(A(p,q))
                p=i;
                q=j;
            end
        end
    end
end
```

命令窗口输入:

```
A=[2 -1 0;-1 2 -1;0 -1 2];
eps=1.0e-3;
[lam,U]=jacobi2(A,eps)
```

为了减少古典雅可比方法中搜索最大绝对值非零的对角元的时间,可以选择(p,q)依次为$(1,2),(1,3),\cdots,(1,n);(2,3),(2,4),\cdots,(2,n);\cdots;(n-1,n)$,对每个$(p,q)$做雅可比变换,使对应$(p,q)$的非对角元为零. 这样就完成了$\frac{n(n-1)}{2}$此变换,称为做了一次扫描. 逐次扫描下去,到$\mathrm{off}(\boldsymbol{A})<\varepsilon$为止. 这种方法称为循环雅可比方法.

在循环雅可比方法中,如果确定一个界限ω_i,它是与这次扫描有关的正值小参数. 在本次扫描中,如果$|a_{pq}^{(k)}|\leqslant\omega_i$,就让$(p,q)$过关,不作使$a_{pq}^{(k)}$化为零的变换了. 即只对$|a_{pq}^{(k)}|>\omega_i$的元作变换. 这样反复扫描,到所有非对角元绝对值都不超过ω_i时,再换一个"界限",对新的界限进行扫描. 一般第一个界限可选为$\omega_1=\frac{1}{n}\sqrt{\mathrm{off}(A)}$,其余界限用$\omega_i=\frac{\omega_{i-1}}{n},i=2,3,\cdots$. 这样特殊的循环方法称为过关雅可比方法. 可以证明这样得到的矩阵序列$\{\boldsymbol{A}_k\}$的非对角元都趋于零.

4.8 应用案例

4.8.1 应用背景

长期以来,国内外钻井工作者一直在不断地进行着钻头选型的研究工作,不同的地层,选用的钻头是不同的. 从国内外的研究情况来看,钻头的选择主要是从两个方面进行的,一方面是从岩石的力学性能入手,寻求与岩石的力学性能匹配的钻头;另一方面是从某地区已经钻的钻头资料入手,分地层对钻头的使用情况进行评价,从评价的结果中找出适合该地区该地层的钻头. 这种从两个不同的方面来考虑钻头选型的方法长期以来得到了广大钻井工作者的认同.

4.8.2 钻头选型方法

近年来,国内外许多学者以利用测井资料计算岩石力学参数这一思想为基础,提出了许多新的方法来求取岩石的可钻性和其他力学参数. 声波时差法的过程如图 4.2 所示.

根据调研的情况,结合某区具体的井史数据、录井数据、测井数据,并利用相关系数分析法、灰色关联度分析法建立的指标体系如图 4.3 所示.

4.8.3 实例应用

以某一段井深为例做钻头选型分析. 首先根据地质信息表中的岩性描述,选取浅棕灰

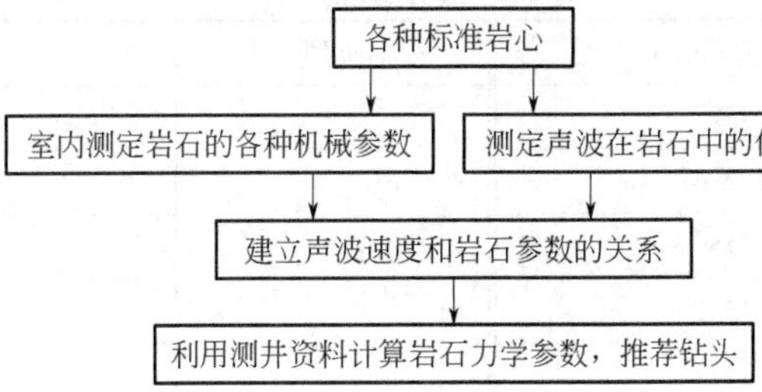

图 4.2　声波时差法

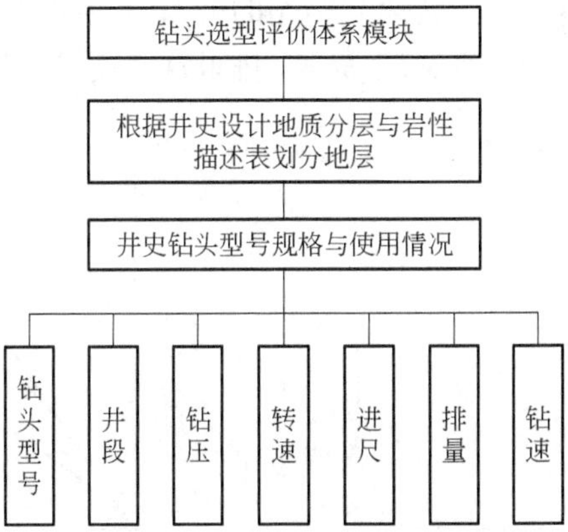

图 4.3　钻头选型指标体系

色细砂岩、棕红色泥岩、棕褐色泥岩三个关键词对数据进行筛选,筛选的结果如图 4.4 所示,表示共有 299 个层位含有这些关键词,然后统计了各个层位中含有关键词的数量,可以看出这些层位集中在 2800～3200m. 由于是在一个地层中对钻头进行优选,因此可以不考虑地层因素.

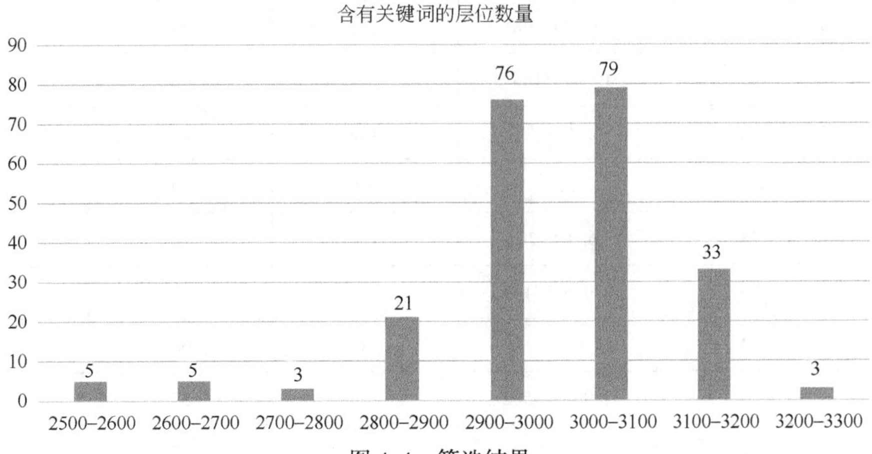

图 4.4　筛选结果

根据井史中的钻头数据可知,在 2800～3200m 的地层中,钻头直径有 152mm、152.4mm、215mm、215.9mm、222mm、222.2mm、222.22mm、222.25mm、222.3mm、223.3mm 共 10 种(表 4.2),按钻头直径的规格将钻头分为 3 类进行钻头优选.

表 4.2 钻头分类

类型	钻头直径,mm	类型	钻头直径,mm
1	152	3	222.2
	152.4		222.22
2	215		222.25
	215.9		222.3
3	222		223.3

在其他钻进条件保持不变的情况下,钻压与钻速的典型关系曲线如图 4.5 所示. 在钻压和其他钻井参数保持不变的条件下,转速与钻速的关系曲线如图 4.6 所示,同时钻速随着排量和立管压力的增大也增大. 因此,将钻压、转速、排量这些变量取倒数后代入模型.

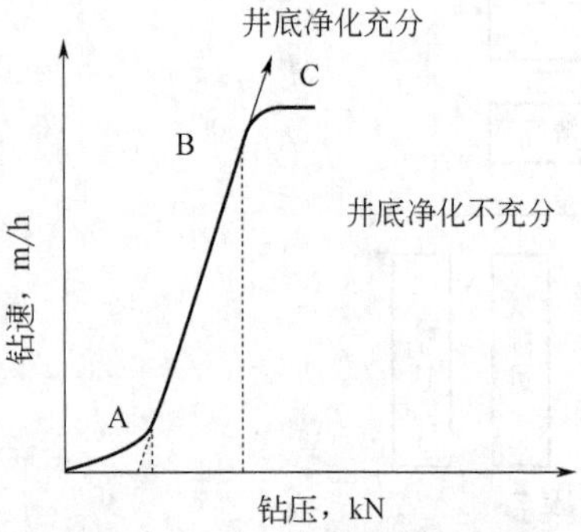

图 4.5 钻压与钻速的关系曲线

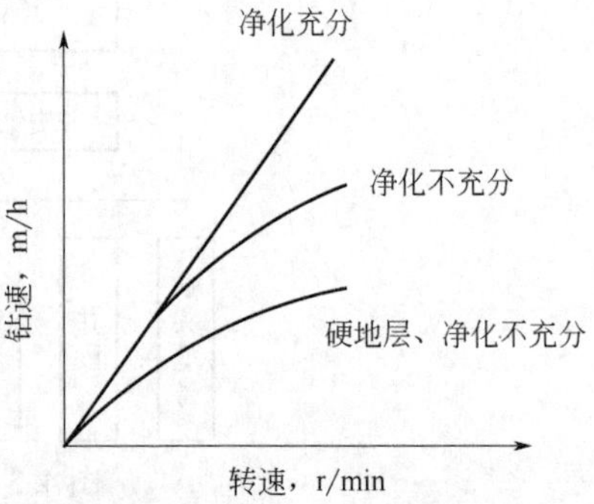

图 4.6 转速与钻速的关系曲线

选取多个指标,包括井深、钻压、转速、排量、进尺、钻速等来计算. 原始数据见表 4.3.

表 4.3 主因子分析原始数据表

钻头直径,mm	进尺,m	机械钻速,m/h	钻压,kN	转速,r/min	排量,L/s
215.9	523	10.15533981	3	50	35
215.9	469	19.81411069	70	40	30
215.9	906.59	16.89193218	140	64	31
215.9	490	12.1	70	40	29
215.9	778	6.078125	60	40	30
215.9	585	6.015424165	8	51	36
215.9	434	7.59	6	66	28
215.9	372.83	7.961349562	15	50	35
215.9	378	7.74114274	30	45	29

通过主因子分析可以得到相关矩阵,见表 4.4.

表 4.4　相关矩阵

		井段	钻压	转速	排量	进尺	钻速
相关性	井段	1.000	−0.698	−0.677	−0.896	−0.669	−0.969
	钻压	−0.698	1.000	0.506	0.745	0.227	0.647
	转速	−0.677	0.506	1.000	0.533	0.269	0.572
	排量	−0.896	0.745	0.533	1.000	0.756	0.850
	进尺	−0.669	0.227	0.269	0.756	1.000	0.743
	钻速	−0.969	0.647	0.572	0.850	0.743	1.000

表 4.4 为 6 个原始变量之间的相关矩阵，可见许多变量之间直接的相关性比较强，的确存在信息上的重复．

表 4.5 给出了各成分的方差贡献率和累积贡献率，由表 4.4 可知，只有第一个特征根大于 1，因此只提取了一个主成分，这个主成分的方差所占所有主成分方差的 72.246%，足够描述钻头的选取．

表 4.5　总方差解释

成分	初始特征值			提取载荷平方和		
	总计	方差百分比	累积百分比	总计	方差百分比	累积百分比
1	4.335	72.246	72.246	4.335	72.246	72.246
2	0.884	14.738	86.984			
3	0.533	8.876	95.860			
4	0.187	3.123	98.983			
5	0.061	1.011	99.995			
6	0.000	0.005	100.000			

表 4.6 给出了输出为主成分的矩阵，可以说明各主成分在各变量上的载荷，从而得出主成分的表达式，注意在表达式中各变量已经不是原始变量，而是标准化变量：

$$F=-0.976X_1+0.755X_2+0.687X_3+0.949X_4+0.73X_5+0.953X_6.$$

表 4.6　主成分矩阵

成分	1	成分	1
井段	−0.976	排量	0.949
钻压	0.755	进尺	0.730
转速	0.687	钻速	0.953

表 4.7 为主因子计算结果，由表可知，钻头的使用效果依次由高到低．

表 4.7　主因子计算结果

钻头型号	F	钻头型号	F
M195G1T	2.615445848	HJ517G	1.170964376
S1655FGA3	1.876809592	GM1615TM	0.985084624
GD1605T	1.376225232	S194G1T	0.778167992
JRDS1643H	1.342341568	JRDP4164J	0.762607384
S1646FGA	1.239151376		

课后习题

1. 用幂法计算下列矩阵的主特征值及对应的特征向量：

$$(1)\begin{pmatrix}-1 & 0 & 0\\ -1 & 0 & 1\\ -1 & -1 & 2\end{pmatrix};\quad (2)\begin{pmatrix}4 & -1 & & & \\ -1 & 4 & -1 & & \\ & \ddots & \ddots & \ddots & \\ & & -1 & 4 & -1\\ & & & -1 & -4\end{pmatrix}.$$

2. 用幂法计算下列矩阵的主特征值及对应的特征向量：

$$(1)\begin{pmatrix}7 & 3 & -2\\ 3 & 4 & -1\\ -2 & -1 & 3\end{pmatrix};\quad (2)\begin{pmatrix}3 & -4 & 3\\ -4 & 6 & 3\\ 3 & 3 & 1\end{pmatrix}.$$

当特征值有3位小数稳定时迭代终止.

3. 利用反幂法求矩阵

$$\begin{pmatrix}6 & 2 & 1\\ 2 & 3 & 1\\ 1 & 1 & 1\end{pmatrix}$$

的最接近于6的特征值及对应的特征向量.

4. (1)设 $\boldsymbol{A}$ 是对称矩阵，λ 和 $\boldsymbol{x}(\|\boldsymbol{x}\|_2=1)$ 是 $\boldsymbol{A}$ 的一个特征值及相应的特征向量. 又设 $\boldsymbol{P}$ 为一个正交矩阵，使

$$\boldsymbol{P}\boldsymbol{x}=\boldsymbol{e}_1=(1,0,0\cdots,0)^{\mathrm{T}}.$$

证明 $\boldsymbol{B}=\boldsymbol{P}\boldsymbol{A}\boldsymbol{P}^{\mathrm{T}}$ 的第一行和第一列除了 λ 外其余元素均为零.

(2)对于矩阵

$$\boldsymbol{A}=\begin{pmatrix}2 & 10 & 2\\ 10 & 5 & -8\\ 2 & -8 & 11\end{pmatrix},$$

$\lambda=9$ 是其特征值，$\boldsymbol{x}=\left(\frac{2}{3},\frac{1}{3},\frac{2}{3}\right)^{\mathrm{T}}$ 是相应于9的特征向量，试求一初等反射矩阵 $\boldsymbol{P}$，使 $\boldsymbol{P}\boldsymbol{x}=\boldsymbol{e}_1$，并计算 $\boldsymbol{B}=\boldsymbol{P}\boldsymbol{A}\boldsymbol{P}^{\mathrm{T}}$.

5. 利用初等反射矩阵将

$$\boldsymbol{A}=\begin{pmatrix}1 & 3 & 4\\ 3 & 1 & 2\\ 4 & 2 & 1\end{pmatrix}$$

正交相似约化为对称三对角矩阵.

6. 设 $\boldsymbol{A}_{n-1}$ 是由 Householder 变换得到的矩阵，又设 $\boldsymbol{y}$ 是 $\boldsymbol{A}_{n-1}$ 的一个特征向量：

(1)证明矩阵 $\boldsymbol{A}_{n-1}$ 对应的特征向量是 $\boldsymbol{x}=\boldsymbol{P}_1\boldsymbol{P}_2\cdots\boldsymbol{P}_{n-2}\boldsymbol{y}$；

(2) 对于给出的 y 应如何计算 x?

7. 用带位移的 QR 方法计算:

$$(1)\boldsymbol{A}=\begin{pmatrix}1 & 2 & 0\\2 & -1 & 1\\0 & 1 & 3\end{pmatrix},\qquad (2)\boldsymbol{B}=\begin{pmatrix}3 & 1 & 0\\1 & 2 & 1\\0 & 1 & 1\end{pmatrix}$$

的全部特征值.

8. 试用初等反射矩阵将

$$\boldsymbol{A}=\begin{pmatrix}1 & 1 & 1\\2 & -1 & -1\\2 & -4 & 5\end{pmatrix}$$

分解为 QR 的形式,其中 $\boldsymbol{Q}$ 为正交矩阵,$\boldsymbol{R}$ 为上三角矩阵.

9. 设 $\boldsymbol{A}=\begin{pmatrix}\overset{3}{\boldsymbol{A}_{11}} & \overset{2}{\boldsymbol{A}_{12}}\\0 & \boldsymbol{A}_{22}\end{pmatrix}\begin{matrix}3\\2\end{matrix}$,又设 λ_i 为 $\boldsymbol{A}_{11}$ 的特征值,λ_j 为 $\boldsymbol{A}_{22}$ 的特征值,$x_i=(\alpha_1,\alpha_2,\alpha_3)^{\mathrm{T}}$ 为对应于 λ_i,$\boldsymbol{A}_{11}$ 的特征向量,$y_i=(\beta_1,\beta_2)^{\mathrm{T}}$ 为对应于 λ_j,$\boldsymbol{A}_{22}$ 的特征向量. 求证:

(1) λ_i,λ_j 为 $\boldsymbol{A}$ 的特征值;

(2) $\boldsymbol{x}_i'=(\alpha_1,\alpha_2,\alpha_3,0,0)^{\mathrm{T}}$ 为 $\boldsymbol{A}$ 的对应于 λ_i 的特征向量,$\boldsymbol{y}_i'=(0,0,0,\beta_1,\beta_2)^{\mathrm{T}}$ 为 $\boldsymbol{A}$ 的对应于 λ_j 的特征向量.

第5章　函数逼近

函数逼近理论是函数论的一个重要组成部分,涉及的基本问题是函数的近似表示问题.在数学的理论研究和实际应用中经常遇到下类问题:在选定的一类函数中寻找某个函数 g,使它是已知函数 f 在一定意义下的近似表示,并求出用 g 近似表示 f 而产生的误差.这就是函数逼近问题,该问题的提法具有多样的形式,其内容十分丰富.

5.1　插值问题

实际问题中往往得不到一个函数关系具体的表达式,但可以通过观测等手段得到其在一些点处的函数值,即使关系式可以得出,往往会过于复杂而失去了应用的价值.这时,就需要用到插值的思想,通过对某些点已知的函数值构造插值函数,用插值函数代替原函数来研究问题.

考虑下面的数据表(表5.1):

表5.1　数据表

x_i	1.0	2.0	3.0	4.0	5.0	6.0
y_i	1.9	2.7	4.8	5.3	7.1	9.4

这些数据可能是某个函数在不同自变量处的函数值;也可能是实验得出的数据,比如 x 表示温度,y 表示压力,即通过实验得出不同温度下的压力的值;这些数据也可能表示一些自然现象中的数据,比如 x_i 表示时间,y_i 表示不同时间点处的股票价格.

对于这些数据,可能希望划一条光滑曲线能通过这些点;也可能希望推测两个数据点之间的值或者预测数据表之外的某个 t 处的值.如果上述数据是某个函数给出的信息,也可能希望计算出函数在某个点处的导数值或者函数在某个区间上的积分的值.

当然有很多种方式可以来处理这些数据.本章将用一种比较简单的函数来描述这些离散的数据,这种函数在图像上必须经过所有的离散点(x_i,y_i),也就是说函数在所有 x_i 处的值必须等于 y_i.这种函数就是所谓的插值函数.

设函数 $y=f(x)$ 在区间$[a,b]$上有定义,且已知在点 $a\leqslant x_0<x_1<\cdots<x_n\leqslant b$ 上的值 $y_0,y_1,\cdots,y_n$,若存在一简单函数 $P(x)$,使

$$P(x_i)=y_i(i=0,1,2,\cdots,n) \tag{5.1}$$

成立,就称 $P(x)$ 为 $f(x)$ 的插值函数,点 $x_0,x_1,\cdots,x_n$ 称为插值节点,包含插值节点的区间$[a,b]$称为插值区间,求插值函数 $P(x)$ 的方法称为插值法.若 $P(x)$ 是次数不超过 n 的代数多项式,即

$$P(x)=a_0+a_1x+a_2x^2+\cdots+a_nx^n, \tag{5.2}$$

其中 a_i 为实数,就称 $P(x)$ 为插值多项式,相应的插值法称为多项式插值．若 $P(x)$ 为分段的多项式,就是分段插值;若 $P(x)$ 为三角多项式,就称三角插值．

对于多项式插值而言,由式(5.1)和式(5.2)可知,未知系数 $a_0,a_1,\cdots,a_n$ 满足

$$\begin{cases} a_0+a_1x_0+\cdots+a_nx_0^n=y_0, \\ a_0+a_1x_1+\cdots+a_nx_1^n=y_1, \\ \vdots \\ a_0+a_1x_n+\cdots+a_nx_n^n=y_n. \end{cases} \tag{5.3}$$

这是一个关于 $a_0,a_1,\cdots,a_n$ 的 $n+1$ 元线性代数方程组．注意到方程组的系数行列式为范德蒙行列式

$$V_n(x_0,x_1,\cdots,x_n)=\begin{vmatrix} 1 & x_0 & x_0^2 & \cdots & x_0^n \\ 1 & x_1 & x_1^2 & \cdots & x_1^n \\ \vdots & \vdots & \vdots & \cdots & \vdots \\ 1 & x_n & x_n^2 & \cdots & x_n^n \end{vmatrix}=\prod_{i=1}^{n}\prod_{j=0}^{i-1}(x_i-x_j). \tag{5.4}$$

由于 $i\neq j$ 时,$x_i\neq x_j$,故所有因子 $x_i-x_j\neq 0$,于是 $V_n(x_0,x_1,\cdots,x_n)\neq 0$. 根据解线性方程组的克莱姆(Cramer)法则,方程组的解 a_i 存在唯一．上述分析实质上给出了一个求多项式插值的方法,而且可以看出插值多项式是唯一的．但是在节点 x_i 太多的情况下,范德蒙行列式的计算量太大,该方法并不实用．

5.1.1　Lagrange 插值多项式

实际中一般采用先求插值基函数再求插值函数的方法．下面讨论求通过 $n+1$ 个节点 $x_0<x_1<\cdots<x_n$ 的 n 次插值多项式 $L_n(x)$ 的办法,假定它满足条件

$$L_n(x_j)=y_j \quad (j=0,1,2,\cdots,n). \tag{5.5}$$

定义 5.1　若 n 次多项式 $l_j(x)(j=0,1,\cdots,n)$ 在 $n+1$ 个节点 $x_0<x_1<\cdots<x_n$ 上满足条件

$$l_j(x_k)=\begin{cases} 1, k=j, \\ 0, k\neq j \end{cases} \quad (j,k=0,1,\cdots,n), \tag{5.6}$$

就称这 $n+1$ 个 n 次多项式 $l_0(x),l_1(x),\cdots,l_n(x)$ 为节点 $x_0,x_1,\cdots,x_n$ 上的 n 次插值基函数．容易得到

$$\begin{aligned} l_k(x) &= \frac{(x-x_0)\cdots(x-x_{k-1})(x-x_{k+1})\cdots(x-x_n)}{(x_k-x_0)\cdots(x_k-x_{k-1})(x_k-x_{k+1})\cdots(x_k-x_n)} \\ &= \prod_{\substack{j=0 \\ j\neq k}}^{n}\frac{x-x_j}{x_k-x_j} (k=0,1,\cdots,n). \end{aligned} \tag{5.7}$$

于是,满足条件式(5.5)的插值多项式 $L_n(x)$ 可表示为

$$L_n(x)=\sum_{k=0}^{n}y_kl_k(x). \tag{5.8}$$

由 $l_k(x)$ 的定义,知

$$L_n(x_j) = \sum_{k=0}^{n} y_k l_k(x_j) = y_j \quad (j=0,1,\cdots,n).$$

形如式(5.8)的插值多项式 $L_n(x)$ 称为拉格朗日(Lagrange)插值多项式．显然由式(5.8)确定的多项式和由式(5.7)确定的多项式是一致的．

$n=1$,称为线性插值;$n=2$,称为抛物型插值．

若在$[a,b]$上用 $L_n(x)$ 近似 $f(x)$,则其截断误差为 $R_n(x)=f(x)-L_n(x)$,也称为插值多项式的余项．关于插值余项估计有以下定理．

定理 5.1 设 $f^{(n)}(x)$ 在$[a,b]$上连续,$f^{(n+1)}(x)$ 在(a,b)内存在,节点 $a\leqslant x_0<\cdots<x_n\leqslant b$,$L_n(x)$ 是满足条件式(5.1)的插值多项式,则对任何 $x\in[a,b]$,插值余项

$$R_n(x)=f(x)-L_n(x)=\frac{f^{(n+1)}(\xi)}{(n+1)!}\omega_{n+1}(x). \tag{5.9}$$

这里 $\xi\in(a,b)$ 且依赖于 $\omega_{n+1}(x)=(x-x_0)(x-x_1)\cdots(x-x_n)$.

证明 由给定条件知 $R_n(x)$ 在节点 $x_k(k=0,1,\cdots,n)$ 上为零,即

$$R_n(x_k)=0 \quad (k=0,1,\cdots n),$$

于是

$$R_n(x)=K(x)(x-x_0)(x-x_1)\cdots(x-x_n)=K(x)\omega_{n+1}(x), \tag{5.10}$$

其中 $K(x)$ 是与 x 有关的待定函数．

现把 x 看成$[a,b]$上一个固定点,作函数

$$\varphi(t)=f(t)-L_n(t)-K(x)(t-x_0)(t-x_1)\cdots(t-x_n),$$

根据插值条件及余项定义,可知 $\varphi(t)$ 在点 $x_0,x_1,\cdots,x_n$ 及 x 处均为零,故 $\varphi(t)$ 在$[a,b]$上有 $n+2$ 个零点,根据罗尔(Rolle)定理,$\varphi'(t)$ 在 $\varphi(t)$ 的两个零点间至少有一个零点．故 $\varphi'(t)$ 在$[a,b]$内至少有 $n+1$ 个零点．对 $\varphi'(t)$ 再应用罗尔定理,可知 $\varphi''(t)$ 在$[a,b]$内至少有 n 个零点．依此类推,$\varphi^{(n+1)}(t)$ 在(a,b)内至少有一个零点,记为 $\xi\in(a,b)$,使

$$\varphi^{(n+1)}(\xi)=f^{(n+1)}(\xi)-(n+1)!\ K(x)=0,$$

于是

$$K(x)=\frac{f^{(n+1)}(\xi)}{(n+1)!},\xi\in(a,b)\text{且依赖于 }x.$$

将它代入式(5.10),就得到余项表达式(5.9).

应当指出,余项表达式只有在 $f(x)$ 的高阶导数存在时才能应用．ξ 在(a,b)内的具体位置通常不可能给出,如果可以求出 $\max\limits_{a<x<b}|f^{(n+1)}(x)|=M_{n+1}$,那么插值多项式 $L_n(x)$ 逼近 $f(x)$ 的截断误差限是

$$|R_n(x)|\leqslant\frac{M_{n+1}}{(n+1)!}|\omega_{n+1}(x)|. \tag{5.11}$$

当 $n=1$ 时,线性插值余项为

$$R_1(x)=\frac{1}{2}f''(\xi)(x-x_0)(x-x_1),\xi\in[x_0,x_1]. \tag{5.12}$$

当 $n=2$ 时,抛物插值的余项为

$$R_2(x)=\frac{1}{6}f'''(\xi)(x-x_0)(x-x_1)(x-x_2),\xi\in[x_0,x_2]. \tag{5.13}$$

例 5.1 若 $\sin 0.32=0.314567$，$\sin 0.34=0.333487$，$\sin 0.36=0.352274$，用线性插值及抛物插值计算 $\sin 0.3367$ 的值并估计截断误差．

解 由题意取 $x_0=0.32$，$y_0=0.314567$，$x_1=0.34$，$y_1=0.333487$，$x_2=0.36$，$y_2=0.352274$.

(1)用线性插值计算．取 $x_0=0.32$ 及 $x_1=0.34$，由式(5.7)和式(5.8)得

$$L_1(x)=y_0\frac{x-x_1}{x_0-x_1}+y_1\frac{x-x_0}{x_1-x_0}=y_0+\frac{y_1-y_0}{x_1-x_0}(x-x_0),$$

$$\sin 0.3367\approx L_1(0.3367)=y_0+\frac{y_1-y_0}{x_1-x_0}(0.3367-x_0)=0.314567+\frac{0.01892}{0.02}\times 0.0167=0.330635.$$

其截断误差由式(5.12)得

$$|R_1(x)|\leqslant\frac{M_2}{2}|(x-x_0)(x-x_1)|,$$

其中 $M_2=\max\limits_{x_0\leqslant x\leqslant x_1}|f''(x)|$.

注意到 $f(x)=\sin x$，$f''(x)=-\sin x$，取 $M_2=\max\limits_{x_0\leqslant x\leqslant x_1}|\sin x|=\sin x_1\leqslant 0.3335$，于是

$$|R_1(0.3367)|=|\sin 0.3367-L_1(0.3367)|\leqslant\frac{1}{2}\times 0.3335\times 0.0167\times 0.0033\leqslant 0.92\times 10^{-5}.$$

(2)用抛物插值计算．由式(5.7)和式(5.8)得

$$L_2(x)=y_0\frac{(x-x_1)(x-x_2)}{(x_0-x_1)(x_0-x_2)}+y_1\frac{(x-x_0)(x-x_2)}{(x_1-x_0)(x_1-x_2)}+y_2\frac{(x-x_0)(x-x_1)}{(x_2-x_0)(x_2-x_1)},$$

$$\sin 0.3367\approx L_2(0.3367)=0.330374.$$

这个结果与六位有效数字的正弦函数表完全一样，这说明查表时用二次插值精度已相当高了．其截断误差限由式(5.13)得

$$|R_2(x)|\leqslant\frac{M_3}{6}|(x-x_0)(x-x_1)(x-x_2)|,$$

其中

$$M_3=\max_{x_0\leqslant x\leqslant x_2}|f'''(x)|=\cos x_0<0.828.$$

于是

$$|R_2(0.3367)|=|\sin 0.3367-L_2(0.3367)|\leqslant\frac{1}{6}\times 0.828\times 0.0167\times 0.033\times 0.0233<0.178\times 10^{-6}.$$

本例中尽管 0.3367 处的正弦值是未知的，但是可以利用节点 0.32，0.34 和 0.36 处的正弦值通过做插值的手段来得到．本例中第一种方法是利用前两个节点做线性插值函数 $L_1(x)$，并用 $L_1(0.3367)$ 来近似代替 $\sin 0.3367$. 第二种方法是利用三个节点处的值做二次插值 $L_2(x)$，并用 $L_2(0.3367)$ 来近似代替 $\sin 0.3367$. 例子中也估计了两种方法的误差限．另外 $\sin 0.3367=0.3303741916$，所以近似计算值 $L_1(0.3367)$ 具有 3 位有效数字，$L_2(0.3367)$ 具有 6 位有效数字．

下面提出这样一个问题：能否通过本例中给出的数据按照同样的思路来计算 $\sin 1.57$ 的近似值呢？即用 $L_1(1.57)$ 或 $L_2(1.57)$ 来近似代替 $\sin 1.57$.

经过计算可得：$L_1(1.57)=1.497067$，$L_2(1.57)=1.2414576249$. 显然 $\sin 1.57$ 的值不会超

过1. 上面的近似计算方法对于前面的例子有效,而对于计算 sin1. 57 则是不可取的计算方法. 大家思考一下为什么会出现这种问题?

拉格朗日插值多项式的 MATLAB 代码

实现一个插值计算的程序:

编辑器输入 lagrange.m 文件:

```
function yh=lagrange(x,y,xh)
%变量初值化
n=length(x);
m=length(xh);
yh=zeros(1,m);
c1=ones(n-1,1);
c2=ones(1,m);
%主程序
for i=1:n
    xp=x([1:i-1 i+1:n]);
    yh=yh+y(i) * prod((c1 * xh-xp' * c2)./(x(i)-xp' * c2));
end
```

命令窗口输入给定数据 x 和 y,以及需要计算插值点的值 xh。例如:

```
x=[0.32 0.34 0.36];
y=[0.314567 0.333487 0.352274];
xh=0.3367;
lagrange(x,y,xh)
```

实现多个插值计算的程序:

编辑器输入 lagrange.m 文件:

```
function yh=lagrange(x,y,xh)
%变量初值化
n=length(x);
m=length(xh);
x=x(:);
y=y(:);
xh=xh(:);
yh=zeros(m,1);
c1=ones(1,n-1);
c2=ones(m,1);
%主程序
for i=1:n
    xp=x([1:i-1 i+1:n]);
    yh=yh+y(i).*prod((c1.*xh-xp'.*c2)./(x(i)-xp'.*c2));
```

```
end
命令窗口输入给定数据 x 和 y,以及需要计算插值点的值 xh 矩阵。例如:
x=[1 2 3 4 5 6];
y=[9 23 3 80 160 259];
xh=[4.5 5.5];
lagrange(x,y,xh)
```

5.1.2 牛顿插值

Lagrange 插值公式结构紧凑,表达式易于求得,理论分析非常方便,但是当插值节点发生变化时,Lagrange 插值基函数全部发生变化,整个插值公式也将发生变化,这在实际计算中很不方便. 为了克服这一缺点,下面把插值多项式改写成

$$P_n(x)=a_0+a_1(x-x_0)+a_2(x-x_0)(x-x_1)+\cdots+a_n(x-x_0)\cdots(x-x_{n-1}),\tag{5.14}$$

其中 $a_0,a_1,\cdots,a_n$ 为待定系数,可由插值条件 $P_n(x_j)=f_j(j=0,1,\cdots,n)$ 确定.

当 $x=x_0$ 时,

$$P_n(x_0)=a_0=f_0;$$

当 $x=x_1$ 时,$P_n(x_1)=a_0+a_1(x-x_0)=f_1$,推得

$$a_1=\frac{f_1-f_0}{x_1-x_0};$$

当 $x=x_2$ 时,$P_n(x_2)=a_0+a_1(x_2-x_0)+a_2(x_2-x_0)(x_2-x_1)=f_2$,推得

$$a_2=\frac{\dfrac{f_2-f_0}{x_2-x_0}-\dfrac{f_1-f_0}{x_1-x_0}}{x_2-x_1};$$

依此递推可得到 $a_3,\cdots,a_n$. 为写出系数 a_k 的一般表达式,先引进如下均差(也称为差商)定义.

定义 5.2 称

$$f[x_0,x_k]=\frac{f(x_k)-f(x_0)}{x_k-x_0}$$

为函数 $f(x)$ 关于点 x_0,x_k 的一阶均差.

$$f[x_0,x_1,x_k]=\frac{f[x_0,x_k]-f[x_0,x_1]}{x_k-x_1}$$

称为 $f(x)$ 的二阶均差. 一般称

$$f[x_0,x_1,\cdots,x_k]=\frac{f[x_0,\cdots,x_{k-2},x_k]-f[x_0,x_1,\cdots,x_{k-1}]}{x_k-x_{k-1}}\tag{5.15}$$

为 $f(x)$ 的 k 阶均差.

均差有如下的基本性质:

(1) k 阶均差可表为函数值 $f(x_0),f(x_1),\cdots f(x_k)$ 的线性组合,即

$$f[x_0,x_1,\cdots,x_k]=\sum_{j=0}^{k}\frac{f(x_j)}{(x_j-x_0)\cdots(x_j-x_{j-1})(x_j-x_{j+1})\cdots(x_j-x_k)}. \tag{5.16}$$

这个性质可用归纳法证明．这个性质也表明均差与节点的排列次序无关,称为均差的对称性.即

$$f[x_0,x_1,\cdots,x_k]=f[x_1,x_0,\cdots,x_k]=\cdots=f[x_1,\cdots,x_k,x_0].$$

(2)由性质(1)及式(5.16)可得

$$f[x_0,x_1,\cdots,x_k]=\frac{f[x_1,\cdots,x_k]-f[x_0,\cdots x_{k-1}]}{x_k-x_0}. \tag{5.17}$$

(3)若$f(x)$在$[a,b]$上存在n阶导数,且节点$x_0,x_1,\cdots,x_n\in[a,b]$,则$n$阶均差与导数关系如下:

$$f[x_0,x_1,\cdots,x_n]=\frac{f^{(n)}(\xi)}{n!},\xi\in[a,b]. \tag{5.18}$$

这个公式可直接用罗尔定理证明．

均差计算可列均差表见表5.2.

表5.2 均差表

x_k	$f(x_k)$	一阶均差	二阶均差	三阶均差	四阶均差
x_0	$f(x_0)$				
x_1	$f(x_1)$	$f[x_0,x_1]$			
x_2	$f(x_2)$	$f[x_1,x_2]$	$f[x_0,x_1,x_2]$		
x_3	$f(x_3)$	$f[x_2,x_3]$	$f[x_1,x_2,x_3]$	$f[x_0,x_1,x_2,x_3]$	
x_4	$f(x_4)$	$f[x_3,x_4]$	$f[x_2,x_3,x_4]$	$f[x_1,x_2,x_3,x_4]$	$f[x_0,x_1,x_2,x_3,x_4]$

根据均差定义,把x看成$[a,b]$上一点,可得:

$$f(x)=f(x_0)+f[x,x_0](x-x_0),$$
$$f[x,x_0]=f[x_0,x_1]+f[x,x_0,x_1](x-x_1),$$
$$\vdots$$
$$f[x,x_0,\cdots,x_{n-1}]=f[x_0,x_1,\cdots,x_n]+f[x,x_0,\cdots,x_n](x-x_n).$$

把后一式代入前一式,得到:

$$f(x)=f(x_0)+f[x_0,x_1](x-x_0)+f[x_0,x_1,x_2](x-x_0)(x-x_1)+\cdots$$
$$+f[x_0,x_1,\cdots,x_n](x-x_0)(x-x_1)\cdots(x-x_{n-1})+f[x,x_0,\cdots,x_n]\omega_{n+1}(x)=N_n(x)+R_n(x),$$

其中

$$N_n(x)=f(x_0)+f[x_0,x_1](x-x_0)+f[x_0,x_1,x_2](x-x_0)(x-x_1)+\cdots \tag{5.19}$$
$$+f[x_0,x_1,\cdots,x_n](x-x_0)(x-x_1)\cdots(x-x_{n-1}),$$

$$R_n(x)=f(x)-N_n(x)=f[x,x_0,\cdots,x_n]\omega_{n+1}(x). \tag{5.20}$$

由式(5.19)确定的多项式$N_n(x)$显然满足插值条件,且次数不超过n,它就是形如式(5.14)的多项式,其系数为

$$a_k=f[x_0,x_1,\cdots,x_k].$$

称$N_n(x)$为牛顿(Newton)均差插值多项式．系数a_k就是各阶均差,它比拉格朗日插值计算量

小,且便于程序设计.

例 5.2 已知 $x=1,2,3,4,5$ 时,对应的函数值等于 1,4,7,8,6,求 4 次 Newton 插值多项式.

解 由给定的数据先构造均差表,见表 5.3.

表 5.3 构造的均差表

x_k	$f(x_k)$	一阶均差	二阶均差	三阶均差	四阶均差
1	1				
2	4	3			
3	7	3	0		
4	8	1	-1	-1/3	
5	6	-2	-3/2	-1/6	1/24

从而

$$N_4(x)=1+3(x-1)+0(x-1)(x-2)-\frac{1}{3}(x-1)(x-2)(x-3)+\frac{1}{24}(x-1)(x-2)(x-3)(x-4).$$

牛顿插值多项式的 MATLAB 代码

编辑器窗口输入:

```
function p=Newton_fun(x,xi,yi)
%输入量:离散样点的横坐标值 xi,离散样点的纵坐标值 yi,插值多项式中自变量符号 x
%输出量:Newton 插值多项式 y
n=length(xi);
f=zeros(n,n);
%对均差表第一列赋值
for k=1:n
    f(k)=yi(k);
end
%求均差表
for i=2:n       %均差表从 0 阶开始;但是矩阵是从 1 维开始存储
    for k=i:n
        f(k,i)=(f(k,i-1)-f(k-1,i-1))/(xi(k)-xi(k+1-i));
    end
end
disp('差商表如下:');
disp(f);

%求插值多项式
p=0;
for k=2:n
    t=1;
    for j=1:k-1
```

```
            t=t*(x-xi(j));
            disp(t)
        end
        p=f(k,k)*t+p;
        disp(p)
    end
    p=f(1,1)+p;
end
```

命令行窗口输入:

```
xi=[1 2 3 4 5];
yi=[1 4 7 8 6];
x=sym('x');
p=Newton_fun(x,xi,yi)
```

5.1.3 Hermite 插值

不少实际问题不但要求在节点上函数值相等,而且还要求对应的导数值也相等,甚至要求高阶导数也相等,满足这种要求的插值多项式就是埃尔米特(Hermite)插值多项式．下面只讨论函数值与导数值个数相等的情况．设在节点 $a\leqslant x_0<x_1<\cdots<x_n\leqslant b$ 上,$y_j=f(x_j)$,$m_j=f'(x_j)$ $(j=0,1,2,\cdots,n)$,要求插值多项式 $H(x)$ 满足条件

$$H(x_j)=y_j,H'(x_j)=m_j(j=0,1,2,\cdots,n). \tag{5.21}$$

这里给出了 $2n+2$ 个条件,可唯一确定一个次数不超过 $2n+1$ 次的多项式 $H_{2n+1}(x)=H(x)$,其形式为

$$H_{2n+1}(x)=a_0+a_1x+\cdots+a_{2n+1}x^{2n+1}.$$

如根据条件式(5.21)来确定 $2n+2$ 个系数 $a_0,a_1,\cdots,a_{2n+1}$ 显然非常复杂,因此,仍采用先求插值基函数方法．

先求插值基函数 $\alpha_j(x)$ 及 $\beta_j(x)(j=0,1,\cdots,n)$,共有 $2n+2$ 个,每一个基函数都是 $2n+1$ 次多项式,且满足条件

$$\begin{cases}\alpha_j(x_k)=\delta_{jk}=\begin{cases}0,j\neq k,\\1,j=k,\end{cases}\quad \alpha_j'(x_k)=0,\\ \beta_j(x_k)=0,\beta_j'(x_k)=\delta_{jk}\quad (j,k=0,1,\cdots,n),\end{cases} \tag{5.22}$$

于是满足条件式(5.21)的插值多项式 $H_{2n+1}(x)=H(x)$ 可写成用插值基函数表示的形式

$$H_{2n+1}(x)=\sum_{j=0}^{n}\left[y_j\alpha_j(x)+m_j\beta_j(x)\right]. \tag{5.23}$$

由条件式(5.22),显然有 $H_{2n+1}(x_k)=y_k,H'_{2n+1}(x_k)=m_k(k=0,1,\cdots,n)$．可以求出 Hermite 插值的插值基函数 $\alpha_j(x)$ 及 $\beta_j(x)$ 为

$$\alpha_j(x)=\left[1-2(x-x_j)\sum_{\substack{k=0\\k\neq j}}^{n}\frac{1}{x_j-x_k}\right]l_j^2(x), \tag{5.24}$$

$$\beta_j(x)=(x-x_j)l_j^2(x),\tag{5.25}$$

其中 $l_j(x)$ 为对应节点 x_j 的 Lagrange 插值基函数.

还可证明满足条件式(5.21)的插值多项式是唯一的.

实际计算中对于只有两个节点 $x_0<x_1$ 的 Hermite 插值显得特别重要. 这时插值函数式(5.23)变成了

$$\begin{aligned}H_3(x)=&y_0\left(1-2\frac{x-x_0}{x_0-x_1}\right)\left(\frac{x-x_1}{x_0-x_1}\right)^2+y_1\left(1-2\frac{x-x_1}{x_1-x_0}\right)\left(\frac{x-x_0}{x_1-x_0}\right)^2\\&+m_0(x-x_0)\left(\frac{x-x_1}{x_0-x_1}\right)^2+m_1(x-x_1)\left(\frac{x-x_0}{x_1-x_0}\right)^2.\end{aligned}\tag{5.26}$$

仿照拉格朗日插值余项的证明方法可以证明,若 $f(x)$ 在 (a,b) 内存在 $2n+2$ 阶导数存在,则其插值余项为

$$R(x)=f(x)-H_{2n+1}(x)=\frac{f^{(2n+2)}(\xi)}{(2n+2)!}\omega_{n+1}^2(x),\tag{5.27}$$

其中 $\xi\in(a,b)$ 且与 x 有关.

例 5.3 求满足 $P(x_j)=f(x_j)\ (j=0,1,2)$ 及 $P'(x_1)=f'(x_1)$ 的插值多项式及其余项表达式.

解 由给定条件,可确定次数不超过 3 的插值多项式. 由于此多项式通过点 $(x_0,f(x_0))$, $(x_1,f(x_1))$ 及 $(x_2,f(x_2))$,故其形式为

$$\begin{aligned}P(x)=&f(x_0)+f[x_0,x_1](x-x_0)+f[x_0,x_1,x_2](x-x_0)(x-x_2)\\&+A(x-x_0)(x-x_1)(x-x_2),\end{aligned}$$

其中 A 为待定常数,可由条件 $P'(x_1)=f'(x_1)$ 确定,通过计算可得

$$A=\frac{f'(x_1)-f[x_0,x_1]-(x_1-x_0)f[x_0,x_1,x_2]}{(x_1-x_0)(x_1-x_2)}.$$

为了求出余项 $R(x)=f(x)-P(x)$ 的表达式,可设

$$R(x)=f(x)-P(x)=k(x)(x-x_0)(x-x_1)^2(x-x_2),$$

其中 $k(x)$ 为待定函数. 构造

$$\varphi(t)=f(t)-P(t)-k(x)(t-x_0)(t-x_1)^2(t-x_2),$$

显然 $\varphi(x_j)=0\ (j=0,1,2)$ 且 $\varphi'(x_1)=0$, $\varphi(x)=0$,故 $\varphi(t)$ 在 (a,b) 内有 5 个零点(重根算两个). 反复应用罗尔定理,得 $\varphi^{(4)}(t)$ 在 (a,b) 内至少有一个零点 ξ,故

$$\varphi^{(4)}(\xi)=f^{(4)}(\xi)-4!k(x)=0.$$

于是

$$k(x)=f^{(4)}(\xi)/4!,$$

余项表达式为

$$R(x)=f^{(4)}(\xi)(x-x_0)(x-x_1)^2(x-x_2)/4!,\tag{5.28}$$

式中 ξ 位于 x_0,x_1,x_2 和 x 所界定的范围内.

Hermite 插值多项式的 MATLAB 代码

编辑器窗口输入：

```
function y=hermite(x0,y0,y1,x)
n=length(x0);
m=length(x);
%主程序
for k=1:m
     yy=0.0;
     for i=1:n
         h=1.0;  a=0.0;
         for j=1:n
                if j~=i
                       h=h*((x(k)-x0(j))/(x0(i)-x0(j)))^2;
                       a=1/(x0(i)-x0(j))+a;
                end
         end
         yy=yy+h*((x0(i)-x(k))*(2*a*y0(i)-y1(i))+y0(i));
     end
     y(k)=yy;
end
```

命令行窗口输入：

```
x0=[0.3,0.32,0.35];  %对给定数据,试构造 Hermite 多项式求出 sin0.34 的近似值
y0=[0.29552,0.31457,0.34290];
y1=[0.95534,0.94924,0.93937];
y=hermite(x0,y0,y1,0.34)
```

5.1.4 分段线性插值

前面根据区间$[a,b]$上给出的节点做插值多项式$L_n(x)$)近似$f(x)$，一般总认为$L_n(x)$的次数n越高，逼近$f(x)$的精度越好，但实际上并非如此．这是因为对任意的插值节点，当$n\to\infty$时，$L_n(x)$不一定收敛到$f(x)$. 20 世纪初龙格(Runge)就给出了一个等距节点插值多项式$L_n(x)$不收敛到$f(x)$的例子．高次插值多项式的这些缺陷，促使人们寻求简单的低次分段多项式插值．值得一提的是，分段插值也正是有限元方法的基础．下面只介绍最简单的分段线性插值．

所谓分段线性插值，就是通过插值点用折线段连接起来逼近$f(x)$．设已知节点$a\leqslant x_0<x_1<\cdots<x_n\leqslant b$上的函数值$f_0,f_1,\cdots,f_n$，记$h_k=x_{k+1}-x_k$，$h=\max\limits_k h_k$．求一折线函数$I_h(x)$满足：

(1)$I_h(x)$在闭区间$[a,b]$上连续；

(2)$I_h(x_k)=f_k(k=0,1,2,\cdots,n)$；

(3)$I_h(x)$在每个区间$[x_k,x_{k+1}]$上是线性函数；

则称 $I_h(x)$ 为分段线性插值函数.

由定义可知 $I_h(x)$ 在每个小区间 $[x_k,x_{k+1}]$ 上可表示为

$$I_h(x)=\frac{x-x_{k+1}}{x_k-x_{k+1}}f_k+\frac{x-x_k}{x_{k+1}-x_k}f_{k+1}\,(x_k\leqslant x\leqslant x_{k+1}).\tag{5.29}$$

5.1.5 样条插值

分段插值公式简单,运算量节省,稳定性好,收敛性有保证,且只要区间长度足够小,分段低次插值总满足精度要求. 但分段插值的一个明显缺点是插值函数在节点处的导数值不连续,即插值不光滑. 既要使用分段低次插值,同时使插值函数具有一定的光滑性,解决该问题的办法是使用样条插值,样条插值其实是一种改进的分段插值. 下面介绍最常用的三次样条插值.

定义 5.3 若函数在区间 $[a,b]$ 上给定节点 $a=x_0<x_1<\cdots<x_n=b$ 及其函数值 y_j,若函数 $S(x)$ 满足:

(1) $S(x_j)=y_j, j=0,1,2,\cdots,n$;

(2) $S(x)$ 在每个小区间 $[x_j,x_{j+1}]\,(j=0,1,2,\cdots,n-1)$ 上是三次多项式;

(3) $S(x)$ 在区间 $[a,b]$ 上有连续的二阶导数;

则称 $S(x)$ 为 $[a,b]$ 上的三次样条插值函数.

从定义知要求出 $S(x)$,在每个小区间 $[x_j,x_{j+1}]$ 上要确定 4 个待定系数,共有 n 个小区间,故应确定 $4n$ 个参数. 根据 $S(x)$ 在 $[a,b]$ 上二阶导数连续,在节点 $x_j(j=0,1,2,\cdots,n-1)$ 处应满足连续性条件

$$S(x_j-0)=S(x_j+0),S'(x_j-0)=S'(x_j+0),S''(x_j-0)=S''(x_j+0).$$

共有 $3n-3$ 个条件,再加上 $S(x)$ 满足 $n+1$ 个插值条件,共有 $4n-2$ 个条件,因此还需要 2 个条件才能确定 $S(x)$. 通常可在区间 $[a,b]$ 端点 $a=x_0,b=x_n$ 上各加一个条件(称为边界条件),可根据实际问题的要求给定. 常见的有以下三种:

(1) 已知两端的一阶导数值,即

$$S'(x_0)=f'_0,S'(x_n)=f'_n.$$

(2) 已知两端的二阶导数值,即

$$S''(x_0)=f''_0,S''(x_n)=f_n.$$

(3) 当 $f(x)$ 是以 x_n-x_0 为周期的周期函数时,则要求 $S(x)$ 也是周期函数. 这时边界条件应满足

$$S(x_0+0)=S(x_n-0),S'(x_0+0)=S'(x_n-0),S''(x_0+0)=S''(x_n-0),$$

而此时 $y_0=y_n$. 这样确定的样条函数 $S(x)$,称为周期样条函数.

利用插值条件、连续性条件及边界条件,就可以求出三次样条函数的表达式.

5.2 正交函数

正交多项式是函数逼近的重要工具,在数值积分中也有重要应用.

5.2.1 正交函数族与正交多项式

定义 5.4 若$f(x),g(x)\in C[a,b]$，$\rho(x)$为$[a,b]$上的权函数且满足

$$(f(x),g(x))=\int_a^b \rho(x)f(x)g(x)\mathrm{d}x=0\,,\tag{5.30}$$

则称$f(x)$与$g(x)$在$[a,b]$上带权$\rho(x)$正交．若函数族$\phi_0(x),\phi_1(x),\cdots,\phi_n(x),\cdots$满足关系

$$(\phi_j,\phi_k)=\int_a^b \rho(x)\phi_j(x)\phi_k(x)\mathrm{d}x=\begin{cases}0, & j\neq k,\\ A_k>0, & j=k.\end{cases}\tag{5.31}$$

则称$\{\phi_k(x)\}$是$[a,b]$上带权$\rho(x)$的**正交函数族**；若$A_k\equiv 1$，则称为**标准正交函数族**．

例如，三角函数族

$$1,\cos x,\sin x,\cos 2x,\sin 2x,\cdots$$

就是在区间$[-\pi,\pi]$上的正交函数族．因为对$k=j=1,2,\cdots$，有

$$(1,1)=2\pi,(\sin kx,\sin kx)=(\cos kx,\cos kx)=\pi.$$

而对$k,j=1,2,\cdots$，当$k\neq j$时有$(\cos kx,\sin kx)=(1,\cos kx)=(1,\sin kx)=0$；$(\cos kx,\cos jx)=(\sin kx.\sin jx)=(\cos kx,\sin jx)=0$.

定义 5.5 设$\phi_n(x)$是$[a,b]$上首项系数$a_n\neq 0$的n次多项式，$\rho(x)$为$[a,b]$上权函数，如果多项式序列$\{\phi_n(x)\}_0^\infty$满足关系式(5.31)，则称多项式序列$\{\phi_n(x)\}_0^\infty$为在$[a,b]$上带权$\rho(x)$正交，称$\phi_n(x)$为$[a,b]$上带权$\rho(x)$的n次正交多项式．

只要给定区间$[a,b]$及权函数$\rho(x)$，均可由一族线性无关的幂函数$\{1,x,\cdots,x^n,\cdots\}$，利用逐个正交化手续构造出正交多项式序列$\{\phi_n(x)\}_0^\infty$：

$$\phi_0(x)=1,\phi_n(x)=x^n-\sum_{j=0}^{n-1}\frac{(x^n,\phi_j(x))}{(\phi_j(x),\phi_j(x))}\phi_j(x)\,(n=1,2,\cdots).\tag{5.32}$$

这样得到的正交多项式序列有以下性质：

(1)$\phi_n(x)$是具有最高次项系数为 1 的n次多项式．

(2)任何n次多项式$P_n(x)\in H_n$均可表示为$\phi_0(x),\phi_1(x),\cdots,\phi_n(x),\cdots$的线性组合．

(3)当$k\neq j$时，$(\phi_j(x),\phi_k(x))=0$，且$\phi_k(x)$与任一次数小于k的多项式正交．

(4)递推关系

$$\phi_{n+1}(x)=(x-\alpha_n)\phi_n(x)-\beta_n\phi_{n-1}(x)\qquad(n=0,1,\cdots)\tag{5.33}$$

成立，其中$\phi_0(x)=1,\phi_{-1}(x)=0,\alpha_n=(x\phi_n(x),\phi_n(x))/(\phi_n(x),\phi_n(x)),\beta_n=(\phi_n(x),\phi_n(x))/(\phi_{n-1}(x),\phi_{n-1}(x))\,(n=1,2,\cdots)$，这里$(x\phi_n(x),\phi_n(x))=\int_a^b x\phi_n^2(x)\rho(x)\mathrm{d}x$.

(5)设$\{\phi_n(x)\}_0^\infty$是在$[a,b]$上带权$\rho(x)$的正交多项式序列，则$\phi_n(x)\,(n\geqslant 1)$的$n$个根都是在区间$(a,b)$内的单重实根．

下面给出常见的正交多项式．

5.2.2 勒让德多项式

当区间为$[-1,1]$，权函数$\rho(x)\equiv 1$时，由$\{1,x,\cdots,x^n,\cdots\}$正交化得到的多项式就称为**勒让德(Legendre)多项式**，并用$P_0(x),P_1(x),\cdots,P_n(x),\cdots$表示．这是勒让德于 1785 年引进

的.1814年**罗德利克(Rodrigul)**给出了简单的表达式

$$P_0(x)=1,P_n(x)=\frac{1}{2^n n!}\frac{\mathrm{d}^n}{\mathrm{d}x^n}\{(x^2-1)^n\}(n=1,2,\cdots), \tag{5.34}$$

由于$(x^2-1)^n$是$2n$次多项式,求n阶导数后得

$$P_n(x)=\frac{1}{2^n n!}(2n)(2n-1)\cdots(n+1)x^n+a_{n-1}x^{n-1}+\cdots+a_0,$$

于是得首项x^n的系数$a_n=\frac{(2n)!}{2^n(n!)^2}$. 显然最高项系数为1的勒让德多项式为

$$P_n(x)=\frac{n!}{(2n)!}\frac{\mathrm{d}^n}{\mathrm{d}x^n}[(x^2-1)^n]. \tag{5.35}$$

勒让德多项式有下述几个重要性质:

性质1 正交性

$$\int_{-1}^{1}P_n(x)P_m(x)\mathrm{d}x=\begin{cases}0, & m\neq n;\\ \dfrac{2}{2n+1}, & m=n.\end{cases} \tag{5.36}$$

证明 令$\phi(x)=(x^2-1)^n$,则$\phi^{(k)}(\pm1)=0(k=0,1,\cdots,n-1)$.

设$Q(x)$是在区间$[-1,1]$上有n阶连续可微的函数,有分部积分知

$$\int_{-1}^{1}P_n(x)Q(x)\mathrm{d}x=\frac{1}{2^n n!}\int_{-1}^{1}Q(x)\phi^{(n)}(x)\mathrm{d}x$$

$$=-\frac{1}{2^n n!}\int_{-1}^{1}Q'(x)\phi^{(n-1)}(x)\mathrm{d}x=\cdots=\frac{(-1)^n}{2^n n!}\int_{-1}^{1}Q^{(n)}(x)\phi(x)\mathrm{d}x.$$

下面分两种情况讨论.

(1)若$Q(x)$是次数小于n的多项式,则$Q^{(n)}(x)\equiv0$,故得

$$\int_{-1}^{1}P_m(x)P_n(x)\mathrm{d}x=0,\text{当 } n\neq m.$$

若

$$Q(x)=P_n(x)=\frac{1}{2^n n!}\phi^{(n)}(x)=\frac{(2n)!}{2^n(n!)^2}x^n+\cdots,Q^{(n)}(x)=P_n^{(n)}(x)=\frac{(2n)!}{2^n n!},$$

于是

$$\int_{-1}^{1}P_n^2(x)\mathrm{d}x=\frac{(-1)^n(2n)!}{2^{2n}(n!)^2}\int_{-1}^{1}(x^2-1)^n\mathrm{d}x=\frac{(2n)!}{2^{2n}(n!)^2}\int_{-1}^{1}(1-x^2)^n\mathrm{d}x.$$

由于

$$\int_0^1(1-x^2)^n\mathrm{d}x=\int_0^{\frac{\pi}{2}}\cos^{2n+1}t\mathrm{d}t=\frac{2\cdot4\cdots\cdots(2n)}{1\cdot3\cdots\cdots(2n+1)},$$

故

$$\int_{-1}^{1}P_n^2(x)\mathrm{d}x=\frac{2}{2n+1},$$

于是式(5.36)得证.

性质 2　奇偶性

$$P_n(-x)=(-1)^n P_n(x). \tag{5.37}$$

由于 $\phi(x)=(x^2-1)^n$ 是偶次多项式,经过偶次求导仍为偶次多项式,经过奇次求导则为奇次多项式,故 n 为偶数时 $P_n(x)$ 为偶函数,n 为奇数时 $P_n(x)$ 为奇函数,于是式(5.37)成立.

性质 3　递推关系

考虑 $n+1$ 次多项式 $xP_n(x)$,它可表示为

$$xP_n(x)=\alpha_0 P_0(x)+\alpha_1 P_1(x)+\cdots+\alpha_{n+1}P_{n+1}(x).$$

两边乘 $P_k(x)$,并从-1 到 1 积分,得

$$\int_{-1}^{1} xP_n(x)P_k(x)\,\mathrm{d}x=\alpha_k\int_{-1}^{1} P_k^2(x)\,\mathrm{d}x.$$

当 $k\leqslant n-2$ 时,$xP_k(x)$ 次数小于等于 $n-1$,上式左端积分为 0,故得 $\alpha_k=0$. 当 $k=n$ 时,$xP_k^2(x)$ 为奇函数,左端积分仍为 0,故 $\alpha_n=0$. 于是

$$xP_n(x)=\alpha_{n-1}P_{n-1}(x)+\alpha_{n+1}P_{n+1}(x),$$

其中

$$\alpha_{n-1}=\frac{2n-1}{2}\int_{-1}^{1} xP_n(x)P_{n-1}(x)\,\mathrm{d}x=\frac{2n-1}{2}\cdot\frac{2n}{4n^2-1}=\frac{n}{2n+1},$$

$$\alpha_{n+1}=\frac{2n+3}{2}\int_{-1}^{1} xP_n(x)P_{n+1}(x)\,\mathrm{d}x=\frac{2n+3}{2}\cdot\frac{2(n+1)}{(2n+1)(2n+3)}=\frac{n+1}{2n+1},$$

从而得到以下的递推公式:

$$(n+1)P_{n+1}(x)=(2n+1)xP_n(x)-nP_{n-1}(x)\quad(n=1,2,\cdots), \tag{5.38}$$

由 $P_0(x)=1, P_1(x)=x$,利用式(5.38)就可以推出

$$\begin{aligned}
&P_2(x)=(3x^2-1)/2,\\
&P_3(x)=(5x^3-3x)/2,\\
&P_4(x)=(35x^4-30x^2+3)/8,\\
&P_5(x)=(63x^5-70x^3+15x)/8,\\
&P_6(x)=(231x^6-315x^4+105x^2-5)/16,\\
&\cdots
\end{aligned}$$

图 5.1 给出了 $P_0(x), P_1(x), P_2(x), P_3(x)$ 的图形.

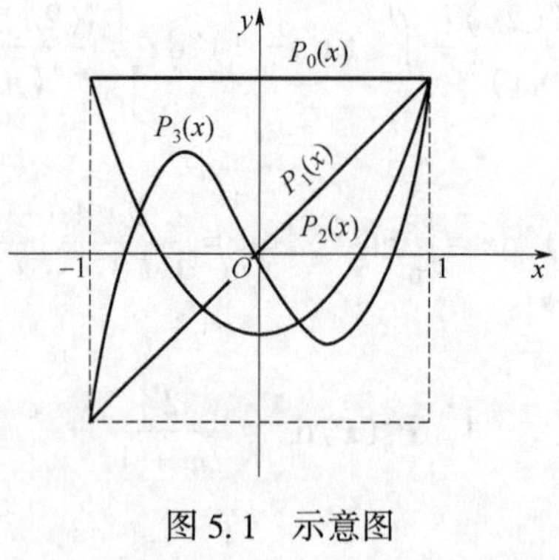

图 5.1　示意图

性质 4 $P_n(x)$在区间$[-1,1]$内有 n 个不同的实零点.

勒让德多项式的 MATLAB 代码

```
function P=legendre(n)
syms x    %定义符号变量
%主程序
    if(n==0)
          P=1;
    elseif(n==1)
           P=x;
    else
        P=((2*n-1)*x*legendre(n-1)-(n-1)*legendre(n-2))/(n);
    end
end
```

5.2.3 切比雪夫多项式

当权函数$\rho(x)=\dfrac{1}{1-x^2}$,区间为$[-1,1]$时,由序列$\{1,x,\cdots,x^n,\cdots\}$正交化得到的正交多项式就是**切比雪夫(Chebyshev)多项式**,它可表示为

$$T_n(x)=\cos(n\arccos x),\ |x|\leqslant 1. \tag{5.39}$$

若令 $x=\cos\theta$,则 $T_n(x)=\cos n\theta, 0\leqslant\theta\leqslant\pi$.

切比雪夫多项式有很多重要性质:

性质 5 递推关系

$$T_{n+1}(x)=2xT_n(x)-T_{n-1}(x)\ (n=1,2,\cdots),T_0(x)=1,T_1(x)=x. \tag{5.40}$$

这只要由三角恒等式

$$\cos(n+1)\theta=2\cos\theta\cos n\theta-\cos(n-1)\theta\quad(n\geqslant 1)$$

令 $x=\cos\theta$ 既得. 由式(5.40)就可推出:

$$T_2(x)=2x^2-1,$$

$$T_3(x)=4x^3-3x,$$

$$T_4(x)=8x^4-8x^2+1,$$

$$T_5(x)=16x^5-20x^3+5x,$$

$$T_6(x)=32x^6-48x^4+18x^2-1,$$

$$\cdots$$

$T_0(x),T_1(x),T_2(x),T_3(x)$的函数图像如图 5.2 所示.

由递推关系式(5.40)还可得到 $T_n(x)$的最高次项系数是 $2^{n-1}(n\geqslant 1)$.

性质 6 切比雪夫多项式$\{T_k(x)\}$在区间$[-1,1]$上带权$\rho(x)=1/(1-x^2)$正交,且

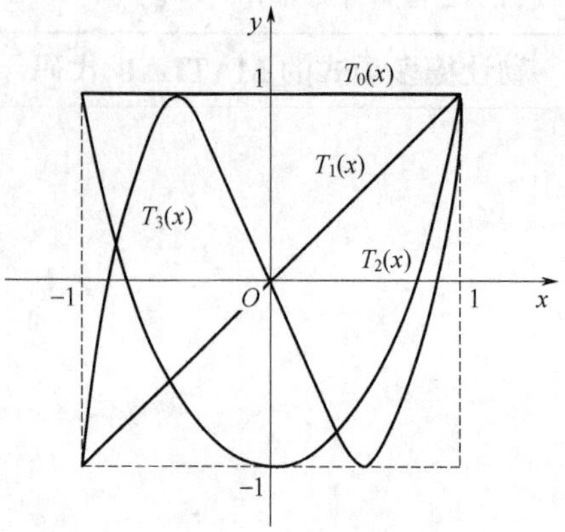

图 5.2　示意图

$$\int_{-1}^{1}\frac{T_n(x)T_m(x)\,\mathrm{d}x}{1-x^2}=\begin{cases}0, n\neq m;\\ \dfrac{\pi}{2}, n=m\neq 0;\\ \pi, n=m=0.\end{cases} \tag{5.41}$$

性质 7　$T_{2k}(x)$只含 x 的偶次幂，$T_{2k+1}(x)$只含 x 的奇次幂．

这个性质由递推关系可以得到．

性质 8　$T_n(x)$在区间$[-1,1]$上有 n 个零点

$$x_k=\cos\frac{2k-1}{2n}\pi, k=1,\cdots,n.$$

此外，实际计算中时常需要用 $T_0(x), T_1(x), \cdots, T_n(x)$的线性组合表示 x^n，其公式为

$$x^n=2^{1-n}\sum_{k=0}^{\frac{n}{2}}\binom{n}{k}T_{n-2k}(x). \tag{5.42}$$

这里规定 $T_0(x)=1$. $n=1,2,\cdots,6$ 的结果分别为：

$$1=T_0(x),$$

$$x=T_1(x),$$

$$x^2=\frac{1}{2}(T_0(x)+T_2(x)),$$

$$x^3=\frac{1}{4}(3T_1(x)+T_3(x)),$$

$$x^4=\frac{1}{8}(3T_0(x)+4T_2(x)+T_4(x)),$$

$$x^5=\frac{1}{16}(10T_1(x)+5T_3(x)+T_5(x)),$$

$$x^6=\frac{1}{32}(10T_0(x)+15T_2(x)+6T_4(x)+T_6(x)).$$

切比雪夫多项式的 MATLAB 代码

编辑器窗口输入：

```
function y=Chebyshev(y0,k,x0)
%用 k 次切比雪夫多项式拟合输入数据(x0,y0)
%注意:输入的 y0 数组中可以有 NaN;输入 y0 必须为列向量
L=length(y0);
gd=find(isfinite(y0(1:L)));
ngood=length(gd);
fprintf('   Points used:%d of %d\n',ngood,L)
T=zeros(L,k+1);
for i=1:L
      for j=1:k+1
            T(i,j)=cos((j-1)*acos(x0(i)));
      end
end
coef=regress(y0(gd),T(gd,:));
y=T*coef
```

命令行窗口输入：

```
x0=0:1:270;y0=sind(x0);x0=x0';y0=y0';
plot(x0,y0,'k')
hold on
y=Chebyshev(y0,1,x0);plot(x0,y,'r')%绘制曲线
y=Chebyshev(y0,2,x0);plot(x0,y,'g')
y=Chebyshev(y0,3,x0);plot(x0,y,'b')
y=Chebyshev(y0,4,x0);plot(x0,y,'m')
legend('Given','1 阶','2 阶','3 阶','4 阶')
```

5.2.4 其他常用的正交多项式

一般说,如果区间$[a,b]$及权函数$\rho(x)$不同,则得到的正交多项式也不同. 除上述两种最重要的正交多项式外,下面再给出三种较常用的正交多项式.

1. 第二类切比雪夫多项式

在区间$[-1,1]$上带权$\rho(x)=1-x^2$的正交多项式称为**第二类切比雪夫多项式**,其表达式为

$$U_n(x)=\frac{\sin[(n+1)\arccos x]}{1-x^2}. \tag{5.43}$$

令$x=\cos\theta$,可得

$$\int_{-1}^{1} U_n(x)U_m(x)1-x^2\mathrm{d}x=\int_0^{\pi}\sin(n+1)\theta\sin(m+1)\theta\mathrm{d}\theta=\begin{cases}0, m\neq n,\\ \dfrac{\pi}{2}, m=n,\end{cases}$$

即$\{U_n(x)\}$是$[-1,1]$上带权 $1-x^2$ 的正交多项式族．还可得到递推关系式：

$$U_0(x)=1, U_1(x)=2x, U_{n+1}(x)=2xU_n(x)-U_{n-1}(x)\ (n=1,2,\cdots).$$

2. 拉盖尔多项式

在区间$[0,\infty]$上带权 e^{-x} 的正交多项式称为**拉盖尔(Laguerre)多项式**，其表达式为

$$L_n(x)=e^x\frac{d^n}{dx^n}(x^ne^{-x}). \tag{5.44}$$

它也具有正交性质

$$\int_0^{\infty}e^{-x}L_n(x)L_m(x)dx=\begin{cases}0, m\neq n,\\(n!)^2, m=n,\end{cases}$$

以及递推关系

$$L_0(x)=1, L_1(x)=1-x, L_{n+1}(x)=(1+2n-x)L_n(x)-n^2L_{n-1}(x)\ (n=1,2,\cdots).$$

3. 埃尔米特多项式

在区间$(-\infty,+\infty)$上带权 e^{-x^2} 的正交多项式称为**埃尔米特多项式**，其表达式为

$$H_n(x)=(-1)^ne^{x^2}\frac{dn}{dx^n}(e^{-x^2}), \tag{5.45}$$

它满足正交关系

$$\int_{-\infty}^{+\infty}e^{-x^2}H_m(x)H_n(x)dx=\begin{cases}0, m\neq n,\\2^n n!\,\pi, m=n,\end{cases}$$

并有递推关系

$$H_0(x)=1, H_1(x)=2x, H_{n+1}(x)=2xH_n(x)-2nH_{n-1}(x)\ (n=1,2,\cdots).$$

5.3 函数逼近多项式

5.3.1 最佳一致逼近多项式

本节讨论$f\in C[a,b]$，在$H_n=\text{span}\{1,x,\cdots,x^n\}$中求多项式$P_n^*(x)$，使其误差

$$\|f-P_n^*\|_{\infty}=\max_{a\leqslant x\leqslant b}|f(x)-P_n^*(x)|=\min_{P_n\in H_n}\|f-P_n\|.$$

这就是通常所谓的最佳一致逼近或切比雪夫逼近问题．为了说明这一概念，先给出以下定义．

定义 5.6 设$P_n(x)\in H_n, f(x)\in C[a,b]$，称

$$\Delta(f,P_n)=\|f-P_n\|_{\infty}=\max_{a\leqslant x\leqslant b}|f(x)-P_n(x)| \tag{5.46}$$

为$f(x)$与$P_n(x)$在$[a,b]$上的**偏差**。

显然$\Delta(f,P_n)\geqslant 0$，$\Delta(f,P_n)$的全体组成一个集合，记为$\{\Delta(f,P_n)\}$，它有下界0. 若记集合的下确界为

$$E_n=\inf_{P_n\in H_n}\{\Delta(f,P_n)\}=\inf_{P_n\in H_n}\max_{a\leqslant x\leqslant b}|f(x)-P_n(x)|, \tag{5.47}$$

则称为$f(x)$在$[a,b]$上的最小偏差．

定义 5.7 假定$f(x)\in C[a,b]$,若存在$P_n^*(x)\in H_n$使得

$$\Delta(f,P_n^*)=E_n, \tag{5.48}$$

则称$P_n^*(x)$是$f(x)$在$[a,b]$上的**最佳一致逼近多项式**或**最小偏差逼近多项式**,简称**最佳逼近多项式**.

注意,定义并未说明最佳逼近多项式是否存在,但可证明下面的存在定理.

定理 5.2 若$f(x)\in C[a,b]$,则总存在$P_n^*(x)\in H_n$,使

$$\|f(x)-P_n^*(x)\|_\infty=E_n.$$

证明略.

为了研究最佳逼近多项式的特性,先引进偏差点的定义.

定义 5.8 设$f(x)\in C[a,b]$,$P_n(x)\in H_n$,若在$x=x_0$上有

$$|P(x_0)-f(x_0)|=\max_{a\leqslant x\leqslant b}|P(x)-f(x)|=\mu,$$

就称x_0是$P(x)$的**偏差点**.

若$P(x_0)-f(x_0)=\mu$,称x_0为“正”偏差点.

若$P(x_0)-f(x_0)=-\mu$,称x_0为“负”偏差点.

由于函数$P(x)-f(x)$在$[a,b]$上连续,因此,至少存在一个点$x_0\in[a,b]$,使

$$|P(x_0)-f(x_0)|=\mu.$$

也就是说$P(x)$的偏差点总是存在的. 下面给出反映最佳逼近多项式特征的切比雪夫定理.

定理 5.3 $P(x)\in H_n$是$f(x)\in C[a,b]$的最佳逼近多项式的充分必要条件是$P(x)$在$[a,b]$上至少有$n+2$个轮流为“正”“负”的偏差点,即有$n+2$个点$a\leqslant x_1<x_2<\cdots<x_{n+2}\leqslant b$,使

$$P(x_k)-f(x_k)=(-1)^k\sigma\|P(x)-f(x)\|_\infty,\sigma=\pm1. \tag{5.49}$$

这样的点组称为**切比雪夫交错点组**.

证明 只证充分性. 假定在$[a,b]$上有$n+2$个点使式(5.49)成立,要证明$P(x)$是$f(x)$在$[a,b]$上的最佳逼近多项式. 用反证法,若存在$Q(x)\in H_n$,$Q(x)\neq P(x)$,使

$$\|f(x)-Q(x)\|_\infty<\|f(x)-P(x)\|_\infty.$$

由于

$$P(x)-Q(x)=[P(x)-f(x)]-[Q(x)-f(x)]$$

在点$x_1,x_2,\cdots,x_{n+2}$上的符号与$P(x_k)-f(x_k)(k=1,\cdots,n+2)$一致,故$P(x)-Q(x)$也在$n+2$个点上轮流取“+”“-”号. 由连续函数性质,它在$[a,b]$内有$n+1$个零点,但因$P(x)-Q(x)\neq0$是不超过n次的多项式,它的零点不超过n. 矛盾,说明假设不对,故$P(x)$就是所求最佳逼近多项式. 充分性得证. 必要性证明略.

定理5.3说明用$P(x)$逼近$f(x)$的误差曲线$y=P(x)-f(x)$是均匀分布的. 由这个定理还可得以下重要推论.

推论 若$f(x)\in C[a,b]$,则在H_n中存在唯一的最佳逼近多项式.

证明从略.

利用定理5.3可直接得到切比雪夫多项式$T_n(x)$的一个重要性质,即下述定理.

定理 5.4 在区间$[-1,1]$上所有最高次项系数为1的n次多项式中,$\omega_n=\frac{1}{2^{n-1}}T_n(x)$与零

的偏差最小,其偏差为$\frac{1}{2^{n-1}}$.

证明 由于

$$\omega_n=\frac{1}{2^{n-1}}T_n(x)=x^n-P_{n-1}^*(x),$$

$$\max_{-1\leqslant x\leqslant 1}|\omega_n(x)|=\frac{1}{2^{n-1}}\cdot\max_{-1\leqslant x\leqslant 1}|T_n(x)|=\frac{1}{2^{n-1}},$$

且点 $x_k=\cos\frac{k}{n}\pi(k=0,1,\cdots,n)$是 $T_n(x)$的切比雪夫交错点组,由定理 5.3 可知,区间$[-1,1]$上 x^n 在 H_{n-1} 中最佳逼近多项式为 $P_{n-1}^*(x)$,即 $\omega_n(x)$是与零的偏差最小的多项式．定理得证．

例 5.4 求$f(x)=2x^3+x^2+2x-1$ 在$[-1,1]$上的最佳 2 次逼近多项式．

解 由题意,所求最佳逼近多项式 $P_2^*(x)$应满足

$$\min_{-1\leqslant P_2\leqslant 1}\|f(x)-P_2\|_\infty.$$

由定理 5.4 可知,当

$$f(x)-P_2^*(x)=\frac{1}{2}T_3(x)=2x^3-\frac{3}{2}x$$

时,多项式$f(x)-P_2^*(x)$与零偏差最小,故

$$P_2^*(x)=f(x)-\frac{1}{2}T_3(x)=x^2+\frac{7}{2}x-1$$

就是$f(x)$在$[-1,1]$上的最佳 2 次逼近多项式．

5.3.2 最佳一次逼近多项式

定理 5.3 给出了最佳逼近多项式 $P(x)$的特性,但要求出 $P(x)$却相当困难．下面讨论 $n=1$ 的情形．假定$f(x)\in C^2[a,b]$,且 $f''(x)$在(a,b)内不变号,要求最佳一次逼近多项式 $P_1(x)=a_0+a_1x$. 根据定理 5.3 可知至少有 3 个点 $a\leqslant x_1<x_2<x_3\leqslant b$,使

$$P_1(x_k)-f(x_k)=(-1)^k\sigma\max_{a\leqslant x\leqslant b}|P_1(x)-f(x)|\quad(\sigma=\pm 1,k=1,2,3).$$

由于$f''(x)$在$[a,b]$上不变号,故$f'(x)$单调,$f'(x)-a_1$ 在(a,b)内只有一个零点,记为 x_2,于是 $P_1'(x_2)-f'(x_2)=a_1-f'(x_2)=0$,即$f'(x_2)=a_1$. 另外两个偏差点必是区间端点,即 $x_1=a$,$x_2=b$,且满足

$$P_1(a)-f(a)=P_1(b)-f(b)=-[P_1(x_2)-f(x_2)].$$

由此得到

$$\begin{aligned}&a_0+a_1a-f(a)=a_0+a_1b-f(b),\\&a_0+a_1a-f(a)=f(x_2)-(a_0+a_1x_2).\end{aligned}\tag{5.50}$$

解出

$$a_1=\frac{f(b)-f(a)}{b-a}=f'(x_2),\tag{5.51}$$

代入式(5.50)得

$$a_0=\frac{f(a)+f(x_2)}{2}-\frac{f(b)-f(a)}{b-a}\frac{a+x_2}{2}. \tag{5.52}$$

这就得到最佳一次逼近多项式 $P_1(x)$，其几何意义如图 5.3 所示．直线 $y=P_1(x)$ 与弦 MN 平行，且通过 MQ 的中点 D，其方程为

$$y=\frac{1}{2}[f(a)+f(x_2)]+a_1x-\frac{a+x_2}{2}.$$

例 5.5　求 $f(x)=\sqrt{1+x^2}$ 在 $[0,1]$ 上的最佳一次逼近多项式．

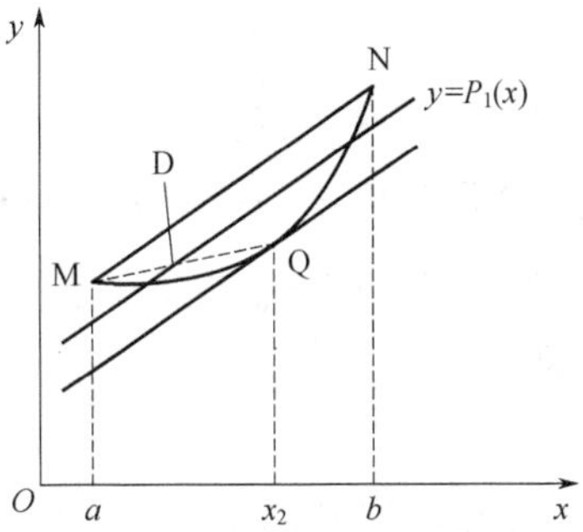

图 5.3　几何意义示意图

解　由式(5.51)可算出

$$a_1=\sqrt{2}-1\approx 0.414,$$

又 $f'(x)=\frac{x}{\sqrt{1+x^2}}$，故 $\frac{x_2}{\sqrt{1+x_2^2}}=\sqrt{2}-1$，解得

$$x_2=\sqrt{\frac{\sqrt{2}-1}{2}}\approx 0.4551,\ f(x_2)=\sqrt{1+x_2^2}\approx 1.0986.$$

由式(5.52)，得

$$a_0=\frac{1+\sqrt{1+x_2^2}}{2}-a_1\frac{x_2}{2}\approx 0.955,$$

于是得 $\sqrt{1+x^2}$ 的最佳一次逼近多项式为

$$P_1(x)=0.955+0.414x,$$

即

$$\sqrt{1+x^2}\approx 0.955+0.414x,\ 0\leqslant x\leqslant 1; \tag{5.53}$$

误差限为

$$\max_{0\leqslant x\leqslant 1}\left|\sqrt{1+x^2}-P_1(x)\right|\leqslant 0.045.$$

在式(5.53)中若令 $x=\frac{b}{a}\leqslant 1$，则可得一个求根式的公式

$$\sqrt{a^2+b^2}\approx 0.955a+0.414b.$$

5.3.3　最佳平方逼近多项式

现在研究在区间 $[a,b]$ 上一般的最佳平方逼近问题．对 $f(x)\in C[a,b]$ 及 $C[a,b]$ 中的一个子集 $\phi=\mathrm{span}\{\phi_0(x),\phi_1(x),\cdots,\phi_n(x)\}$，若存在 $S^*(x)\in\phi$，使

$$\|f(x)-S^*(x)\|_2^2=\min_{S(x)\in\phi}\|f(x)-S(x)\|_2^2=\min_{S(x)\in\phi}\int_a^b\rho(x)[f(x)-S(x)]^2\mathrm{d}x. \tag{5.54}$$

则称 $S^*(x)$ 是 $f(x)$ 在子集 $\phi\in C[a,b]$ 中的**最佳平方逼近函数**．为了求 $S^*(x)$，由式(5.54)可知该问题等价于求多元函数

$$I(a_0,a_1,\cdots,a_n)=\int_a^b\rho(x)\sum_{j=0}^{n}a_j\phi_j(x)-f(x)^2\mathrm{d}x \tag{5.55}$$

的最小值．由于 $I(a_0,a_1,\cdots,a_n)$ 是关于 $a_0,a_1,\cdots,a_n$ 的二次函数，利用多元函数求极值的必

要条件

$$\frac{\partial I}{\partial a_k}=0 \quad (k=0,1,\cdots,n),$$

即

$$\frac{I}{a_k}=2\int_a^b \rho(x)\sum_{j=0}^{n} a_j\phi_j(x)-f(x)\phi_k(x)\,\mathrm{d}x=0 \quad (k=0,1,\cdots,n),$$

于是有

$$\sum_{j=0}^{n}(\phi_k(x),\phi_j(x))a_j=(f(x),\phi_k(x)) \quad (k=0,1,\cdots,n). \tag{5.56}$$

这是关于 $a_0,a_1,\cdots,a_n$ 的线性方程组,称为**法方程**,由于 $\phi_0(x),\phi_1(x),\cdots,\phi_n(x)$线性无关,故系数 $\det G(\phi_0,\phi_1,\cdots,\phi_n)\neq 0$,于是方程组(5.56)有唯一解 $a_k=a_k^*(k=0,1,\cdots,n)$,从而得到

$$S^*(x)=a_0^*\varphi_0(x)+\cdots+a_n^*\phi_n(x).$$

下面证明 $S^*(x)$满足式(5.54),即对任何 $S(x)\in\phi$,有

$$\int_a^b \rho(x)[f(x)-S^*(x)]^2\mathrm{d}x\leqslant\int_a^b \rho(x)[f(x)-S(x)]^2\mathrm{d}x. \tag{5.57}$$

为此只要考虑

$$\begin{aligned}D&=\int_a^b \rho(x)[f(x)-S(x)]^2\mathrm{d}x-\int_a^b \rho(x)[f(x)-S^*(x)]^2\mathrm{d}x\\&=\int_a^b \rho(x)[S(x)-S^*(x)]^2\mathrm{d}x+2\int_a^b \rho(x)[S^*(x)-S(x)][f(x)-S^*(x)]\mathrm{d}x.\end{aligned}$$

由于 $S^*(x)$的系数 a_k^* 是方程组(5.56)的解,故

$$\int_a^b \rho(x)[f(x)-S^*(x)]\phi_k(x)\mathrm{d}x=0 \quad (k=0,1,\cdots,n),$$

从而上式第二个积分为0,于是

$$D=\int_a^b \rho(x)[S(x)-S^*(x)]^2\mathrm{d}x\geqslant 0,$$

故式(5.57)成立. 这就证明了 $S^*(x)$是$f(x)$在 ϕ 中的最佳平方逼近函数.

若令 $\delta(x)=f(x)-S^*(x)$,则平方误差为

$$\begin{aligned}\|\delta(x)\|_2^2&=(f(x)-S^*(x),f(x)-S^*(x))=(f(x),f(x))-(S^*(x),f(x))\\&=\|f(x)\|_2^2-\sum_{k=0}^{n}a_k^*(\phi_k(x),f(x)).\end{aligned} \tag{5.58}$$

若取 $\phi_k(x)=x^k,\rho(x)\equiv 1,f(x)\in C[0,1]$,则要在 H_n 中求 n 次最佳平方逼近多项式

$$S^*(x)=a_0^*+a_1^*x+\cdots+a_n^*x^n,$$

此时

$$(\phi_j(x),\phi_k(x))=\int_0^1 x^{k+j}\mathrm{d}x=\frac{1}{k+j+1},$$

$$(f(x),\phi_k(x))=\int_0^1 f(x)x^k\mathrm{d}x\equiv d_k.$$

若用 $\boldsymbol{H}$ 代表 $G_n=G(1,x,\cdots,x^n)$ 对应的矩阵,即

$$\boldsymbol{H}=\begin{bmatrix}1 & 1/2 & \cdots & 1/(n+1)\\ 1/2 & 1/3 & \cdots & 1/(n+2)\\ \vdots & \vdots & & \vdots\\ 1/(n+1) & 1/(n+2) & \cdots & 1/(2n+1)\end{bmatrix} \tag{5.59}$$

称为**希尔伯特(Hilbert)矩阵**,记 $\boldsymbol{a}=(a_0,a_1,\cdots,a_n)^{\mathrm{T}}$,$\boldsymbol{d}=(d_0,d_1,\cdots,d_n)^{\mathrm{T}}$,则

$$\boldsymbol{Ha}=\boldsymbol{d} \tag{5.60}$$

的解 $a_k=a_k^*(k=0,1,\cdots,n)$ 即为所求.

例 5.6 设 $f(x)=\sqrt{1+x^2}$,求 $[0,1]$ 上的一次最佳平方逼近多项式.

解 利用式(5.60),得

$$d_0=\int_0^1\sqrt{1+x^2}\,\mathrm{d}x=\frac{1}{2}\ln(1+\sqrt{2})+\frac{\sqrt{2}}{2}\approx 1.147,$$

$$d_1=\int_0^1 x\sqrt{1+x^2}\,\mathrm{d}x=\frac{1}{3}(1+x^2)^{3/2}=\frac{2\sqrt{2}-1}{3}\approx 0.609,$$

得方程组

$$\begin{pmatrix}1 & \frac{1}{2}\\ \frac{1}{2} & \frac{1}{3}\end{pmatrix}\begin{pmatrix}a_0\\ a_1\end{pmatrix}=\begin{pmatrix}1.147\\ 0.609\end{pmatrix},$$

解出

$$a_0=0.934,a_1=0.426,$$

故

$$S_1^*(x)=0.934+0.426x.$$

平方误差为

$$\|\delta(x)\|_2^2=(f(x),f(x))-(S_1^*(x),f(x))=\int_0^1(1+x^2)\,\mathrm{d}x-0.426d_1-0.934d_0=0.0026.$$

最大误差为

$$\|\delta(x)\|_\infty=\max_{0\leqslant x\leqslant 1}\left|\sqrt{1+x^2}-S_1^*(x)\right|\approx 0.066.$$

用 $\{1,x,\cdots,x^n\}$ 做基,求最佳平方逼近多项式,当 n 较大时,系数矩阵式(5.59)是高度病态的,因此直接求解方程是相当困难的,通常是采用正交多项式做基,**用正交函数族作最佳平方逼近**.

设 $f(x)\in C[a,b]$,$\phi=\mathrm{span}\{\phi_0(x),\phi_1(x),\cdots,\phi_n(x)\}$,若 $\phi_0(x),\phi_1(x),\cdots,\phi_n(x)$ 是满足条件式(5.31)的正交函数族,则 $(\phi_i(x),\phi_j(x))=0,i\neq j$ 而 $(\phi_j(x),\phi_j(x))>0$,故法方程组(5.56)的系数矩阵 $G_1=G(\phi_0(x),\phi_1(x),\cdots,\phi_n(x))$ 为非奇异对角矩阵,且方程组(5.56)的解为

$$a_k^*=(f(x),\phi_k(x))/(\phi_k(x),\phi_k(x))\;(k=0,1,\cdots,n). \tag{5.61}$$

于是$f(x)\in C[a,b]$在ϕ中的最佳平方逼近函数为

$$S^*(x)=\sum_{k=0}^{n}\frac{(f(x),\phi_k(x))}{\|\phi_k(x)\|_2^2}\phi_k(x).\tag{5.62}$$

由式(5.58)可得均方误差为

$$\|\delta_n(x)\|_2=\|f(x)-S_n^*(x)\|_2=\|f(x)\|_2^2-\sum_{k=0}^{n}\left[\frac{(f(x),\phi_k(x))^2}{\|\phi_k(x)\|_2}\right]^{\frac{1}{2}}.\tag{5.63}$$

由此可得**贝塞尔(Bessel)不等式**

$$\sum_{k=1}^{n}(a_k^*\|\phi_k(x)\|_2)^2\leqslant\|f(x)\|_2^2.\tag{5.64}$$

若$f(x)\in C[a,b]$,按正交函数族$\{\phi_k(x)\}$展开,系数$a_k^*(k=0,1,\cdots)$按式(5.61)计算,得级数

$$\sum_{k=0}^{\infty}a_k^*\phi_k(x),\tag{5.65}$$

称为$f(x)$的**广义傅里叶(Foureir)级数**,系数a_k^*称为广义傅里叶系数. 它是傅里叶级数的直接推广.

下面讨论特殊情况,设$\{\phi_0(x),\phi_1(x),\cdots,\phi_n(x)\}$是正交多项式,$\phi=\text{span}\{\phi_0(x),\phi_1(x),\cdots,\phi_n(x)\}$,$\phi_k(x)(k=0,1,\cdots,n)$可由$1,x,\cdots,x^n$正交化得到,则有下面的收敛定理.

定理 5.5 设$f(x)\in C[a,b]$,$S^*(x)$是由式(5.62)给出的$f(x)$的最佳平方逼近多项式,其中$\{\phi_k(x),k=0,1,\cdots,n\}$是正交多项式族,则有

$$\lim_{n\to\infty}\|f(x)-S_n^*(x)\|_2=0.$$

证明从略.

下面考虑函数$f(x)\in C[-1,1]$,按勒让德多项式$\{P_0(x),P_1(x),\cdots,P_n(x)\}$展开,由式(5.61)、式(5.62)可得

$$S_n^*(x)=a_0^*P_0(x)+a_1^*P_1(x)+\cdots+a_n^*P_n(x),\tag{5.66}$$

其中

$$a_k^*=\frac{(f(x),P_k(x))}{(P_k(x),P_k(x))}=\frac{2k+1}{2}\int_{-1}^{1}f(x)P_k(x)\,\mathrm{d}x.\tag{5.67}$$

根据式(5.58),平方误差为

$$\|\delta_k(x)\|_2^2=\int_{-1}^{1}f^2(x)\,\mathrm{d}x-\sum_{k=0}^{n}\frac{2}{2k+1}a_k^{*2}.\tag{5.68}$$

由定理5.5可得

$$\lim_{n\to\infty}\|f(x)-S_n^*(x)\|_2=0.$$

如果$f(x)$满足光滑性条件还可得到$S_n^*(x)$一致收敛于$f(x)$的结论.

定理 5.6 设$f(x)\in C^2[-1,1]$,$S_n^*(x)$由式(5.66)给出,则对任意$x\in[-1,1]$和$\varepsilon>0$,当n充分大时有

$$|f(x)-S_n^*(x)|\leqslant\frac{\varepsilon}{n}.$$

证明略.

对于首项系数为1的勒让德多项式 P_n(由式(5.35)给出),有以下性质.

定理 5.7 在所有最高次项系数为1的 n 次多项式中,勒让德多项式 $P_n(x)$ 在 $[-1,1]$ 上与零的平方误差最小.

证明 设 $Q_n(x)$ 是任意一个最高次项系数为1的 n 次多项式,它可表示为

$$Q_n(x)=P_n(x)+\sum_{k=0}^{n-1}a_kP_k(x),$$

于是

$$\|Q_n(x)\|_2^2=(Q_n(x),Q_n(x))=\int_{-1}^{1}Q_n^2(x)\mathrm{d}x=(P_n(x),P_n(x))+\sum_{k=0}^{n-1}a_k^2(P_k(x),P_k(x))$$

$$\geqslant(P_n(x),P_n(x))=\|P_n(x)\|_2^2,$$

当且仅当 $a_0=a_1=\cdots=a_{n-1}=0$ 时等号才成立,即当 $Q_n(x)=P_n(x)$ 时平方误差最小.

例 5.7 求 $f(x)=\mathrm{e}^x$ 在 $[-1,1]$ 上的三次最佳平方逼近多项式.

解 先计算 $(f(x),P_k(x))(k=0,1,2,3)$.

$$(f(x),P_0(x))=\int_{-1}^{1}\mathrm{e}^x\mathrm{d}x=\mathrm{e}-\frac{1}{\mathrm{e}}\approx 2.3504;$$

$$(f(x),P_1(x))=\int_{-1}^{1}x\mathrm{e}^x\mathrm{d}x=2\mathrm{e}^{-1}\approx 0.7358;$$

$$(f(x),P_2(x))=\int_{-1}^{1}\frac{3}{2}x^2-\frac{1}{2}\mathrm{e}^x\mathrm{d}x=\mathrm{e}-\frac{7}{\mathrm{e}}\approx 0.1431;$$

$$(f(x),P_3(x))=\int_{-1}^{1}\frac{5}{2}x^3-\frac{3}{2}x\mathrm{e}^x\mathrm{d}x=37\frac{1}{\mathrm{e}}-5\mathrm{e}\approx 0.02013.$$

由式(5.67)得

$$a_0^*=(f(x),P_0(x))/2=1.1752,$$

$$a_1^*=(f(x),P_1(x))/2=1.1036,$$

$$a_2^*=(f(x),P_2(x))/2=0.3578,$$

$$a_3^*=(f(x),P_3(x))/2=0.07046.$$

代入式(5.66)得

$$S_3^*(x)=0.9963+0.9979x+0.5367x^2+0.1761x^3.$$

均方误差为

$$\|\delta_n(x)\|_2=\|\mathrm{e}^x-S_3^*(x)\|_2=\int_{-1}^{1}\mathrm{e}^{2x}\mathrm{d}x-\sum_{k=0}^{3}\frac{2}{2k+1}a_k^{*2}\leqslant 0.0084.$$

最大误差为

$$\|\delta_n(x)\|_\infty=\|\mathrm{e}^x-S_3^*(x)\|_\infty\leqslant 0.0112.$$

如果$f(x)\in C[a,b]$,求$[a,b]$上的最佳平方逼近多项式,做变换

$$x=\frac{b-a}{2}t+\frac{b+a}{2}(-1\leqslant t\leqslant 1),$$

于是 $F(t)=f\left(\frac{b-a}{2}t+\frac{b+a}{2}\right)$在$[-1,1]$上可用勒让德多项式做最佳平方逼近多项式 $S_n^*(t)$,从而得到区间$[a,b]$上的最佳平方逼近多项式 $S_n^*=\frac{1}{b-a}(2x-a-b)$.

由于勒让德多项式$\{P_k(x)\}$是在区间$[-1,1]$上由$\{1,x,\cdots,x^k,\cdots\}$正交化得到的,因此利用函数的勒让德展开部分和得到最佳平方逼近多项式与由

$$S^*(x)=a_0+a_1x+\cdots+a_nx^n$$

直接解法方程得到 H_n 中的最佳平方逼近多项式是一致的,只是当 n 较大时法方程出现病态,计算误差较大,不能使用,而用勒让德展开不用解线性方程,不存在病态问题,计算公式比较方便,因此通常都用这种方法求最佳平方逼近多项式.

求函数的 *n* 次最佳平方逼近多项式的 MATLAB 代码

编辑器窗口输入:

```
function x=OptimalSquareApproximation(f,n,left,right)    %最佳平方逼近
%f 为待逼近函数,n 为最佳逼近多项式次数,[left,right]为积分区间
format long;
%定义 x^i * f(x)的匿名函数用于后续求积分
rightfun=@(i)(@(x)x.^i.*f(x));
%定义左端的系数矩阵基本形式
leftfun=@(i,j)(@(x)x.^i.*x.^j);
%定义线性方程的左右两端矩阵
A=zeros(n+1,n+1);
b=zeros(n+1,1);
for p=0:n
    for q=0:n
        A(p+1,q+1)=integral(leftfun(p,q),left,right);%计算左端系数矩阵的每一项积分
    end
    b(p+1,1)=integral(rightfun(p),left,right);    %计算右端矩阵的每一项积分
end
x=inv(A)*b;
end
```

命令行窗口输入:

```
format long;
g=@(x)(exp(x));
m=OptimalSquareApproximation(g,3,-1,1)
```

5.4 拟合问题

5.4.1 引言

引例 5.1 油气田和油气井的产量并不是恒定不变的,而是随着油气开采进程或开发措施的实施过程不断发生变化的．油气产量在一定时期内可能表现为上升趋势,而在另外的时期内则可能趋于稳定,但在油气田开发的大部分时间内,却以不断递减的趋势发展变化着．油气田开发递减期的长短主要受油气田地质条件和当时的经济技术条件的影响,大多数油气田都带有一个长长的产量递减期．一般情况下,油气田的产量递减期都在 10~30 年以上,递减期可以采出地质储量的 40%~50%.

递减期由于油气产量的不断减小,油气田的开发效益不断下滑．为了提高油气田开发的经济效益,一般情况下都要根据油气产量的递减规律,制定出相应的减缓产量递减的措施,因此,递减期的矿场工作量特别大,包括各种增产和增注措施的实施．待所有旨在提高油气开采效益的措施全部实施完毕以后,油气生产仍不能带来经济效益,油气开发过程将被终止,油气田最终被废弃．因此,研究产量递减规律对做好油气田的动态预测和油气生产规划,意义重大．同时,只有了解油气田的产量递减规律之后,才能有的放矢地采取防止产量递减的有效措施,以提高油气采收率．

根据大量的统计发现,油气产量的递减率(D)和产量(q)之间的统计关系满足

$$D=Kq^n.$$

若给定历史生产数据(t_i,q_i)(这时可以计算出和 t_i 相对应的 D_i)($i=1,2,\cdots,m$),如何确定上式中的参数 K,n?

除此之外,还有很多数学关系式可以用来描述产量随时间递减的趋势,如

$$q=a+\frac{b}{t},q=a+\frac{b}{t^2},q=a-b\ln t.$$

只要通过历史生产数据(t_i,q_i)能把上述公式中的常数 a,b 确定出来,就可以用来研究产量的变化规律了．

引例 5.2 在化学工程中经常会遇到计算高温状态下蒸气压和温度的问题,但是考虑到测量设备等的限制,希望利用低温状态下的蒸气压等有关数据进行外推,表 5.4 给出了氨蒸气的一组温度和蒸气压数据,那么能否从所列的数据中计算出 75℃氨蒸气压?

表 5.4 引例 5.2 温度与蒸气压数据表

温度	20	25	30	35	40	45	50	55	60
蒸气压	805	985	1170	1365	1570	1790	2030	2300	2610

上述两个引例都有一个共同点,那就是从给定的数据表中挖掘出一些信息．事实上,在工程实践和科学实验中,这种问题并不少见．处理这类问题的一个重要方法就是采用所谓的曲线拟合．

5.4.2 曲线拟合的最小二乘法

在科学实验的统计方法研究中，往往要从一组实验数据$(x_i,y_i)(i=0,1,2,\cdots,m)$中，寻找自变量$x$与因变量$y$之间的函数关系$y=f(x)$．寻求函数关系可以采用前面的插值方法，但是对于节点个数多的时候容易出现数值振荡(龙格现象)；如果采用样条插值，计算量又太大．值得注意的是，这些实验数据或者是观测数据往往本身就有误差．正是由于实验或观测数据往往不准确，因此完全没有必要要求待求的函数关系式$y=f(x)$经过所有点(x_i,y_i)，而只要求在给定点x_i上的误差(也称为残差)$\delta_i=f(x_i)-y_i(i=0,1,2,\cdots,m)$按某种标准最小，这就是所谓的曲线拟合法．这里所说的标准，通常采用三种衡量准则：

(1)误差的最大绝对值最小：

$$\max_i\{|\delta_i|\}=\min$$

(2)误差的绝对值之和最小：

$$\sum_i |\delta_i| = \min$$

(3)误差的平方和最小：

$$\sum_i \delta_i^2 = \min$$

准则(1)和(2)中含有绝对值，不利于实际计算，一般按照准则(3)来确定参数，称为曲线拟合(数据拟合)的最小二乘法．

曲线拟合的一般提法是：对给定的一组数据$(x_i,y_i)(i=0,1,2,\cdots,m)$，要求在函数类$\Phi=\mathrm{span}\{\varphi_0,\varphi_1,\cdots,\varphi_n\}$中找一个函数$y=S^*(x)$，使误差平方和

$$\|\delta\|_2^2=\sum_{i=0}^m\delta_i^2=\sum_{i=0}^m\omega_i[S^*(x_i)-y_i]^2=\min_{S(x)\in\Phi}\sum_{i=0}^m\omega_i[S(x_i)-y_i]^2, \tag{5.69}$$

其中ω_i是节点x_i处的权重，

$$\delta_i=S^*(x_i)-y_i$$

$$\delta=(\delta_0,\delta_2,\cdots,\delta_m)^{\mathrm{T}},$$

$$S(x)=a_0\varphi_0(x)+a_1\varphi_1(x)+\cdots+a_n\varphi_n(x)\quad(n<m),$$

$$S^*(x)=a_0^*\varphi_0(x)+a_1^*\varphi_1(x)+\cdots+a_n^*\varphi_n(x)\quad(n<m).$$

这就是一般的曲线拟合的最小二乘法．

在上述$S(x)$的表达式中，$\varphi_0(x),\varphi_1(x),\cdots,\varphi_n(x)$是已知函数且线性无关．用最小二乘法求拟合曲线的问题，就是在形如$S(x)$的表达式中找$S^*(x)$，使(5.69)中的$\sum_{i=0}^m\omega_i[S(x_i)-y_i]^2$达到最小值，因此求$S^*(x)$的问题等价于求多元函数

$$I(a_0,a_1,\cdots,a_n)=\sum_{i=0}^m\omega_i\Big[\sum_{j=0}^n a_j\varphi_j(x_i)-y_i\Big]^2$$

的极小值问题．由求多元函数极值的必要条件，有

$$\frac{\partial I}{\partial a_k}=2\sum_{i=0}^m\omega_i\Big[\sum_{j=0}^n a_j\varphi_j(x_i)-y_i\Big]\varphi_k(x_i)=0\quad(k=0,1,\cdots,n). \tag{5.70}$$

若记

$$(\varphi_j,\varphi_k)=\sum_{i=0}^{m}\omega_i\varphi_j(x_i)\varphi_k(x_i)\ ,\tag{5.71}$$

$$(y,\varphi_k)=\sum_{i=0}^{m}\omega_i y_i\varphi_k(x_i)\ \equiv d_k\quad (k=0,1,\cdots,n).\tag{5.72}$$

则式(5.70)可改写为

$$\sum_{j=0}^{n}(\varphi_j,\varphi_k)a_j=d_k(k=0,1,\cdots,n).\tag{5.73}$$

该方程称为法方程．法方程实际上是关于 $a_0,a_1,\cdots,a_n$ 一个线性代数方程组，写成矩阵形式为

$$\boldsymbol{Ga}=\boldsymbol{d},$$

其中

$$\boldsymbol{a}=(a_0,a_1,a_2,\cdots,a_n)^{\mathrm{T}},$$

$$\boldsymbol{d}=(d_0,d_1,d_2,\cdots,d_n)^{\mathrm{T}},$$

$$\boldsymbol{G}=\begin{pmatrix}(\varphi_0,\varphi_0) & (\varphi_0,\varphi_1) & \cdots & (\varphi_0,\varphi_n)\\ (\varphi_1,\varphi_0) & (\varphi_1,\varphi_1) & \cdots & (\varphi_1,\varphi_n)\\ \vdots & \vdots & \cdots & \vdots\\ (\varphi_n,\varphi_0) & (\varphi_n,\varphi_1) & \cdots & (\varphi_n,\varphi_n)\end{pmatrix}.$$

显然系数矩阵是对称矩阵．在系数矩阵可逆的情况下，该方程组有唯一解，而且还可以证明它的解就是要求的 $a_0^*,a_1^*,\cdots,a_n^*$．由于该法方程是线性代数方程组，所以也称式(5.69)为线性最小二乘曲线拟合．事实上，这时 $S(x)=a_0\varphi_0(x)+a_1\varphi_1(x)+\cdots+a_n\varphi_n(x)$ 对 $a_0,a_1,\cdots,a_n$ 是线性的．

用最小二乘法求拟合曲线时，首先要确定 $S(x)$ 的表达式．这已经不单纯是数学问题了，还与所研究的实际问题有关系．关于确定拟合曲线的问题，一般可从以下几个方面入手：

(1)利用已知的结论确定拟合曲线的形式，例如由已知的胡克定律可以知道在一定条件下，弹性体的应变与应力呈线性关系；

(2)从分析实验数据入手，通过描点作图的方式大致判断曲线的增减性、凹凸性等，然后选择合适的曲线进行拟合。

一般而言，对拟合得到的曲线还要进行实例验证，验证拟合曲线的可行性．有时，某些问题的拟合曲线的选取不是唯一的，这时可以将得到的多种拟合曲线进行分析、比较或实例验证，综合判断后选择一种合适的曲线进行预测推断．

例 5.8　已知一组实验数据见表 5.5，求它的拟合曲线．

表 5.5　例 5.8 实验数据表

x_i	1	2	3	4	5
y_i	4	4.5	6	8	8.5
ω_i	2	1	3	1	1

解　根据所给数据，在坐标纸上标出，可以看出，各点在一条直线附近，故选择线性函数作

拟合曲线,即令 $S(x)=a_0+a_1x$,这里 $m=4,n=1,\varphi_0(x)=1,\varphi_1(x)=x$,故

$$(\varphi_0,\varphi_0)=\sum_{i=0}^{4}\omega_i=8,(\varphi_0,\varphi_1)=(\varphi_1,\varphi_0)=\sum_{i=0}^{4}\omega_ix_i=22,$$

$$(\varphi_1,\varphi_1)=\sum_{i=0}^{4}\omega_ix_i^2=74,(\varphi_0,y)=\sum_{i=0}^{4}\omega_iy_i=47,(\varphi_1,y)=\sum_{i=0}^{4}\omega_ix_iy_i=145.5.$$

由式(5.73)得到

$$\begin{cases}8a_0+22a_1=47,\\22a_0+74a_1=145.5.\end{cases}$$

解得 $a_0=2.77,a_1=1.13$. 于是所求拟合曲线为

$$S^*(x)=2.77+1.13x.$$

例 5.9 设数据 $(x_i,y_i)(i=0,1,2,3,4)$ 由表 5.6 给出,拟合曲线为 $y=ae^{bx}$,求参数 a,b.

表 5.6 例 5.9 数据表

i	0	1	2	3	4
x_i	1.00	1.25	1.50	1.75	2.00
y_i	5.10	5.79	6.53	7.45	8.46

解 显然,拟合曲线对参数而言不是线性形式. 这时首先将拟合曲线取对数得到

$$\ln y=\ln a+bx.$$

令 $\bar{y}=\ln y,A=\ln a$,这时拟合曲线变成 $\bar{y}=A+bx$,这时 $\varphi_0(x)=1,\varphi_1(x)=x$,为了计算方便,将数据表变形得到表 5.7.

表 5.7 例 5.9 数据表变形

i	0	1	2	3	4
x_i	1.00	1.25	1.50	1.75	2.00
y_i	5.10	5.79	6.53	7.45	8.46
$\bar{y}_i$	1.629	1.756	1.876	2.008	2.135

数据表中没有给出权重 ω_i,约定取 $\omega_i=1$. 由式(5.71)和式(5.72)可得

$$(\varphi_0,\varphi_0)=5,(\varphi_0,\varphi_1)=(\varphi_1,\varphi_0)=\sum_{i=0}^{4}x_i=7.5,$$

$$(\varphi_1,\varphi_1)=\sum_{i=0}^{4}x_i^2=11.875,(\varphi_0,\bar{y})=\sum_{i=0}^{4}\bar{y}_i=9.404,(\varphi_1,\bar{y})=\sum_{i=0}^{4}x_i\bar{y}_i=14.422.$$

法方程为

$$\begin{cases}5A+7.50b=9.404,\\7.50A+11.875b=14.422.\end{cases}$$

解得 $A=1.122,b=0.505,a=e^A=3.071$,从而最小二乘曲线为

$$y=3.071e^{0.505x}.$$

现在很多计算机配有自动选择数学模型的程序,其方法与例 5.9 相同. 程序中因变量与自变量变换的函数类型较多,通过计算比较误差找到拟合的较好的曲线,最后输出曲线图形及数学表达式.

对于非线性的拟合曲线,除了 $y=ae^{bx}$ 外,经常用到的还有下面几种形式:

(1) $y=ax^{b}\quad(x>0,a>0)$;

(2) $y=ae^{\frac{b}{x}}\quad(a>0)$;

(3) $y=\dfrac{1}{a+be^{-x}}$;

(4) $y=ax^{b}e^{-cx}\quad(a>0)$.

有时,下面两种线性情况也是常用的拟合曲线:

(1) $\dfrac{1}{y}=a+\dfrac{b}{x}$;

(2) $y=a+b\ln x$.

如果是上面这些拟合曲线,该如何进行曲线拟合?特别地,如果拟合曲线是 $y=ae^{bx}+c$(其中 a,b,c 为拟合参数),该如何进行拟合?

例 5.10 求超定方程组

$$\begin{cases}2x_1+4x_2=11,\\3x_1-5x_2=3,\\x_1+2x_2=6,\\2x_1+x_2=7\end{cases}$$

的最小二乘解,并求误差的平方和.

解 显然方程组的第一个和第三个方程是不相容的,方程组肯定无解. 方程组的最小二乘解就是在误差的平方和最小的近似解.

令

$$I=(2x_1+4x_2-11)^2+(3x_1-5x_2-3)^2+(x_1+2x_2-6)^2+(2x_1+x_2-7)^2.$$

下面求 I 的最小值. 由多元函数求极值的方法可知 $\dfrac{\partial I}{\partial x_1}=0,\dfrac{\partial I}{\partial x_2}=0$,即

$$2(2x_1+4x_2-11)\cdot 2+2(3x_1-5x_2-3)\cdot 3+2(x_1+2x_2-6)+2(2x_1+x_2-7)\cdot 2=0,$$
$$2(2x_1+4x_2-11)\cdot 4+2(3x_1-5x_2-3)\cdot(-5)+2(x_1+2x_2-6)\cdot 2+2(2x_1+x_2-7)=0.$$

由此可得

$$x_1=3.0403,x_2=1.2418.$$

误差的平方和为

$$\delta^2=(2x_1+4x_2-11)^2+(3x_1-5x_2-3)^2+(x_1+2x_2-6)^2+(2x_1+x_2-7)^2.$$

将 $x_1=3.0403,x_2=1.2418$ 代入 δ^2 得到 $\delta^2=0.34066$.

事实上,求解超定方程组 $Ax=b$ 的最小二乘解,也可以转化为直接求正则方程组

$$\boldsymbol{A}^{\mathrm{T}}\boldsymbol{A}\boldsymbol{x}=\boldsymbol{A}^{\mathrm{T}}\boldsymbol{b}$$

的解. 在例 5.10 中,

$$\boldsymbol{A}=\begin{pmatrix}2&4\\3&-5\\1&2\\2&1\end{pmatrix},\boldsymbol{b}=\begin{pmatrix}11\\3\\6\\7\end{pmatrix}.$$

从而

$$A^{\mathrm{T}}A=\begin{pmatrix}18&-3\\-3&46\end{pmatrix},A^{\mathrm{T}}b=\begin{pmatrix}51\\48\end{pmatrix}.$$

故

$$\begin{pmatrix}18&-3\\-3&46\end{pmatrix}\begin{pmatrix}x_1\\x_2\end{pmatrix}=\begin{pmatrix}51\\48\end{pmatrix}.$$

同样可得

$$x_1=3.0403,x_2=1.2418.$$

上面介绍的最小二乘法有关概念与方法可推广到多元函数．例如已知多元函数

$$y=f(x_1,x_2,\cdots,x_l)$$

的一组测量数据$(x_{1i},x_{2i},\cdots,x_{li},y_i)\ (i=0,1,2,\cdots,m)$，以及一组权系数$\omega_i>0(i=0,1,2,\cdots,m)$．要求函数

$$S(x_1,x_2,\cdots,x_l)=\sum_{k=0}^{n}a_k\varphi_k(x_1,x_2,\cdots,x_l)\ ,$$

使得

$$F(a_0,a_1,\cdots,a_n)=\sum_{i=0}^{m}\omega_i[y_i-S(x_{1i},x_{2i},\cdots,x_{ni})]^2$$

最小，这与前面的极值问题一样，系数$a_0,a_1,\cdots,a_n$同样满足法方程(5.73)，只是这里

$$(\varphi_k,\varphi_j)=\sum_{i=0}^{m}\omega_i\varphi_k(x_{1i},x_{2i},\cdots,x_{li})\varphi_j(x_{1i},x_{2i},\cdots,x_{li}).$$

求解法方程就可得到$a_k(k=0,1,\cdots,n)$，从而得到$S(x_1,x_2,\cdots,x_l)$，称为函数$f(x_1,x_2,\cdots,x_l)$的最小二乘拟合．

5.4.3 正交多项式最小二乘拟合

用最小二乘法得到的法方程组，其系数矩阵G是病态的，但如果$\phi_0(x),\phi_1(x),\cdots,\phi_n(x)$是关于点集$\{x_i\}(i=0,1,\cdots,m)$带权$\{\omega(x_i)\}(i=0,1,\cdots,m)$正交的函数族，即

$$(\phi_j,\phi_k)=\sum_{i=0}^{m}\omega(x_i)\phi_j(x_i)\phi_k(x_i)=\begin{cases}0,& j=k,\\A_k>0,&j=k,\end{cases}\tag{5.74}$$

则法方程组的解为

$$a_k^*=\frac{(f,\phi_k)}{(\phi_k,\phi_k)}=\frac{\sum\limits_{i=0}^{m}\omega(x_i)f(x_i)\phi_k(x_i)}{\sum\limits_{i=0}^{m}\omega(x_i)\phi_k^2(x_i)}\quad(k=0,1,\cdots,n)\ ,\tag{5.75}$$

且平方误差为

$$\|\delta\|_2^2=\|f\|_2^2-\sum_{k=0}^{n}A_k(a_k^*)^2.$$

现在根据给定节点$x_0,x_1,\cdots,x_m$及权函数$\omega(x)>0$，造出带权$\omega(x)$正交的多项式

$\{P_n(x)\}$. 注意 $n\leqslant m$,用递推公式表示 $P_k(x)$,即

$$\begin{aligned}&P_0(x)=1,\\&P_1(x)=(x-\alpha_1)P_0(x),\\&P_{k+1}(x)=(x-\alpha_{k+1})P_k(x)-\beta_kP_{k-1}(x)\ (k=1,2,\cdots,n-1).\end{aligned}\tag{5.76}$$

这里 $P_k(x)$ 是首项系数为 1 的 k 次多项式,根据 $P_k(x)$ 的正交性,得

$$a_{k+1}=\frac{\sum_{i=0}^{m}\omega(x_i)x_iP_k^2(x_i)}{\sum_{i=0}^{m}\omega(x_i)P_k^2(x_i)}=\frac{(xP_k(x),P_k(x))}{(P_k(x),P_k(x))}=\frac{(xP_k,P_k)}{(P_k,P_k)}(k=0,1,\cdots,n-1),\tag{5.77}$$

$$\beta_k=\frac{\sum_{i=0}^{m}\omega(x_i)P_k^2(x_i)}{\sum_{i=0}^{m}\omega(x_i)P_{k-1}^2(x_i)}=\frac{(P_k,P_k)}{(P_{k-1},P_{k-1})}(k=1,\cdots,n-1).$$

下面用归纳法证明这样给出的$\{P_k(x)\}$是正交的. 由式(5.76)第二式及式(5.77)中 α_1 的表达式,有

$$(P_0,P_1)=(P_0,xP_0)-\alpha_1(P_0,P_0)=(P_0,xP_0)-\frac{(xP_0,P_0)}{(P_0,P_0)}(P_0,P_0)=0.$$

现假定$(P_l,P_s)=0(l\neq s)$对 $s=0,1,\cdots l-1$ 及 $l=0,1,\cdots,k;k<n$ 均成立,要证$(P_{k+1},P_s)=0$ 对 $s=0,1,\cdots k$ 均成立. 由式(5.76)有

$$(P_{k+1},P_s)=((x-\alpha_{k+1})P_k,P_s)-\beta_k(P_{k-1},P_s)=(xP_k,P_s)-\alpha_{k+1}(P_k,P_s)-\beta_k(P_{k-1},P_s).\tag{5.78}$$

由归纳法假定,当 $0\leqslant s\leqslant k-2$ 时,有

$$(P_k,P_s)=0,\quad (P_{k-1},P_s)=0.$$

另外,$xP_s(x)$是首项系数为 1 的 $s+1$ 次多项式,它可由 $P_0,P_1,\cdots,P_{s+1}$ 的线性组合表示,而 $s+1\leqslant k-1$,故由归纳法假定又有

$$(xP_k,P_s)\equiv(P_k,xP_s)=0,$$

于是由式(5.78),当 $s\leqslant k-2$ 时,有

$$(P_{k+1},P_s)=0.$$

再看

$$(P_{k+1},P_{k-1})=(xP_k,P_{k-1})-\alpha_{k+1}(P_k,P_{k-1})-\beta_k(P_{k-1},P_{k-1}),\tag{5.79}$$

由假定有

$$(P_k,P_{k-1})=0,$$

$$(xP_k,P_{k-1})=(P_k,xP_{k-1})=(P_k,P_k)+\sum_{j=0}^{k-1}c_jP_j=(P_k,P_k).$$

利用式(5.77)中 β_k 表达式及以上结果,得

$$(P_{k+1},P_{k-1})=(xP_k,P_{k-1})-\beta_k(P_{k-1},P_{k-1}),=(P_k,P_k)-(P_k,P_k)=0.$$

最后,由式(5.77)有

$$(P_{k+1},P_k)=(xP_k,P_k)-\alpha_{k+1}(P_k,P_k)-\beta_k(P_k,P_{k-1}),=(xP_k,P_k)-\frac{(xP_k,P_k)}{(P_k,P_k)}(P_k,P_k)=0.$$

至此已证明了由式(5.76)及式(5.77)确定的多项式$\{P_k(x)\}(k=0,1,\cdots,n,n\leqslant m)$组成一个关于点集$\{x_i\}$的正交系.

用正交多项式$\{P_k(x)\}$的线性组合作最小二乘曲线拟合,只要根据式(5.76)及式(5.77)逐步求$P_k(x)$的同时,相应计算出系数

$$a_k=\frac{(f,P_k)}{(P_k,P_k)}=\frac{\sum_{i=0}^{m}\omega(x_i)f(x_i)P_k(x_i)}{\sum_{i=0}^{m}\omega(x_i)P_k^2(x_i)}(k=0,1,\cdots,n),$$

并逐步把$a_k^*P_k(x)$累加到$S(x)$中去,最后就可得到所求的拟合曲线

$$y=S(x)=a_0^*P_0(x)+a_1^*P_1(x)+\cdots+a_n^*P_n(x). \tag{5.80}$$

这里n可事先给定或在计算过程中根据误差确定.用这种方法编程序不用解方程组,只用递推公式,并且当逼近次数增加一次时,只要把循环数加1,其余不用改变.这是目前用多项式做曲线拟合最好的计算方法,有通用的语言程序供用户使用.

5.5 应用案例

5.5.1 储层参数确定的意义

储层的孔隙度、含水饱和度等参数是对储层的油气存储能力和油气储量进行评价的重要参数,因而储层参数的定量预测是一个迫切需要解决的问题.由于现场所采集的数据中蕴藏着丰富的地质信息,所以研究人员通常会借助插值法来利用所采集的数据对这些储层参数进行预测.

5.5.2 问题的提出与分析

已知通过钻井获得8个井点位置的构造深度、孔隙度值等,试应用一种插值方法建立储层参数确定模型,通过井点值预测构造层面其他位置的高程.

在储层建模中,应用插值方法的前提是地质参数在井间具有数理统计关系(即某种数学函数关系).如三角网方法的前提是井间参数值是井孔参数与井间距离的线性函数,应用这一函数关系,即可对多井井间(二维剖面、二维平面及三维空间)进行储层参数插值,并建立储层地质模型.

径向基函数插值即通过以空间距离为基本变量的基函数构建插值函数进行插值.径向基函数插值法原理简单,采用不同性质的径向基函数可构建出不同特性的径向基插值函数;同时,径向基函数插值方法对已知点的分布要求较高,一般要求已知数据点分布均匀且稀疏程度适中.

5.5.3 模型的建立与求解

如图5.4所示,图中存在8个已知点,令插值基函数为$\{\phi(r_1),\phi(r_2),\cdots,\phi(r_8)\}$,插值函

数形如：

$$f(x)=c_1\phi(r_1)y_1+c_2\phi(r_2)y_2+\cdots+c_8\phi(r_8)y_8 \tag{5.81}$$

式中 $r_1,r_2,\cdots,r_8$——插值点到8个已知点的径向距离；

$\phi(r_1),\phi(r_2),\cdots,\phi(r_8)$——径向基函数；

$c_1,c_2,\cdots,c_8$——各基函数系数；

$y_1,y_2,\cdots,y_8$——已知点值，如井点处构造深度、孔隙度值等；

$f(x)$——任一点的插值结果．

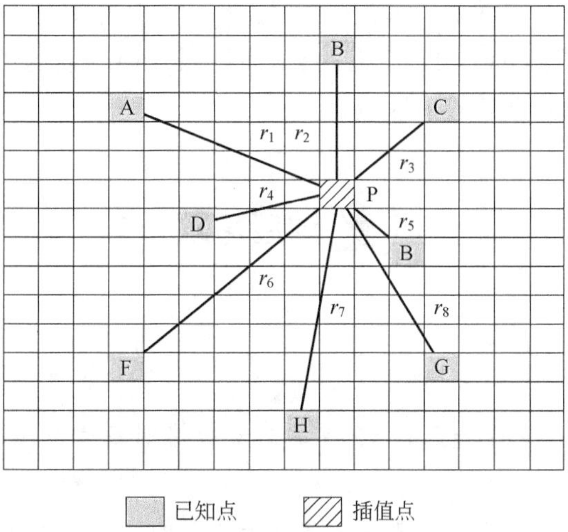

图5.4 插值点到已知点的径向距离

因此，径向基函数可以看作中心位于特定点（各个插值点）并以空间距离 r 为基本变量的各向同性的函数．下面为常用的全域径向基函数．

线性函数：

$$\phi(r)=r; \tag{5.82}$$

三次方函数：

$$\phi(r)=r^3; \tag{5.83}$$

Kriging 方法的 Gauss 分布函数：

$$\phi(r)=\mathrm{e}^{-r^2/\delta^2}; \tag{5.84}$$

Hady 的多重二次径向基函数：

$$\phi(r)=\sqrt{c^2+r^2}\ (c^2=0.815\pi/4n); \tag{5.85}$$

Duchon 的薄板样条函数：

$$\phi(r)=r^2\ln r. \tag{5.86}$$

径向基函数插值函数可表示为

$$f(x)=\sum_{i=0}^{n}c_i\phi(\|x-x_i\|)y_i \tag{5.87}$$

式中 n——已知点个数；

x_i——各已知点坐标；

$\phi\|x-x_i\|$——径向基函数；

c_i——基函数的权重；

y_i——已知点值．

插值函数中各已知点径向基函数的权重 c_i 可通过已知点建立的线性方程组求解：

$$\begin{bmatrix} \phi_{11} & \phi_{12} & \cdots & \phi_{1n} \\ \phi_{21} & \phi_{22} & \cdots & \phi_{2n} \\ \vdots & \vdots & & \vdots \\ \phi_{n1} & \phi_{n2} & \cdots & \phi_{nn} \end{bmatrix} \begin{bmatrix} c_1 \\ c_2 \\ \vdots \\ c_n \end{bmatrix} = \begin{bmatrix} x_1 \\ x_2 \\ \vdots \\ x_n \end{bmatrix} \tag{5.88}$$

求解此方程组即可得到 $c_i(i=1,2,\cdots,n)$，从而得到 $f(x)$ 的表达式．最终逐次将各未知点代入 $f(x)$，即可求取各未知点处的估计值．

课后习题

1. 设 $f(x)=x+\dfrac{2}{x}$，

(1) 采用基于节点 $x_0=1,x_1=2,x_2=2.5$ 的二次拉格朗日插值求出 $f(1.5)$ 和 $f(1.2)$ 的近似值．

(2) 采用基于节点 $x_0=0.5,x_1=1,x_2=2,x_3=2.5$ 的三次拉格朗日插值求出 $f(1.5)$ 和 $f(1.2)$ 的近似值．

2. 设 $f(x)=x^3-4x$，根据节点 $x_0=1,x_1=2,\cdots,x_5=6$ 构造差商表，并根据 x_0,x_1,x_2,x_3 求出三次牛顿插值多项式．

3. 使用最小二乘法求出以下两组数据的抛物线方程 $f(x)=Ax^2+Bx+C$：

(1)

x_k	−3	−1	1	3
y_k	15	5	1	5

(2)

x_k	−3	−1	1	3
y_k	−1	25	25	1

4. 用一个有四个插值节点 $x_0=-1,x_1=0,x_2=1,x_3=2$ 的多项式 $p\in P_3$ 来对 $f(x)=x^4$ 进行插值，请讨论该多项式在 $[-1,2]$ 内的误差 $p-f$.

5. 已知

$$\begin{aligned} P_n(x)=&f[x_0]+f[x_0,x_1](x-x_0)+a_2(x-x_0)(x-x_1) \\ &+a_3(x-x_0)(x-x_1)(x-x_2)+\cdots \\ &+a_n(x-x_0)(x-x_1)\cdots(x-x_{n-1}), \end{aligned}$$

试用 $P_n(x_2)$ 表示 $a_2=f[x_0,x_1,x_2]$.

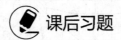

6. 用下表给出的信息构造 Hermite 插值多项式来近似 sin0.34(结果保留五位小数).

习题 6 表

x	$\sin x$	$D_x \sin x=\cos x$
0.30	0.29552	0.95534
0.32	0.31457	0.94924
0.35	0.34290	0.93937

7. 求 $f(x)$ 在给定区间上的最佳平方逼近多项式:

(1) $f(x)=x^2+3x+2$, $[0,1]$;

(2) $f(x)=x^3$, $[0,2]$;

(3) $f(x)=\dfrac{1}{x}$, $[1,3]$;

(4) $f(x)=e^x$, $[0,2]$;

(5) $f(x)=\dfrac{1}{2}\cos x+\dfrac{1}{3}\sin 2x$, $[0,1]$;

(6) $f(x)=x\ln x$, $[1,3]$.

第 6 章　常微分方程的数值解法

微分方程是描述物理、化学与生物现象的数学模型基础，它的一些最新应用已经扩展到经济、金融预测、图像处理及其他领域．在实际应用中，通过相应的微分方程模型解决具体问题，采用数值方法求得方程的近似解，可以使问题迎刃而解．

6.1　基础知识

现实世界中的许多问题，最后所归结的数学模型都是微分方程．如果能找到一个（或一族）具有所要求阶数的连续导数的解析函数，将它代入微分方程（组）中，恰好使得方程（组）的所有条件都得到满足，就将它称为这个微分方程（组）的解析解（也称为古典解）．寻找解析解的过程成为求解微分方程．

但在实际应用中，人们需要的往往不是解在数学上的存在性，而是关心在某个定义范围内，对应于某些特定的自变量的解的取值或近似值——这样一组数值称为这个微分方程在该范围内的数值解，寻找数值解的过程称为数值求解微分方程．下面通过一个例子来具体解释常微分方程的数值解．

许多气井都不同程度地含有液体．对于存在底水或边水的气藏，在开采过程中液气比将逐渐增高，会明显地影响气井的产能，甚至将气井淹死．因此，正确地预测气井在较高含液程度下的举升能力，对于气井动态分析和排水采气（如气举）设计具有重要的实际意义．

尽管流体力学的基本方程也适用于油气水多相流动，不过在解决采油或采气工程技术问题时，一般把油水两种液体视为液相，着重考虑气液两相间的作用．描述两相管流的数学模型比单相管流复杂得多．

由于流体的非均质性，在气液两相管流中，气液各相的分布状况可能是多种多样的，存在着各种不同的流动形态，而气液界面又很复杂多变．因此，寻求实用的、严格的数学解是很困难的．对于采气工程中的气液两相管流，其核心问题是探讨沿程压力损失及影响因素．20 世纪 60—70 年代，一般的处理方法是从物理概念和基本方程出发，采用实验和因次分析法得到描述某一特定两相管流过程的一些无因次参数，然后根据实验数据得出经验关系式．

Mukherjee 和 Brill（1985）在前人研究工作的基础上，改进实验条件，提出了更为实用的倾斜管（包括水平管）两相流的流型判别准则和应用方便的持液率及摩阻系数经验公式（M-B 模型）．M-B 模型的压降梯度方程为

$$\frac{\mathrm{d}p}{\mathrm{d}z}=\frac{\rho_{\mathrm{m}}g\sin\theta+f_{\mathrm{m}}\rho_{\mathrm{m}}v_{\mathrm{m}}^{2}/2D}{1-\rho_{\mathrm{m}}v_{\mathrm{m}}v_{\mathrm{sg}}/p},$$

式中，D 为油管内径，对于油套环空流动，D 为水力当量直径（套管内径和油管外径之差）．

f_m 为两相摩阻系数,$\rho_m=\rho_l H_l+\rho_g(1-H_l)$ 为气液混合物平均密度,H_l 为持液率. v_{sg} 为气相表观速度.

若已知起始点 z_0(井口或井底)处的流压 p_0,联合上述方程,就构成了一个常微分方程的初值问题. 其一般形式为

$$\begin{cases}\dfrac{dp}{dz}=F(z,p),\\ p(z_0)=p_0.\end{cases} \tag{6.1}$$

这类方程有很多数值方法进行求解,经常采用下面即将介绍的具有较高精度的显式四阶龙格—库塔法进行计算.

在科学研究及工程技术领域中,常常会遇到大量的常微分方程如式(6.1)的求解问题. 除了一些简单的方程外,要用传统的数学分析方法找出复杂的变系数或非线性问题的解析表达式是困难的,有时甚至是不可能的. 同时许多实际问题也只需要获得解在若干个点上的近似值即可. 因此,研究和掌握常微分方程数值解法,即求出解在一系列离散点上的解的近似值的方法,是很有必要的.

常微分方程数值解法包括常微分方程初值问题数值解法和边值问题数值解法. 为介绍数值解法的相关概念和方法的简单起见,本章以常微分方程的两类最简单形式,即一阶方程的初值问题和二阶方程的边值问题为例来进行阐述,并着重考察一阶方程的初值问题的数值解法.

所谓一阶常微分方程的初值问题是指

$$\begin{cases}y'=f(x,y),\\ y(x_0)=y_0.\end{cases} \tag{6.2}$$

若函数 $f(x,y)$ 在矩形区域 R: $|x-x_0|\leqslant a$, $|y-y_0|\leqslant b$ 上连续并且关于 y 满足李普希兹(Lipschitz)条件

$$|f(x,y_1)-f(x,y_2)|\leqslant L|y_1-y_2|, \tag{6.3}$$

其中 $L>0$ 称为李普希兹常数,则初值问题式(6.1)的解 $y=y(x)$ 存在,唯一并且连续依赖于初始条件.

所谓数值解法,即寻找解 $y(x)$ 在一系列离散节点

$$x_0<x_1<\cdots<x_n<x_{n+1}<\cdots$$

上的近似值 $y_0,y_1,\cdots,y_n,y_{n+1},\cdots$($y_0$ 已知). 相邻两个节点之间的距离 $h_n=x_{n+1}-x_n$ 称为步长. 若步长不相等,称将区域进行不等距剖分. 为计算简单起见,假定 $h_n=h(n=0,1,2,\cdots)$,h 为固定数,这时节点 $x_n=x_0+nh,n=0,1,2,\cdots$. 这时称将区域进行等距剖分.

常微分方程初值问题式(6.2)的数值解法的基本特点是它们都采取"步进式",即求解过程顺着节点排列的次序一步一步向前推进. 描述这类算法的基本方法是给出用已知信息 y_n, $y_{n-1},y_{n-2},\cdots$ 计算 y_{n+1} 的递推公式. 若计算 y_{n+1} 时只用到前一点的值 y_n,这类算法称为单步法. 若计算 y_{n+1} 时需要用到 y_{n+1} 前面 k 点的值 $y_n,y_{n-1},\cdots,y_{n-k+1}$,这类算法称为 k 步法.

数值求解微分方程的基本步骤如下:

(1)既然数值求解方法是求一个个离散点处的未知函数值,那么首先就要把整个定义域分成若干小段或小块,以便对每个小段或小块上的点或片求出近似值,这样按一定规律对定义

域分切的过程称为区域剖分.

(2)区域剖分完毕后,依据原来的微分方程去形成关于这些离散点或片的函数值的递推公式或方程.这时它们的未知量已不再是一个连续函数,而成了若干个离散的未知值的某种函数组合了,这个步骤称为微分方程离散.

(3)离散后的系统若是一个递推公式,那它需要若干个初值才能启动;若是一个方程组,那它所含的方程个数一般少于未知量的个数,要想求解还需要补充若干个方程.这些需要补充的初值和方程往往可以通过微分方程的初始条件和边界条件得到,这就是初始和边界条件的处理过程.

(4)在得到了一个离散系统之后,一个极其重要的问题顺理成章地提出了:离散系统的解在多大程度上反映出微分方程的解析解?所以,需要进行离散系统的性态研究.应该考虑如下问题:这个系统是否可解,即解的存在性、唯一性问题;它与精确解的差距有多大,这个差距当区域剖分的尺寸趋于零时是否也会趋于零,趋于零的速度有多快,即解的收敛性和收敛速度问题;当外界对数据有所干扰时,所得的解是否会严重背离离散系统的固有的解,即解的稳定性问题.

(5)最后,可以对离散系统进行实际计算了.当然,为一个大型计算问题编制程序本身也是一个很大的数学问题.

6.2 简单的数值方法

应用计算机进行数值计算所采用的方法称为数值方法.本节主要介绍一些简单的数值方法,如欧拉(Euler)法、后退 Euler 法、梯形法、改进 Euler 法等.

6.2.1 Euler 法

求解初值问题式(6.2)的数值解的主要手段是寻求对一阶导数的某种离散方法.Euler 法是求解初值问题式(6.2)的一种经典数值方法,它是基于导数的几何意义而建立起来的一种求解式(6.2)的数值格式.下面从另外的途径来对式(6.2)的导数进行离散.

对式(6.2)中的微分方程从 x_n 到 x_{n+1} 进行积分,得到

$$y(x_{n+1})=y(x_n)+\int_{x_n}^{x_{n+1}}f(t,y(t))\,\mathrm{d}t, \tag{6.4}$$

右端积分用左矩形公式 $hf(x_n,y(x_n))$ 近似,得到

$$y(x_{n+1})\approx y(x_n)+hf(x_n,y(x_n)), \tag{6.5}$$

以 y_n 表示 $y(x_n)$ 的近似值,在上式中用 y_n,y_{n+1} 分别代替 $y(x_n)$ 和 $y(x_{n+1})$,并将"≈"改成"=",得到

$$y_{n+1}=y_n+hf(x_n,y_n). \tag{6.6}$$

这就是著名的 Euler 法.由于初值 $y_0=y(x_0)$ 已知,则由式(6.6)可逐步计算出 $y_1=y_0+hf(x_0,y_0)$,$y_2=y_1+hf(x_1,y_1),\cdots,y_{n+1}=y_n+hf(x_n,y_n),\cdots$.

若将 $y(x_{n+1})$ 在 x_n 处做泰勒展开,有

$$y(x_{n+1})=y(x_n+h)=y(x_n)+hy'(x_n)+\frac{h^2}{2}y''(\xi_n), \tag{6.7}$$

其中 $\xi_n \in (x_n, x_{n+1})$. 注意到 $y'(x_n)=f(x_n,y(x_n))$,略去式(6.7)中的 h^2 项,并用 y_n 近似代替 $y(x_n)$,也可得到式(6.6).

若将初值问题式(6.2)中的导数 $y'(x_n)$ 用向前差商 $\frac{y(x_{n+1})-y(x_n)}{h}$ 代替,这时式(6.2)中的方程可近似写成

$$\frac{y(x_{n+1})-y(x_n)}{h} \approx f(x_n, y(x_n)). \tag{6.8}$$

由此马上也可以得到 Euler 公式(6.6).

例 6.1 求解初值问题

$$\begin{cases} y'=y-\dfrac{2x}{y}, 0<x<1, \\ y(0)=1. \end{cases} \tag{6.9}$$

解 初值问题(6.9)的第一式是一个简单的伯努利(Bernoulli)方程. 令 $z=y^2$ 可将初值问题式(6.9)转换成关于 z 的线性方程. 从而容易得到初值问题的准确解为 $y=\sqrt{2x+1}$.

按照 Euler 公式求数值解,则具体的计算公式为

$$\begin{cases} y_{n+1}=y_n+h\left(y_n-\dfrac{2x_n}{y_n}\right), \\ y_0=1. \end{cases}$$

取步长 $h=0.1$,这时节点为 $x_n=x_0+0.1n=0.1n(n=1,2,\cdots,10)$. 计算结果见表 6.1,其中误差 $\varepsilon_n=y(x_n)-y_n$.

表 6.1 例 6.1 计算结果

x_n	y_n	$y(x_n)$	$\|\varepsilon_n\|$	x_n	y_n	$y(x_n)$	$\|\varepsilon_n\|$
0.1	1.1000	1.0954	0.0046	0.6	1.5090	1.4832	0.0258
0.2	1.1918	1.1832	0.0086	0.7	1.5803	1.5492	0.0311
0.3	1.2774	1.2649	0.0125	0.8	1.6498	1.6125	0.0373
0.4	1.3582	1.3416	0.0166	0.9	1.7178	1.6733	0.0445
0.5	1.4351	1.14142	0.0209	1.0	1.7848	1.7321	0.0527

Euler 法对应的 MATLAB 代码

编辑器窗口输入:

```
function[x,y]=Euler(fun,x0,xfinal,y0,n)
%输入:fun 为常微分方程;x0 是左区间,xfinal 是右区间;y0 是初值;n 是节点个数
%输出:x 为节点;y 为对应节点处的值
if nargin<5,n=50;
end
h=(xfinal-x0)/n;
x(1)=x0;y(1)=y0;
```

```
for i=1:n
    x(i+1)=x(i)+h;
    y(i+1)=y(i)+h*feval(fun,x(i),y(i));
end
function f=doty(x,y);
f=y-2*x/y;
```

命令行窗口输入：

```
[x,y]=Euler('doty',0,1,1,10)
```

6.2.2 后退 Euler 法

若将式(6.4)中用右矩形公式 $hf(x_{n+1},y_{n+1})$ 近似右端积分，或者将 $y(x_n)$ 在 x_{n+1} 处做泰勒展开，或者将式(6.2)中的导数 $y'(x_{n+1})$ 用向后差商$\frac{y(x_{n+1})-y(x_n)}{h}$，类似地得到求解初值问题式(6.2)的另一种数值计算格式：

$$y_{n+1}=y_n+hf(x_{n+1},y_{n+1}), \tag{6.10}$$

称为后退 Euler 法.

虽然得到 Euler 公式(6.6)和后退 Euler 公式(6.10)方法都一样，但两个公式有着本质的区别. 前者是关于 y_{n+1} 的一个直接计算公式，这种公式称为显式的，有时也称式(6.6)为显式 Euler 公式. 而后者式(6.10)的右端含有未知的 y_{n+1}，除非 $f(x,y)$ 关于 y 线性，一般情况下式(6.10)是关于 y_{n+1} 的一个非线性方程. 这类公式称为隐式的，有时也把式(6.10)称为隐式 Euler 公式.

显式和隐式两类方法各有特点. 考虑到数值计算的稳定性及步长等因素，人们常使用隐式数值格式进行计算，但显式方法一般比隐式方法计算工作小得多.

隐式格式(6.10)通常采用迭代法进行计算，而迭代过程的实质就是将隐式格式逐步显式化.

设用 Euler 公式

$$y_{n+1}^{(0)}=y_n+hf(x_n,y_n)$$

提供迭代初值 $y_{n+1}^{(0)}$，代入式(6.10)右端，使之转化为显式. 直接计算可得

$$y_{n+1}^{(1)}=y_n+hf(x_{n+1},y_{n+1}^{(0)}).$$

然后又用 $y_{n+1}^{(1)}$ 代入式(6.10)得到

$$y_{n+1}^{(2)}=y_n+hf(x_{n+1},y_{n+1}^{(1)}).$$

如此反复进行，有

$$y_{n+1}^{(k+1)}=y_n+hf(x_{n+1},y_{n+1}^{(k)})\quad (k=0,1,2,\cdots). \tag{6.11}$$

假设 $f(x,y)$ 对 y 满足 Lipschitz 条件式(6.3)，由式(6.11)减去式(6.10)得到

$$|y_{n+1}^{(k+1)}-y_{n+1}|=h|f(x_{n+1},y_{n+1}^{(k)})-f(x_{n+1},y_{n+1})|\leqslant hL|y_{n+1}^{(k)}-y_{n+1}|.$$

由此可知，$|y_{n+1}^{(k+1)}-y_{n+1}|\leqslant(hL)^{k+1}|y_{n+1}^{(0)}-y_{n+1}|$. 只要 $hL<1$ 就有 $\lim\limits_{k\to\infty}y_{n+1}^{(k+1)}=y_{n+1}$，即迭代法

式(6.11)收敛到解 y_{n+1}.

在应用迭代公式(6.11)进行实际计算时,每迭代一次都要重新计算函数 $f(x,y)$ 的值,而迭代又要反复进行若干次,计算量很大,而且难以预测．为控制计算量,通常只迭代一两次就转入下一步的计算．下面给出迭代一次的后退 Euler 公式:

$$\begin{cases}\bar{y}_{n+1}=y_n+hf(x_n,y_n),\\ y_{n+1}=y_n+f(x_{n+1},\bar{y}_{n+1}).\end{cases}\tag{6.12}$$

迭代公式(6.12)是显式公式,计算量比 Euler 公式的计算量大,而精度并没有提高,所以在实际计算中一般不采用.

6.2.3　梯形法与改进 Euler 法

在式(6.4)右端积分中用梯形求积公式 $\frac{h}{2}[f(x_n,y(x_n))+f(x_{n+1},y(x_{n+1}))]$ 近似,并用 y_n, y_{n+1} 分别代替 $y(x_n)$ 和 $y(x_{n+1})$,得到

$$y_{n+1}=y_n+\frac{h}{2}[f(x_n,y_n)+f(x_{n+1},y_{n+1})],\tag{6.13}$$

称为梯形法.

式(6.13)也可以由 Euler 公式(6.6)和后退 Euler 公式(6.10)两式相加得到.

梯形法是隐式单步法,实际计算中一般采用迭代法求解．同后退 Euler 法一样,仍用显式 Euler 公式(6.6)提供迭代初值．梯形法的迭代公式为

$$\begin{cases}y_{n+1}^{(0)}=y_n+hf(x_n,y_n),\\ y_{n+1}^{(k+1)}=y_n+\frac{h}{2}[f(x_n,y_n)+f(x_{n+1},y_{n+1}^{(k)})]\ (k=0,1,2,\cdots).\end{cases}\tag{6.14}$$

类似于 6.2.2 小节中的讨论,当 $\frac{hL}{2}<1$ 时,仍然有 $\lim\limits_{k\to\infty}y_{n+1}^{(k+1)}=y_{n+1}$. 即迭代过程式(6.14)是收敛的.

为简化迭代算法式(6.14),可选用显式 Euler 公式求出一个初步的近似值 $\bar{y}_{n+1}$,称为预测值．预测值的精度可能很差,再用梯形公式(6.13)校正一次,即利用式(6.14)迭代一次得到 y_{n+1},称为校正值．这样建立起来的预测—校正格式通常称为改进的 Euler 公式.

预测格式:

$$\bar{y}_{n+1}=y_n+hf(x_n,y_n)\tag{6.15}$$

校正格式:

$$y_{n+1}=y_n+\frac{h}{2}[f(x_n,y_n)+f(x_{n+1},\bar{y}_{n+1})]\tag{6.16}$$

或者表示为下列形式:

$$\begin{cases}y_p=y_n+hf(x_n,y_n),\\ y_c=y_n+hf(x_{n+1},y_p),\\ y_{n+1}=\frac{1}{2}(y_p+y_c).\end{cases}$$

例 6.2 用改进 Euler 法求解初值问题(6.9).

解 求解该问题的改进 Euler 公式为

$$\begin{cases} y_p = y_n + h\left(y_n - \dfrac{2x_n}{y_n}\right), \\ y_c = y_n + h\left(y_p - \dfrac{2x_{n+1}}{y_p}\right), \\ y_{n+1} = \dfrac{1}{2}(y_p + y_c). \end{cases}$$

仍然取步长 $h=0.1$,其中误差 $\varepsilon_n = y(x_n) - y_n$. 计算结果见表 6.2.

表 6.2 例 6.2 计算结果

x_n	y_n	$y(x_n)$	$\lvert\varepsilon_n\rvert$	x_n	y_n	$y(x_n)$	$\lvert\varepsilon_n\rvert$
0.1	1.0959	1.0954	0.0005	0.6	1.4860	1.4832	0.0028
0.2	1.1841	1.1832	0.0009	0.7	1.5525	1.5492	0.0033
0.3	1.2662	1.2649	0.0013	0.8	1.6153	1.6125	0.0028
0.4	1.3434	1.3416	0.0018	0.9	1.6782	1.6733	0.0049
0.5	1.4164	1.4142	0.0022	1.0	1.7379	1.7321	0.0058

表 6.1 中的 ε_n 的最小值是 4.6×10^{-3},最大值是 5.27×10^{-2}. 表 6.2 中 ε_n 的最小值是 5×10^{-4},最大值是 5.8×10^{-3}. 对比表 6.1 和表 6.2 可见,改进 Euler 法的计算精度明显提高.

改进 Euler 法的 MATLAB 代码

编辑器窗口输入:

```
function[x,y]=Eulerpro(fun,x0,xfinal,y0,n)
%输入:fun 为常微分方程;x0 是左区间,xfinal 是右区间;y0 是初值;n 是节点个数
%输出:x 为节点;y 为对应节点处的值
if nargin<5,n=50;
end
h=(xfinal-x0)/n;
x(1)=x0;y(1)=y0;
for i=1:n
    x(i+1)=x(i)+h;
    y1=y(i)+h*feval(fun,x(i),y(i));
    y2=y(i)+h*feval(fun,x(i+1),y1);
    y(i+1)=(y1+y2)/2;
end
function f=doty(x,y);
f=y-2*x/y;
```

命令行窗口输入:

```
[x,y]=Eulerpro('doty',0,1,1,10)
```

例 6.3 用 Euler 法、后退 Euler 法、梯形法和改进 Euler 法求常微分方程初值问题

$$\begin{cases} y'=-y+x+1, 0<x<\dfrac{1}{2}, \\ y(0)=1 \end{cases}$$

的解.

解 初值问题中第一式是一个简单的线性非齐次方程,易知初值问题的准确解为

$$y(x)=e^{-x}+x.$$

取步长 $h=0.1$,这时 $x_n=0.1n, n=1,2,3,4,5$. 由于 $f(x,y)=-y+x+1$ 对 y 线性,所以后退 Euler 法和梯形方法不用迭代方法. 经过简单的计算可知,求解上述初值问题的四种数值格式分别为

Euler 方法: $$y_{n+1}=0.9y_n+0.1x_n+0.1$$

后退 Euler 方法: $$y_{n+1}=\frac{y_n+0.1x_n+0.11}{1.1}$$

梯形法: $$y_{n+1}=\frac{0.95y_n+0.1x_n+0.105}{1.05}$$

改进 Euler 法: $$y_{n+1}=0.905y_n+0.095x_n+0.1$$

计算结果和相应的误差分别见表 6.3 和表 6.4.

表 6.3 例 6.3 计算结果

x_n	Euler 法	后退 Euler 法	梯形法	改进 Euler 法	准确值
0.1	1.000000	1.009091	1.004762	1.005000	1.004837
0.2	1.010000	1.026446	1.018594	1.019025	1.018731
0.3	1.029000	1.051315	1.040633	1.041218	1.040818
0.4	1.056100	1.083013	1.070096	1.070802	1.070320
0.5	1.090490	1.120921	1.106278	1.107076	1.106531

表 6.4 例 6.3 计算误差

x_n	Euler 法	后退 Euler	梯形法	改进 Euler 法
0.1	0.004837	0.004254	0.000075	0.000163
0.2	0.008731	0.007715	0.000137	0.000294
0.3	0.011818	0.010497	0.000185	0.000400
0.4	0.014220	0.012693	0.000224	0.000482
0.5	0.016041	0.014390	0.000253	0.000545

从上面的数值计算结果可以看出,梯形法和改进 Euler 法的误差较小,Euler 法和后退 Euler 法的误差较大. 为刻画单步法的误差,引入截断误差、阶以及收敛性等概念.

后退 Euler 法的 MATLAB 代码

编辑器窗口输入：

```
function [x,y]=backwardEuler(x0,y0,x1,h)
%输入:x0是左区间,x1是右区间;y0是初值;h是步长
%输出:x为节点;y为对应节点处的值
n=floor((x1-x0)/h);
x=zeros(n+1,1);
y=zeros(n+1,1);
x(1)=x0;
y(1)=y0;
for i=1:n
    x(i+1)=x(i)+h;
    y(i+1)=1/(1+h)*(y(i)+h*x(i+1)+h);
end
function z=func(x,y)
z=-y+x+1;
```

命令行窗口输入：

```
[x,y]=backwardEuler(0,1,0.5,0.1)
```

梯形法的 MATLAB 代码

编辑器窗口输入：

```
function [x,y]=trapzd(f,a,b,y0,h)
%f为求解方程;a,b为求解的左右区间;y0为初值;h为步长
x=a:h:b;
y0=1;
y(1)=y0;
for n=1:length(x)-1
    y(n+1)=y(n)+0.1*feval(f,x(n),y(n));
    y(n+1)=y(n)+0.05*(feval(f,x(n),y(n))+feval(f,x(n+1),y(n+1)));
end
function f=doty(x,y);
f=-y+x+1;
```

命令行窗口输入：

```
[x,y]=trapzd('doty',0,0.5,1,0.1)
```

6.2.4 单步法的有关概念

初值问题式(6.2)的单步法公式的一般形式为

$$y_{n+1}=y_n+h\varphi(x_n,y_n,y_{n+1},h), \tag{6.17}$$

其中多元函数 φ 与 $f(x,y)$ 有关．当 φ 含有 y_{n+1} 时，方法是隐式的，当 φ 不含有 y_{n+1} 时，方法是显式的．所以一般显式单步法可表示为

$$y_{n+1}=y_n+h\varphi(x_n,y_n,h), \tag{6.18}$$

$\varphi(x,y,h)$ 称为增量函数．例如对 Euler 法式(6.6)，$\varphi(x,y,h)=f(x,y)$.

从例 6.3 可以看出，不同的方法求出的 y_n 与准确解 $y(x_n)$ 的误差是不同的．称

$$e_n=y(x_n)-y_n$$

为某方法在点 x_n 处的整体截断误差．显然 e_n 不仅与节点 x_n 处的计算有关，而且与前面节点的计算有关．为分析误差方便，引入显式单步法的局部截断误差的概念．

定义 6.1　设 $y(x_n)$ 是初值问题式(6.2)的准确解．称

$$T_{n+1}=y(x_{n+1})-y(x_n)-h\varphi(x_n,y(x_n),h) \tag{6.19}$$

为显式单步法式(6.18)在节点 x_{n+1} 处的局部截断误差．

T_{n+1} 之所以称为局部的，是因为假设在 x_n 前各步没有误差，当 $y_n=y(x_n)$ 时，计算一步而产生的整体截断误差．易见 $y_n=y(x_n)$ 时，

$$y(x_{n+1})-y_{n+1}=y(x_{n+1})-[y_n+h\varphi(x_n,y_n,h)]=y(x_{n+1})-y(x_n)-h\varphi(x_n,y(x_n),h)=T_{n+1}.$$

定义 6.2　设 $y(x)$ 是初值问题式(6.2)的准确解．若存在最大整数 p，使显式单步法式(6.18)的局部截断误差满足

$$T_{n+1}=y(x_n+h)-y(x_n)-h\varphi(x_n,y(x_n),h)=O(h^{p+1}), \tag{6.20}$$

则称方法式(6.18)具有 p 阶精度，或称方法式(6.18)的阶是 p.

若将式(6.20)在 x_n 处做泰勒展开，可以写成

$$T_{n+1}=\psi(x_n,y(x_n))h^{p+1}+O(h^{p+2}), \tag{6.21}$$

称 $\psi(x_n,y(x_n))h^{p+1}$ 为局部截断误差主项．

例 6.4　对于 Euler 法，由泰勒展开式有

$$T_{n+1}=y(x_{n+1})-y(x_n)-hf(x_n,y(x_n))=y(x_n+h)-y(x_n)-hy'(x_n)=\frac{h^2}{2}y''(x_n)+O(h^3).$$

从而欧拉方法是一阶方法，局部截断误差主项为 $\frac{h^2}{2}y''(x_n)$.

以上关于局部截断误差的定义对于隐式单步法式(6.17)也是适用的．

例 6.5　对于后退 Euler 法，其局部截断误差为

$$\begin{aligned}T_{n+1}&=y(x_{n+1})-y(x_n)-hf(x_{n+1},y(x_{n+1}))\\&=hy'(x_n)+\frac{h^2}{2}y''(x_n)+O(h^3)-hy'(x_{n+1})\\&=hy'(x_n)+\frac{h^2}{2}y''(x_n)+O(h^3)-h[y'(x_n)+hy''(x_n)+O(h^2)]\\&=-\frac{h^2}{2}y''(x_n)+O(h^3).\end{aligned}$$

从而后退 Euler 方法是一阶方法，局部截断误差主项是 $-\frac{h^2}{2}y''(x_n)$.

例 6.6　对于梯形法，其局部截断误差为

$$T_{n+1}=y(x_{n+1})-y(x_n)-\frac{h}{2}[f(x_n,y(x_n))+f(x_{n+1},y(x_{n+1}))]$$

$$=y(x_{n+1})-y(x_n)-\frac{h}{2}[y'(x_n)+y'(x_{n+1})]=-\frac{h^3}{12}y'''(x_n)+O(h^4).$$

从而梯形法是二阶方法，其局部截断误差主项是$-\frac{h^3}{12}y'''(x_n)$.

对于单步法，除了讨论方法的截断误差外，还有必要讨论其收敛性和稳定性.

定义 6.3 对于单步法式(6.18)，它在 $x_n=x_0+nh$ 处的解为 y_n. 若对任意固定的 x_n，均有 $\lim\limits_{h\to 0}y_n=y(x_n)$，则称单步法式(6.18)是收敛的.

类似的定义可用于隐式单步法. 显然若方法是收敛的，在固定点 x_n 处的整体截断误差 $e_n=y(x_n)-y_n\to 0$.

定理 6.1 设单步法式(6.18)具有 $p(\geqslant 1)$ 阶精度，且增量函数 $\varphi(x,y,h)$ 关于 y 满足 Lipschitz 条件，即存在常数 $L_\varphi>0$，使得对任意 y_1,y_2

$$|\varphi(x,y_1,h)-\varphi(x,y_2,h)|\leqslant L_\varphi|y_1-y_2| \tag{6.22}$$

成立. 又假设初值 y_0 是准确的，即 $y_0=y(x_0)$. 则方法式(6.18)收敛且 $y(x_n)-y_n=O(h^p)$.

证明　注意到 $e_n=y(x_n)-y_n$，由局部截断误差的定义有

$$y(x_{n+1})=y(x_n)+h\varphi(x_n,y(x_n),h)+T_{n+1}.$$

将上式和式(6.18)相减得到

$$e_{n+1}=e_n+h[\varphi(x_n,y(x_n),h)-\varphi(x_n,y_n,h)]+T_{n+1}.$$

由于所给方法具有 p 阶精度，从而由定义 6.2 知存在常数 $C>0$，使得

$$|T_{n+1}|\leqslant Ch^{p+1}.$$

从而有

$$|e_{n+1}|\leqslant|e_n|+h|[\varphi(x_n,y(x_n),h)-\varphi(x_n,y_n,h)]|+Ch^{p+1}.$$

注意到条件式(6.22)有

$$|e_{n+1}|\leqslant(1+hL_\varphi)|e_n|+Ch^{p+1}. \tag{6.23}$$

由此不等式反复递推可得

$$|e_n|\leqslant(1+hL_\varphi)^n|e_0|+\frac{Ch^p}{L_\varphi}[(1+hL_\varphi)^n-1]. \tag{6.24}$$

注意到当 $x_n-x_0=nh\leqslant T$ 时，$(1+hL_\varphi)^n\leqslant(e^{hL_\varphi})^n\leqslant e^{TL_\varphi}$，由此得到

$$|e_n|\leqslant|e_0|e^{TL_\varphi}+\frac{Ch^p}{L_\varphi}(e^{TL_\varphi}-1). \tag{6.25}$$

故当 $y_0=y(x_0)$ 即 $e_0=0$ 时，结论成立.

根据该定理，判定单步法的收敛性，就归结为验证增量函数 φ 能否满足 Lipschitz 条件式(6.22). 不难验证 Euler 法与改进 Euler 法均是收敛的.

单步法的稳定性问题是指数值格式的求解过程中的计算误差在传播过程中是否会恶性增长的问题. 在实际计算中，若某一步计算产生的计算误差在后面的计算中能够被控制，甚至是衰减的，则称方法是稳定的. 对于微分方程初值问题，稳定性不但与方法本身有关，也与步长 h 的大小有关，而且也与方程中的 $f(x,y)$ 有关. 为了只考察数值方法本身，通常选用模型方程

$$y'=\lambda y(\lambda<0) \tag{6.26}$$

来检验数值方法的稳定性．这时某种数值方法的稳定性条件实际上就是对步长 h 的限制．

用单步法求解上述模型方程(6.26)，其数值格式为

$$y_{n+1}=E(h\lambda)y_n. \tag{6.27}$$

例如用 Euler 法和后退 Euler 法求解式(6.26)的数值格式分别为

$$y_{n+1}=(1+h\lambda)y_n$$

和

$$y_{n+1}=\frac{1}{1-h\lambda}y_n,$$

这时 $E(h\lambda)$ 分别为 $(1+h\lambda)$ 和 $\frac{1}{1-h\lambda}$.

定理 6.2 单步法式(6.17)用于解模型方程(6.26)，若满足 $|E(h\lambda)|<1$，则称方法式(6.17)是(绝对)稳定的．

6.3 显式龙格—库塔方法

6.3.1 显式龙格—库塔方法的一般形式

显式单步法最简单的方法就是 Euler 法，但其精度只有一阶．改进 Euler 法也是一种显式单步法，其精度是二阶．希望构造高阶的显式单步格式．由式(6.2)得到

$$y(x_{n+1})-y(x_n)=\int_{x_n}^{x_{n+1}}f(x,y(x))\,\mathrm{d}x. \tag{6.28}$$

要使公式的精度提高，就必须使右端积分的数值求积公式的精度提高．这时必然要增加求积节点，因此可将式(6.28)右端用求积公式表示为

$$\int_{x_n}^{x_{n+1}}f(x,y(x))\,\mathrm{d}x\approx h\sum_{i=1}^{r}c_i f(x_n+\lambda_i h,y(x_n+\lambda_i h)).$$

一般而言，r 越大，精度越高．为得到便于计算的显式方法，将式(6.28)表示为

$$y_{n+1}=y_n+h\varphi(x_n,y_n,h). \tag{6.29}$$

其中

$$\varphi(x_n,y_n,h)=\sum_{i=1}^{r}c_iK_i, \tag{6.30}$$

$$K_1=f(x_n,y_n),$$

$$K_i=f\left(x_n+\lambda_i h,y_n+h\sum_{j=1}^{i-1}\mu_{ij}K_j\right),i=2,3,\cdots,r,$$

式中，c_i,λ_i,μ_{ij} 均为常数，整数 $r\geqslant 1$. 式(6.30)用了 r 个 K_i 值，称式(6.29)和式(6.30)为 r 阶显式龙格—库塔(Runge-Kutta)方法，简称 R-K 方法．

当 $r=1,\varphi(x_n,y_n,h)=f(x_n,y_n)$ 时，就是 Euler 法，这时方法的精度为一阶．当 $r=2$ 时，可以证明改进 Euler 法是其中的一种，下面将要证明这一点．现在就 $r=2$ 的情况，借助于泰勒展开法具体推导 R-K 公式，并给出 $r=3,4$ 时的显式 R-K 公式．

6.3.2 二阶显式 R-K 方法

$r=2$,即二阶 R-K 公式的一般形式为

$$\begin{cases}y_{n+1}=y_n+h(c_1K_1+c_2K_2),\\K_1=f(x_n,y_n),\\K_2=f(x_n+\lambda_2h,y_n+\mu_{21}hK_1),\end{cases}\tag{6.31}$$

其中 $c_1,c_2,\lambda_2,\mu_{21}$ 均为待定常数. 下面将适当选取系数,使公式的阶数尽可能高. 式(6.31)的局部截断误差为

$$T_{n+1}=y(x_{n+1})-y(x_n)-h[c_1f(x_n,y_n)+c_2f(x_n+\lambda_2h,y_n+\mu_{21}hf_n)].\tag{6.32}$$

这里 $y_n=y(x_n)$, $f_n=f(x_n,y_n)$. 将 $y(x_{n+1})$ 在 $x=x_n$ 处做泰勒展开,得到

$$y(x_{n+1})=y(x_n+h)=y_n+hy'_n+\frac{h^2}{2}y''_n+\frac{h^3}{3!}y'''_n+O(h^4).\tag{6.33}$$

由 $y'=f(x,y)$ 以及二元函数求偏导数的链式法则可知

$$\begin{aligned}&y'_n=f(x_n,y_n)=f_n,\\&y''_n=\frac{\mathrm{d}}{\mathrm{d}x}f(x_n,y(x_n))=f'_x(x_n,y_n)+f'_y(x_n,y_n)f_n,\\&y'''_n=\frac{\mathrm{d}}{\mathrm{d}x}[f'_x(x_n,y_n)+f'_y(x_n,y_n)f_n]\\&\quad=f''_{xx}(x_n,y_n)+2f_nf''_{xy}(x_n,y_n)+f_n^2f''_{yy}(x_n,y_n)+f'_y(x_n,y_n)[f'_x(x_n,y_n)+f'_y(x_n,y_n)f_n].\end{aligned}\tag{6.34}$$

将式(6.32)中的 f 在 (x_n,y_n) 处做二元泰勒展开,得到

$$f(x_n+\lambda_2h,y_n+\mu_{21}hf_n)=f_n+\lambda_2hf'_x(x_n,y_n)+\mu_{21}hf_nf'_y(x_n,y_n)+O(h^2).\tag{6.35}$$

将式(6.33),式(6.34)和式(6.35)代入式(6.32),化简得到

$$\begin{aligned}T_{n+1}&=hf_n+\frac{h^2}{2}[f'_x(x_n,y_n)+f'_y(x_n,y_n)f_n]\\&\quad-h\{c_1f_n+c_2[f_n+\lambda_2hf'_x(x_n,y_n)+\mu_{21}hf_nf'_y(x_n,y_n)]\}+O(h^3)\\&=(1-c_1-c_2)f_nh+\left(\frac{1}{2}-c_2\lambda_2\right)f'_x(x_n,y_n)h^2+\left(\frac{1}{2}-c_2\mu_{21}\right)f'_y(x_n,y_n)f_nh^2+O(h^3).\end{aligned}$$

要使式(6.31)具有二阶精度,必须使

$$1-c_1-c_2=0,\ \frac{1}{2}-c_2\lambda_2=0,\ \frac{1}{2}-c_2\mu_{21}=0.\tag{6.36}$$

显然式(6.36)的解是不唯一的.

若令 $c_2=a\neq0$,则有

$$c_1=1-a,\ \lambda_2=\mu_{21}=\frac{1}{2a}.$$

这样得到的公式称为二级二阶 R-K 公式.

若取 $a=\frac{1}{2}$,则 $c_1=c_2=\frac{1}{2}$, $\lambda_2=\mu_{21}=1$,即为改进 Euler 法.

若取 $a=1$,则 $c_1=0,c_2=1,\lambda_2=\mu_{21}=\dfrac{1}{2}$. 得到的计算公式

$$\begin{cases} y_{n+1}=y_n+hK_2, \\ K_1=f(x_n,y_n), \\ K_2=f\left(x_n+\dfrac{h}{2},y_n+\dfrac{h}{2}K_1\right) \end{cases} \tag{6.37}$$

称为中点公式.

或者写成

$$y_{n+1}=y_n+hf\left(x_n+\frac{h}{2},y_n+\frac{h}{2}f(x_n,y_n)\right).$$

由上述计算过程可以推出,$r=2$ 的显式 R-K 方法的阶只能是 2,而不能得到三阶公式.

6.3.3 三阶与四阶显式 R-K 方法

对于 $r=3$ 的情形,式(6.29)、式(6.30)可以表示为

$$\begin{cases} y_{n+1}=y_n+h(c_1K_1+c_2K_2+c_3K_3), \\ K_1=f(x_n,y_n), \\ K_2=f(x_n+\lambda_2h,y_n+\mu_{21}hK_1), \\ K_3=f(x_n+\lambda_3h,y_n+\mu_{31}hK_1+\mu_{32}hK_2), \end{cases} \tag{6.38}$$

其中 c_1,c_2,c_3 和 $\lambda_2,\mu_{21},\lambda_3,\mu_{31},\mu_{32}$ 均为待定常数. 利用局部截断误差

$$T_{n+1}=y(x_{n+1})-y(x_n)-h(c_1K_1+c_2K_2+c_3K_3)$$

将 K_2,K_3 在 (x_n,y_n) 处做泰勒展开,并使 $T_{n+1}=O(h^4)$ 可以得到

$$\begin{cases} c_1+c_2+c_3=1, \\ \lambda_2=\mu_{21}, \\ \lambda_3=\mu_{31}+\mu_{32}, \\ c_2\lambda_2+c_3\lambda_3=\dfrac{1}{2}, \\ c_2\lambda_2^2+c_3\lambda_3^2=\dfrac{1}{3}, \\ c_3\lambda_2\mu_{32}=\dfrac{1}{6}. \end{cases} \tag{6.39}$$

这是 8 个未知数 6 个方程的方程组,解也是不唯一的. 常见的一种三级三阶方法是下面的 Kutta 三阶方法:

$$\begin{cases} y_{n+1}=y_n+\dfrac{h}{6}(K_1+4K_2+K_3) \\ K_1=f(x_n,y_n) \\ K_2=f(x_n+\dfrac{h}{2},y_n+\dfrac{h}{2}K_1) \\ K_3=f(x_n+h,y_n-hK_1+2hK_2) \end{cases}$$

对于 $r=4$，最常用的是下面的经典龙格-库塔方法：

$$\begin{cases} y_{n+1}=y_n+\dfrac{h}{6}(K_1+2K_2+2K_3+K_4) \\ K_1=f(x_n,y_n) \\ K_2=f\left(x_n+\dfrac{h}{2},y_n+\dfrac{h}{2}K_1\right) \\ K_3=f\left(x_n+\dfrac{h}{2},y_n+\dfrac{h}{2}K_2\right) \\ K_4=f(x_n+h,y_n+hK_3) \end{cases}$$

经典的四阶 R-K 方法精度高，但它的计算量也很大．在同样步长的情形下，Euler 法每步只要计算一个函数值，而经典的 R-K 法要计算四个函数值．下面的例子中 Euler 法用步长 h_1，二阶的改进 Euler 法用步长 $2h_1$，而经典 R-K 方法用步长 $4h_1$．这样从 x_n 到 x_n+4h_1 三种方法都计算了四个函数值，计算量大体相当．

例 6.7 用 Euler 方法（$h=0.025$）、改进 Euler 法（$h=0.05$）和经典 R-K 方法（$h=0.1$）求初值问题

$$\begin{cases} y'=-y+1, \\ y(0)=0 \end{cases}$$

的解．

解 计算结果见表 6.5.

表 6.5 例 6.7 计算结果

x_n	Euler 法 $h=0.025$	改进 Euler 法 $h=0.05$	经典 R-K 方法 $h=0.1$	准确值 $y(x_n)$
0	0	0	0	0
0.1	0.096312	0.095123	0.09516250	0.09516258
0.2	0.183348	0.181193	0.18126910	0.18126925
0.3	0.262001	0.259085	0.25918158	0.25918178
0.4	0.333079	0.329563	0.32967971	0.32967995
0.5	0.397312	0.393337	0.39346906	0.39346934

从计算结果来看，在工作量大致相同的情况下，经典 R-K 方法比其他两种方法的结果好得多．在 $x=0.5$，三种方法的误差分别是 3.8×10^{-3}，1.3×10^{-4} 和 2.8×10^{-7}．

除了显式 R-K 方法，还有隐式 R-K 方法．

三阶 R-K 方法的 MATLAB 代码

```
%参数表顺序依次是微分方程组的函数名称,初始值向量,步长,时间起点,时间终点(参数形式参考了ode45 函数)
function [x,y]=rk3(func,y0,h,a,b)
n=floor((b-a)/h);               %步数
x(1)=a;                         %时间起点
```

```
y(:,1)=y0;              %赋初值,可以是向量,但是要注意维数
for i=1:n               %龙格库塔方法进行数值求解
    x(i+1)=x(i)+h;
    k1=func(x(i),y(:,i));
    k2=func(x(i)+h/2,y(:,i)+h*k1/2);
    k3=func(x(i)+h,y(:,i)-h*k1+k2*2*h);
    y(:,i+1)=y(:,i)+h*(k1+4*k2+k3)/6;
end
end
%rk3 的调用函数
function f=func(x,y)
f(1)=y(1)-2*x/y(1);
f=f(:);
end
```

命令窗口输入:

```
y0=1;h=0.1;a=0;b=1;
[x,y]=rk3(@(x,y)func(x,y),y0,h,a,b);
[x',y']
plot(x,y)
```

经典 R-K 方法的 MATLAB 代码

编辑器窗口输入:

```
function[x,y]=runge(x0,x1,y0,h)
%x0,x1 为左右区间;y0 为初值;h 为步长
n=(x1-x0)/h;
x=zeros(n+1);
y=zeros(n+1);
x(1)=x0;
y(1)=y0;
%主程序
for i=1:n
    x(i+1)=x(i)+h;
    k1=fun(x(i),y(i));
    k2=fun(x(i)+0.5*h,y(i)+k1*h/2);
    k3=fun(x(i)+0.5*h,y(i)+k2*h/2);
    k4=fun(x(i)+h,y(i)+k3*h);
    y(i+1)=y(i)+h*(k1+2*k2+2*k3+k4)/6;
```

```
end
end
function z=fun(x,y)
z=-y+1;
end
```

命令行窗口输入：

```
[x,y]=runge(0,0.5,0,0.1)
```

6.4 线性多步法

常微分方程初值问题式(6.2)的数值解法中除了 Euler 法、R-K 方法等单步法外，还有一种类型的数值方法，即某一步解的公式 y_{n+1} 不仅与前一步的解的值 y_n 有关，而且与前若干步解的值 $y_{n-1},y_{n-2},\cdots,y_{n-k}(k\leqslant n)$ 都有关，这就是多步法．如果充分利用前面多步的信息来预测 y_{n+1}，则可以期望获得较高的精度．

前面已经说过，Euler 法可看成对微分方程的等价积分形式

$$u(t+h)=u(t)+\int_{t}^{t+h}f(\tau,u(\tau))\mathrm{d}\tau. \tag{6.40}$$

用左矩形公式近似的结果．那么能否通过更加精确的数值积分公式来提高此方法的精度呢？

设有如下 3 组数据：

$$t_m,t_{m-1},t_{m-2},\cdots,t_{m-k}; \tag{6.41}$$

$$u_m,u_{m-1},u_{m-2},\cdots,u_{m-k}; \tag{6.42}$$

$$f_m,f_{m-1},f_{m-2},\cdots,f_{m-k}; \tag{6.43}$$

这里 $t_i=t_0+ih$，u_i 是 $u(t_i)$ 的近似，f_i 是 $f(t_i,u(t_i))$ 的近似（在推导公式时先将它们看成是精确值）．

若 $u(t)$ 有 $k+2$ 阶连续导数，记 $M_k=\max\limits_{t_0\leqslant t\leqslant T}|u^{(k+2)}(t)|$，可将式(6.41)、式(6.43)中的节点值作为 $f(t,u(t))$ 的 k 次拉格朗日插值多项式 $p_{m,k}(t)$，记它的余项为 $r_{m,k}(t)$，则有

$$f(t,u(t))=p_{m,k}(t)+r_{m,k}(t)=\sum_{i=0}^{k}\left(\prod_{\substack{j=0\\j\neq i}}^{k}\frac{t-t_{m-j}}{t_{m-i}-t_{m-j}}\right)f_{m-i}+\frac{u^{(k+2)}(\xi)}{(k+1)!}\prod_{j=0}^{k}(t-t_{m-j}).$$

6.4.1 亚当斯—巴什福思方法

若 $u(t)$ 在 t_m 处的近似值 u_m 已求出，取上式中 $t\in[t_m,t_{m+1}]$，代入式(6.40)，得

$$u(t_{m+1})=u(t_m)+\int_{t_m}^{t_{m+1}}p_{m,k}(t)\mathrm{d}t+\int_{t_m}^{t_{m+1}}r_{m,k}(t)\mathrm{d}t.$$

舍去余项，并用 u_i 代替 $u(t_i)$ $(i=m-k,\cdots,m)$，便得计算格式：

$$u_{m+1}=u_m+h\sum_{i=0}^{k}b_{k,i}f_{m-i}, \tag{6.44}$$

其组合系数为

$$b_{k,i}=\frac{1}{h}\int_{t_m}^{t_{m+1}}\prod_{\substack{j=0\\ j\neq i}}^{k}\left(\frac{t-t_{m-j}}{t_{m-i}-t_{m-j}}\right)\mathrm{d}t \underline{\underline{\text{令}t=t_m+\tau h}} \int_0^1\frac{\prod\limits_{j\neq i}(j+\tau)}{(-1)^i(k-i)!\ i!}\mathrm{d}\tau$$

$$=(-1)^{k-i}\int_0^1\binom{-\tau}{i}\binom{-\tau-(i+1)}{k-i}\mathrm{d}\tau. \tag{6.45}$$

这里

$$\binom{s}{j}=\frac{s(s-1)\cdots(s-j+1)}{j!},\binom{s}{0}=1.$$

式(6.44)与式(6.45)称为亚当斯—巴什福思(Adams-Bashforth)方法．

构造多步法的主要途径是基于数值积分的方法和泰勒展开法．前者是将常微分方程两端积分后利用插值求积公式得到,后者是利用局部截断误差定义和泰勒展开得到．后面将介绍如何利用这两种方法构造多步法公式．

6.4.2 线性多步法的一般公式

一般的多步法公式可表示为

$$y_{n+k}=\sum_{i=0}^{k-1}\alpha_i y_{n+i}+h\sum_{i=0}^{k}\beta_i f_{n+i}, \tag{6.46}$$

其中 y_{n+i} 为 $y(x_{n+i})$ 的近似,$f_{n+i}=f(x_{n+i},y_{n+i})$,$x_{n+i}=x_n+ih$,$\alpha_i$,$\beta_i$ 为常数,α_0,β_0 不全为零．由于式(6.46)给出了 y_{n+i},$f_{n+i}(i=0,1,2,\cdots,k)$之间的线性关系,故称式(6.46)为线性 k 步法．

在利用式(6.46)实际计算时,需用单步法提供 k 个初值 $y_0,y_1,\cdots,y_{k-1}$,再由式(6.46)逐次求出 $y_k,y_{k+1},\cdots$. 若 $\beta_k=0$,称式(6.46)为显式 k 步法,这时 y_{n+k} 可直接由式(6.46)计算得到．若 $\beta_k\neq 0$,称式(6.46)为隐式 k 步法,这时求解 y_{n+k} 一般需要采用迭代法计算．式(6.46)中系数 α_i,β_i 可根据方法的局部截断误差及阶确定．

定义 6.4 设 $y(x)$是初值问题式(6.2)的准确解,则线性多步法式(6.46)在 x_{n+k} 处的局部截断误差为

$$T_{n+k}=y(x_{n+k})-\sum_{i=0}^{k-1}\alpha_i y(x_{n+i})-h\sum_{i=0}^{k}\beta_i y'(x_{n+i}). \tag{6.47}$$

若 $T_{n+k}=O(h^{p+2})$,则称式(6.46)是 p 阶的．

将 T_{n+k} 在 x_n 处做泰勒展开,注意到

$$y(x_{n+i})=y(x_n+ih)=y(x_n)+ihy'(x_n)+\frac{(ih)^2}{2}y''(x_n)+\frac{(ih)^3}{3!}y'''(x_n)+\cdots y'(x_{n+i})$$

$$=y'(x_n+ih)=y'(x_n)+ihy''(x_n)+\frac{(ih)^2}{2}y'''(x_n)+\cdots$$

代入式(6.47)得到

$$T_{n+k}=c_0y(x_n)+c_1hy'(x_n)+c_2h^2y''(x_n)+\cdots+c_ph^py^{(p)}(x_n)+\cdots \tag{6.48}$$

其中

$$c_0=1-(\alpha_0+\alpha_1+\cdots+\alpha_{k-1}),$$

$$c_1=k-[\alpha_1+2\alpha_2+\cdots+(k-1)\alpha_{k-1}]-(\beta_0+\beta_1+\cdots+\beta_k),$$

$$c_r=\frac{1}{r!}\{k^r-[\alpha_1+2^r\alpha_2+\cdots+(k-1)^r\alpha_{k-1}]\}-\frac{1}{(r-1)!}(\beta_1+2^{r-1}\beta_2+\cdots+k^{r-1}\beta_k),r=2,3,4,\cdots \tag{6.49}$$

若在式(6.46)中选择系数 α_i 和 β_i，满足

$$c_0=c_1=\cdots=c_p=0,c_{p+1}\neq 0.$$

由定义可知此时构造的多步法是 p 阶的，且

$$T_{n+k}=c_{p+1}h^{p+1}y^{(p+1)}(x_n)+O(h^{p+2}), \tag{6.50}$$

其中 $c_{p+1}h^{p+1}y^{(p+1)}(x_n)$ 称为局部截断误差主项，c_{p+1} 称为误差常数．

6.4.3 基于数值积分的方法

下面首先讨论基于数值积分的方法来构造形如式(6.46)的线性多步法公式．

将初值问题式(6.2)中的方程在区间 $[x_n,x_{n+4}]$ 上积分

$$y(x_{n+4})-y(x_n)=\int_{x_n}^{x_{n+4}}f(x,y(x))\mathrm{d}x.$$

被积函数用在 x_{n+1},x_{n+2},x_{n+3} 处的二次 Lagrange 插值多项式

$$L_2(x)=\sum_{i=0}^{2}f(x_{n+1+i},y(x_{n+1+i}))l_i(x)$$

代替，其中 $l_i(x)$ 是 Lagrange 插值基函数

$$l_i(x)=\prod_{\substack{j=0\\ j\neq i}}^{2}\frac{x-x_{n+1+j}}{x_{n+1+i}-x_{n+1+j}}.$$

对插值多项式积分得到

$$\int_{x_n}^{x_{n+4}}L_2(x)\mathrm{d}x=\frac{4}{3}h[2f(x_{n+1},y(x_{n+1}))-f(x_{n+2},y(x_{n+2}))+2f(x_{n+3},y(x_{n+3}))].$$

用 y_j 表示 $y(x_j)$ 的近似值，记 $f_j=f(x_j,y_j)$，从而得到

$$y_{n+4}=y_n+\frac{4h}{3}(2f_{n+1}-f_{n+2}+2f_{n+3}). \tag{6.51}$$

该方法称为米尔尼(Milne)方法．

由局部截断误差定义可知

$$T_{n+4}=y(x_{n+4})-y(x_n)-\frac{4h}{3}[2y'(x_{n+1})-y'(x_{n+2})+2y'(x_{n+3})]=\frac{14}{45}h^5y^{(5)}(x_n)+O(h^6),$$

故米尔尼方法式(6.51)是四阶方法．

类似地，将方程从 x_n 到 x_{n+2} 积分，得到

$$y(x_{n+2})-y(x_n)=\int_{x_n}^{x_{n+2}}f(x,y(x))\mathrm{d}x. \tag{6.52}$$

被积函数用其在 x_n,x_{n+1},x_{n+2} 处的二次 Lagrange 插值多项式来代替，可以得到

$$y_{n+2}=y_n+\frac{h}{3}(f_n+f_{n+1}+f_{n+2}). \tag{6.53}$$

该方法称为辛普森(Simpson)方法．事实上,在式(6.52)中对积分项采用 Simpson 求积公式即可得式(6.53)．容易求得其局部截断误差

$$T_{n+2}=-\frac{1}{90}h^5y^{(5)}(x_n)+O(h^6),$$

从而 Simpson 方法是隐式两步四阶方法．

6.4.4 基于泰勒展开的方法

考虑形如

$$y_{n+k}=y_{n+k-1}+h\sum_{i=0}^{k}\beta_i f_{n+i} \tag{6.54}$$

的 k 步法,称为阿当姆斯(Adams)方法．$\beta_k=0$ 为显式方法,$\beta_k\neq 0$ 为隐式方法．通常称为 Adams 显式和隐式方法,也称为 Adams-Bashforth 公式和 Adams-Moulton 公式．

这类公式可由方程两端从 x_{n+k-1} 到 x_{n+k} 积分,得到

$$y(x_{n+k})-y(x_{n+k-1})=\int_{x_{n+k-1}}^{x_{n+k}}f(x,y(x))\mathrm{d}x,$$

上式右段端积分中被积函数分别用函数在节点 $x_n,x_{n+1},\cdots,x_{n+k-1}$ 和节点 $x_n,x_{n+1},\cdots,x_{n+k-1},x_{n+k}$ 处的 Lagrange 插值多项式代替,完全类似 6.4.2 小节中的做法,就可以得到 Adams-Bashforth 公式和 Adams-Moulton 公式．

下面以 $k=3$ 为例,讨论运用泰勒展开的方法来构造多步法公式．

将式(6.54)与式(6.46)对比(这时 $k=3$),可知 $\alpha_0=\alpha_1=0,\alpha_2=1$．显然 $c_0=0$．令 $c_1=c_2=c_3=c_4=0$,由式(6.49)可知

$$\begin{cases}\beta_0+\beta_1+\beta_2+\beta_3=1,\\ 2(\beta_1+2\beta_2+3\beta_3)=5,\\ 3(\beta_1+4\beta_2+9\beta_3)=19,\\ 4(\beta_1+8\beta_2+27\beta_3)=65.\end{cases}$$

若 $\beta_3=0$,则由前面三个方程可以解得

$$\beta_0=\frac{5}{12},\beta_1=-\frac{16}{12},\beta_2=\frac{23}{12}.$$

得到 $k=3$ 的 Adams 显式公式为

$$y_{n+3}=y_{n+2}+\frac{h}{12}(23f_{n+2}-16f_{n+1}+5f_n), \tag{6.55}$$

其局部截断误差为

$$T_{n+3}=\frac{3}{8}h^4y^{(4)}(x_n)+O(h^5),$$

故式(6.55)是三步三阶方法．

若$\beta_3\neq 0$,则可解得

$$\beta_0=\frac{1}{24},\beta_1=-\frac{5}{24},\beta_2=\frac{19}{24},\beta_3=\frac{3}{8}.$$

得到 $k=3$ 的 Adams 隐式公式为

$$y_{n+3}=y_{n+2}+\frac{h}{24}(9f_{n+3}+19f_{n+2}-5f_{n+1}+f_n), \tag{6.56}$$

其局部截断误差为

$$T_{n+3}=-\frac{19}{720}h^5y^{(5)}(x_n)+O(h^6).$$

故式(6.56)是三步四阶方法.

用类似方法可求得 Adams 显、隐式方法($k=1,2,4$)的公式.

利用基于泰勒展开的方法来构造线性多步法比较灵活,它可以构造任意多步法公式. 这时就不必拘泥于前面的式(6.49),只要选取 α_i,β_i 使线性多步法的阶尽可能高就行.

例 6.8 解初值问题

$$\begin{cases} y'=f(x,y), \\ y(x_0)=y_0. \end{cases}$$

用显式二步法 $y_{n+1}=\alpha_0y_n+\alpha_1y_{n-1}+h(\beta_0f_n+\beta_1f_{n-1})$,其中 $f_n=f(x_n,y_n)$,$f_{n-1}=f(x_{n-1},y_{n-1})$. 试确定参数 $\alpha_0,\alpha_1,\beta_0,\beta_1$ 使方法阶数尽可能高,并求局部截断误差.

解 由局部截断误差定义,并利用泰勒公式得到

$$\begin{aligned}
T_{n+1}&=y(x_n+h)-\alpha_0y(x_n)-\alpha_1y(x_n-h)-h[\beta_0y'(x_n)+\beta_1y'(x_n-h)]\\
&=y(x_n)+hy'(x_n)+\frac{h^2}{2}y''(x_n)+\frac{h^3}{3!}y'''(x_n)+\frac{h^4}{4!}y^{(4)}(x_n)+O(h^5)-\alpha_0y(x_n)\\
&\quad-\alpha_1[y(x_n)-hy'(x_n)+\frac{h^2}{2}y''(x_n)-\frac{h^3}{3}y'''(x_n)+\frac{h^4}{4}y^{(4)}(x_n)+O(h^5)]\\
&\quad-\beta_0hy'(x_n)-\beta_1h[y'(x_n)-hy''(x_n)+\frac{h^2}{2}y'''(x_n)-\frac{h^3}{3!}y^{(4)}(x_n)+O(h^4)]\\
&=(1-\alpha_0-\alpha_1)y(x_n)+(1+\alpha_1-\beta_0-\beta_1)hy'(x_n)+\left(\frac{1}{2}-\frac{1}{2}\alpha_1+\beta_1\right)h^2y''(x_n)\\
&\quad+\left(\frac{1}{6}+\frac{1}{6}\alpha_1-\frac{1}{2}\beta_1\right)h^3\cdot y'''(x_n)+\left(\frac{1}{24}-\frac{1}{24}\alpha_1+\frac{1}{6}\beta_1\right)h^4y^{(4)}(x_n)+O(h^5).
\end{aligned}$$

为求参数 $\alpha_0,\alpha_1,\beta_0,\beta_1$ 使方法阶数尽可能高,令

$$1-\alpha_0-\alpha_1=0,\qquad 1+\alpha_1-\beta_0-\beta_1=0,$$

$$\frac{1}{2}-\frac{1}{2}\alpha_1+\beta_1=0,\qquad \frac{1}{6}+\frac{1}{6}\alpha_1-\frac{1}{2}\beta_1=0.$$

解得 $\alpha_0=-4,\alpha_1=5,\beta_0=4,\beta_1=2$. 此时公式为三阶,而且局部截断误差为

$$T_{n+1}=\frac{1}{6}h^4y^{(4)}(x_n)+O(h^5).$$

从而所求二步法为

$$y_{n+1}=-4y_n+5y_{n-1}+2h(2f_n+f_{n-1}).$$

例 6.9 证明线性二步法

$$y_{n+2}+(b-1)y_{n+1}-by_n=\frac{h}{4}[(b+3)f_{n+2}+(3b+1)f_n],$$

当 $b\neq-1$ 时方法为二阶，当 $b=-1$ 时方法为三阶.

证明 方法的局部截断误差为

$$T_{n+2}=y(x_{n+2})+(b-1)y(x_{n+1})-by(x_n)-\frac{h}{4}[(b+3)y'(x_{n+2})+(3b+1)y'(x_n)].$$

利用泰勒展开得到

$$y(x_{n+2})=y(x_n)+2hy'(x_n)+\frac{(2h)^2}{2}y''(x_n)+\frac{(2h)^3}{3!}y'''(x_n)+\frac{(2h)^4}{4!}y^{(4)}(x_n)+O(h^5),$$

$$y(x_{n+1})=y(x_n)+hy'(x_n)+\frac{h^2}{2}y''(x_n)+\frac{h^3}{3!}y'''(x_n)+\frac{h^4}{4!}y^{(4)}(x_n)+O(h^5),$$

$$y'(x_{n+2})=y'(x_n)+2hy''(x_n)+\frac{(2h)^2}{2}y'''(x_n)+\frac{(2h)^3}{3!}y^{(4)}(x_n)+O(h^4).$$

从而 T_{n+2} 可以表示为

$$\begin{aligned}T_{n+2}=&[1+(b-1)-b]y(x_n)+\left[2+(b-1)-\frac{1}{4}(b+3+3b+1)\right]hy'(x_n)\\&+\left[2+\frac{1}{2}(b-1)-\frac{1}{2}(b+3)\right]h^2y''(x_n)+\left[\frac{4}{3}+\frac{1}{6}(b-1)-\frac{1}{2}(b+3)\right]h^3y'''(x_n)\\&+\left[\frac{2^4}{4!}+\frac{1}{4!}(b-1)-\frac{1}{4}(b+3)\times\frac{8}{3!}\right]h^4y^{(4)}(x_n)+O(h^5)\\&=-\frac{1}{3}(b+1)h^3y'''(x_n)-\frac{7b+9}{24}h^4y^{(4)}(x_n)+O(h^5)\end{aligned}$$

从而当 $b\neq-1$ 时，$T_{n+2}=-\frac{1}{3}(b+1)h^3y'''(x_n)+O(h^4)$，方法为二阶. 当 $b=-1$ 时，$T_{n+2}=-\frac{1}{12}h^4y^{(4)}(x_n)+O(h^5)$，方法为三阶.

6.4.5 预测—校正方法

显式多步法计算简单，但是其精度及计算的稳定性没有隐式方法好. 隐式多步法一般需采用迭代计算，计算量大. 在实际应用中，隐式法一般不单独使用，而是用于改善用显式方法计算得到的近似值. 由显式方法给出预测，再用隐式方法校正该预测值，这样得到的算法称为预测—校正方法.

一般情况下，预测公式与校正公式都取同阶的显式方法与隐式方法相匹配. 例如用四阶的 Adams 显式方法

$$y_{n+4}=y_{n+3}+\frac{h}{24}(55f_{n+3}-59f_{n+2}+37f_{n+1}-9f_n)$$

做预测,用四阶的 Adams 隐式方法

$$y_{n+4}=y_{n+3}+\frac{h}{24}(9f_{n+4}+19f_{n+3}-5f_{n+2}+f_{n+1})$$

做校正,得到如下预测—校正方法:

预测方法:$\bar{y}_{n+4}=y_{n+3}+\frac{h}{24}[55f(x_{n+3},y_{n+3})-59f(x_{n+2},y_{n+2})+37f(x_{n+1},y_{n+1})-9f(x_n,y_n)]$.

校正方法:$y_{n+4}=y_{n+3}+\frac{h}{24}[9f(x_{n+4},\bar{y}_{n+4})+19f(x_{n+3},y_{n+3})-5f(x_{n+2},y_{n+2})+f(x_{n+1},y_{n+1})]$.

其中用四阶 R-K 方法提供迭代初值 y_1,y_2,y_3.

6.5 应用案例

6.5.1 传染病模型研究的意义

传染病是由各类病原体所引起的一类传播迅速且广泛的疾病,它的传播途径包括人与人之间、动物与动物之间及人与动物之间。在种类繁多的传染病中,由人类免疫缺陷病毒(human immunodeficiency virus, HIV)引起的艾滋病(acquired immunodeficiency syndrome, AIDS)是人类在近代以来所面临的又一大健康威胁,它甚至已经一跃成为人们在公共卫生领域最为严峻的挑战之一. 通过运用微分方程的相关理论,进行 HIV/AIDS 传染病模型的动力学研究,不但可以揭露该疾病的流行规律,对它的传播变化趋势进行判断,同时也能分析出该疾病流行的原因,从中找出一些关键要素和信息,方便寻找到一条最佳路径来实现对该疾病的防控.

6.5.2 问题的提出与分析

收集数据了解传染病的流行现状,建立数学模型来研究 HIV/AIDS 的传播规律和流行趋势,以此来为传染病的疾病防控提供参考,从而延缓或是消灭疫情.

假设由于感染者群体较多时,易感者群体将会为了避免感染传染病而做出一定的防护措施,故易感者和感染者两个群体间的有效接触率不会一直快速上升,而是在某一时刻达到饱和. 因此,首先应采用计算再生矩阵及其谱半径的方法,推算出模型的基本再生数 $\mathcal{R}_0$. 之后,对模型的平衡点及其稳定性进行分析和证明,包括无病平衡点 E_0 和地方病平衡点 E^*. 最终,通过数值模拟验证并分析其动态变化图像以后,就能得到一些理论成果.

6.5.3 模型的建立与求解

将总人口 $N(t)$ 分为 5 个区间,即 $S(t)$ 表示易感患者的数量,$I(t)$ 表示 HIV 感染阶段 HIV 感染者的个体数. $A(t)$ 表示有晚期艾滋病但未接受 ARV 治疗的个体数,$T(t)$ 表示接受治疗的个体数,$R(t)$ 表示已足以改变性生活习惯的个体的数量,其实质是通过性接触对 HIV 免疫的. 总人口 $N(t)$ 表示为

$$N(t)=S(t)+I(t)+A(t)+R(t)+T(t). \tag{6.57}$$

模型的流程图如图 6.1 所示 .

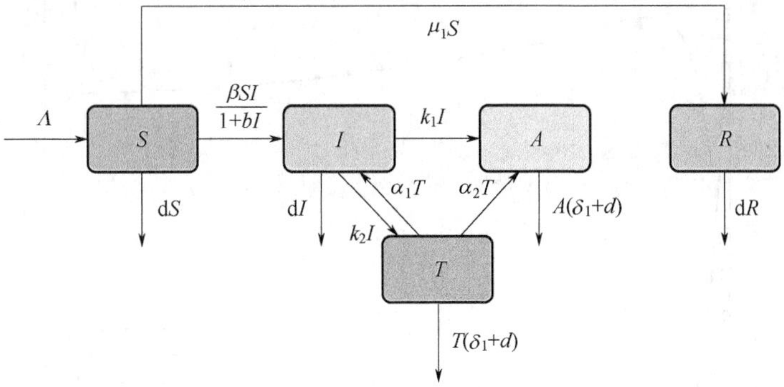

图 6.1　模型流程图

需要让该模型在生物学上有意义,因此上述所有参数均为正数。其中,$\beta IS/(1+bI)$ 为饱和发生率,Λ 为常数输入率,d 为自然死亡率。k_1 为由 HIV 患者到晚期艾滋病患者的转化率,即 I 类感染者成为晚期艾滋病个体的比例。δ_1、δ_2 分别为 $A(t)$ 和 $T(t)$ 区个体的疾病死亡率,k_2 为接受治疗的 HIV 个体的治愈率,即单位时间接受治疗的 I 类感染者的比例。α_1 是接受治疗的个体从 $T(t)$ 室离开进入 $I(t)$ 室的速率,α_2 是接受治疗的个体从 $T(t)$ 室离开进入 $A(t)$ 室的速率,μ_1 是易感个体在单位时间内改变性生活习惯的改变率。

因此得到如下模型:

$$\begin{cases}\dfrac{\mathrm{d}S}{\mathrm{d}t}=\Lambda-\dfrac{\beta IS}{1+bI}-\mu_1 S-\mathrm{d}S,\\ \dfrac{\mathrm{d}I}{\mathrm{d}t}=\dfrac{\beta IS}{1+bI}+\alpha_1 T-\mathrm{d}I-k_1 I-k_2 I,\\ \dfrac{\mathrm{d}A}{\mathrm{d}t}=k_1 I-(d+\delta_1)A+\alpha_2 T,\\ \dfrac{\mathrm{d}T}{\mathrm{d}t}=k_2 I-\alpha_1 T-(d+\delta_2+\alpha_2)T,\\ \dfrac{\mathrm{d}R}{\mathrm{d}t}=\mu_1 S-\mathrm{d}R.\end{cases} \tag{6.58}$$

由此可得由 $\mathcal{R}_0$ 表示的基本再生数是

$$\mathcal{R}_0=\rho(FV^{-1})=\frac{n\beta\Lambda}{mn(\mu_1+d)-\alpha_1 k_2(\mu_1+d)}=\frac{n\beta\Lambda}{(mn-\alpha_1 k_2)(\mu_1+d)}. \tag{6.59}$$

其中 $m=d+k_1+k_2$,$n=\alpha_1+\alpha_2+d+\delta_2$.

模型的无病平衡点为

$$E_0=(S_0,I_0,A_0,T_0,R_0)=\left(\frac{\Lambda}{\mu_1+d},0,0,0,\frac{\mu_1\Lambda}{d(\mu_1+d)}\right). \tag{6.60}$$

令参数 $b=0.8$,$\mu_1=0.3$。通过数值模拟,可以得到基本再生数 $\mathcal{R}_0=0.2637<1$,得到的图像如图 6.2 所示 . 可以得出,系统的无病平衡点 E_0 是全局渐进稳定的,这也表明在此情况下该疾病最终会趋于灭绝 .

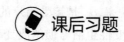

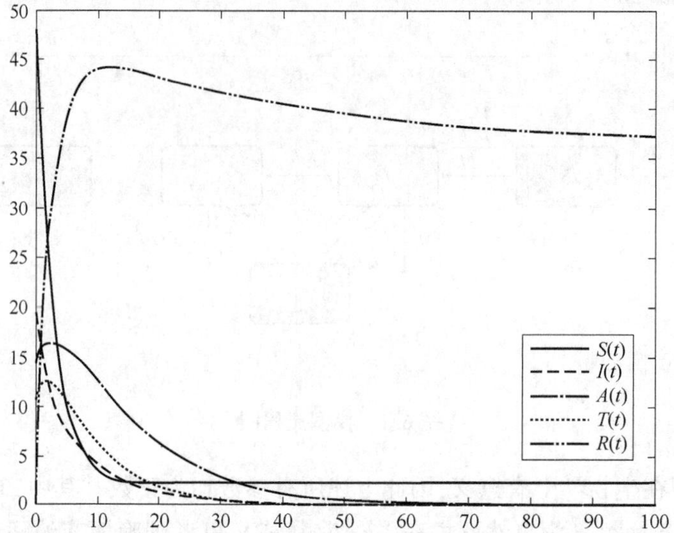

图 6.2　当基本再生数<1 时,无病平衡点的稳定性分析

课后习题

1. 考虑初值问题 $u'=u, u(0)=1$,证明 Euler 法的近似解为 $u_j=(1+h)^j$.

2. 求初值问题 $u'=2\dfrac{u}{x}, u(1)=1$ 的精确解,用 Euler 法确定近似解的解析表达式及收敛阶.

3. 证明用改进 Euler 法可以精确求解微分方程 $u'=ax, a\in\mathbf{R}$.

4. 证明当 f 为两阶连续可微时,单步法具有二阶一致性.

$$u_{j+1}=u_j+hf\left(x_j+\frac{h}{2}, u_j+\frac{h}{2}f(x_j, u_j)\right)$$

5. 确定 $r=3$ 时 Adams-Bashforth 和 Adams-Moulton 方法的系数.

6. 构造形如下式的具有二阶一致性的两步法,并讨论其稳定性.

$$u_{j+2}+a_1u_{j+1}+a_0u_j=h[b_0f(x_j, u_j)+b_1f(x_{j+1}, u_{j+1})]$$

第 7 章　边值问题的数值方法

打靶法和有限差分法是求微分方程解的重要数值方法，其中打靶法的原理是将边值问题转化为相应初值问题求解，有限差分法是将连续的问题和区域进行各种形式的离散，最后化成有限形式的线性方程组．本章只介绍二阶常微分方程两点边值问题的打靶法和有限差分法．

二阶方程为

$$y''=f(x,y,y'),a\leqslant x\leqslant b. \tag{7.1}$$

当 $f(x,y,y')$ 关于 y 和 y' 线性时，即

$$f(x,y,y')=p(x)y+q(x)y'+r(x)$$

这时式(7.1)变成线性微分方程

$$y''-p(x)y-q(x)y'=r(x),a\leqslant x\leqslant b. \tag{7.2}$$

对式(7.1)或式(7.2)的两点边值问题，其边界条件有以下三类：

第一类边界条件：

$$y(a)=\alpha,y(b)=\beta. \tag{7.3}$$

第二类边界条件：

$$y'(a)=\alpha,y'(b)=\beta. \tag{7.4}$$

第三类边界条件：

$$y(a)-\alpha_0y'(a)=\alpha_1,y(b)-\beta_0y'(b)=\beta_1. \tag{7.5}$$

其中 $\alpha_0\geqslant0,\beta_0\geqslant0,\alpha_0+\beta_0\geqslant0.$

微分方程式(7.1)或式(7.2)附加上第一类、第二类和第三类边界条件，分别称为第一、第二和第三边值问题．

7.1　打靶法

下面以非线性方程式(7.1)、式(7.3)为例讨论打靶法．第一边值问题为

$$\begin{cases}y''=f(x,y,y'),a<x<b,\\ y(a)=\alpha,y(b)=\beta.\end{cases}$$

打靶法的基本原理是将边值问题转化为相应初值问题求解．

假定 $y'(a)=t$，于是初值问题为

$$\begin{cases}y''=f(x,y,y'),a<x<b,\\ y(a)=\alpha,\\ y'(a)=t.\end{cases} \tag{7.6}$$

令 $z=y'$，上述二阶方程转化为一阶方程组

$$\begin{cases} y'=z, a<x<b, \\ y''=f(x,y,y'), \\ y(a)=\alpha, \\ z(a)=t. \end{cases} \tag{7.7}$$

问题转化为求合适的 t,使上述初值问题式(7.7)的解 $y(x,t)$ 在 $x=b$ 的值满足右端边界条件 $y(b,t)=\beta$.

下面讨论打靶法的具体实现过程.

初值问题式(7.7)可以用任何一种初值问题的数值方法求解. 先设 $t=t_0$,即 $y'(a)=t_0$,求解初值问题式(7.7)得到 $y(b,t_0)=\beta_0$. 若 $|\beta-\beta_0|\leqslant\varepsilon$(这里 ε 是允许误差),则 $y(x_j,t_0)$ $(j=0,1,\cdots,n)$ 是初值问题式(7.6)的数值解,也就是边值问题式(7.1)、式(7.3)的数值解. $|\beta-\beta_0|>\varepsilon$ 时可重新调整初始条件为 $y'(a)=t_1$,重新求解初值问题式(7.7)得 $y(b,t_1)=\beta_1$,若 $|\beta-\beta_1|\leqslant\varepsilon$,则 $y(x_j,t_1)$ $(j=0,1,\cdots,n)$ 是初值问题式(7.6)的数值解,也就是边值问题式(7.1)、式(7.3)的数值解. 否则修改初始条件 t_1 为 t_2. 由线性插值可得一般的计算公式

$$y'(a)=t,$$

$$t_{k+1}=t_k-\frac{y(b,t_k)-\beta}{y(b,t_k)-y(b,t_{k-1})}(t_k-t_{k-1}), k=1,2,\cdots \tag{7.8}$$

计算直到 $|y(b,t_k)-\beta|\leqslant\varepsilon$ 为止,则得到边值问题式(7.1)、式(7.3)的数值解 $y(x_j,t_k)$ $(j=0,1,\cdots,n)$.

表示 $y(x)$ 在 $x=a$ 处的斜率. 上述过程好比打靶,t_k 为子弹发射斜率,$y(b)=\beta$ 为靶心. 当 $|y(b,t_k)-\beta|\leqslant\varepsilon$ 时则得到解,故称为打靶法.

打靶法求边值的 MATLAB 代码

编写 M 文件:

```
function varargout=shooting_two_point_boundary(varargin)
%[result,err,z0]=shooting_two_point_boundary(@fun,[y_0,y_end],[x_0,x_1],h);
%fun=函数名;y_0=函数初值;y_end=函数终值;
%x_0=自变量初值;x_end=自变量终值;ts=积分步长;
%输出:
%result=[x,y];
%err=误差;
%z0=y'初值;
%==================================================
%函数 fun:4y" +yy' =2x^3 +16 ; 2<= x <=3
%写法:
%function f=fun(y,x)
%dy=y(2);
%dz=(2 * x^3+16-y(1) * y(2))/4;
%f=[dy,dz];
%注意:y(1)=y,y(2)=y'.
```

```
%初始化参数
F=varargin{1};
y_0=varargin{2}(1);
y_end=varargin{2}(2);
x_0=varargin{3}(1);
x_1=varargin{3}(2);
ts=varargin{4};
t0=x_0-0.5;
flg=0;
kesi=1e-6;
%
%打靶法过程
%
y0=rkkt(F,[y_0,t0],x_0,x_1,ts);
n=length(y0(:,1));
if abs(y0(n,1)-y_end)<=kesi
    flg=1;
else
  t1=t0+1;
  y1=rkkt(F,[y_0,t1],x_0,x_1,ts);
    if abs(y1(n,1)-y_end)<=kesi
      flg=1;
    end
end
if flg ~=1
    while abs(y1(n,1)-y_end)>kesi
      %==========插值法求解非线性方程===============%
      t2=t1-(y1(n,1)-y_end)*(t1-t0)/(y1(n,1)-y0(n,1));
      y2=rkkt(F,[y_0,t2],x_0,x_1,ts);
      t0=t1;
      t1=t2;
      y0=y1;
      y1=y2;
    end
end
x=x_0:ts:x_1;
out=[x',y1(:,1)];
varargout{1}=out;
varargout{2}=abs(y1(n,1)-y_end);
```

```
varargout{3}=t1;
%调用函数:
function varargout=rkkt(varargin)
n=length(varargin);
if n==0
  disp('迭代次数过多! 可能不收敛!');
  return;
end
if n==1
  F=varargin{1};
    x0=0;
    t0=0;
  tmax=1;
  ts=0.01;
end
if n==2
  F=varargin{1};
  x0=varargin{2};
    t0=0;
  tmax=1;
  ts=0.01;
end
if n==3
  F=varargin{1};
  x0=varargin{2};
  t0=varargin{3};
  tmax=t0+1;
  ts=0.01;
end
if n==4
  F=varargin{1};
  x0=varargin{2};
  t0=varargin{3};
  tmax=varargin{4};
  ts=0.01;
end
if n==5
  F=varargin{1};
  x0=varargin{2};
  t0=varargin{3};
```

```
  tmax=varargin{4};
  ts=varargin{5};
End
%
%初始化
%
t=t0;
n=length(t:ts:tmax);
m=length(feval(F,x0,t0));
x=zeros(n,m);
x(1,:)=x0;
x_temp=x(1,:);
%
%4 阶显示 R-K 方法
%
for i=2:n
  x_0=x_temp;
  k1=feval(F,x_temp,t);
  k1=reshape(k1,1,m);
  x_temp=x_0+k1 * (ts/2);
  t=t+ts/2;
  k2=feval(F,x_temp,t);
  k2=reshape(k2,1,m);
  x_temp=x_0+k2 * (ts/2);
  k3=feval(F,x_temp,t);
  k3=reshape(k3,1,m);
  x_temp=x_0+k3 * ts;
  t=t+ts/2;
  k4=feval(F,x_temp,t);
  k4=reshape(k4,1,m);
  x(i,:)=x_0+ts * (k1+2 * k2+2 * k3+k4)/6;
  x_temp=x(i,:);
end
t=t0:ts:tmax;
length(t);
plot(t,x);grid on;
varargout{1}=x;
%调用函数:
function f=fun(y,x)
```

```
dy=y(2);
dz=(2*x^3+16-y(1)*y(2))/4;
f=[dy,dz];
end
```

命令窗口：

```
shooting_two_point_boundary(@fun,[-1,1],[2,3],0.01)
```

例 7.1 用打靶法求解非线性两点边值问题

$$\begin{cases}4y''+yy'=2x^3+16,2<x<3,\\ y(2)=8,\\ y(3)=35/3.\end{cases}$$

要求误差 $\varepsilon\leqslant\frac{1}{2}\times10^{-6}$，精确解为 $y(x)=x^2+\frac{8}{x}$.

解 相应初值问题为

$$\begin{cases}y'=z,\\ z'=-yz/4+x^2/2+4,\\ y(2)=8,\\ z(2)=t_k.\end{cases}$$

取步长 $h=0.2$，采用四阶 R-K 方法计算．

当 $t_0=1.5$ 时，求得 $y(3,t_0)=11.4889$，$|y(3,t_0)-35/3|=0.1777>\varepsilon$；

取 $t_1=2.5$ 时，求得 $y(3,t_1)=11.8421$，$|y(3,t_1)-35/3|=0.0755>\varepsilon$；

按照式(7.8)取 t_2，即

$$t_2=t_1-\frac{y(3,t_1)-35/3}{y(3,t_1)-y(3,t_0)}(t_1-t_0)=2.0032251$$

求得 $y(3,t_2)=11.6678$，仍达不到要求．重复上述过程，可求得 $t_3=1.999979$，$t_4=2.000000$，求得 $y(3,t_4)=11.6666667$ 满足要求，此时 $y(x_j,t_k)$ 记为所求．结果见表 7.1.

表 7.1 例 7.1 计算结果

x_j	y_j	$y(x_j)$	$\lvert y_j-y(x_j)\rvert$
2	8	8	0
2.2	8.4763636378	8.4763636363	0.15×10^{-8}
2.4	9.0933333352	9.0933333333	0.18×10^{-8}
2.6	9.8369230785	9.8369230769	0.16×10^{-8}
2.8	10.6971426562	10.6971426571	0.10×10^{-8}
3	11.6666666669	11.6666666667	0.02×10^{-8}

对第二和第三边值问题也可以类似处理．例如对第二边值问题式(7.1)、式(7.4)，它可以转化为以下初值问题：

$$\begin{cases} y'=z, a<x<b, \\ z'=f(x,y,z), \\ y(a)=t_k, \\ z(a)=y'(a)=\alpha. \end{cases}$$

解此初值问题得到 $y(b,t_k)$ 及 $z(b,t_k)=y'(b,t_k)$，若

$$|z(b,t_k)-\beta|\leqslant\varepsilon,$$

则 $y(x_j,t_k)$ 为边值问题式(7.1)、式(7.4)的数值解.

7.2 有限差分法

有限差分法是解边值问题的一种基本方法，它利用差商代替导数，将微分方程离散化为非线性或线性方程组(即差分方程)求解. 下面首先考虑第一边值问题

$$\begin{cases} y''=f(x,y,y'), a<x<b, \\ y(a)=\alpha, y(b)=\beta. \end{cases} \tag{7.9}$$

将区间 $[a,b]$ 做 $N+1$ 等分，分点为 $x_i=a+ih, i=0,1,\cdots,N+1, h=\dfrac{b-a}{N+1}$. 在区间 $[a,b]$ 内点 $x_i(i=1,2,\cdots,N)$ 用差商近似导数，由

$$y''(x_i)=\frac{y(x_{i+1})-2y(x_i)+y(x_{i-1})}{h^2}-\frac{h^2}{12}y^{(4)}(\xi_i),$$

忽略余项，并令 $y_i\approx y(x_i)$，则式(7.9)离散化得差分方程

$$\begin{cases} \dfrac{y_{i+1}-2y_i+y_{i-1}}{h^2}=f(x_i,y_i), i=1,2,\cdots,N, \\ y_0=\alpha, y_{N+1}=\beta. \end{cases} \tag{7.10}$$

用差分方程式(7.10)逼近边值问题式(7.9)，其截断误差阶为 $O(h^2)$，为了得到更精确的逼近，可利用泰勒展开，设式(7.9)中的微分方程可用如下差分格式来逼近，即

$$y_{i+1}-2y_i+y_{i-1}=h^2[\beta_1 f(x_{i+1},y_{i+1})+\beta_0 f(x_i,y_i)+\beta_{-1}f(x_{i-1},y_{i-1})], \tag{7.11}$$

其中 $\beta_1,\beta_0,\beta_{-1}$ 为待定参数. 记

$$L[y(x);h]=y(x+h)-2y(x)+y(x-h)-h^2[\beta_1 y''(x+h)+\beta_0 y''(x)+\beta_{-1}y''(x-h)],$$

在 x 处按泰勒公式展开到 h^6，按照 h 的幂次整理得到

$$L[y(x);h]=[1-(\beta_1+\beta_0+\beta_{-1})]h^2y''(x)+(\beta_{-1}-\beta_1)h^3y'''(x)+\left[\frac{2}{4!}-\frac{1}{2}(\beta_1+\beta_{-1})\right]h^4y^{(4)}(x)$$
$$+\frac{1}{3!}(\beta_{-1}-\beta_1)h^5y^{(5)}(x)+\left[\frac{2}{6!}-\frac{1}{2}(\beta_1+\beta_{-1})\right]h^6y^{(6)}(x)+O(h^7)$$

令

$$\begin{cases} 1-(\beta_1+\beta_0+\beta_{-1})=0, \\ \beta_{-1}-\beta_1=0, \\ \dfrac{2}{4!}-\dfrac{1}{2}(\beta_1+\beta_{-1}), \end{cases}$$

得到

$$\beta_0=\frac{10}{12},\beta_1=\beta_{-1}=\frac{1}{12},$$

且

$$L(y(x);h)=-\frac{1}{240}h^6y^{(6)}(x)+O(h^7).$$

将以上结果代入式(7.11)得到

$$\begin{cases}y_{i+1}-2y_i+y_{i-1}=\dfrac{h^2}{12}(f_{i+1}+10f_i+f_{i-1}),i=1,2,\cdots,N,\\ y_0=\alpha,y_{N+1}=\beta.\end{cases}\tag{7.12}$$

它的截断误差为 $O(h^4)$.

建立差分格式以后，还要讨论差分方程的可解性、解法、收敛性和稳定性等．下面以式(7.10)为例讨论的可解性及解法．将式(7.10)改写成矩阵形式

$$\boldsymbol{Ay}+\boldsymbol{\Phi}(\boldsymbol{y})=\boldsymbol{0},\tag{7.13}$$

其中

$$\boldsymbol{A}=\begin{pmatrix}2&-1&&&\\-1&2&-1&&\\&\ddots&\ddots&\ddots&\\&&-1&2&-1\\&&&-1&2\end{pmatrix},\boldsymbol{y}=\begin{pmatrix}y_1\\y_2\\\vdots\\y_{N-1}\\y_N\end{pmatrix},\boldsymbol{\Phi}(\boldsymbol{y})=h^2\begin{pmatrix}f(x_1,y_1)-\alpha/h^2\\f(x_2,y_2)\\\vdots\\f(x_{N-1},y_{N-1})\\f(x_N,y_N)-\beta/h^2\end{pmatrix}.$$

当 $f(x,y)$ 关于 y 非线性，则 $\boldsymbol{\Phi}(\boldsymbol{y})$ 非线性，故式(7.13)是一个非线性方程组，可以采用牛顿迭代法或其他方法求解，并且有如下结论：

定理 7.1 对边值问题式(7.9)，设 $f,\dfrac{\partial f}{\partial y}$ 在区域 $D=\{a\leqslant x\leqslant b,|y<\infty|\}$ 中连续，且在 D 中 $\dfrac{\partial f}{\partial y}\geqslant 0$，则非线性方程组(7.13)存在唯一解 y^*，可用牛顿迭代法

$$\boldsymbol{y}^{(k+1)}=\boldsymbol{y}^{(k)}-[\boldsymbol{A}+\boldsymbol{\Phi}'(\boldsymbol{y}^{(k)})]^{-1}[\boldsymbol{Ay}^{(k)}+\boldsymbol{\Phi}(\boldsymbol{y}^{(k)})],k=0,1,\cdots$$

求解，且 $\lim\limits_{k\to\infty}\boldsymbol{y}^{(k)}=\boldsymbol{y}^*$.

在上述定理的条件下，还可以得到 $\lim\limits_{h\to0}|y_i-y(x_i)|=0,i=1,2,\cdots,N$.

下面考虑线性边值问题式(7.2)和式(7.3)．完全类似可得线性差分方程

$$\begin{cases}\dfrac{y_{i+1}-2y_i+y_{i-1}}{h^2}-p_i\dfrac{y_{i+1}-y_{i-1}}{2h}-q_iy_i=r_i,i=1,2,\cdots,N,\\ y_0=\alpha,y_{N+1}=\beta,\end{cases}\tag{7.14}$$

其中 $p_i=p(x_i),q_i=q(x_i),r_i=r(x_i)$，重新改写式(7.14)可得

$$\begin{cases}-\left(1+\dfrac{h}{2}p_i\right)y_{i-1}+(2+h^2q_i)y_i-(1-\dfrac{h}{2}p_i)y_{i+1}=-h^2r_i,\\ y_0=\alpha,y_{N+1}=\beta.\end{cases}\tag{7.15}$$

写成矩阵形式后，系数矩阵是三对角矩阵．在一定条件下，差分方程存在唯一解，可用追赶法求解．

对第二和第三边值问题，可以类似地将边界条件式(7.4)和式(7.5)离散化，分别得到如下近似：

$$\frac{-y_2+4y_1-3y_0}{2h}=\alpha,\frac{3y_{N+1}-4y_N+y_{N-1}}{2h}=\beta$$

和

$$y_0-\alpha_0\frac{-y_2+4y_1-3y_0}{2h}=\alpha_1,y_{N+1}+\beta_0\frac{3y_{N+1}-4y_N+y_{N-1}}{2h}=\beta_1.$$

差分法解线性边值的 MATLAB 代码

编写 M 文件

```
function [k,A,B1,X,Y,y,wucha,p]=yxcf(q1,q2,q3,a,b,alpha,beta,h)
%二阶线性微分方程边值问题有限差分算法
%y''=q1y'+q2y+q3,y(a)=alpha,y(b)=beta
%输入参数:q1,q2,q3 微分方程描述参数,必须为句柄;a,b 是微分区间[a,b];alpha,beta 上下限对应的边值;n 等分区间个数
%输出参数:A 为三对角矩阵;B1 三对角矩阵对应函数值;X 区间点坐标;Y 函数值;wucha 误差
n=fix((b-a)/h);X=zeros(n+1,1);
Y=zeros(n+1,1);A1=zeros(n,n);
A2=zeros(n,n);A3=zeros(n,n);A=zeros(n,n);B=zeros(n,1);
%
%化成三对角线矩阵
%
for k=1:n
    X=a:h:b;
    k1(k)=feval(q1,X(k));A1(k+1,k)=1+h*k1(k)/2;
    k2(k)=feval(q2,X(k));
    A2(k,k)=-2-(h.^2)*k2(k);
    A3(k,k+1)=1-h*k1(k)/2;k3(k)=feval(q3,X(k));
end
for k=2:n
    B(k,1)=(h.^2)*k3(k);
end
%
%追赶法求解三对角线矩阵
%
B(1,1)=(h.^2)*k3(1)-(1+h*k1(1)/2)*alpha;
B(n-1,1)=(h.^2)*k3(n-1)-(1+h*k1(n-1)/2)*beta;
A=A1(1:n-1,1:n-1)+A2(1:n-1,1:n-1)+A3(1:n-1,1:n-1);
```

```
B1=B(1:n-1,1);
Y=A\B1;Y1=Y';y=[alpha;Y;beta];
for k=2:n+1
    wucha(k)=norm(y(k)-y(k-1));k=k+1;
end
X=X(1:n+1);y=y(1:n+1,1);k=1:n+1;
wucha=wucha(1:k,:);plot(X,y(:,1),'mp')
xlabel('轴\it x');ylabel('轴\it y');legend('是边值问题的数值解 y(x)的曲线')
title('用有限差分法求线性边值问题的数值解的图形'),
p=[k',X',y,wucha'];
```

命令窗口:

```
q1=@(x)-2./x;
q2=@(x)2./x.^2;
q3=@(x)(sin(log10(x)))./x.^2;
a=1;b=2;alpha=1;beta=2;h=0.1;
[k,A,B1,X,Y,y,wucha,p]=yxcf(q1,q2,q3,a,b,alpha,beta,h)
```

例 7.2 用差分法解线性边值问题

$$\begin{cases} y''=-\dfrac{2}{x}y'+\dfrac{2}{x^2}y+\dfrac{\sin(\ln x)}{x^2}, 1<x<2, \\ y(1)=1, y(2)=2. \end{cases}$$

解 取 $h=0.1, N=9$,这里

$$p(x)=-\frac{2}{x}, q(x)=\frac{2}{x^2}, r(x)=\frac{\sin(\ln x)}{x^2}.$$

方程的准确解为

$$y(x)=c_1x+c_2\frac{1}{x^2}-\frac{1}{10}[3\sin(\ln x)+\cos(\ln x)],$$

$$c_1=1.178414026, c_2=-0.078414026.$$

按照式(7.15)列出三对角的线性差分方程,然后用追赶法求解,并与准确解进行对比,计算结果见表 7.2.

表 7.2 例 7.2 计算结果

i	x_i	y_i	$y(x_i)$	$\lvert y_i-y(x_i)\rvert$
0	1.0	1.00000000	1.00000000	
1	1.1	1.09260052	1.09262930	2.88×10^{-5}
2	1.2	1.18704313	1.18708484	4.17×10^{-5}
3	1.3	1.28333687	1.28338236	4.55×10^{-5}
4	1.4	1.38140205	1.38144595	4.39×10^{-5}

续表

i	x_i	y_i	$y(x_i)$	$\lvert y_i-y(x_i)\rvert$
5	1.5	1.48112026	1.48115942	3.92×10^{-5}
6	1.6	1.58235990	1.58239246	3.26×10^{-5}
7	1.7	1.68498902	1.68501396	2.49×10^{-5}
8	1.8	1.78888175	1.78889853	1.68×10^{-5}
9	1.9	1.89392110	1.89392951	8.41×10^{-6}
10	2.0	2.00000000	2.00000000	

7.3　应用案例

7.3.1　有杆抽油系统的数学建模及诊断

据统计,全世界抽油机采油井数占总生产井数的 80%左右,在我国这个比例已经超过 8%,有杆抽油系统的工作原理如图 7.1 所示．有杆泵采油是世界石油工业传统的采油方式之一,也是迄今在采油工程中一直占主导地位的人工举升方式．然而由于抽油泵是在地下近千米到数千米的深处工作的,工况十分复杂,其工作状态(位移、载荷等)与地面状态差异很大,抽油泵井下工作状态的准确数据在早期只能使用昂贵的设备获得并花费大量的时间．1966 年,Gibbs 提出了一种模型,能将悬点处的示功图转化为泵示功图(泵功图),能通过悬点的位移功图数据来分析井下的情况,从而准确诊断该井的工作状况．

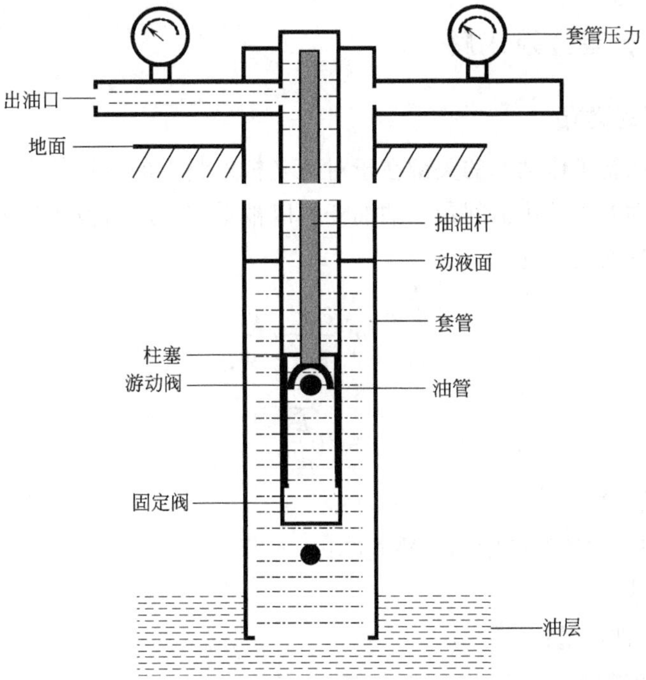

图 7.1　有杆抽油系统的工作原理

抽油系统在井下不但受到“机、杆、泵”等抽油设备的影响,还直接受到“沙、蜡、气、水”的影响,故障发生率很高,因此,及时、准确地掌握有杆抽油系统井下设备的工作状况,诊断油井所存在的故障问题,制定合理的技术措施,使油井及时恢复正常工作,最大限度地提高原油产量、降低生产成本和提高抽油效率,对石油工业的发展和提高经济效益都有非常重大的理论意义和现实意义.

7.3.2 问题的提出与分析

请使用 Gibbs 模型,给出由悬点示功图转化为泵功图的详细计算过程,包括原始数据的处理、边界条件、初始条件、求解算法.

解决这一问题,分为 4 个步骤进行:

(1)对附件中给定的两组悬点位移—载荷数据进行分析,找出一个冲程内的数据,作为计算用的实测数据.

(2)根据假设条件,对实测数据的顺序进行适当调整,确定初始条件.通过调整后的实测数据计算傅里叶系数,用截断傅里叶级数作为 Gibbs 方程边界条件的逼近.

在 Gibbs 模型中由于有杆抽油系统的阻尼是很多因素的复杂组合,所以在计算出来的阻尼力使系统损失的能量与实际阻尼力造成的能量损失相同的前提下假定黏性阻尼是将这些阻尼效应的等效组合.

(3)用分离变量法求解 Gibbs 方程,画出算法框图并编写程序实现得到泵的位移、载荷数据.

(4)根据所得结果绘制两口井的悬点示功图和泵功图,并与理论情况进行对比,分析可能的原因.

7.3.3 模型的建立及求解

1. Gibbs 方程的建立

分析有杆抽油系统工作动态的关键在于对从光杆处测得的数据的受力分析,这是基于一个带边界条件的波动方程的边值问题.抽油杆可以被看作是应力波的传递途径,其动态可被描述成一个黏性阻尼波动方程:

$$\frac{\partial^2 u}{\partial t^2}=a^2\frac{\partial^2 u}{\partial x^2}-c\frac{\partial u}{\partial t}. \tag{7.16}$$

其中

$$a=\sqrt{\frac{E}{\rho'}}.$$

式中 u——液体动力黏度;

a——应力波在抽油杆柱中的传播速度;

c——阻尼系数;

E——钢杆弹性模量;

ρ'——钢杆密度.

在实际中,有杆抽油系统的阻尼是很多因素的复杂组合。提供了以下两种计算阻尼系数

c 的方法：

第一种是通过下式计算：

$$c=\frac{\pi a\gamma}{2L},\tag{7.17}$$

式中　γ——无量纲阻尼因子；

L——各级抽油杆总长度，即泵深．

第二种是利用光杆功率和水利功率，综合式(7-17)和式(7-18)来计算：

$$\gamma=\frac{4.42\times10^{-2}L(P_r-P_h)T^2}{(A_1x_1+A_2x_2+\cdots+A_mx_m)S^2}\tag{7.18}$$

式中　P_r——光杆功率；

P_h——水功率；

T——泵的抽级周期；

A_i——第 i 级杆截面积；

x_i——第 i 级杆长；

S——光杆冲程．

2. 边界条件和初始条件的确定

初始条件：

$$u(x,0)=0,$$

$$\frac{\partial u}{\partial t}(x,0)=0.$$

边界条件可以用如下的截断傅里叶级数来逼近：

$$D(\omega t)=L(\omega t)-W_r=\frac{\sigma_0}{2}+\sum_{n=1}^{\infty}\sigma_n\cos n\omega t+\tau_n\sin n\omega t,\tag{7.19}$$

$$U(\omega t)=\frac{\nu_0}{2}+\sum_{n=1}^{\infty}\nu_n\cos n\omega t+\delta_n\sin n\omega t.\tag{7.20}$$

式中　$D(\omega t)$——悬点动载荷；

$L(\omega t)$——悬点总载荷；

W_r——杆柱自重；

$U(\omega t)$——光杆位移函数；

ω——曲柄角速度；

σ、τ、ν、δ——傅里叶系数．

3. Gibbs 方程的求解算法步骤

第一步：初始化．利用测试数据，计算悬点动载荷：

$$D(p)=L(p)-W_r.\tag{7.21}$$

式中　$D(p)$——等分点处的悬点动载荷；

$L(p)$——悬点总载荷．

取 $j=1$. 利用测得数据计算第一级傅里叶系数:

$$\sigma_n^1 \approx \frac{2}{k}\sum_{p=1}^{k} D(p)\cos\frac{2n\pi p}{k}, n=0,1,2,\cdots\bar{n},$$

$$\tau_n^1 \approx \frac{2}{k}\sum_{p=1}^{k} D(p)\sin\frac{2n\pi p}{k}, n=1,2,\cdots\bar{n},$$

$$\nu_n^1 \approx \frac{2}{k}\sum_{p=1}^{k} U(p)\cos\frac{2n\pi p}{k}, n=0,1,2,\cdots\bar{n},$$

$$\delta_n^1 \approx \frac{2}{k}\sum_{p=1}^{k} U(p)\sin\frac{2n\pi p}{k}, n=1,2,\cdots\bar{n}.$$

式中 $U(p)$——等分点处的光杆位移函数.

第二步:利用式(7-17)、式(7-18)估计阻尼系数 c. 计算相关参数:

$$\omega=\frac{2\pi}{T},$$

$$\alpha_n=\frac{n\omega}{a\sqrt{2}}\sqrt{1+\sqrt{1+\left(\frac{c}{n\omega}\right)^2}}, \beta_n=\frac{n\omega}{a\sqrt{2}}\sqrt{-1+\sqrt{1+\left(\frac{c}{n\omega}\right)^2}},$$

$$k_n^j=\frac{\sigma_n^j\alpha_n+\tau_n^j\beta_n}{EA_j(\alpha_n^2+\beta_n^2)}, \mu_n^j=\frac{\sigma_n^j\beta_n-\tau_n^j\alpha_n}{EA_j(\alpha_n^2+\beta_n^2)},$$

$$O_n^j(x_j)=(k_n^j\cosh\beta_n x_j+\delta_n^j\sinh\beta_n x_j)\sin\alpha_n x_j+(\mu_n^j\sinh\beta_n x_j+\nu_n^j\cosh\beta_n x_j)\cos\alpha_n x_j,$$

$$P_n^j(x_j)=(k_n^j\cosh\beta_n x_j+\delta_n^j\sinh\beta_n x_j)\cos\alpha_n x_j-(\mu_n^j\sinh\beta_n x_j+\nu_n^j\cosh\beta_n x_j)\sin\alpha_n x_j,$$

$$\frac{\mathrm{d}O_n^j}{\mathrm{d}x}(x_j)=\left[\frac{\tau_n^j}{EA_j}\sinh\beta_n x_j+(\delta_n^j\beta_n-\nu_n^j\alpha_n)\cosh\beta_n x_j\right]\sin\alpha_n x_j$$
$$+\left[\frac{\sigma_n^j}{EA_j}\cosh\beta_n x_j+(\nu_n^j\beta_n+\delta_n^j\alpha_n)\sinh\beta_n x_j\right]\cos\alpha_n x_j,$$

$$\frac{\mathrm{d}P_n^j}{\mathrm{d}x}(x_j)=\left[\frac{\tau_n^j}{EA_j}\cosh\beta_n x_j+(\delta_n^j\beta_n-\nu_n^j\alpha_n)\sinh\beta_n x_j\right]\cos\alpha_n x_j$$
$$-\left[\frac{\sigma_n^j}{EA_j}\sinh\beta_n x_j+(\nu_n^j\beta_n+\delta_n'\alpha_n)\cosh\beta_n x_j\right]\sin\alpha_n x_j.$$

若每级抽油杆是不是逐渐变细的,那么第 j 级抽油杆的底端的位移与载荷为:

$$u(x_j,t)=\frac{\sigma_0^j}{2EA_j}x_j+\frac{\nu_0^j}{2}+\sum_{n=1}^{\bar{n}}O_n^j(x_j)\cos n\omega t+P_n^j(x_j)\sin n\omega t,$$

$$F(x_j,t)=\frac{\sigma_0^j}{2}+EA_j\left[\sum_{n=1}^{n}\frac{\mathrm{d}O_n^j}{\mathrm{d}x}(x_j)\cos n\omega t+\frac{\mathrm{d}P_n^j}{\mathrm{d}x}(x_j)\sin n\omega t\right].$$

第三步：检测 j 是否达到最大，是则终止循环，输出 $u(x_j,t)$，$F(x_j,t)$，即为抽油泵柱塞处的位移与载荷；否则，计算

$$\nu_0^{j+1}=\frac{\sigma_0^j x_j}{EA_j}+\nu_0^j,\nu_n^{j+1}=O_n^j(x_j),\delta_n^{j+1}=P_n^j(x_j),\sigma_0^2=\sigma_0^1,\sigma_n^{j+1}=EA_j\frac{\mathrm{d}O_n^j}{\mathrm{d}x}(x_j),$$

$$\tau_n^{j+1}=EA_j\frac{\mathrm{d}P_n^j}{\mathrm{d}x}(x_j),k_n^{j+1}=\frac{\sigma_n^{j+1}\alpha_n+\tau_n^{j+1}\beta_n}{EA_{j+1}(\alpha_n^2+\beta_n^2)},\mu_n^{j+1}=\frac{\sigma_n^{j+1}\beta_n-\tau_n^{j+1}\alpha_n}{EA_{j+1}(\alpha_n^2+\beta_n^2)},$$

$$O_n^{j+1}(x_{j+1})=(k_n^{j+1}\cosh\beta_n x_{j+1}+\delta_n^{j+1}\sinh\beta_n x_{j+1})\sin\alpha_n x_{j+1}+(\mu_n^{j+1}\sinh\beta_n x_j+\nu_n^{j+1}\cosh\beta_n x_{j+1})\cos\alpha_n x_{j+1},$$

$$P_n^{j+1}(x_{j+1})=(k_n^{j+1}\cosh\beta_n x_{j+1}+\delta_n^{j+1}\sinh\beta_n x_{j+1})\cos\alpha_n x_{j+1}-(\mu_n^{j+1}\sinh\beta_n x_{j+1}+\nu_n^{j+1}\cosh\beta_n x_{j+1})\sin\alpha_n x_{j+1},$$

$$\begin{aligned}\frac{\mathrm{d}O_n^{j+1}}{\mathrm{d}x}(x_j)=&\left[\frac{\tau_n^{j+1}}{EA_{j+1}}\sinh\beta_n x_{j+1}+(\delta_n^{j+1}\beta_n-\nu_n^{j+1}\alpha_n)\cosh\beta_n x_{j+1}\right]\sin\alpha_n x_{j+1}\\&+\left[\frac{\sigma_n^{j+1}}{EA_{j+1}}\cosh\beta_n x_{j+1}+(\nu_n^{j+1}\beta_n+\delta_n^{j+1}\alpha_n)\sinh\beta_n x_{j+1}\right]\cos\alpha_n x_{j+1},\\\frac{\mathrm{d}P_n^{j+1}}{\mathrm{d}x}(x_{j+1})=&\left[\frac{\tau_n^{j+1}}{EA_{j+1}}\cosh\beta_n x_{j+1}+(\delta_n^{j+1}\beta_n-\nu_n^{j+1}\alpha_n)\sinh\beta_n x_{j+1}\right]\cos\alpha_n x_{j+1}\\&-\left[\frac{\sigma_n^{j+1}}{EA_{j+1}}\sinh\beta_n x_{j+1}+(\nu_n^{j+1}\beta_n+\delta_n^{j+1}\alpha_n)\cosh\beta_n x_{j+1}\right]\sin\alpha_n x_{j+1}.\end{aligned}\tag{7.22}$$

令 $j=j+1$，转第二步．

4. 结果及分析

根据上述 Gibbs 模型的算法步骤，计算结果如图 7.2 和图 7.3 所示．

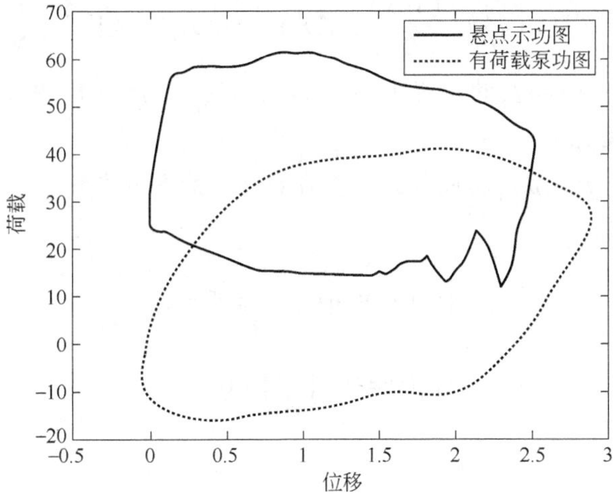

图 7.2　正常工况的悬点示功图和有荷载泵功图

结果分析：基于 Gibbs 模型计算得出的泵功图和理论的泵功图做比较，会得到一个初步的判断，图 7.3 显示对应的泵中应该还有气体．

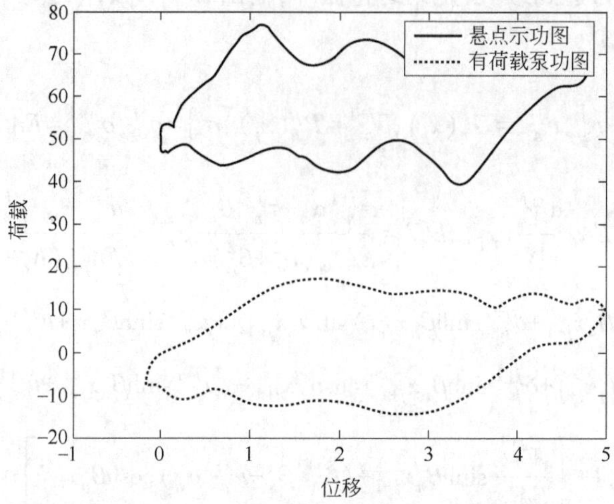

图 7.3 异常工况的的悬点示功图和有荷载泵功图

课后习题

1. 边值问题

$$\begin{cases}-u''=1,\\ u(0)=u(1)=0\end{cases}$$

的差分方程写成 $u_{m+1}=2u_m-u_{m-1}-h^2$.

(1)用数学归纳法证明：$u_m=mu_1-\dfrac{m(m-1)}{2}h^2, m=1,2,\cdots N.$

(2)边值问题的真解为 $u(x)=\dfrac{x(1-x)}{2}$，证明 $u_m=u(x_m)$，这里 $h=\dfrac{1}{N}, x_m=mh.$

2. 给定 $x^2y''+2xy'-2y=x^2$，边界条件 $y(1)=1, y'(1.5)=-1$. 用 $h=0.1$ 有限差分求解 $1<x<1.5$ 范围内的方程.

3. 对微分方程 $u''=f(x,u)$，构成截断误差为 $O(h^4)$ 的差分方程.

4. 运用打靶法求解

$$\begin{cases}y''+4y=\cos x, 0\leqslant x\leqslant\dfrac{\pi}{4},\\ y(0)=0, y\left(\dfrac{\pi}{4}\right)=0.\end{cases}$$

第 8 章 变分原理初步

本章讨论如何将微分方程的定解问题化为等价的变分问题或泛函的极值问题，然后讨论如何用有限元方法求解这些问题．

8.1 变分问题

8.1.1 两点边值问题的变分形式

设 Ω 是 $\mathbf{R}^n$ 上的一个有界开区域．$\bar{\Omega}$ 是它的闭包．特别地，记 $I=(0,1)$，则 $\bar{I}=[0,1]$．

设 $f(x)$ 是定义在 Ω 上的函数，称闭集

$$\operatorname{supp} f(x)=\overline{\{x\in\Omega \mid f(x)\neq 0\}}$$

为 $f(x)$ 的支集．记 $\boldsymbol{C}^{\infty}(\bar{\Omega})$ 为定义在 $\bar{\Omega}$ 上的无穷次可微函数全体，定义

$$\boldsymbol{C}_0^{\infty}(\bar{\Omega})=\{f(x)\mid f(x)\in\boldsymbol{C}^{\infty}(\bar{\Omega}),\operatorname{supp} f(x)\subset\Omega\},$$

显然，$\boldsymbol{C}_0^{\infty}(\bar{\Omega})$ 中的函数在边界点 Ω 上的函数值等于零．

先讨论如下的两点边值问题：

$$\begin{cases}-\dfrac{\mathrm{d}}{\mathrm{d}x}\left[p(x)\dfrac{\mathrm{d}u}{\mathrm{d}x}\right]+r(x)u=f(x),x\in I,\\ u(0)=0,\dfrac{\mathrm{d}u(1)}{\mathrm{d}x}+\alpha u(1)=0,\end{cases}\tag{8.1}$$

这里假设 $p(x)\in\boldsymbol{C}^1(\bar{I})$，$r(x)$ 和 $f(x)$ 都属于 $\boldsymbol{C}^0(\bar{I})$，其中 $\boldsymbol{C}^i(\bar{I})$ 为定义在 $\bar{I}$ 上的 i 阶可微函数的全体，$i=1,2,\cdots$，$\boldsymbol{C}^0(\bar{I})$ 为定义在 $\bar{I}$ 上的连续函数的全体，并且同时满足

$$p(x)\geqslant p_0>0,r(x)>0,\quad\forall x\in\bar{I},\tag{8.2}$$

p_0 是常数．另外，还假定常数 $\alpha\geqslant 0$.

定义线性空间

$$\boldsymbol{C}_E^2(\bar{I})=\{f(x)\mid f(x)\in\boldsymbol{C}^2(\bar{I}),f(0)=0\}.$$

若 $u^*(x)\in\boldsymbol{C}_E^2(\bar{I})$ 是边值问题式(8.1)的解，将 $u^*(x)$ 代入式(8.1)的第一式，任取$\boldsymbol{C}_E^2(\bar{I})$ 中的元素 v 乘式(8.1)的第一式两边，并在 I 上积分，得到

$$\int_0^1-\frac{\mathrm{d}}{\mathrm{d}x}\left[p(x)\frac{\mathrm{d}u^*}{\mathrm{d}x}\right]v\mathrm{d}x+\int_0^1 ru^*v\mathrm{d}x=\int_0^1 fv\mathrm{d}x.\tag{8.3}$$

对第一项进行分部积分，

$$\int_0^1 -\frac{\mathrm{d}}{\mathrm{d}x}\left[p(x)\frac{\mathrm{d}u^*}{\mathrm{d}x}\right]v\mathrm{d}x = -p\frac{\mathrm{d}u^*}{\mathrm{d}x}v\Big|_0^1 + \int_0^1 p\frac{\mathrm{d}u^*}{\mathrm{d}x}\frac{\mathrm{d}v}{\mathrm{d}x}\mathrm{d}x$$
$$= \int_0^1 p\frac{\mathrm{d}u^*}{\mathrm{d}x}\frac{\mathrm{d}v}{\mathrm{d}x}\mathrm{d}x - p(1)\frac{\mathrm{d}u^*(1)}{\mathrm{d}x}v(1)$$
$$= \int_0^1 p\frac{\mathrm{d}u^*}{\mathrm{d}x}\frac{\mathrm{d}v}{\mathrm{d}x}\mathrm{d}x + \alpha p(1)u^*(1)v(1) \tag{8.4}$$

将式(8.4)代入式(8.3),即有

$$\int_0^1\left(p\frac{\mathrm{d}u^*}{\mathrm{d}x}\frac{\mathrm{d}v}{\mathrm{d}x} + ru^*v\right)\mathrm{d}x + \alpha p(1)u^*(1)v(1) = \int_0^1 fv\mathrm{d}x, \forall v \in \boldsymbol{C}_E^2(\bar{I}). \tag{8.5}$$

记

$$\begin{cases} a(u,v) = \int_0^1\left(p\frac{\mathrm{d}u}{\mathrm{d}x}\frac{\mathrm{d}v}{\mathrm{d}x} + ruv\right)\mathrm{d}x + \alpha p(1)u(1)v(1), \\ (f,v) = \int_0^1 fv\mathrm{d}x, \end{cases} \tag{8.6}$$

则可将式(8.5)写成

$$a(u^*,v) = (f,v), \quad \forall v \in \boldsymbol{C}_E^2(\bar{I}). \tag{8.7}$$

这就说明了,如果 $u^* \in \boldsymbol{C}^2(\bar{I})$ 是边值问题式(8.1)的解,则 u^* 满足方程(8.7).

事实上,结论还可以进一步加强,即上述命题的逆命题也是正确的. 首先证明一个引理.

引理 8.1(变分法基本原理) 设 $f \in \boldsymbol{C}^0(\bar{I})$,如果

$$(f,v) = \int_0^1 fv\mathrm{d}x = 0, \quad \forall v \in \boldsymbol{C}_0^\infty(\bar{I}) \tag{8.8}$$

成立,则 $f \equiv 0$.

证明 用反证法. 如果 $f \neq 0$,则根据 f 的连续性可知存在一个 $x_0 \in I$ 及一个充分小的正数 δ,使得在区间 $[x_0-\delta, x_0+\delta](\subset I)$ 上 f 保号(不妨设其大于零). 做函数

$$v_0(x) = \begin{cases} \exp\left(-\frac{1}{\delta^2-(x-x_0)^2}\right), & |x-x_0| < \delta, \\ 0, \end{cases}$$

显然 $v_0(x) \in \boldsymbol{C}_0^\infty(\bar{I})$,把 v_0 代入式(8.8),有

$$0 = \int_0^1 fv_0\mathrm{d}x = \int_{x_0-\delta}^{x_0+\delta} fv_0\mathrm{d}x > 0.$$

得到矛盾. 由此可知 f 必恒为零.

定理 8.1 设 $p \in \boldsymbol{C}^1(\bar{I})$,$r$ 和 f 都属于 $\boldsymbol{C}^0(\bar{I})$ 且满足式(8.2),还假定 $\alpha \geqslant 0$. 如果 $u^* \in \boldsymbol{C}^2(\bar{I})$ 是边值问题式(8.1)的解,则 u^* 满足方程(8.7). 反之,若 $u^* \in \boldsymbol{C}_E^2(\bar{I})$ 满足方程(8.7),则 u^* 必为边值问题式(8.1)的解.

证明 定理的前半部分的证明前面已经给出,以下证明其后半部分.

显然,$\boldsymbol{C}_0^\infty(\bar{I}) \subset \boldsymbol{C}_E^2(\bar{I})$,于是方程(8.7)对 $\boldsymbol{C}_0^\infty(\bar{I})$ 中的任一元素也成立. 任取 $v \in \boldsymbol{C}_0^\infty(\bar{I})$,代入方程(8.7),即有

$$\int_0^1\left(p\frac{\mathrm{d}u^*}{\mathrm{d}x}\frac{\mathrm{d}v}{\mathrm{d}x}+ru^*v\right)\mathrm{d}x=\int_0^1 fv\mathrm{d}x,\quad \forall v\in \boldsymbol{C}_0^{\infty}(\bar{I}). \tag{8.9}$$

对上式中的第一项分部积分,并利用 $v(0)=v(1)=0$,有

$$\int_0^1 p\frac{\mathrm{d}u^*}{\mathrm{d}x}\frac{\mathrm{d}v}{\mathrm{d}x}=-\int_0^1\frac{\mathrm{d}}{\mathrm{d}x}\left(p\frac{\mathrm{d}u^*}{\mathrm{d}x}\right)v\mathrm{d}x.$$

代入式(8.9),整理后得到

$$\int_0^1\left[-\frac{\mathrm{d}}{\mathrm{d}x}\left(p\frac{\mathrm{d}u^*}{\mathrm{d}x}\right)+ru^*-f\right]v\mathrm{d}x=0,\ \forall v\in \boldsymbol{C}_0^{\infty}(\bar{I}).$$

在上式左边积分式中,中括号括起部分显然是连续函数,由引理8.1,其应恒为零,所以

$$-\frac{\mathrm{d}}{\mathrm{d}x}\left(p\frac{\mathrm{d}u^*}{\mathrm{d}x}\right)+ru^*=f, \tag{8.10}$$

即 u^* 满足边值问题式(8.1)的第一式.

因为 $u^*\in \boldsymbol{C}_E^2(\bar{I})$,所以 $u^*(0)=0$,剩下的只需验证 u^* 在 $x=1$ 处满足边值问题式(8.1)的边界条件.

现取$\boldsymbol{C}_E^2(\bar{I})$中函数 $v_0(1)\neq 0$,代入方程(8.7),通过分部积分方程(8.4),有

$$\int_0^1\left[-\frac{\mathrm{d}}{\mathrm{d}x}\left(p\frac{\mathrm{d}u^*}{\mathrm{d}x}\right)+ru^*\right]v_0\mathrm{d}x+p(1)\left[\frac{\mathrm{d}u^*(1)}{\mathrm{d}x}+\alpha u^*(1)\right]v_0(1)=\int_0^1 fv_0\mathrm{d}x$$

利用式(8.10),有

$$p(1)\left[\frac{\mathrm{d}u^*(1)}{\mathrm{d}x}+\alpha u^*(1)\right]v_0(1)=0.$$

而由定解条件 $p(1)>0$,且 $v_0(1)\neq 0$,所以

$$\frac{\mathrm{d}u^*(1)}{\mathrm{d}x}+\alpha u^*(1)=0,$$

因此 u^* 是边值问题式(8.1)的解.

在$\boldsymbol{C}_E^2(\bar{I})$中找 u^*,使其满足方程(8.7),称为边值问题式(8.1)的变分形式,式(8.7)称为变分等式.

由定理8.1可知,能够通过两点边值问题的变分形式获取原来问题的解或其他有关的性质,如边值问题式(8.1)解的唯一性可由变分问题式(8.7)解的唯一性导出.

定理 8.2 设 p,r,f 和 α 满足定理8.1中的所有条件,则变分问题式(8.7)的解是唯一的.

证明 设 u_1^* 和 u_2^* 都是变分问题式(8.7)的解,即

$$a(u_i^*,v)=(f,v),\quad \forall v\in \boldsymbol{C}_E^2(\bar{I}),i=1,2,$$

于是

$$a(u_1^*-u_2^*,v)=0,\quad \forall v\in \boldsymbol{C}_E^2(\bar{I}).$$

取 $v=u_1^*-u_2^*\in \boldsymbol{C}_E^2(\bar{I})$,则

$$\int_0^1\left\{p\left[\frac{\mathrm{d}(u_1^*-u_2^*)}{\mathrm{d}x}\right]^2+r(u_1^*-u_2^*)^2\right\}\mathrm{d}x=0.$$

由于

$$p\geqslant p_0>0,\quad r\geqslant 0,$$

因此

$$\frac{\mathrm{d}(u_1^*-u_2^*)}{\mathrm{d}x}=0,$$

即

$$u_1^*-u_2^*=C(\text{常数}).$$

而

$$u_1^*(0)-u_2^*(0)=0,$$

所以 $C=0$,即

$$u_1^*=u_2^*.$$

8.1.2 泛函及泛函极值概念

1. 泛函的概念

设 $\boldsymbol{X}$ 是函数空间,若对于 $\boldsymbol{X}$ 中的子集 D 中每一函数 $y(x)$,按照一定的法则都有确定的数值 J 与它对应,则称 J 是函数 $y(x)$ 在 D 中的泛函,记作 $J=J[y]$,其中,D 称为该泛函的定义域.

注意,与通常函数的定义不同,泛函的值决定于函数的情形.

通常,泛函多以积分的形式出现,例如

$$J[y]=\int_a^b F(x,y,y')\,\mathrm{d}x,$$

其中,$F(x,y,y')$ 称为泛函的核.

2. 泛函极值的概念

定义 8.1 设 $J[y]$ 是定义在函数距离空间 $\boldsymbol{X}$ 上的一个泛函. 若存在一个 $y^*\in X$ 及某个 $\delta>0$,使得对一切 $y\in B(y^*,\delta)$

$$J[y^*]\leqslant J[y]\quad(\text{或 } J[y^*]\geqslant J[y])$$

成立,其中 $B(y^*,\delta)$ 为以 y^* 为中心的、半径为 δ 的邻域,则称泛函 $J[y]$ 在 y^* 处取得极小值(极大值).

这里,极小值(极大值)也称为相对极值,函数 y^* 称为极值函数.

定义 8.2 设 $J[y]$ 是定义在函数距离空间 $\boldsymbol{X}$ 上的一个泛函. 若存在一个 $y^*\in\boldsymbol{X}$,使得对一切 $y\in\boldsymbol{X}$ 恒有

$$J[y^*]\leqslant J[y]\quad(\text{或 } J[y^*]\geqslant J[y]),$$

则称泛函 $J[y]$ 在 y^* 处取得极小值(极大值).

绝对极大(小)值也称为最大(小)值,在变分问题中所指的极值,一般是指最大(小)值.

通常把 $\boldsymbol{C}(\Omega)$ 中的 y^* 的 δ 邻域称为零阶邻域,记为 $O(y^*,\delta)$,而把 $\boldsymbol{C}^m(\Omega)$ 中的 y^* 的 δ 邻域称为 m 阶邻域,记为 $O_m(y^*,\delta)$. 显然

$$O_m(y^*,\delta)\subset\cdots\subset O_k(y^*,\delta)\subset O_{k-1}(y^*,\delta)\subset\cdots\subset O(y^*,\delta).$$

把 $\boldsymbol{C}(\Omega)$ 中的距离

$$\rho(y,y^*)=\max_{x\in\Omega}|y-y^*|$$

称为 y 与 y^* 的零级距离,而把 $C^m(\Omega)$ 中的距离

$$\rho(y,y^*)=\max_{x\in\Omega}\{|y-y^*|,\quad |\partial^k(y-y^*)|,\quad k=1,2,\cdots m\}$$

称为 y 与 y^* 的 m 级距离. 这里可以看到:如果在阶数低的邻域意义下的极值函数是 y^*,那么,它必然是阶数高的邻域意义下的极值函数,反之不然. 因此,把低阶邻域定义的极值称为强极值,而把高阶邻域定义的极值称为弱极值.

在泛函的概念下,**变分法即为求泛函的极值问题**.

8.1.3 泛函极值存在的必要条件

设 $J[y]$ 是定义在距离函数空间 X 上的泛函,这里依照函数的微分概念来定义泛函的变分概念.

定义 8.3 设 $y_0\in X$,称 $\delta y=y-y_0$, $\forall y\in X, y\neq y_0$ 为函数 y 在 y_0 处的**变分**.

这里,δy 是 x 的函数,与 Δy 有区别:变分 δy 反映的是整个函数的改变,而 Δy 反映的是同一函数 $y(x)$ 因 x 的不同值而产生的差异.

记 $J=J[y]-J[y_0]=J[y_0+\delta y]-J[y_0]$ 为泛函 $J[y]$ 在 y_0 处的增量. 如果泛函增量可表示为下列形式:

$$J[y_0]=L[y_0,\delta y]+\beta[y_0,\delta y],$$

其中,泛函 $L[y_0,\delta y]$ 关于 δy 是线性的,而泛函 $\beta[y_0,\delta y]$ 是关于 $\rho(y,y_0)$ 的高阶无穷小,即

$$\lim_{\rho(y,y_0)\to 0}\frac{\beta(y,\delta_y)}{\rho(y,y_0)}=0,$$

则称 $L[y_0,\delta y]$ 为泛函 $J[y]$ 在 y_0 时的变分,记为 δJ,即

$$\delta J=L[y_0,\delta y].$$

泛函的变分也有类似于微分的运算规则,例如

$$\delta(J_1+J_2)=\delta J_1+\delta J_2,$$

$$\delta(J_1\cdot J_2)=J_1\delta J_2+J_2\delta J_1.$$

如果 $y,y_0\in X$ 且 n 阶可导,则

$$(\delta y)'=(y-y_0)'=y_1'-y_0'=\delta y',$$

$$(\delta y)^{(n)}=(y-y_0)^{(n)}=y_1^{(n)}-y_0^{(n)}=\delta y^{(n)}.$$

即函数变分的导数等于函数的导数的变分.

设泛函 $J[y]=\int_{x_0}^{x_1}F(x,y,y')\mathrm{d}x$,来计算它的变分 δJ. 假设函数 F 关于它的变分具有二阶连续偏导数(记作 $F\in C^2$). 又设 $J[y]$ 是定义在距离空间 $C^1(x_0,x_1)$ 上. 显然,利用二元泰勒公式展开,则有

$$\begin{aligned}\Delta J&=J[y+\delta y]-J[y]\\&=\int_{x_0}^{x}[F(x,y+\delta y,y'+\delta y')-F(x,y,y')]\mathrm{d}x\\&=\int_{x_0}^{x_1}\left\{F_y\delta y+F_y\delta y'+\frac{1}{2!}[F_{yy}(\delta y)^2+2F_{yy}\delta y\delta y'+F_{y'y'}(\delta y')^2]+\cdots\right\}\mathrm{d}x\end{aligned}$$

$$=\int_{x_0}^{x_1}(F_y\delta y+F_{y'}\delta y')\mathrm{d}x+\beta(x,y,\delta y).$$

由于 $\lim\limits_{\rho(y,y_0)\to 0}\dfrac{\beta(x,y,\delta y)}{\rho(y,y_0)}=0$,且 $\int_{x_0}^{x_1}(F_y\delta y+F_{y'}\delta y')\mathrm{d}x$ 是关于 δy 线性函数,故有

$$\delta J[y]=\int_{x_0}^{x_1}(F_y\delta y+F_{y'}\delta y')\mathrm{d}x.$$

若记

$$\delta F=F_y\delta y+F_{y'}\delta y',$$

则有 $\delta J=\int_{x_0}^{x_1}\delta F\mathrm{d}x$. 这里,$\delta F$ 称为函数 F 的变分.

从 $\delta J=\int_{x_0}^{x_1}F\mathrm{d}x=\int_{x_0}^{x_1}\delta F\mathrm{d}x$ 可以看出,在上述意义下,变分和积分的次序可以交换.

与对函数取得极值的必要条件的讨论类似,来讨论泛函极值存在的必要条件. 设 $J[y]$ 为线性赋范空间 $\boldsymbol{X}$ 上的泛函,y^* 及 $y^*+\alpha\eta\in\boldsymbol{X}$,其中 $\eta\in\boldsymbol{X}$,α 为参数. 记 $\Phi(\alpha')=J[y^*+\alpha\eta]$. 若 $J[y]$ 在 $y^*\in\boldsymbol{X}$ 处取得极值,则有

$$\Phi'(0)=\frac{\partial}{\partial\alpha}J[y^*+\alpha\eta]\mid_{\alpha=0}=0$$

成立.

定理 8.3(泛函极值存在的必要条件) 定义在线性赋范空间 $\boldsymbol{X}$ 上的泛函 $J[y]$ 若在 $y^*\in\boldsymbol{X}$ 处取得极值,且在 y^* 处的泛函的变分存在,则在 y^* 处的泛函的变分为零,即 $\delta J[y^*]=0$.

证明 设有 $\eta(x)\in\boldsymbol{X}$,且 $y^*+\alpha\eta\in\boldsymbol{X}$,其中,$\alpha$ 为任意常数. 因泛函 $J[y]$ 在 y^* 取得极值,且变分存在,若记 $\Phi(\alpha)=J[y^*+\alpha\delta y]$,则有

$$\Phi(\alpha)-\Phi(0)=J[y^*+\alpha\delta y]-J[y^*]=J[y^*,\alpha\delta y]+\beta[y^*,\alpha\delta y]=\alpha L[y^*,\delta y]+\beta[y^*,\alpha\delta y],$$

$$\frac{\Phi(\alpha)-\Phi(0)}{\alpha-0}=L[y,\delta y]+\frac{\beta(y^*,\alpha\delta y)}{\alpha}.$$

注意到 $\beta(y,\delta y)$ 的高阶无穷小的性质,则有 $\Phi'(0)=\delta J$,由 $\Phi'(0)=0$,即得 $\delta J=0$.

8.2 Euler 方程

8.2.1 变分基本引理

首先,引入一个变分基本引理:

变分基本引理 1 设函数 $\eta(x)\in\boldsymbol{C}^1[x_0,x_1]$ 且 $\eta(x)=\eta(x_1)=0$. 若对于 $f(x)\in\boldsymbol{C}[x_0,x_1]$,均有 $\int_{x_0}^{x_1}f(x)\eta(x)\mathrm{d}x=0$,则 $f(x)\equiv 0,\ \forall x\in[x_0,x_1]$.

证明 (反证法)假设在 $[x_0,x_1]$ 内存在一点 ξ,使 $f(\xi)>0$,由函数的连续性,存在 $\delta>0$,使 $x\in(\xi-\delta,\xi+\delta)=(x',x'')\subset[x_0,x_1]$ 时,$f(x)>0$.

现在 $[x_0,x_1]$ 上取一个函数:

$$\eta(x)=\begin{cases}0, & x_0\leqslant x\leqslant x',\\(x-x')^2(x-x'')^2, & x'<x<x'',\\0, & x''\leqslant x\leqslant x_1.\end{cases}$$

显然 $\eta(x)$ 满足条件，于是

$$\int_{x_0}^{x_1}f(x)\eta(x)\,\mathrm{d}x=\int_{x'}^{x''}f(x)(x-x')^2(x-x'')^2\,\mathrm{d}x>0.$$

这个结论与假设矛盾，故 $f(x)\equiv 0$.

注：如果上述 $\eta(x)$ 要求 k 阶连续可导，则可取

$$\eta(x)=\begin{cases}(x-x')^{2n}(x-x'')^{2n}, & x'<x<x'',\\0, & \text{其他(其中},2n>k,n\text{ 为整数)}.\end{cases}$$

其他条件不变，则结论仍成立.

可将该引理推广到二元甚至多元函数的重积分情形.

变分基本引理 2　设 D 为平面区域，∂D 为 D 的边界，$\eta(x,y)\in\boldsymbol{C}^1(\overline{D})$ 且 $\eta|_{\partial D}=0$. 若对于 $f(x,y)\in\boldsymbol{C}(D)$，均有 $\iint\limits_D f(x,y)\eta(x,y)\,\mathrm{d}x\mathrm{d}y=0$，则 $f(x,y)\equiv 0$，$\forall(x,y)\in D$.

证明　(反证法)假设存在 $(\xi,\eta)\in D$，使 $f(\xi,\eta)>0$. 由函数的连续性，存在 $\delta>0$，使得在 $(x,y)\in D_\delta=\{(x,y)\mid(x-\xi)^2+(y-\eta)^2<\delta^2\}$ 时 $f(x,y)>0$. 作函数

$$\eta(x,y)=\begin{cases}0, & D/D_\delta,\\[(x-\xi)^2+(y-\eta)^2-\delta^2]^2, & D_\delta.\end{cases}$$

显然，$\eta(x,y)\in\boldsymbol{C}^1(D)$，且 $\eta|_{\partial D}=0$. 于是

$$\iint\limits_D f(x,y)\eta(x,y)\,\mathrm{d}x\mathrm{d}y=\iint\limits_{D_\delta}f(x,y)[(x-\xi)^2+(y-\eta)^2-\delta^2]^2\,\mathrm{d}x\mathrm{d}y>0.$$

这与假设矛盾，从而 $f(x,y)\equiv 0$，$(x,y)\in D$.

现在讨论最简变分问题，即

$$J[y]=\int_{x_0}^{x_1}F(x,y,y')\,\mathrm{d}x,$$

求 $y^*\in X$，使 $J[y^*]=\min\limits_{y\in X}J[y]$. 其中，$X=\{y\mid y\in\boldsymbol{C}^2[x_0,x_1],y(x_0)=y_0,y(x_1)=y_1\}$，$F$ 是关于 x,y,y' 的三元函数，且 $F(x,y,y')\in\boldsymbol{C}^2$，$x_0,y_0,x_1,y_1$ 均为常数.

这里假定 $\boldsymbol{X}$ 为极值函数，y^* 是存在的. 设

$$y(x)=y^*+\alpha\eta(x),$$

其中，$\eta(x)\in\boldsymbol{C}^2[x_0,x_1]$，且 $\eta(x_0)=\eta(x_1)=0$，α 为参数. 显然

$$y\in\boldsymbol{C}^2[x_0,x_1],$$

且

$$y(x_0)=y^*(x_0)=y_0,\ y(x_1)=y^*(x_1)=y_1.$$

故 $y(x)\in\boldsymbol{X}$. 这样，记

$$\Phi(\alpha)=J[y^*+\alpha\eta]=\int_{x_0}^{x}F(x,y^*+\alpha\eta,y^{*\prime}+\alpha\eta')\,\mathrm{d}x.$$

则

$$\Phi'(\alpha)=\frac{\mathrm{d}}{\mathrm{d}\alpha}\int_{x_0}^{x}F(x,y^*+\alpha\eta,y^{*'}+\alpha\eta')\mathrm{d}x$$

$$=\int_{x_0}^{x}[F_y(x,y^*+\alpha\eta,y^{*'}+\alpha\eta')\eta+F_{y'}(x,y^*+\alpha\eta,y^{*'}+\alpha\eta')\eta']\mathrm{d}x.$$

$$=\int_{x_0}^{x}F_y\eta\mathrm{d}x+[F_{y'}]_{x=x_0}^{x=x_1}-\int_{x_0}^{x_1}\frac{\mathrm{d}}{\mathrm{d}x}(F_{y'})\eta\mathrm{d}x=\int_{x_0}^{x}\left(F-\frac{\mathrm{d}}{\mathrm{d}x}F_{y'}\right)\eta\mathrm{d}x.$$

从而有

$$\Phi'(\alpha)\mid_{\alpha=0}=\Phi'(0)=\int_{x_0}^{x}[F(x,y^*,y^{*'})-\frac{\mathrm{d}}{\mathrm{d}x}F_{y'}(x,y^*,y^{*'})\eta(x)]\mathrm{d}x=0.$$

由于 $F_y-\frac{\mathrm{d}}{\mathrm{d}x}F_{y'}$ 是 x 的连续函数，$\eta(x)$ 是任意的，故由变分基本引理 1，推出 y^* 要满足的条件为：

$$\begin{cases}F_y-\dfrac{\mathrm{d}}{\mathrm{d}x}F_{y'}=0,\\ y(x_0)=y_0,y(x_1)=y_1.\end{cases}\tag{8.11}$$

这里，方程(8.11)一式称为 Euler 方程，加上边界条件，即(8.11)二式，称为 Euler 方程边值问题，方程(8.11)一式还可以写成以下形式：

$$F_y-F_{y'x}-y'F_{y'y}-y''F_{y'y'}=0.$$

当 $F_{y'y'}\neq 0$ 时，Euler 方程是二阶常微分方程，它的通解中含有的两个任意常数可由边界条件 $y(x_0)=y_0,y(x_1)=y_1$ 确定.

通常把满足 Euler 常微分方程边值问题的函数称为驻留函数，对应的积分曲线称为驻留曲线. 严格地讲，由于 Euler 微分方程边值问题的解满足的只是变分问题的必要条件，故它是否一定是极值函数或极值曲线，还需作进一步判别.

8.2.2 Euler 方程的积分法

Euler 方程是一个二阶常微分方程，但一般为拟线性方程，这种方程能直接积分的不多，下面仅介绍几种特殊但比较重要的可解情形.

考虑 Euler 方程：

$$F_y-\frac{\mathrm{d}}{\mathrm{d}y}F_{y'}=0,$$

展开后得

$$F_y-F_{y'x}-y'F_{y'y}-y''F_{y'y'}=0.$$

情形 1 $F=F(x,y')$，即函数 F 不显含 y. 这时，$F_y=0$，则 Euler 方程为 $\frac{\mathrm{d}}{\mathrm{d}y}F_{y'}=0$，它的首次积分为 $F_{y'}=C$，其中 C 是积分常数. 如果解出 $y'=\varphi(x,C)$，于是 $y=\int\varphi(x,C)\mathrm{d}x$. 最后，再确定积分常数而得到解.

情形2 $F=F(x,y)$，即函数 F 不显含 y'. 这时，由 Euler 方程知 $F_y=0$ 确定了一个隐函数，但未必满足边界条件．因此，在一般情形下将无解．只有在满足边界条件时，才有解．

情形3 $F=F(y,y')$，即函数 F 不显含 x. 这时，Euler 方程的首次积分为 $F-y'F_{y'}=C$，其中 C 是积分常数．这是因为有

$$\frac{\mathrm{d}}{\mathrm{d}x}(y'F_{y'}-F)=y''F_{y'}+y'\frac{\mathrm{d}}{\mathrm{d}x}F_{y'}-F_x-y'F_y-y''F_{y'}=y'\left(\frac{\mathrm{d}}{\mathrm{d}x}F_{y'}-F_y\right)=0.$$

由 $F-y'F_{y'}=C$，可解出 $y'=\varphi(y,C)$，积分后得到

$$x=\int\frac{\mathrm{d}x}{\varphi(y,C)}+C_1.$$

应该看到在这个积分中包含了 $y'=0$ 的解．只有把它排斥在外时，解出的 y 才是驻留函数.

8.3 Ritz 方法和 Galerkin 方法

8.3.1 变分问题近似解的 Ritz 方法

设泛函 $J[u]$ 定义在可分的希尔伯特空间 $\boldsymbol{H}$ 上，$\{\varphi_i\}$ 是 $\boldsymbol{H}$ 上的一个完全线性无关系．从 $\{\varphi_i\}$ 中取出前 n 个元素 $\varphi_1,\varphi_2,\cdots,\varphi_n$，由这 n 个线性无关的元素张成 $\boldsymbol{H}$ 中的一个有限维的线性子空间 $\boldsymbol{S}_n$，即

$$\boldsymbol{S}_n=\left\{u_n\mid u_n=\sum_{i=1}^{n}c_i\varphi_i,\ \forall(c_1,c_2,\cdots,c_n)\in\mathbf{R}^n\right\},\tag{8.12}$$

其中 φ_i 称为这个线性子空间的基元素或坐标函数．

用线性子空间 $\boldsymbol{S}_n$ 代替可分的希尔伯特空间 $\boldsymbol{H}$. 先在 $\boldsymbol{S}_n$ 上求泛函 $J[u]$ 的极值函数，即求 $u_n^*\in\boldsymbol{S}_n$，使得

$$J[u_n^*]=\min_{u_n\in\boldsymbol{S}_n}J[u_n].\tag{8.13}$$

注意到有限维线性子空间 $\boldsymbol{S}_n$ 中的函数 u_n 均可以表达成坐标函数 φ_i 的线性组合，所以，近似解的形式为

$$u_n=\sum_{i=1}^{n}c_i\varphi_i,\tag{8.14}$$

其中 $c_1,c_2,\cdots,c_n$ 为一组未定常数．为了求这组 $c_1,c_2,\cdots,c_n$ 常数，把近似解形式(8.14)代入泛函 $J[u]$ 中，使泛函 $J[u]$ 成为 $c_1,c_2,\cdots,c_n$ 的函数．记这个函数为

$$\bar{J}[c_1,c_2,\cdots,c_n]=J[u_n].\tag{8.15}$$

由于在 $u_n^*=\sum\limits_{i=1}^{n}c_i^*\varphi_i$ 处取得函数 $\bar{J}[c_1,c_2,\cdots,c_n]$ 的极小值，故由函数取极值的必要条件，$c_1^*,c_2^*,\cdots,c_n^*$ 满足下列方程组：

$$\frac{\partial\bar{J}[c_1,c_2,\cdots,c_n]}{\partial c_i}=0,\ i=1,2,\cdots,n.\tag{8.16}$$

求解这个方程组,若获得 $c_1^*, c_2^*, \cdots, c_n^*$,则得一个"近似解":

$$u_n^* = \sum_{i=1}^{n} c_i^* \varphi_i. \tag{8.17}$$

如果对每个 n,都求得 u_n^*,就构成"近似解"序列$\{u_n^*\}$.

这里所说的"近似解"是带引号的,这是因为它尚未证实是否是近似解.

设变分问题的解为 $u^* \in \boldsymbol{H}$,如果

$$\lim_{n\to\infty} J[u_n^*] = J[u^*], \tag{8.18}$$

则可以认为 u_n^* 是变分问题的解 u^* 的近似解.

在上述步骤中,有两个理论问题必须解决:

(1)方程组$\dfrac{\partial \bar{J}[c_1, c_2, \cdots, c_n]}{\partial c_i}=0$,$(i=1,2,\cdots,n)$的解 $c_i^*(i=1,2,\cdots,n)$必须存在且唯一;

(2)元素序列$\{u_n^*\}$必须满足 $\lim\limits_{n\to\infty} J(u_n^*)=J(u^*)$,其中 $u^* \in \boldsymbol{H}$ 为变分问题的解.

下面只对最小位能原理在齐次边界条件下所对应的变分问题来讨论问题(1).

在这种情况下,泛函为

$$J[u]=\frac{1}{2}D(u,u)-F(u), u\in \boldsymbol{H}_0^1(\Omega). \tag{8.19}$$

定理 8.4 如果定义在 $\boldsymbol{H}_0^1(\Omega)$ 上的双线性泛函 $D(u,v)$ 对称正定,定义在 $\boldsymbol{H}_0^1(\Omega)$ 上的线性泛函 $F(u)$ 连续有界,对于泛函(8.19)来说,用 Ritz 方法导出的方程组(8.16)为非齐次线性方程组:

$$\sum_{j=1}^{n} D(\varphi_i, \varphi_j) c_j = F(\varphi_i), i = 1,2,\cdots,n. \tag{8.20}$$

它可以写成矩阵形式:

$$\boldsymbol{KC}=\boldsymbol{F}, \tag{8.21}$$

其中

$$\boldsymbol{C}=(c_1, c_2, \cdots, c_n)^{\mathrm{T}}, \tag{8.22}$$

$$\boldsymbol{F}=(F(\varphi_1), F(\varphi_2), \cdots, F(\varphi_n))^{\mathrm{T}}, \tag{8.23}$$

$$\boldsymbol{K}=(D(\varphi_i, \varphi_j))_{n\times n}, \tag{8.24}$$

并且非齐次线性方程组的解存在且唯一.

证明 (1)推导线性代数方程组.

注意到

$$\begin{aligned}\bar{J}[c_1, c_2, \cdots, c_n] &= \frac{1}{2}D\Big(\sum_{i=1}^{n} c_i\varphi_i, \sum_{i=1}^{n} c_i\varphi_i\Big) - F\Big(\sum_{i=1}^{n} c_i\varphi_i\Big)\\ &= \frac{1}{2}\sum_{i=1}^{n}\sum_{j=1}^{n} D(\varphi_i, \varphi_j)\cdot c_i c_j - \sum_{i=1}^{n} F(\varphi_i)\cdot c_i.\end{aligned}$$

显然,$\bar{J}[c_1, c_2, \cdots, c_n]$是关于 $c_1, c_2, \cdots, c_n$ 的二次多项式. 由于

$$\frac{\partial \bar{J}[c_1, c_2, \cdots, c_n]}{\partial c_i} = \frac{1}{2}\sum_{j=1}^{n}[D(\varphi_j, \varphi_i) + D(\varphi_i, \varphi_j)]\cdot c_j - F(\varphi_i), i = 1,2,\cdots,n.$$

由于要求有$\dfrac{\partial \bar{J}[c_1,c_2,\cdots,c_n]}{\partial c_i}=0,i=1,2,\cdots,n$,再注意到$\boldsymbol{D}(u,v)$有对称性,就得到$n$个未知数的$n$个方程的非齐次线性代数方程组:

$$\sum_{j=1}^{n} D(\varphi_i,\varphi_j)\cdot c_j = F(\varphi_i),i=1,2,\cdots,n.$$

(2)证明非齐次线性代数方程组存在唯一解.

非齐次线性代数方程组的系数矩阵$\boldsymbol{K}=(D(\varphi_i,\varphi_j))_{n\times n}$是对称矩阵.如果可证得$\det|\boldsymbol{K}|\neq 0$,则非齐次线性代数方程组存在唯一解.但是$\det|\boldsymbol{K}|\neq 0$是对应的齐次线性代数方程组$\boldsymbol{KC}=\boldsymbol{0}$只有零解的充要条件.所以,只要证明$\boldsymbol{KC}=\boldsymbol{0}$只有零解就可以了.

用反证法证明.假设$\boldsymbol{KC}=\boldsymbol{0}$有非零解,即存在一组不全为零的数$c_1,c_2,\cdots,c_n$使得

$$\sum_{j=1}^{n} D(\varphi_i,\varphi_j)\cdot c_j = 0,i=1,2,\cdots,n.$$

用c_i乘上式,并对i作和,得到

$$\sum_{i=1}^{n} c_i\Big[\sum_{j=1}^{n} D(\varphi_i,\varphi_j)\cdot c_j\Big]=0.$$

由于$\boldsymbol{D}(u,v)$是双线性泛函,则上式可以化成为$D\Big(\sum\limits_{i=1}^{n} c_i\varphi_i,\sum\limits_{j=1}^{n} c_j\varphi_j\Big)=0$. 又由于$\boldsymbol{D}(u,v)$是正定的,所以对任意的$u$,又可以化为

$$\sum_{i=1}^{n} c_i\varphi_i=0.$$

这个等式表示$\varphi_1,\varphi_2,\cdots,\varphi_n$是线性相关的,与 Ritz 方法中对坐标函数的假设矛盾.这个矛盾说明齐次线性代数方程组$\boldsymbol{KC}=\boldsymbol{0}$只有零解.

定义 8.4 设d表示定义在希尔伯特空间$\boldsymbol{H}$上的泛函$J[u]$最小值.如果函数序列$\{u_n\}\subset\boldsymbol{H}$,使得$\lim\limits_{n\to\infty}J[u_n]=d$,则称函数序列$\{u_n\}$为泛函$J[u]$的极小化序列.

定理 8.5 由 Ritz 方法求得的函数序列$\{u_n^*\}$是泛函$J[u]$的极小化序列.

证明 设d为$J[u]$的下确界,即$d=\inf\limits_{\alpha\in H}J[u]$. 若泛函最小值存在,则$d$为最小值.

根据下确界的定义,对于任意的$\varepsilon>0$,存在$v\in\boldsymbol{H}$,可使得

$$d\leqslant J[v]\leqslant d+\frac{\varepsilon}{2}. \tag{8.25}$$

另外,函数序列$\{\varphi_i\}$是$\boldsymbol{H}$的完全系.所以,可以选取数n和系数$\alpha_1,\alpha_2,\cdots,\alpha_n$作线性组合$v_n=\sum\limits_{i=1}^{n}\alpha_i\varphi_i$,使得$|J[v]-J[v_n]|<\dfrac{\varepsilon}{2}$,于是

$$d\leqslant J[v_n]<J[v]+\frac{\varepsilon}{2}<d+\varepsilon. \tag{8.26}$$

那么,对于由 Ritz 法作出的函数u_n^*,显然有$d\leqslant J[u_n^*]\leqslant J[v_n]$,从而

$$d\leqslant J[u_n^*]<d+\frac{\varepsilon}{2}. \tag{8.27}$$

令$\varepsilon\to 0$,此时$n\to\infty$,得到$\lim\limits_{n\to\infty}J[u_n^*]=d$,即函数序列$\{u_n^*\}$是泛函$J[u]$的极小化序列.

定理 8.6 如果定义在$\boldsymbol{H}_0^1(\Omega)$上的双线性泛函$\boldsymbol{D}(u,v)$对称正定,定义在$\boldsymbol{H}_0^1(\Omega)$上的线性泛函 $F(u)$ 连续有界. 则在$\boldsymbol{H}_0^1(\Omega)$中每个极小化序列,在能量范数意义下和在固有范数意义下,都收敛到使泛函 $J[u]$ 取得最小值 d 时的函数 u^*.

证明 注意到定理 8.3 的证明(1),有

$$2J[u]=\|u-u^*\|^2-\|u^*\|^2,\ \forall u\in\boldsymbol{H}_0^1(\Omega). \tag{8.28}$$

所以,泛函 $J[u]$的最小值为

$$d=\min_{u\in\boldsymbol{H}_0^1(\Omega)}J[u]=J[u^*]=-\frac{1}{2}\|u^*\|^2. \tag{8.29}$$

设$\{u_n\}\subset\boldsymbol{H}_0^1(\Omega)$为极小化序列,注意到式(8.28)和式(8.29),就有

$$\begin{aligned}\lim_{n\to\infty}\|u_n-u^*\| &=\lim_{n\to\infty}\{(\|u_n-u^*\|^2-\|u^*\|^2)+\|u^*\|^2\}\\ &=\lim_{n\to\infty}(\|u_n-u^*\|^2-\|u^*\|^2)+\|u^*\|^2=2\lim_{n\to\infty}J(u_n)+\|u^*\|^2=0,\end{aligned}$$

这就是说,在$\boldsymbol{H}_0^1(\Omega)$中,依能量范数,有$\lim\limits_{n\to\infty}u_n=u^*$.

注意到固有范数与能量范数等价,故在$\boldsymbol{H}_0^1(\Omega)$中,也有$\lim\limits_{n\to\infty}\|u_n-u^*\|^2=0$. 这就是说,在$\boldsymbol{H}_0^1(\Omega)$中,依固有范数有$\lim\limits_{n\to\infty}u_n=u^*$.

把上面定理结合起来,就可以得到下面的定理.

定理 8.7 如果定义在$\boldsymbol{H}_0^1(\Omega)$上的双线性泛函$\boldsymbol{D}(u,v)$对称正定,定义在$\boldsymbol{H}_0^1(\Omega)$上的线性泛函 $F(u)$连续有界,则由 Ritz 方法求得的每个函数 u_n^* 都是变分问题

$$\begin{cases}\text{求 } u^*\in\boldsymbol{H}_0^1(\Omega),\text{使得 } J[u^*]=\min\limits_{u\in H_0^1(\Omega)}J[u],\\ J[u]=\dfrac{1}{2}D(u,u)-F(u),\ \forall u\in\boldsymbol{H}_0^1(\Omega)\\ \boldsymbol{D}(u,v)\text{为定义在}\boldsymbol{H}_0^1(\Omega)\text{上的对称正定的双线性形式},\\ F(u)\text{为定义在}\boldsymbol{H}_0^1(\Omega)\text{上的线性连续(有界)泛函},\\ \boldsymbol{H}_0^1(\Omega)\text{为 } J(u)\text{ 的定义域}\end{cases} \tag{8.30}$$

的 Ritz 广义解的近似解.

8.3.2 边值问题近似解的 Galerkin 方法

对于边值问题

$$\begin{cases}Lu=f,\text{在 }\Omega\text{ 内},\\ u\in M,\end{cases} \tag{8.31}$$

其中,L 为一个微分算子,函数类

$$M=\{u\mid u\in L^2(\Omega),Lu\in L^2(\Omega),u\mid_{\partial\Omega}=0\}.$$

若 $u\in M$ 为边值问题的解,则对于任意的函数 $v\in\boldsymbol{C}_D^\infty(\Omega)$,显然有

$$(Lu,v)=(f,v).$$

由于$\boldsymbol{C}_0^\infty(\Omega)$在$\boldsymbol{L}^2(\Omega)$中稠密,所以有所谓的"虚功方程":

$$(Lu,v)=(f,v),u\in M,\ \forall v\in L^2(\Omega). \tag{8.32}$$

为了求“虚功方程”的近似解，像 Ritz 法一样，在$L^2(\Omega)$中选取一个线性无关的函数系$\{\varphi_i(x),i=1,2,\cdots\}$组成坐标函数系，它们张成一个$L^2(\Omega)$中线性子空间$S_n$. 期望在空间$S_n$中找到函数$u_n^*$，使得

$$(Lu_n^*,u_n)=(f,u_n),\ \forall u_n\in S_n \tag{8.33}$$

成立. 这就是伽辽金(Galerkin)方法的思想.

具体做法如下：把近似解u_n^*的形式和任意函数u_n的形式：

$$u_n^*=\sum_{i=1}^{n}c_i^*\varphi_i,u_n=\sum_{i=1}^{n}c_i\varphi_i, \tag{8.34}$$

代入式(8.33)，得到

$$\left(L\left(\sum_{i=1}^{n}c_i^*\varphi_i\right),\sum_{i=1}^{n}c_i\varphi_i\right)=\left(f,\sum_{i=1}^{n}c_i\varphi_i\right).$$

进行运算后，得到

$$\sum_{i=1}^{n}\left[\sum_{j=1}^{n}(L\varphi_j,\varphi_i)\cdot c_j^*\right]\cdot c_i=\sum_{i=1}^{n}(f,\varphi_i)\cdot c_i.$$

由于$c_i,i=1,2,\cdots,n$的任意性，可得

$$\sum_{j=1}^{n}(L\varphi_j,\varphi_i)\cdot c_j^*=(f,\varphi_i),i=1,2,\cdots,n. \tag{8.35}$$

这是一个有n个未知数n个方程的线性代数方程组. 如果求出这个线性代数方程的解$c_j^*,j=1,2,\cdots,n$，则可得

$$u_n^*=\sum_{j=1}^{n}c_j^*\varphi_j. \tag{8.36}$$

它可以作为“虚功方程”的近似解.

当然，也可以认为“虚功方程”的近似解是边值问题的近似解.

8.3.3 Galerkin 方法和 Ritz 方法的比较

对于变分问题式(8.30)，它多对应的“虚功方程”的形式为

$$D(u,v)=F(v)\ \forall v\in L^2(\Omega). \tag{8.37}$$

则相应的线性代数方程(8.35)为

$$\sum_{j=1}^{n}D(\varphi_j,\varphi_i)\cdot c_j^*=F(\varphi_i),i=1,2,\cdots,n. \tag{8.38}$$

这个代数方程组与用 Ritz 方法求变分问题式(8.30)的近似解时所推出的代数方程组(8.20)完全一样. 也就是说，在这种情况下，用 Ritz 方法求出的变分问题式(8.30)的近似解和用 Galerkin 方法求出的对应边值问题的近似解是一致的.

一般来说，边值问题并不都有对应的变分问题；但是，边值问题对应的“虚功方程”是必定存在的. 所以，用 Galerkin 方法求边值问题的近似解总是可能的. 由于上述原因，Galerkin 方法的应用范围要比 Ritz 方法要广泛些. 事实上，Galerkin 方法的应用范围还可以更广，因为

Galerkin 方法对算子的附加限制条件较少．例如，算子可以不是正算子，可以不是对称算子，甚至可以不是线性算子．而这些条件对于 Ritz 方法来说则是必需的．

Galerkin 方法虽然是直接从微分算子出发推导出来的，与变分问题没有什么联系．但是，在选取坐标系和构造近似解的步骤上却是相同的．一般来讲，两种近似求解方法中的坐标函数都要满足边值条件．但是，由于变分问题的特点，用 Ritz 方法求近似解，在选取坐标系时，如果边值条件是自然边界条件，就不需要考虑坐标函数满足边值条件．

Ritz 方法和 Galerkin 方法最终都要求解线性方程组．但是由于它们的坐标函数要满足边值条件且与区域的形状有关；又由于代数方程组的系数和右端项都用积分来计算，采用手算或利用计算机都有较大的计算量；而且代数方程组的系数矩阵不是稀疏的，在求解方程组时，即使用计算机，也要花费较多内存，且花费较多时间．这些缺点在求较精确的近似解时更加突出．不过，这两个方法都能获得解的近似表达式，这对于理论研究是比较有用的．

8.4 应用案例

8.4.1 多层叠置煤层压裂裂缝纵向扩展模型与数值模拟

水力压裂技术是高效开发多层叠置煤层的一种方式．在多层叠置煤层中，各层地应力、岩石力学性质等都存在差异，而这些差异会对水力裂缝纵向扩展产生较大影响．因此本小结案例针对多层叠置煤层中水力裂缝纵向延伸问题，基于孔弹性理论和损伤力学建立了多层叠置煤层压裂裂缝纵向扩展模型．物理实验表明，水力裂缝纵向扩展受层间应力差、弹性模量、界面强度、压裂液黏度等因素的影响，其中层间应力差为主要影响因素．

目前常用的裂缝纵向扩展数值模拟方法有边界元法、有限差分法、位移不连续法、有限元法和扩展有限元法．这些方法在模拟裂缝延伸时需要预设裂缝扩展步长，且需要建立相交准则来判断裂缝扩展至界面后的延伸方向．本案例基于损伤力学建立了水力压裂裂缝纵向扩展流固耦合计算模型，基于该模型模拟多层叠置煤层中水力裂缝纵向延伸规律．

8.4.2 模型的建立

1. 损伤演化模型

当材料受到单轴拉伸时可以将其损伤演化法则表示为：

$$D=\begin{cases} 0, & \varepsilon\leqslant\varepsilon_c, \\ 1-\dfrac{\varepsilon_c}{\varepsilon}\left[1-A_t+A_t e^{-B_t(\varepsilon-\varepsilon_c)}\right], & \varepsilon>\varepsilon_c, \end{cases} \tag{8.39}$$

式中，D 为损伤变量；ε_c 为临界应变（材料开始破坏时的应变）；A_t 为材料拉伸系数；B_t 为材料拉伸系数．

2. 控制方程

若忽略惯性力和体积力的影响，将饱和流体的多孔介质视为线弹性材料，则多孔弹性岩石的控制方程包括以下几个：

1) 应力平衡方程

$$\nabla\sigma=0, \tag{8.40}$$

式中，σ 是总应力张量．

对于完全饱和的多孔介质，根据孔弹性力学理论，总应力 $\boldsymbol{\sigma}$ 和有效应力 $\boldsymbol{\sigma}_{\text{eff}}$ 及孔隙流体压力 $\boldsymbol{P}$ 之间的关系可以表示为

$$\boldsymbol{\sigma}=\boldsymbol{\sigma}_{\text{eff}}-\alpha(D)\boldsymbol{IP}, \tag{8.41}$$

其中

$$\alpha(D)=1-K_{\text{D}}/K_{\text{S}}, \tag{8.42}$$

式中，$\boldsymbol{I}$ 为单位张量，二维情况下为 $[1\quad 1\quad 0]^{\text{T}}$；$\alpha(D)$ 为 Biot 孔弹性系数，随岩石损伤演化而变化；K_{D} 为多孔介质受损后的体积模量；K_{S} 为骨架颗粒的体积模量．

将式(8.41)代入式(8.40)可得应力平衡方程：

$$\nabla[\sigma_{\text{eff}}-\alpha(D)\boldsymbol{IP}]=0. \tag{8.43}$$

式(8.43)对应的边界条件如下：

$$\begin{cases}u=\tilde{u}\quad, & \partial\Omega^{\text{u}},\\ \sigma n=t\quad, & \partial\Omega^{\text{t}}.\end{cases} \tag{8.44}$$

其中，$\partial\Omega^{\text{u}}$ 为位移场 Dirichlet 边界，$\partial\Omega^{\text{t}}$ 为位移场 Neumann 边界．求解域的各边界满足如下关系：

$$\begin{cases}\partial\Omega=\partial\Omega^{\text{u}}\cup\partial\Omega^{\text{t}},\\ \partial\Omega^{\text{u}}\cap\partial\Omega^{\text{t}}=\Phi.\end{cases} \tag{8.45}$$

2) 流体连续性方程

$$\frac{\partial\zeta}{\partial t}+\nabla v=0. \tag{8.46}$$

式中，ζ 为流体体积增量；v 为流体流速．

假设流体流动符合 Darcy 定律，则流体体积增量和流速可表示为：

$$\zeta=\frac{\boldsymbol{P}}{M(D)}+\alpha(D)\varepsilon_{\text{ii}}, \tag{8.47}$$

$$v=-\frac{\boldsymbol{k}}{\mu}\nabla\boldsymbol{P}, \tag{8.48}$$

其中

$$M(D)=(K_{\text{u}}-K_{\text{D}})/\alpha(D)^2, \tag{8.49}$$

式中，$M(D)$ 为 Biot 模量；ε_{ii} 为体积应变；$\boldsymbol{k}$ 为各向异性渗透率张量，μ 为流体黏度，K_{u} 为不排水体积模量．

将式(8.47)和式(8.48)代入式(8.46)，得到多孔弹性介质的流体连续性方程：

$$\frac{\partial}{\partial t}\left[\frac{\boldsymbol{P}}{M(D)}+\alpha(D)\varepsilon_{\text{ii}}\right]-\nabla\left(\frac{\boldsymbol{k}}{\mu}\nabla\boldsymbol{P}\right)=0. \tag{8.50}$$

式(8.50)对应的边界条件如下：

$$\begin{cases}\boldsymbol{P}=\tilde{\boldsymbol{P}}\quad \text{on}\quad \partial\Omega^{\text{p}}\\ \left(-\dfrac{\boldsymbol{k}}{\mu}\nabla\boldsymbol{P}\right)\cdot n=q\quad \text{on}\quad \partial\Omega^{\text{q}}\end{cases} \tag{8.51}$$

式中，$\partial\Omega^{p}$ 为压力场 Dirichlet 边界，$\partial\Omega^{q}$ 为压力场的 Neumann 边界．求解域的各边界满足如下关系：

$$\begin{cases}\partial\Omega=\partial\Omega^{p}\cup\partial\Omega^{q},\\ \partial\Omega^{p}\cap\partial\Omega^{q}=\Phi.\end{cases} \tag{8.52}$$

式(8.50)和式(8.51)中的 $\boldsymbol{k}$ 表示渗透率张量．压裂过程中由于岩石破裂，流体沿破裂面切向的流动能力大于沿破裂面法向的流动能力，即地层岩石渗透率为各向异性．因此，对于二维情况，各向异性渗透张量可写为

$$\boldsymbol{k}=\begin{bmatrix}k_x & 0\\ 0 & k_y\end{bmatrix}, \tag{8.53}$$

式中，k_x 为 x 方向的渗透率；k_y 为 y 方向的渗透率．k_x 和 k_y 由岩石的初始渗透率和裂缝渗透率加权组成：

$$\begin{cases}k_x=k_{x0}(1-W_x)+W_x k_{fx},\\ k_y=k_{y0}(1-W_y)+W_y k_{fy},\end{cases} \tag{8.54}$$

式中，k_{x0} 为岩石基质在 x 方向的初始渗透率；k_{y0} 为岩石基质在 y 方向的初始渗透率；k_{fx} 为 x 方向的裂缝渗透率；k_{fy} 为 y 方向的裂缝渗透率；W_x 为 x 方向的渗透率加权系数；W_y 为 y 方向的渗透率加权系数．

裂缝渗透率的计算模型如下：

$$k_{fx}=\frac{w_x^2}{12\eta},k_{fy}=\frac{w_y^2}{12\eta}, \tag{8.55}$$

式中，η 为裂缝面形状因子，取 1；w 为裂缝宽度，这里假设仅当高斯结点处的应变超过临界应变时岩石才会破裂产生裂缝．因此，可以将裂缝宽度的计算公式表示为：

$$w_x=\langle\varepsilon_x-\varepsilon_c\rangle+l_x=\frac{(|\varepsilon_x-\varepsilon_c|+\varepsilon_x-\varepsilon_c)}{2}l_x, \tag{8.56}$$

$$w_y=\langle\varepsilon_y-\varepsilon_c\rangle+l_y=\frac{(|\varepsilon_y-\varepsilon_c|+\varepsilon_y-\varepsilon_c)}{2}l_y, \tag{8.57}$$

$$w=\sqrt{(w_x)^2+(w_y)^2}, \tag{8.58}$$

式中，ε_x 为高斯结点 x 处方向的应变；ε_y 为高斯结点处 y 方向的应变；ε_c 为临界应变；l_x 为 x 方向的单元长度；l_y 为 y 方向的单元长度．

渗透率加权系数代表水力裂缝对计算单元渗透率的贡献，等于裂缝宽度与单元长度的比值，即

$$W_x=\frac{w_y}{l_y},W_y=\frac{w_x}{l_x}. \tag{8.59}$$

临界应变与临界拉应力之间关系可表示为

$$\varepsilon_c=\frac{16\sigma_c}{9E}. \tag{8.60}$$

8.4.3 模型的求解

应力平衡方程式(8.43)与流体连续性方程式(8.50)相互耦合，构成了渗流—应力耦合非

线性方程组．式(8.43)和式(8.50)分别与权函数 W_u 和 W_p 相乘，并在计算域上积分，利用散度定理并结合边界条件可得应力平衡方程和流体连续性方程等效积分“弱”形式：

$$\int_{\Omega} \nabla\cdot \{W_u^{\mathrm{T}}(1-D)C\varepsilon - \alpha(D)\boldsymbol{IP}\}\,\mathrm{d}\Omega = \int_{\Omega} tW_u^{\mathrm{T}}\mathrm{d}\Gamma, \tag{8.61}$$

$$\int_{\Omega}\left\{W_p^{\mathrm{T}}\left[\frac{1}{M(D)}\frac{\partial \boldsymbol{P}}{\partial t} + \frac{\partial(1/M(D))}{\partial t} + \alpha(D)\frac{\partial \boldsymbol{\varepsilon}_{\mathrm{ii}}}{\partial t} + \frac{\partial \alpha(D)}{\partial t}\boldsymbol{\varepsilon}_{\mathrm{ii}}\right]\right\}\mathrm{d}\Omega$$

$$+\int_{\Omega}\nabla\cdot W_p^{\mathrm{T}}\left(\frac{\boldsymbol{k}}{\mu}\ \nabla\boldsymbol{P}\right)\mathrm{d}\Omega = \int_{\Gamma} W_p^{\mathrm{T}} q\,\mathrm{d}\Gamma, \tag{8.62}$$

其中 W_u^{T} 是 W_u 的转置，Γ 为积分区域的边界。

对于每个计算单元的位移场、压力场和对应权函数构造相应的插值函数，其插值形式为：

$$\begin{aligned} u=N_u u^n,\ W_u=N_u W_u^n, \\ \boldsymbol{P}=N_p\boldsymbol{P}^n,\ W_p=N_p W_p^n. \end{aligned} \tag{8.63}$$

将式(8.63)代入式(8.61)和(8.62)，可得：

$$\int_{\Omega}\boldsymbol{B}_u^{\mathrm{T}}[(1-D)C\boldsymbol{B}_u u^n - \alpha(D)IN_p\boldsymbol{P}^n]\,\mathrm{d}\Omega = \int_{\Gamma}N_u^{\mathrm{T}}t\,\mathrm{d}\Gamma. \tag{8.64}$$

$$\int_{\Omega}N_p^{\mathrm{T}}\left\{\frac{1}{M(D)}N_p\frac{\partial \boldsymbol{P}^n}{\partial t} + N_p\boldsymbol{P}^n\frac{\partial(1/M(D))}{\partial t}\right.$$

$$\left.+\alpha(D)\boldsymbol{B}_u^{\mathrm{vol}}\frac{\partial u^n}{\partial t} + \boldsymbol{B}_u^{\mathrm{vol}}u^n\frac{\partial\alpha(D)}{\partial t}\right\}\mathrm{d}\Omega + \int_{\Omega}\boldsymbol{B}_p^{\mathrm{T}}\frac{\boldsymbol{k}(D)}{\mu}\boldsymbol{B}_p\boldsymbol{P}^n\mathrm{d}\Omega$$

$$=\int_{\Gamma}N_p^{\mathrm{T}}q\,\mathrm{d}\Gamma. \tag{8.65}$$

式中，$\boldsymbol{B}_u$、$\boldsymbol{B}_u^{\mathrm{vol}}$ 和 $\boldsymbol{B}_p$ 分别为应变矩阵、体积应变矩阵和压力插值形函数的导数矩阵．

采用向后欧拉法对式(8.65)中关于时间导数的项进行离散，即：

$$\frac{\partial \boldsymbol{P}^n}{\partial t}=\frac{\boldsymbol{P}_{t+\Delta t}^n-\boldsymbol{P}_t^n}{\Delta t},\ \frac{\partial u^n}{\partial t}=\frac{u_{t+\Delta t}^n-u_t^n}{\Delta t}, \tag{8.66a}$$

$$\frac{\partial(1/M(D))}{\partial t}=\frac{(1/M(D)_{t+\Delta t})-(1/M(D)_t)}{\Delta t}, \tag{8.66b}$$

$$\frac{\partial\alpha(D)}{\partial t}=\frac{\alpha(D)_{t+\Delta t}-\alpha(D)_t}{\Delta t}. \tag{8.66c}$$

将式(8.66)代入式(8.65)，并将第 $n+1$ 个时间步变量的下标去掉，则式(8.65)可写为：

$$\int_{\Omega}N_p^{\mathrm{T}}\left\{\frac{1}{M(D)}N_p(\boldsymbol{P}^n-\boldsymbol{P}_t^n)+N_p\boldsymbol{P}^n\left(\frac{1}{M(D)}-\frac{1}{M(D)_t}\right)\right.$$

$$\left.+\alpha(D)\boldsymbol{B}_u^{\mathrm{vol}}(u^n-u_t^n)+\int_{\Omega}N_p^{\mathrm{T}}\boldsymbol{B}_u^{\mathrm{vol}}u^n(\alpha(D)-\alpha(D)_t)\right\}\mathrm{d}\Omega+\int_{\Omega}\boldsymbol{B}_p^{\mathrm{T}}\frac{k}{\mu}\boldsymbol{B}_p\boldsymbol{P}^n\Delta t\,\mathrm{d}\Omega$$

$$=\int_{\Gamma}N_p^{\mathrm{T}}q\Delta t\,\mathrm{d}\Gamma. \tag{8.67}$$

采用 Newton—Raphson 迭代法求解渗流—应力耦合方程组，因此将式(8.64)和式(8.67)写成余量的形式：

$$R_u = \int_\Omega \boldsymbol{B}_u^{\mathrm{T}}[(1-D)\boldsymbol{C}\boldsymbol{B}_u u^n - \alpha(D)\boldsymbol{I}N_p\boldsymbol{P}^n]\,d\Omega - \int_\Gamma N_u^{\mathrm{T}} t\,d\Gamma. \tag{8.68}$$

$$\begin{aligned} R_p = \int_\Omega N_p^{\mathrm{T}}\Bigg[&\frac{1}{M(D)}N_p(2\boldsymbol{P}^n - \boldsymbol{P}_t^n) - N_p\boldsymbol{P}^n\frac{1}{M(D)_t} \\ &+ \alpha(D)\boldsymbol{B}_u^{\mathrm{vol}}(2u^n - u_t^n) - \alpha(D)_t\boldsymbol{B}_u^{\mathrm{vol}}u^n\Bigg]\mathrm{d}\Omega \\ &+ \int_\Omega \boldsymbol{B}_p^{\mathrm{T}}\frac{\boldsymbol{k}}{\mu}\boldsymbol{B}_p\boldsymbol{P}^n\Delta t\,\mathrm{d}\Omega - \int_{\Gamma_q} N_p^{\mathrm{T}} q\Delta t\,\mathrm{d}\Gamma. \end{aligned} \tag{8.69}$$

则渗流—应力耦合方程组在第 i 个迭代步的 Newton—Raphson(NR)迭代格式可写为：

$$\begin{bmatrix} J^{uu} & J^{up} \\ J^{pu} & J^{pp} \end{bmatrix}_i \begin{bmatrix} \delta u^h \\ \delta \boldsymbol{P}^h \end{bmatrix}_i + \begin{bmatrix} R_u \\ R_p \end{bmatrix}_i = 0. \tag{8.70}$$

式(8.70)左边第一项为雅可比矩阵 $\boldsymbol{J}$，各分量为：

$$J^{uu} = \int_\Omega (1-D)\boldsymbol{B}_u^{\mathrm{T}}\boldsymbol{C}\boldsymbol{B}_u\,\mathrm{d}\Omega, \tag{8.71a}$$

$$J^{pu} = \int_\Omega -\alpha(D)\boldsymbol{B}_u^{\mathrm{T}}\boldsymbol{I}N_p\,\mathrm{d}\Omega, \tag{8.71b}$$

$$J^{pu} = \int_\Omega N_p^{\mathrm{T}}\boldsymbol{B}_u^{\mathrm{vol}}(2\alpha(D) - \alpha(D)_t)\,\mathrm{d}\Omega, \tag{8.71c}$$

$$J^{pp} = \int_\Omega N_p^{\mathrm{T}}N_p\left(\frac{2}{M(D)} - \frac{1}{M(D)_t}\right)\mathrm{d}\Omega + \int_\Omega \boldsymbol{B}_p^{\mathrm{T}}\frac{\boldsymbol{k}}{\mu}\boldsymbol{B}_p\Delta t\,\mathrm{d}\Omega. \tag{8.71d}$$

通过式(8.70)可求得第 i 个迭代步的位移 δu^h 和压力增量 $\delta\boldsymbol{P}^h$，进而得到第 $i+1$ 个迭代步的位移和压力的试探解，即：

$$u_{i+1}^h = u_i^h + \delta u^h,\ \boldsymbol{P}_{i+1}^h = \boldsymbol{P}_i^h + \delta\boldsymbol{P}^h. \tag{8.72}$$

若位移场和压力场的误差都满足式(8.73)所示的收敛条件时，迭代结束，否则继续迭代：

$$\|R_u\| \leqslant tol\|R_{u0}\|,\ \|R_p\| \leqslant tol\|R_{p0}\| \tag{8.73}$$

由图 8.1 可知，在压裂初始阶段，三种不同时间步长下注入点压力值相差较大，但是当注入时间超过 18s 后，不同时间步长下注入点压力值相差较小，并且在注入结束时注入点压力相对误差仅为 0.15%，由此验证了该模型的收敛性和稳定性.

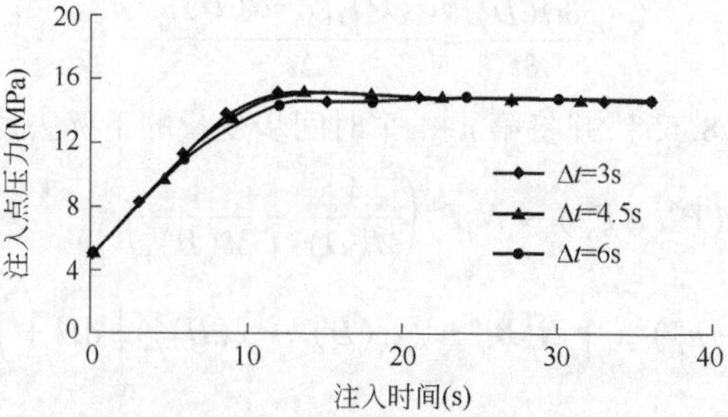

图 8.1　三种不同时间步长情况下注入点压力随时间变化图

课后习题

1. 求下列泛函的极值函数：

(1) $J[y,z]=\int_{x_0}^{x_1}(2yz-2y^2+y'^2-z'^2)\mathrm{d}x$；

(2) $J[y,z]=\int_{x_0}^{x_1}(16y^2-y''^2+x^2)\mathrm{d}x$；

(3) $J[y,z]=\int_{x_0}^{x_1}(y^2+2y'^2+y''^2)\mathrm{d}x$.

2. 设 $F_{y'y'}F_{z'z'}-F_{y'z'}^2\neq0$，试证明泛函 $\int_{x_0}^{x_1}F(y',x')\mathrm{d}x$ 的极限曲线是空间直线族.

3. 写出下列泛函的极值函数应满足的微分方程(组)：

(1) $J=\iint\limits_D\left[\left(\frac{\partial u}{\partial t}\right)^2-a^2\left(\frac{\partial u}{\partial x}\right)^2+2uf(x,t)\right]\mathrm{d}x\mathrm{d}t$（其中 a 为常数）；

(2) $J=\iint\limits_D[(z_{xx}+z_{yy})^2-2(1-\mu)(z_{xx}z_{yy}-z_{xy}^2)]\mathrm{d}x\mathrm{d}y$（其中 μ 为常数）.

4. 求能使用泛函 $J=\int_0^{\frac{\pi}{4}}(y^2-y'^2)\mathrm{d}x$ 取得极值的函数，其中，$y(0)=0$，另一个边界点在直线 $x=\frac{\pi}{4}$ 上移动.

5. 求能使泛函 $J=\int_0^{x_1}\sqrt{\frac{1+y'^2}{y}}\mathrm{d}x$ 取得极值的函数，其中，$y(0)=0$，另一个边界点 (x_1,y_1) 在直线 $y=x-5$ 上移动.

参考文献

[1] 李庆扬,王能超,易大义. 数值分析[M].5版. 北京:清华大学出版社,2008.

[2] 李政,吴淑红,李巧云,等. 精细油藏模拟的一种线性求解算法[J]. 数值计算与计算机应用,2018,39(1):1-9

[3] Bank R E,Chan T,Coughran W M,et al. The alternate-block-factorization procedure for systems of partial differential equations[J]. BIT,1989.

[4] 李红. 数值分析[M].2版. 武汉:华中科技大学出版社,2010.

[5] 李庆扬,王能超,易大义. 数值分析[M].5版. 武汉:华中科技大学出版社,2018.

[6] 欧成华,冯国庆,李波. 油气藏开发地质建模(富媒体)[M]. 北京:石油工业出版社,2018.

[7] Mathews J H,Fink K D. Numerical Methods Using MATLAB[M]. Upper Saddle River:Prentice Hall,1999.

[8] Richard L,Burden J,Douglas Faires. Numerical Analysis Seventh Edition[M]. BROOKS/Cole Thomson Learning,2001.

[9] Kress,Rainer. Numerical Analysis[M]. New York: Springer,1998.

[10] 陈宪侃,叶利平,谷玉洪. 抽油机采油技术[M]. 北京:石油工业出版社,2004.

[11] 崔振华,余国安,等. 有杆抽油系统[M]. 北京:石油工业出版社,1994.

[12] 梁若筠. 定向井有杆抽油系统诊断力学模型[J]. 石油矿场机械,2011,30(5):19-20.

[13] 沈艳,杨丽宏,王立刚,等. 高等数值计算[M]. 北京:清华大学出版社,2014.

[14] 杨兆中,张丹,易良平,等. 多层叠置煤层压裂裂缝纵向扩展模型与数值模拟[J]. 煤炭学报,2021,46(10):3268-3277.

[15] Yi Liang Ping ,Li Xiao Gang,Yang Zhao Zhong,et al. A fully coupled fluid flow and rock damage model for hydraulic fracture of porous media[J]. Journal of Petroleum Science and Engineering,2019,178:814-828.

[16] 徐建平,桂子鹏. 变分方法[M]. 上海:同济大学出版社,1999.